U0192072

石墨烯表征技术

“十三五”国家重点
出版物出版规划项目

张 锦 童廉明 编著

战略前沿新材料
——石墨烯出版工程
丛书总主编 刘忠范

Characterization Techniques
of Graphene

GRAPHENE
02

華東理工大學出版社
EAST CHINA UNIVERSITY OF SCIENCE AND TECHNOLOGY PRESS
·上海·

上海高校服务国家重大战略出版工程资助项目

图书在版编目(CIP)数据

石墨烯表征技术 / 张锦，童廉明编著. —上海：华东理工大学出版社，2021.10
(战略前沿新材料——石墨烯出版工程 / 刘忠范总主编)
ISBN 978-7-5628-6413-4

Ⅰ. ①石… Ⅱ. ①张… ②童… Ⅲ. ①石墨—纳米材料—研究 Ⅳ. ①TB383

中国版本图书馆 CIP 数据核字(2020)第 253230 号

内容提要

本书总结了石墨烯结构与物性的常用表征技术，从表征技术的基本原理和基本方法出发，对石墨烯的晶格、层数、掺杂、缺陷、表面官能团等结构特征，以及石墨烯的电子能带、载流子输运、力学行为、热传输等物理性质的常用表征手段进行了详细介绍，并结合当前最新的文献报道给出了实例分析。

全书共十一章。第 1 章简要概述了石墨烯的结构和性质，为后续章节详细展开讨论奠定基础。第 2 章和第 3 章分别介绍了最常用的显微学和光谱学表征技术。第 4 章介绍了石墨烯增强拉曼光谱。第 5 章介绍了石墨烯的晶格和电子结构表征技术。第 6 章至第 8 章分别介绍了石墨烯的电学性质、热学性质、力学性质及其对应的表征技术。第 9 章重点介绍了粉体石墨烯的物理化学性能表征技术。第 10 章对前面章节未讨论到的部分性质进行了补充介绍。第 11 章对全书进行了总结与展望。

项目统筹 / 周永斌　马夫娇
责任编辑 / 陈婉毓
装帧设计 / 周伟伟
出版发行 / 华东理工大学出版社有限公司
地址：上海市梅陇路 130 号，200237
电话：021-64250306
网址：www.ecustpress.cn
邮箱：zongbianban@ecustpress.cn
印　　刷 / 上海雅昌艺术印刷有限公司
开　　本 / 710 mm×1000 mm　1/16
印　　张 / 26
字　　数 / 455 千字
版　　次 / 2021 年 10 月第 1 版
印　　次 / 2021 年 10 月第 1 次
定　　价 / 298.00 元

战略前沿新材料 —— 石墨烯出版工程

丛书编委会

总序　一

2004年，英国曼彻斯特大学物理学家安德烈·海姆（Andre Geim）和康斯坦丁·诺沃肖洛夫（Konstantin Novoselov）用透明胶带剥离法成功地从石墨中剥离出石墨烯，并表征了它的性质。仅过了六年，这两位师徒科学家就因"研究二维材料石墨烯的开创性实验"荣摘2010年诺贝尔物理学奖，这在诺贝尔授奖史上是比较迅速的。他们向世界展示了量子物理学的奇妙，他们的研究成果不仅引发了一场电子材料革命，而且还将极大地促进汽车、飞机和航天工业等的发展。

从零维的富勒烯、一维的碳纳米管，到二维的石墨烯及三维的石墨和金刚石，石墨烯的发现使碳材料家族变得更趋完整。作为一种新型二维纳米碳材料，石墨烯自诞生之日起就备受瞩目，并迅速吸引了世界范围内的广泛关注，激发了广大科研人员的研究兴趣。被誉为"新材料之王"的石墨烯，是目前已知最薄、最坚硬、导电性和导热性最好的材料，其优异性能一方面激发人们的研究热情，另一方面也掀起了应用开发和产业化的浪潮。石墨烯在复合材料、储能、导电油墨、智能涂料、可穿戴设备、新能源汽车、橡胶和大健康产业等方面有着广泛的应用前景。在当前新一轮产业升级和科技革命大背景下，新材料产业必将成为未来高新技术产业发展的基石和先导，从而对全球经济、科技、环境等各个领域的发展产生深刻影响。中国是石墨资源大国，也是石墨烯研究和应用开发最活跃的国家，已成为全球石墨烯行业发展最强有力的推动力量，在全球石墨烯市场上占据主导地位。

作为21世纪的战略性前沿新材料，石墨烯在中国经过十余年的发展，无论在科学研究还是产业化方面都取得了可喜的成绩，但与此同时也面临一些瓶颈和挑战。如何实现石墨烯的可控、宏量制备，如何开发石墨烯的功能和拓展其应用领域，是我国石墨烯产业发展面临的共性问题和关键科学问题。在这一形势背景下，为了推动我国石墨烯新材料的理论基础研究和产业应用水平提升到一个新的高度，完善石墨烯产业发展体系及在多领域实现规模化应用，促进我国石墨烯科学技术领域研究体系建设、学科发展及专业人才队伍建设和人才培养，一套大部头的精品力作诞生了。北京石墨烯研究院院长、北京大学教授刘忠范院士领衔策划了这套“战略前沿新材料——石墨烯出版工程”，共22分册，从石墨烯的基本性质与表征技术、石墨烯的制备技术和计量标准、石墨烯的分类应用、石墨烯的发展现状报告和石墨烯科普知识等五大部分系统梳理石墨烯全产业链知识。丛书内容设置点面结合、布局合理，编写思路清晰、重点明确，以期探索石墨烯基础研究新高地、追踪石墨烯行业发展、反映石墨烯领域重大创新、展现石墨烯领域自主知识产权成果，为我国战略前沿新材料重大规划提供决策参考。

参与这套丛书策划及编写工作的专家、学者来自国内二十余所高校、科研院所及相关企业，他们站在国家高度和学术前沿，以严谨的治学精神对石墨烯研究成果进行整理、归纳、总结，以出版时代精品作为目标。丛书展示给读者完善的科学理论、精准的文献数据、丰富的实验案例，对石墨烯基础理论研究和产业技术升级具有重要指导意义，并引导广大科技工作者进一步探索、研究，突破更多石墨烯专业技术难题。相信，这套丛书必将成为石墨烯出版领域的标杆。

尤其让我感到欣慰和感激的是，这套丛书被列入“十三五”国家重点出版物出版规划，并得到了国家出版基金的大力支持，我要向参与丛书编写工作的所有同仁和华东理工大学出版社表示感谢，正是有了你们在各自专业领域中的倾情奉献和互相配合，才使得这套高水准的学术专著能够顺利出版问世。

最后，作为这套丛书的编委会顾问成员，我在此积极向广大读者推荐这套丛书。

中国科学院院士

刘云圻

2020年4月于中国科学院化学研究所

总序　二

“战略前沿新材料——石墨烯出版工程”：一套集石墨烯之大成的丛书

2010年10月5日，我在宝岛台湾参加海峡两岸新型碳材料研讨会并作了“石墨烯的制备与应用探索”的大会邀请报告，数小时之后就收到了对每一位从事石墨烯研究与开发的工作者来说都十分激动的消息：2010年度的诺贝尔物理学奖授予英国曼彻斯特大学的Andre Geim和Konstantin Novoselov教授，以表彰他们在石墨烯领域的开创性实验研究。

碳元素应该是人类已知的最神奇的元素了，我们每个人时时刻刻都离不开它：我们用的燃料全是含碳的物质，吃的多为碳水化合物，呼出的是二氧化碳。不仅如此，在自然界中纯碳主要以两种形式存在：石墨和金刚石，石墨成就了中国书法，而金刚石则是美好爱情与幸福婚姻的象征。自20世纪80年代初以来，碳一次又一次给人类带来惊喜：80年代伊始，科学家们采用化学气相沉积方法在温和的条件下生长出金刚石单晶与薄膜；1985年，英国萨塞克斯大学的Kroto与美国莱斯大学的Smalley和Curl合作，发现了具有完美结构的富勒烯，并于1996年获得了诺贝尔化学奖；1991年，日本NEC公司的Iijima观察到由碳组成的管状纳米结构并正式提出了碳纳米管的概念，大大推动了纳米科技的发展，并于2008年获得了卡弗里纳米科学奖；2004年，Geim与当时他的博士研究生Novoselov等人采用粘胶带剥离石墨的方法获得了石墨烯材料，迅速激发了科学界的研究热情。事实上，人类对石墨烯结构并不陌生，石墨烯是由单层碳原子构成的二维蜂窝状结构，是构成其他维数形式碳材料的基本单元，因此关于石墨烯结构的工作可追溯到20世纪40年代的理论研究。1947年，Wallace首次计算了石墨烯的电子结构，并且发现其具有奇特的线性色散关系。自此，石墨烯作为理论模型，被广泛用于描述碳材料的结构与性能，但人们尚未把石墨烯本身也作为一种材料来进行研究与开发。

石墨烯材料甫一出现即备受各领域人士关注，迅速成为新材料、凝聚态物理等领域的“高富帅”，并超过了碳家族里已很活跃的两个明星材料——富勒烯和碳纳米管，这主要归因于以下三大理由。一是石墨烯的制备方法相对而言非常简单。Geim 等人采用了一种简单、有效的机械剥离方法，用粘胶带撕裂即可从石墨晶体中分离出高质量的多层甚至单层石墨烯。随后科学家们采用类似原理发明了“自上而下”的剥离方法制备石墨烯及其衍生物，如氧化石墨烯；或采用类似制备碳纳米管的化学气相沉积方法“自下而上”生长出单层及多层石墨烯。二是石墨烯具有许多独特、优异的物理、化学性质，如无质量的狄拉克费米子、量子霍尔效应、双极性电场效应、极高的载流子浓度和迁移率、亚微米尺度的弹道输运特性，以及超大比表面积，极高的热导率、透光率、弹性模量和强度。最后，特别是由于石墨烯具有上述众多优异的性质，使它有潜力在信息、能源、航空、航天、可穿戴电子、智慧健康等许多领域获得重要应用，包括但不限于用于新型动力电池、高效散热膜、透明触摸屏、超灵敏传感器、智能玻璃、低损耗光纤、高频晶体管、防弹衣、轻质高强航空航天材料、可穿戴设备，等等。

因其最为简单和完美的二维晶体、无质量的费米子特性、优异的性能和广阔的应用前景，石墨烯给学术界和工业界带来了极大的想象空间，有可能催生许多技术领域的突破。世界主要国家均高度重视发展石墨烯，众多高校、科研机构和公司致力于石墨烯的基础研究及应用开发，期待取得重大的科学突破和市场价值。中国更是不甘人后，是世界上石墨烯研究和应用开发最为活跃的国家，拥有一支非常庞大的石墨烯研究与开发队伍，位居世界第一。有关统计数据显示，无论是正式发表的石墨烯相关学术论文的数量、中国申请和授权的石墨烯相关专利的数量，还是中国拥有的从事石墨烯相关的企业数量以及石墨烯产品的规模与种类，都远远超过其他任何一个国家。然而，尽管石墨烯的研究与开发已十六载，我们仍然面临着一系列重要挑战，特别是高质量石墨烯的可控规模制备与不可替代应用的开拓。

十六年来，全世界许多国家在石墨烯领域投入了巨大的人力、物力、财力进行研究、开发和产业化，在制备技术、物性调控、结构构建、应用开拓、分析检测、标准制定等诸多方面都取得了长足的进步，形成了丰富的知识宝库。虽有一些有关石墨烯的中文书籍陆续问世，但尚无人对这一知识宝库进行全面、系统的总结、分析并结集出版，以指导我国石墨烯研究与应用的可持续发展。为此，我国石墨烯研究领域的主要开拓者及我国石墨烯发展的重要推动者、北京大学教授、北京石墨烯研究院创院院长刘忠范院士亲自策划并担任总主编，主持编撰“战略前沿新材料——石墨烯出版工程”这套丛书，实为幸事。该丛书由石墨烯的基本性质与表征技术、石墨烯的制备技术和计量标准、石墨烯的分类应用、石墨烯的发展现状报告、石墨烯科普知识等五大部分共 22 分册构成，由刘忠范院士、张锦院士等一批在石墨烯研究、应用开发、检测与标准、平台建设、产业发展等方面的知名专家执笔撰写，对石墨烯进行了 360°的全面检视，不仅很好地总结了石墨烯领域的国内外最新研究进展，包括作者们多年辛勤耕耘的研究积累与心得，系统介绍了石墨烯这一新材料的产业化现状与发展前景，而且还包括了全球石墨烯产业报告和中国石墨烯产业报告。特别是为了更好地让公众对石墨烯有正确的认识和理解，刘忠范院士还率先垂范，亲自撰写了《有问必答：石墨烯的魅力》这一科普分册，可谓匠心独具、运思良苦，成为该丛书的一大特色。我对他们在百忙之中能够完成这一巨制甚为敬佩，并相信他们的贡献必将对中国乃至世界石墨烯领域的发展起到重要推动作用。

刘忠范院士一直强调“制备决定石墨烯的未来”，我在此也呼应一下：“石墨烯的未来源于应用”。我衷心期望这套丛书能帮助我们发明、发展出高质量石墨烯的制备技术，帮助我们开拓出石墨烯的“杀手锏”应用领域，经过政产学研用的通力合作，使石墨烯这一结构最为简单但性能最为优异的碳家族的最新成员成为支撑人类发展的神奇材料。

中国科学院院士

成会明，2020 年 4 月于深圳

清华大学，清华－伯克利深圳学院，深圳

中国科学院金属研究所，沈阳材料科学国家研究中心，沈阳

丛书前言

石墨烯是碳的同素异形体大家族的又一个传奇，也是当今横跨学术界和产业界的超级明星，几乎到了家喻户晓、妇孺皆知的程度。当然，石墨烯是当之无愧的。作为由单层碳原子构成的蜂窝状二维原子晶体材料，石墨烯拥有无与伦比的特性。理论上讲，它是导电性和导热性最好的材料，也是理想的轻质高强材料。正因如此，一经问世便吸引了全球范围的关注。石墨烯有可能创造一个全新的产业，石墨烯产业将成为未来全球高科技产业竞争的高地，这一点已经成为国内外学术界和产业界的共识。

石墨烯的历史并不长。从 2004 年 10 月 22 日，安德烈 · 海姆和他的弟子康斯坦丁 · 诺沃肖洛夫在美国 *Science* 期刊上发表第一篇石墨烯热点文章至今，只有十六个年头。需要指出的是，关于石墨烯的前期研究积淀很多，时间跨度近六十年。因此不能简单地讲，石墨烯是 2004 年发现的、发现者是安德烈 · 海姆和康斯坦丁 · 诺沃肖洛夫。但是，两位科学家对"石墨烯热"的开创性贡献是毋庸置疑的，他们首次成功地研究了真正的"石墨烯材料"的独特性质，而且用的是简单的透明胶带剥离法。这种获取石墨烯的实验方法使得更多的科学家有机会开展相关研究，从而引发了持续至今的石墨烯研究热潮。2010 年 10 月 5 日，两位拓荒者荣获诺贝尔物理学奖，距离其发表的第一篇石墨烯论文仅仅六年时间。"构成地球上所有已知生命基础的碳元素，又一次惊动了世界"，瑞典皇家科学院当年发表的诺贝尔奖新闻稿如是说。

从科学家手中的实验样品，到走进百姓生活的石墨烯商品，石墨烯新材料产业的前进步伐无疑是史上最快的。欧洲是石墨烯新材料的发源地，欧洲人也希望成为石墨烯新材料产业的领跑者。一个重要的举措是启动“欧盟石墨烯旗舰计划”，从 2013 年起，每年投资一亿欧元，连续十年，通过科学家、工程师和企业家的接力合作，加速石墨烯新材料的产业化进程。英国曼彻斯特大学是石墨烯新材料呱呱坠地的场所，也是世界上最早成立石墨烯专门研究机构的地方。2015 年 3 月，英国国家石墨烯研究院（NGI）在曼彻斯特大学启航；2018 年 12 月，曼彻斯特大学又成立了石墨烯工程创新中心（GEIC）。动作频频，基础与应用并举，矢志充当石墨烯产业的领头羊角色。当然，石墨烯新材料产业的竞争是激烈的，美国和日本不甘其后，韩国和新加坡也是志在必得。据不完全统计，全世界已有 179 个国家或地区加入了石墨烯研究和产业竞争之列。

中国的石墨烯研究起步很早，基本上与世界同步。全国拥有理工科院系的高等院校，绝大多数都或多或少地开展着石墨烯研究。作为科技创新的国家队，中国科学院所辖遍及全国的科研院所也是如此。凭借着全球最大规模的石墨烯研究队伍及其旺盛的创新活力，从 2011 年起，中国学者贡献的石墨烯相关学术论文总数就高居全球榜首，且呈遥遥领先之势。截至 2020 年 3 月，来自中国大陆的石墨烯论文总数为 101913 篇，全球占比达到 33.2%。需要强调的是，这种领先不仅仅体现在统计数字上，其中不乏创新性和引领性的成果，超洁净石墨烯、超级石墨烯玻璃、烯碳光纤就是典型的例子。

中国对石墨烯产业的关注完全与世界同步，行动上甚至更为迅速。统计数据显示，早在 2010 年，正式工商注册的开展石墨烯相关业务的企业就高达 1778 家。截至 2020 年 2 月，这个数字跃升到 12090 家。对石墨烯高新技术产业来说，知识产权的争夺自然是十分激烈的。进入 21 世纪以来，知识产权问题受到国人前所未有的重视，这一点在石墨烯新材料领域得到了充分的体现。截至 2018 年底，全球石墨烯相关的专利申请总数为 69315 件，其中来自中国大陆的专利高达 47397 件，占比 68.4%，可谓是独占鳌头。因此，从统计数据上看，中国的石墨烯研究与产业化进程无疑是引领世界的。当然，不可否认的是，统计数字只能反映一部分现实，也会掩盖一些重要的“真实”，当然这一点不仅仅限于石墨烯新材料领域。

中国的“石墨烯热”已经持续了近十年，甚至到了狂热的程度，这是全球其他国家和地区少见的。尤其在前几年的“石墨烯淘金热”巅峰时期，全国各地争相建设“石墨烯产业园”“石墨烯小镇”“石墨烯产业创新中心”，甚至在乡镇上都建起了石墨烯研究院，可谓是“烯流滚滚”，真有点像当年的“大炼钢铁运动”。客观地讲，中国的石墨烯产业推进速度是全球最快的，既有的产业大军规模也是全球最大的，甚至吸引了包括两位石墨烯诺贝尔奖得主在内的众多来自海外的“淘金者”。同样不可否认的是，中国的石墨烯产业发展也存在着一些不健康的因素，一哄而上，遍地开花，导致大量的简单重复建设和低水平竞争。以石墨烯材料生产为例，2018 年粉体材料年产能达到 5100 吨，CVD 薄膜年产能达到 650 万平方米，比其他国家和地区的总和还多，实际上已经出现了产能过剩问题。2017 年1 月 30 日，笔者接受澎湃新闻采访时，明确表达了对中国石墨烯产业发展现状的担忧，随后很快得到习近平总书记的高度关注和批示。有关部门根据习总书记的指示，做了全国范围的石墨烯产业发展现状普查。三年后的现在，应该说情况有所改变，随着人们对石墨烯新材料的认识不断深入，以及从实验室到市场的产业化实践，中国的“石墨烯热”有所降温，人们也渐趋冷静下来。

这套大部头的石墨烯丛书就是在这样一个背景下诞生的。从 2004 年至今，已经有了近十六年的历史沉淀。无论是石墨烯的基础研究，还是石墨烯材料的产业化实践，人们都有了更多的一手材料，更有可能对石墨烯材料有一个全方位的、科学的、理性的认识。总结历史，是为了更好地走向未来。对于新兴的石墨烯产业来说，这套丛书出版的意义也是不言而喻的。事实上，国内外已经出版了数十部石墨烯相关书籍，其中不乏经典性著作。本丛书的定位有所不同，希望能够全面总结石墨烯相关的知识积累，反映石墨烯领域的国内外最新研究进展，展示石墨烯新材料的产业化现状与发展前景，尤其希望能够充分体现国人对石墨烯领域的贡献。本丛书从策划到完成前后花了近五年时间，堪称马拉松工程，如果没有华东理工大学出版社项目课题组的创意、执着和巨大的耐心，这套丛书的问世是不可想象的。他们的不达目的决不罢休的坚持感动了笔者，让笔者承担起了这项光荣而艰巨的任务。而这种执着的精神也贯穿整个丛书编写的始终，融入每位作者的写作行动中，把好质量关，做出精品，留下精品。

本丛书共包括 22 分册，执笔作者 20 余位，都是石墨烯领域的权威人物、一线专家或从事石墨烯标准计量工作和产业分析的专家。因此，可以从源头上保障丛书的专业性和权威性。丛书分五大部分，囊括了从石墨烯的基本性质和表征技术，到石墨烯材料的制备方法及其在不同领域的应用，以及石墨烯产品的计量检测标准等全方位的知识总结。同时，两份最新的产业研究报告详细阐述了世界各国的石墨烯产业发展现状和未来发展趋势。除此之外，丛书还为广大石墨烯迷们提供了一份科普读物《有问必答：石墨烯的魅力》，针对广泛征集到的石墨烯相关问题答疑解惑，去伪求真。各分册具体内容和执笔分工如下：01 分册，石墨烯的结构与基本性质(刘开辉)；02 分册，石墨烯表征技术(张锦)；03 分册，石墨烯基材料的拉曼光谱研究(谭平恒)；04 分册，石墨烯制备技术(彭海琳)；05 分册，石墨烯的化学气相沉积生长方法(刘忠范)；06 分册，粉体石墨烯材料的制备方法(李永峰)；07 分册，石墨烯材料质量技术基础：计量(任玲玲)；08 分册，石墨烯电化学储能技术(杨全红)；09 分册，石墨烯超级电容器(阮殿波)；10 分册，石墨烯微电子与光电子器件(陈弘达)；11 分册，石墨烯薄膜与柔性光电器件(史浩飞)；12 分册，石墨烯膜材料与环保应用(朱宏伟)；13 分册，石墨烯基传感器件(孙立涛)；14 分册，石墨烯宏观材料及应用(高超)；15 分册，石墨烯复合材料(杨程)；16 分册，石墨烯生物技术(段小洁)；17 分册，石墨烯化学与组装技术(曲良体)；18 分册，功能化石墨烯材料及应用(智林杰)；19 分册，石墨烯粉体材料：从基础研究到工业应用(侯士峰)；20 分册，全球石墨烯产业研究报告(李义春)；21 分册，中国石墨烯产业研究报告(周静)；22 分册，有问必答：石墨烯的魅力(刘忠范)。

本丛书的内容涵盖石墨烯新材料的方方面面，每个分册也相对独立，具有很强的系统性、知识性、专业性和即时性，凝聚着各位作者的研究心得、智慧和心血，供不同需求的广大读者参考使用。希望丛书的出版对中国的石墨烯研究和中国石墨烯产业的健康发展有所助益。借此丛书成稿付梓之际，对各位作者的辛勤付出表示真诚的感谢。同时，对华东理工大学出版社自始至终的全力投入表示崇高的敬意和诚挚的谢意。由于时间、水平等因素所限，丛书难免存在诸多不足，恳请广大读者批评指正。

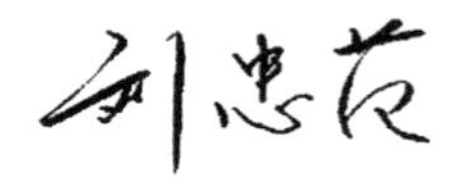

2020 年 3 月于墨园

前 言

石墨烯是由 sp^2 杂化碳原子组成的单原子层二维碳材料，独特的晶体结构和能带结构赋予其优异的电学、光学、热学和力学等性质，使其在柔性器件、光电子器件、能源的储存与转化等领域具有重要的应用价值。自 2004 年被发现以来，石墨烯已经成为基础科学研究的热点材料。除了对其本征的电学、光学等物理性质进行研究，人们还发现了许多新奇物性，例如，基于单层石墨烯发现了螺旋量子霍尔相、氢气渗透等新奇效应，基于扭转双层石墨烯发现了超导、铁磁性等物理特性。目前，石墨烯已经成为诸多应用领域的战略材料，国际和国内都已对石墨烯的产业应用展开了布局。

结构决定性质，石墨烯的众多优异性质取决于其结构特征。根据石墨烯的结构和形态，可以将石墨烯分为具有单层或少层结构的石墨烯薄膜以及由不同层数和尺寸的石墨烯片组成的粉体石墨烯。通常，通过机械剥离法或化学气相沉积法可以制备石墨烯薄膜，而通过液相剥离法或快速升温生长法可以制备粉体石墨烯。不同类型、不同品质的石墨烯表现出不同的性能，适合于不同的应用定位。因此，石墨烯结构和物性的可靠、准确表征是石墨烯的基础科学与应用研究的基本前提。本书总结了石墨烯结构与物性的常用表征技术，从表征技术的基本原理和基本方法出发，对石墨烯的晶格、层数、掺杂、缺陷、表面官能团等结构特征，以及石墨烯的电子能带、载流子输运、力学行为、热传输等物理性质的常用表征手段进行了详细介绍，并结合当前最新的文献报道给出了实例分析，以期为读者提供全面、系统的石墨烯结构和物性表征的参考手册。

全书共十一章，各章之间既联系紧密以构成整体，又彼此独立。第 1 章简要概述了石墨烯的结构和性质，为后续章节详细展开讨论奠定了基础。石墨烯的形貌和晶体结构是其性质的核心，本书在第 2 章和第 3 章中分别介绍了最常用的显微学和光谱学表征技术。第 2 章从宏观尺度到纳米尺度再到原子尺度对石墨烯结构的表征方法进行了介绍,包括大范围的光学显微术、纳米尺度表面起伏与横向尺寸的扫描电子显微术和原子力显微术,以及原子尺度晶体结构的透射电子显微术和扫描隧道显微术等。第 3 章重点介绍了拉曼光谱及其在石墨烯的层数、缺陷、堆垛、功能化等结构特征中的表征应用,并介绍了紫外-可见吸收光谱、红外吸收光谱、荧光光谱等。增强拉曼散射效应是石墨烯重要的光谱学特征,已经成为分子检测的重要手段之一,并由此拓展出二维材料增强拉曼散射的研究领域。第 4 章介绍了石墨烯增强拉曼光谱,包括其机理、应用与拓展。第 5 章介绍了石墨烯的晶格与电子结构表征技术,包括低能透射电子显微镜、扫描隧道谱、角分辨光电子能谱等。第 6 章介绍了石墨烯的电学性质及其表征技术,包括导电性能、载流子迁移率等测量的基本方法和原理等。第 7 章介绍了石墨烯的热学性质及其表征技术,主要包括对石墨烯薄膜材料与宏观材料的热导率测量。第 8 章介绍了石墨烯的力学性质及其表征技术,主要包括针对主要力学性质的原子力显微镜纳米压痕法、拉曼光谱法、微桥法。粉体石墨烯是面向应用的最重要的石墨烯产品,也是最容易实现宏量制备的石墨烯材料。前面章节的表征技术已经部分涉及对粉体石墨烯特定形态的表征,包括石墨烯宏观材料的热导率测量、三维石墨烯的力学性质表征。第 9 章从元素、晶体结构及层间距、比表面积、热稳定性、在溶剂中的分散性能等方面介绍了粉体石墨烯的物理化学性能表征技术。第 10 章对前面章节未讨论到的部分性质进行了补充介绍,例如非线性光学性质、表面等离激元效应、磁学性质、电化学性质及渗透性等。第 11 章对全书进行了总结与展望。

石墨烯的光学特性涉及与不同波段光的相互作用,包括紫外、可见、红外波段。本书未对石墨烯的光学性质进行系统总结,而是从常用的光学成像和光谱表征技术出发,如第 2 章介绍了石墨烯的显微学表征技术,第 3 章介绍了石墨烯的光谱学表征技术,石墨烯的非线性光学性质、表面等离激元效应等在第 10 章中进行展开。

在本书的撰写过程中,于跃、王珊珊、史述宾、向兆兵、刘海舟、许世臣、孙丹萍、孙阳勇、杨良伟、李晓波、张娜、张诗舒、陈珂、范晓旭、赵艳、赵福振、徐波、高振飞、黄欢、韩东(按姓氏笔画顺序)参与了资料的收集与整理工作,张诗舒参与了全书的修订与校正。同时,本书参考引用了国内外同行的优秀研究成果。在此一并致谢!

另外，衷心感谢华东理工大学出版社的大力支持！

需要指出的是，石墨烯的研究日新月异，尽管作者力求完美，但书中难免会有疏漏之处，恳请各位读者批评指正。

谨以此书献给奋斗在石墨烯基础和应用研究领域的科研和技术人员，以及对石墨烯材料感兴趣的广大读者！

编著者

2020 年 5 月

目 录

第 1 章

石墨烯的结构和性质简介

1.1 石墨烯的发现

从理论预测到在实验室中成功制备，石墨烯的发现经历了半个多世纪。追溯到20世纪40年代，Wallace(1947)提出了石墨烯的概念并对其电子结构进行了初步研究；随后，McClure(1956)和Semennoff(1984)先后成功推导出石墨烯电子结构的波函数方程和与之类似的狄拉克方程；而“graphene”这个名称则最早是由Boehm(1986)提出的。

传统的观点认为，石墨烯仅可能存在于理论中，而在实际中并不存在。这种论断建立在由Peierls和Landau分别提出的经典的二维晶体理论之上，即认为准二维晶体受到本身的热力学扰动，在常温常压下会发生分解而无法稳定存在。随后的Mermin－Wagner理论认为，二维晶体的表面起伏也会破坏其长程有序性。

直到2004年，英国曼彻斯特大学的两位科学家安德烈·海姆(A. K. Geim)和康斯坦丁·诺沃肖洛夫(K. S. Novoselov)通过一个极其简单的方法，即用普通胶带在高定向热解石墨上反复撕离，获得了单层石墨烯[1]。通过普通的光学显微镜就可以观察到石墨烯(图1－1)，且其电学性质优异。这一开创性的研究迅速引起了科学界的广泛关注，两人也因此获得了2010年诺贝尔物理学奖。随后人们发现，单层石墨烯表面存在许多波纹以适应热力学扰动，这或许是石墨烯得以稳定存在的原因。

在石墨烯的发现历程中，除了A. K. Geim和K. S. Novoselov，还有众多科学家也进行过尝试。1999年，Ruoff等尝试用摩擦的方法制备石墨烯。他们以硅片作为基底，通过对石墨片层不断摩擦以期获得单层石墨烯，可是由于缺乏对产物的细致表征而与石墨烯的发现失之交臂。2004年，de Heer等利用碳化硅外延生长法成功合成了石墨烯，并且对单层石墨烯的电学性质进行了测定。2005年，Kim等通过在基底上划刻石墨，成功制备了10层左右的石墨烯薄片，距离单层石墨烯的获得更近一步。

石墨烯的发现使科学家对二维晶体理论有了新的认识，带动了二维材料这一新型材料体系的发展。石墨烯独特的结构和优异的性质，不但蕴含着丰富的基础

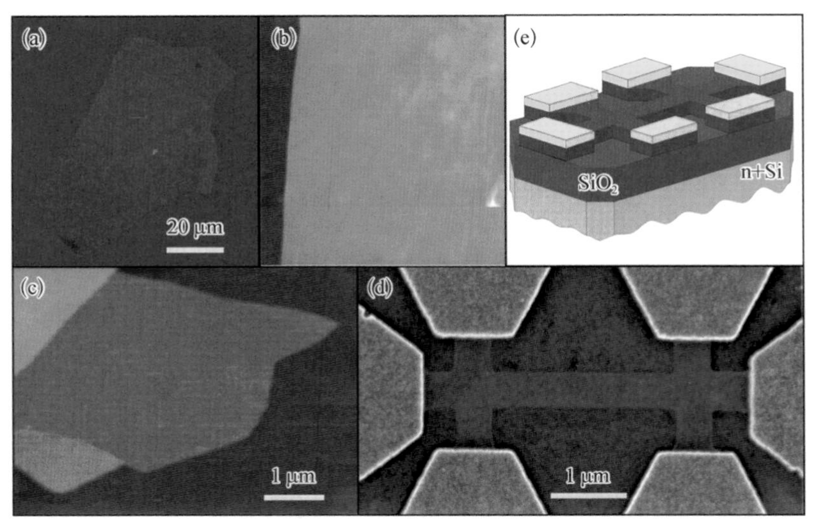

图 1-1 胶带剥离制备的石墨烯样品

（a）硅片表面厚度约为 3 nm 的多层石墨烯的光学图像[1]；（b）硅片表面 2 μm×2 μm 区域的原子力显微镜图像，深褐色区域是 SiO_2 表面，橙色区域是石墨烯；（c）单层石墨烯的原子力显微镜图像，深褐色区域是 SiO_2 表面，中间红褐色区域的高度约为 0.8 nm，左下黄褐色区域的高度约为 1.2 nm，左上橙色区域的高度约为 2.5 nm；（d）少层石墨烯电学器件的扫描电子显微镜图像；（e）石墨烯电学器件示意图

科学问题，而且使其在众多领域都展现出广阔的应用前景。

1.2 石墨烯的结构

严格意义上的单层石墨烯是指按六方晶格排列的二维碳原子层，碳原子以 sp^2 杂化方式成键，厚度为 0.335 nm。少层石墨烯的层数通常为 3～10，而对于更多层数的石墨烯，通常认为是石墨薄膜。

碳的原子序数是 6，电子排布为 $1s^2 2s^2 2p^2$，成键时 1 个 2s 轨道与 2 个 2p 轨道杂化形成 3 个 sp^2 杂化轨道并余下 1 个 2p 轨道，2p 轨道的轴垂直于 sp^2 杂化轨道所在的平面。每个碳原子以 sp^2 杂化轨道与周围的 3 个碳原子形成 3 个 σ 键，相邻碳原子余下未杂化的 $2p_z$ 轨道相互重叠形成垂直于 σ 键平面的 π 键，进而构成规则的正六边形结构，其中碳碳键的键能约为 615 kJ/mol，键长为 0.142 nm，键角为 120°（图 1-2）。按照原子的排列方式不同，石墨烯的边缘分为锯齿型（zigzag）及扶手椅型（armchair）。

图 1-2　石墨烯的六方晶格结构及简约布里渊区[2]

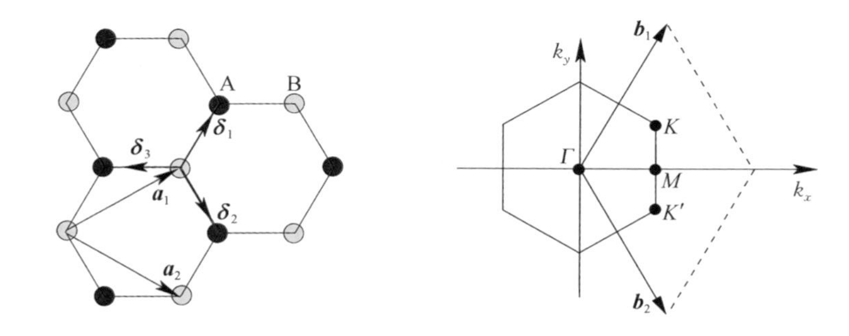

在石墨烯的六方晶格中，基矢 $\boldsymbol{a}_1$、$\boldsymbol{a}_2$ 为

$$\boldsymbol{a}_1 = \frac{a}{2}(3,\ \sqrt{3}),\ \boldsymbol{a}_2 = \frac{a}{2}(3,\ -\sqrt{3}) \tag{1-1}$$

式中，a 为晶格常数，$a = 0.246$ nm。在倒易空间中，倒易晶格常数为 $4\pi/\sqrt{3}a$。基矢 $\boldsymbol{b}_1$、$\boldsymbol{b}_2$ 为

$$\boldsymbol{b}_1 = \frac{2\pi}{3a}(1,\ \sqrt{3}),\ \boldsymbol{b}_2 = \frac{2\pi}{3a}(1,\ -\sqrt{3}) \tag{1-2}$$

在布里渊区，有两个特殊的点 K 和 K'，即狄拉克点，其中

$$K = \left(\frac{2\pi}{3a},\ \frac{2\pi}{3\sqrt{3}a}\right),\ K' = \left(\frac{2\pi}{3a},\ -\frac{2\pi}{3\sqrt{3}a}\right) \tag{1-3}$$

石墨烯的能带结构呈锥形，导带和价带相交于狄拉克点，狄拉克点附近能量和动量呈线性关系，这表明石墨烯是一种零带隙的半导体[2]，这将在第 6 章中详细阐述。

双层和少层石墨烯层间均存在范德瓦耳斯相互作用，有以下不同的堆垛方式：① 简单六角堆垛（AA 堆垛，AAA…）；② 六角堆垛（AB 堆垛，又称 Bernal 堆垛，ABAB…）；③ 三角晶系堆垛（ABC 堆垛，ABC…）。图 1-3 为石墨烯的 AB 堆垛及 ABC 堆垛的示意图[3]。石墨烯的 AA 堆垛是指第二层碳原子位于第一层碳原子的正上方，依此类推，层间距为 0.350 nm。石墨烯的 AB 堆垛是指第三层碳原子与第一层碳原子在平面上投影相同，层间距为 0.335 nm。而石墨烯的 ABC 堆垛则是指第四层碳原子与第一层碳原子在平面上投影相同，层间距为0.337 nm。无序的石墨中存在多种堆垛方式，而且相邻的石墨烯层间可能会出现扭转。AB 堆垛是石墨及

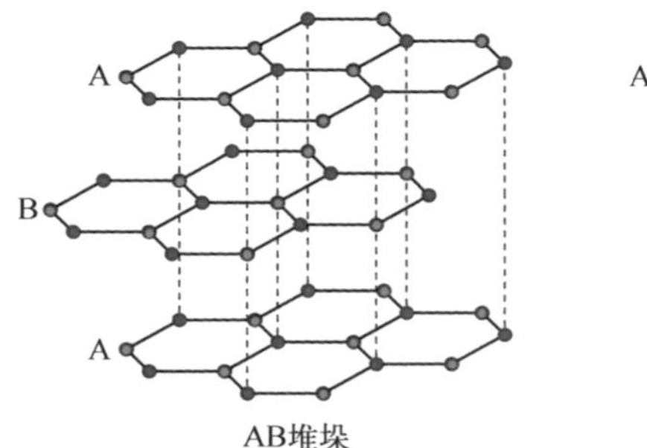

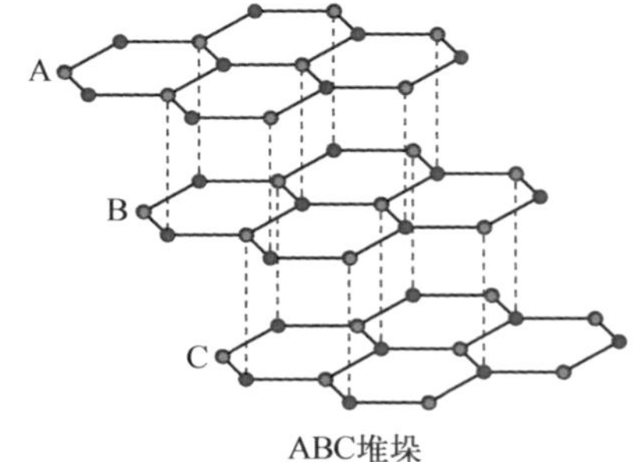

图 1-3 石墨烯的AB 堆垛及 ABC 堆垛的示意图[3]

少层石墨烯中常见的堆垛方式，双层石墨烯中有时也会存在层间扭转，导致相邻的石墨烯层间相互作用减弱，此时靠近 K 点的色散关系会从抛物线性转变成线性，并产生摩尔条纹[4]。

除了单层石墨烯，还有各种各样具有不同结构特点的石墨烯材料及其衍生物，包括石墨烯纳米带（graphene nanoribbon，GNR）、石墨烯量子点（graphene quantum dot，GQD）、氧化石墨烯(graphene oxide，GO)、功能化石墨烯、三维石墨烯等。

通过减小石墨烯的横向尺寸，可以得到石墨烯纳米带或石墨烯量子点。通常认为 GNR 的宽度小于 10 nm，并且具有很大的长宽比，其边缘类型可分为锯齿型和扶手椅型[5]。一般而言，宽度在 10 nm 以下的 GNR 的电学性质与其边缘类型密切相关。进一步地，通过不断缩小石墨烯的长宽比可以得到 GQD。GQD 的尺寸可为 1.5～60 nm，尺寸较小的 GQD 通常呈圆形或者椭圆形，而尺寸较大的 GQD 则通常呈多边形，如六边形、四边形或者三角形。圆形或者椭圆形 GQD 的边缘类型通常既有扶手椅型又有锯齿型，而多边形 GQD 的边缘类型通常为扶手椅型。通常，GQD 的制备过程会引入含氧官能团，如羟基、羧基、羰基及环氧基等[6]。

最常见的石墨烯衍生物是氧化石墨烯，主要通过 Hummers 方法制备获得，即先将天然鳞片石墨置于强酸（如浓硫酸）和强氧化性物质（如高锰酸钾）溶液中反应一定时间，氧化反应引起石墨层间膨胀，再进行剥离，就可得到表面存在大量含氧官能团的氧化石墨烯[7]。GO 的片层大小、官能团种类和数量与反应条件相关，其碳氧比一般为 4∶1～8∶1，可通过控制反应条件来调控。目前，普遍认可的单层 GO 的结构符合 Lerf－Klinowski 模型，即 GO 表面主要有羟基和环氧基等含氧官能团，与含氧官能团相连的碳原子由 sp^2 杂化变成 sp^3 杂化（Ruoff，2010）。由于表面和边缘存在大量羟基、羧基、羰基及环氧基等，GO 具有很好的亲水性，且所制备的单层 GO 的厚度接近 1 nm，大于理论预测的厚度(0.78 nm)。GO 每层中的官能团类型和所占比例都是随机的，因此目前关于 GO 的实际原子结构仍然存在争议。通过不同方法对 GO 进行还原，可以得到还原氧化石墨烯(reduced graphene oxide, rGO)[8]。rGO 表面的官能团数量会显著降低，碳氧比会提高。与本征石墨烯相比，rGO 表面存在大量孔洞，这与还原过程中官能团的去除有关。

除了 GO 和 rGO，还可以通过修饰、掺杂等手段对石墨烯进行功能化，通过选择不同的修饰官能团或掺杂原子，可以产生具有不同性质的石墨烯衍生物。GO 可以被看作一种表面修饰含氧官能团的石墨烯，此外还有氟化石墨烯、异原子掺杂石墨烯等。Geim 等(2010)报道了一种氟化石墨烯。他们利用 70℃下二氟化氙分解产生的氟原子与石墨烯反应，打开石墨烯的碳碳双键，使碳原子与氟原子成键生成氟化石墨烯。他们发现，这种氟化石墨烯是一种绝缘体，带隙达 3 eV，杨氏模量为 100 N/m。掺杂石墨烯的掺杂原子包括 N、B、S、P 等，其中研究较多的是 N 掺杂石墨烯。N 掺杂石墨烯中的 N 通常以三种形式存在：吡啶型、吡咯型和石墨型。吡啶型 N 是指在石墨烯的空位缺陷处取代六元环中的碳原子，吡咯型 N 是指在石墨烯的空位缺陷处与碳原子形成五元环结构，而石墨型 N 则是指取代石墨烯完整晶格中的碳原子并维持其六元环结构(Wang, 2012)。

此外，石墨烯材料家族还包括三维石墨烯、石墨烯自组装薄膜和石墨烯纤维等。三维石墨烯是一类具有较低密度、较大比表面积和多孔结构的宏观材料。这类材料通常通过 GO 片层的组装来获得，如石墨烯气凝胶、石墨烯泡沫等。石墨烯气凝胶具有多孔网络结构，可以通过水热或者冷冻干燥的方法制备，在催化、吸附过滤、能源储存等方面得到了很好的应用。值得一提的是，还可以基于模板法在三维基底上直接利用化学气相沉积法来制备三维石墨烯。Chen 等[9]以甲烷为碳源，通过化学气相沉积法在金属镍泡沫上生长石墨烯，刻蚀基底后得到了自支撑的三维网络状石墨烯。石墨烯自组装薄膜也可以通过上述类似的方法制备，利用简单的抽滤就可以将石墨烯微片组装成石墨烯薄膜。由于石墨烯平面间的 $\pi-\pi$ 相互作用或氢键相互作用，这种层层堆叠的石墨烯自组装薄膜具有良好的机械性能和强度。石墨烯纤维通常通过纺丝技术处理石墨烯分散溶液或液晶来制备。这种石墨烯纤维可以是实心结构，也可以是空心结构，还可以通过功能化来增强其柔性与拉伸性等性能。

1.3 石墨烯的制备方法

石墨烯的制备方法可分为“自上而下”和“自下而上”两种方法。“自上而下”的方法指的是，从石墨块体出发，利用物理或化学方法不断对其剥离，从而获得单层或少层石墨烯；“自下而上”的方法指的是，从含碳小分子出发，通过化学反应将碳原子以共价键形式连接起来，从而形成二维蜂窝状的石墨烯。“自上而下”的方法包括机械剥离法、液相剥离法、氧化还原法等；“自下而上”的方法包括化学气相沉积法、碳化硅表面外延生长法、有机合成法等。

1.3.1 机械剥离法

机械剥离法是最早获得少层石墨烯的方法，是一种纯物理剥离方法。2004年，英国曼彻斯特大学 A. K. Geim 和 K. S. Novoselov 首次利用该方法从高定向热解石墨表面成功地剥离出单层及少层石墨烯[1]。其原理十分简单，石墨是一种典型的层状晶体，其两层原子之间并不存在化学键，而仅仅以范德瓦耳斯力实现层间堆积。将透明胶带紧贴在干净的石墨表面再撕下来，即可克服这种范德瓦耳斯力，剥离出薄层石墨。反复重复这种剥离过程，即可得到少层乃至单层石墨烯。机械剥离法制备的石墨烯薄膜结晶质量高、缺陷少，广泛用于实验室水平的对石墨烯本征物理性质的研究。然而，机械剥离法的局限性是显而易见的，主要包括制备效率低、无法实现大面积和规模化制备、层数可控性差等。

1.3.2 液相剥离法

液相剥离法是指以石墨为原料，借助溶剂插层、金属离子插层、剪切作用、超声等外力来破坏石墨层间的范德瓦耳斯力，实现块体石墨的层层分离，从而得到单层或少层石墨烯分散液，进一步干燥后即可得到石墨烯粉体。原理上讲，液相剥离法也属于物理剥离方法。在液相剥离法中，溶剂的选择极为重要，常用的分散溶剂是有机溶剂，而使用水性溶剂时则需要添加表面活性剂。对于溶剂的选择，一个重要的考量指标是溶剂的表面张力，一般为 40～50 mJ/m^2时效果最佳[10]。液相剥离法在一定程度上可弥补机械剥离法的劣势，实现石墨烯分散液和粉体的规模化制备。其缺点主要包括层数分布不均匀、杂质含量较多等。

1.3.3 氧化还原法

氧化还原法是目前规模化制备石墨烯粉体较为成熟的方法之一。首先用强氧化剂（如浓硫酸、高锰酸钾等）将石墨氧化，其层间会插入含氧官能团，使得其层间距增大，经超声处理后可得到单层或少层氧化石墨烯，然后用强还原剂（如水合肼、硼氢化钠等）将氧化石墨烯还原，即可得到单层或少层石墨烯。氧化还原法操作简单、工艺较为成熟且生产成本相对低廉，因而可以实现大规模的石墨烯粉体制备[11]。但是，该方法也存在诸多缺点：第一，石墨烯粉体的层数分布很宽、可控性较差；第二，氧化还原过程产生了大量的晶格缺陷，同时引入的化学官能团和非碳杂质无法完全去除；第三，氧化剂和还原剂的大量使用会带来环境污染问题，后续处理成本很高。

1.3.4 化学气相沉积法

化学气相沉积（chemical vapor deposition，CVD）法是制备高质量石墨烯薄膜最常用的技术手段，通常包括低压 CVD 法和常压 CVD 法。生长石墨烯时典型的催化剂是金属铜、金属镍及其合金，其作用是降低碳源裂解温度和石墨化温度。2009 年，Ruoff 课题组率先在铜箔表面利用 CVD 法生长出单层石墨烯薄膜[12]。同年，Kong 课题组在金属镍基底上生长出单层和少层石墨烯薄膜。该方法是指从含碳前驱体出发，在 1000℃ 左右的高温反应腔中，通过裂解、成核、生长等基元反应过程，在金属催化剂表面实现了单层和少层石墨烯的化学合成。此后，CVD 法被广泛用于实验室乃至工业规模的石墨烯薄膜制备。该方法制备的石墨烯薄膜具有良好的可控性，包括层数、晶畴尺寸、掺杂浓度等。随着 CVD 法的发展，石墨烯的晶畴尺寸已经从当年的 10 μm 达到如今的晶圆量级甚至更大[13]，规模化制备技术也不断取得突破。

1.3.5 碳化硅表面外延生长法

碳化硅(SiC)是一种宽禁带半导体(禁带宽度为2.3～3.3 eV),石墨烯在SiC表面的外延生长过程实际上是SiC在高温条件下的表面石墨化过程。在高温和高真空的环境下,SiC表面的Si原子会发生升华,剩余的C原子随后发生表面重构形成石墨烯。这一现象早在20世纪60年代就被Badami[14]发现,而21世纪初,de Heer等[15]将其发展成为制备石墨烯薄膜的重要方法。该方法通常在高真空高频加热炉内进行,生长温度在1400℃以上。SiC的Si终止面和C终止面都可以外延生长出石墨烯,但其性质差别很大。Si终止面可以生长出单层和少层石墨烯,但掺杂和缺陷浓度很高;C终止面通常会生长出无序堆积的多层石墨烯,掺杂和缺陷浓度较低,但是层数较难控制。

1.3.6 有机合成法

有机合成法特指在温和条件下的化学合成方法。Zhi等[16]从芳香性有机前驱体出发,先在Au(111)等单晶金属表面进行自组装,形成具有良好取向性的自组装膜结构,再进一步脱去杂原子、脱氢环化,得到具有明确边缘结构的石墨烯纳米带。通过设计不同的前驱体分子,便可实现对石墨烯纳米带结构的调控。有机合成法的优点是可以制备具有明确边缘结构的石墨烯纳米带,而缺点则是合成效率很低、不适用于大尺寸的石墨烯薄膜制备等。

1.4 石墨烯的性质

石墨烯的性质与结构密不可分,例如透明性、柔性、导电性、导热性、强度等都取决于石墨烯的结构。具有不同结构的石墨烯材料在某些特定的性质方面具有明显的差异。石墨烯具有优异的电学、光学、力学和热学等性质,而石墨烯衍生物由于保持了石墨烯的一些基本结构,同时受到杂原子、官能团等因素的影响,性质不尽相同。本节将简要介绍石墨烯及其衍生物的基本性质。

1.4.1 石墨烯的电学性质

石墨烯具有独特的电子结构及优异的电学性质。石墨烯的导带和价带相交于布里渊区的 $K(K')$点，即狄拉克点(图 1-4)，这一点附近的电子运动行为可以用狄拉克方程描述，自由电子的有效质量为零，并且费米速度可达 10^6 m/s。单层石墨烯基场效应晶体管表现出明显的双极输运特性，霍尔迁移率高达 200000 $cm^2/(V \cdot s)$[17,18]。同时，石墨烯中的电子被局域在原子层厚度内，在强磁场作用下会产生量子化朗道能级，从而产生量子霍尔效应。除此之外，石墨烯中的狄拉克电子遇到势垒时以空穴形式穿过势垒，而在另一侧重新以电子状态出现，从而产生克莱因隧穿效应。石墨烯是目前室温下电阻率最低的材料，约为 10^{-6} $\Omega \cdot cm$，小于银的电阻率，这主要归因于石墨烯表面 π 电子被限域在平面内运动，电子传输属于近弹道输运。

图 1-4 石墨烯的能带结构及狄拉克点

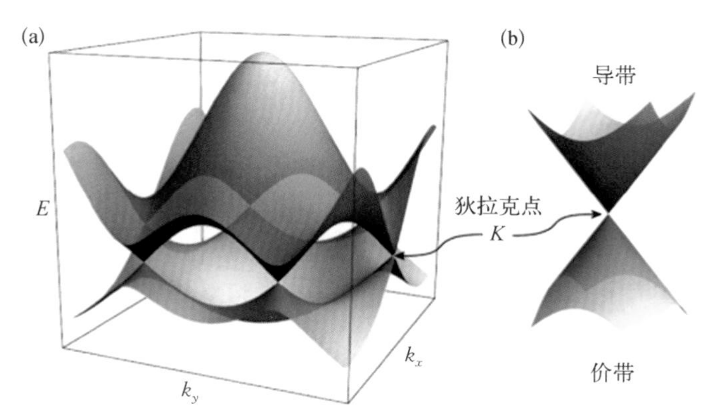

（a）石墨烯的能带结构，其导带和价带在狄拉克点处相交；（b）狄拉克点，表明线性的色散关系[19]

石墨烯的电学性质与其层数密切相关。无外电场作用下的单层和双层石墨烯的带隙都为零，但由于石墨烯层间 π 轨道的耦合，双层石墨烯在外电场作用下可以打开带隙而成为半导体，而三层石墨烯主要表现为半金属属性。理论与实验结果表明，施加垂直于双层石墨烯平面的电场会使其带隙发生 0.1～0.3 eV 的改变(Oostinga，2008)。

施加应力也能够调控石墨烯的电学性质。紧束缚模型计算结果表明，在不考虑电子相互作用的前提下，单轴应变可能会打开单层石墨烯的带隙（Pereira，2009）。Shen 等通过对转移在聚对苯二甲酸乙二醇酯（PET）基底上的石墨烯进行拉伸发现，石墨烯的拉曼光谱特征峰在拉伸过程中会发生移动。而且第一性原理计算结果也表明，当石墨烯发生 1%的单轴应变时，石墨烯会打开约 300 meV 的带隙（Ni，2008）。

GQD 的电学性质与其边缘晶格的对称性有关。扶手椅型 GQD 的带隙与形状无关，通常其带隙较宽且与 $1/L$ 呈正相关，其中 L 是 GQD 的边缘长度，这可以用量子限域效应来解释。这与传统的无机半导体量子点不同，后者的带隙与$1/L^2$ 呈正相关[19]。对于锯齿型 GQD，当尺寸为 7～8 nm 时，通常表现出金属性。在三角形、梯形及领结形 GQD 中，费米能级处存在简并度，随着 GQD 尺寸的增大，其能级数目增多、间距减小，能态密度增大。与扶手椅型 GQD 相比，锯齿型 GQD 的带隙随尺寸增大而衰减得更加剧烈。

GNR 的宽度通常小于 10 nm，其带隙取决于其边缘类型和宽度。通过紧束缚模型计算发现，锯齿型 GNR 具有金属性，并且费米能级附近的电子态集中在石墨烯的边缘，相应的电子概率密度主要分布在 GNR 两侧的锯齿型边缘上。而扶手椅型 GNR 随宽度的不同表现出金属性或者半导体性，当宽度满足 $N = 3M - 1$（N 为宽度方向上的原子数，M 为整数）时，GNR 表现出金属性，其他宽度的 GNR 的电子结构中存在明显的带隙，表现出半导体性[20]。实际上，GNR 的边缘可能存在一定的官能团，从而影响带隙的测量，但总体而言，带隙与其宽度呈相关性。Wang 等（2010）通过对多壁碳纳米管进行等离子体处理制备出 GNR，这种 GNR 具有平滑的边缘，并且宽度分布较窄，为 10～20 nm。他们还通过精细控制等离子体刻蚀体系的气体氛围与压力，采用刻蚀与光刻相结合的方法，首次制备出宽度为 5 nm 左右、开关比高达 10^4 的 GNR，并展示了 GNR 尺寸的可控性，其控制精度远超过常规光刻所能达到的尺度（约 20 nm）。

GO 是一类带有官能团和缺陷的石墨烯，本身是一种绝缘体。GO 和 rGO 的导电性强烈依赖于其化学组成和原子结构，通过调节还原反应参数，可以实现由绝缘体到半导体再到半金属的连续调节。Kern 等（2007）将 GO 沉积在200 nm厚的 SiO_2/Si 基底表面，并利用电子束蒸镀 Au/Pd 电极制备了电学器件，发现 GO 在 10 V 偏压下的电导率为$(1～5)\times10^{-3}$ S/cm；通过化学还原获得了 rGO，发现其电导率有了明显的提升，达到 0.05～2 S/cm，测得其场效应迁移率为 2～

200 $cm^2/(V \cdot s)$。

掺杂石墨烯的导电性可通过掺杂程度来调控。Wei 等(2009)研究了 N 掺杂石墨烯的场效应特性。他们在 500 nm 厚的 SiO_2/Si 基底表面制备了背栅石墨烯场效应晶体管,发现含有 8.9% N 的掺杂石墨烯表现出 n 型掺杂半导体性质。作为对比,未掺杂石墨烯由于其表面吸附了空气中的 O_2 和 H_2O 而表现出 p 型特性。与未掺杂石墨烯的场效应迁移率[300～1200 $cm^2/(V \cdot s)$]相比,该 N 掺杂石墨烯的场效应迁移率明显下降,为 200～450 $cm^2/(V \cdot s)$。Jin 等(2011)也报道了 N 含量为 2.4%的掺杂石墨烯的场效应迁移率与未掺杂石墨烯相比降低了 2 个数量级。

1.4.2 石墨烯的光学性质

在布里渊区的狄拉克点附近,石墨烯的电子能量与动量呈线性关系,这使得石墨烯具有宽波段光吸收的特性。本征石墨烯的透过率 T 仅与其精细结构常数 α 相关,即

$$\alpha = e^2 / \hbar c \tag{1-4}$$

式中,e 为电子电荷量;$\hbar$ 为约化普朗克常量;c 为光速。因此,透过率 T 可用式(1-5)进行描述[21]。

$$T = (1 + 2\pi G / c)^{-2} \approx 1 - \pi\alpha \approx 0.977 \tag{1-5}$$

式中,G 为动态电导率。

可见,单层石墨烯具有良好的透光性。理论和实验结果表明,单层石墨烯对 400～800 nm 波长的光的透过率可达 97.7%,即吸收率仅为2.3% (图 1-5)。多层石墨烯的吸收率与其层数成正比,每增加一层,透过率降低2.3%。单层石墨烯的反射率极低,仅为 0.013%。通过化学掺杂或电学调控等手段,可以改变石墨烯的化学势,进而影响石墨烯的透过率。石墨烯的光电导率可以表示如下:

$$\sigma = \sigma_{\text{intra}} + \sigma'_{\text{inter}} + \text{i}\sigma''_{\text{inter}} \tag{1-6}$$

式中,σ 为光电导率,即光学吸收所引起的材料电导率的增加;σ_{intra} 为带内光电导率;σ'_{inter} 和 σ''_{inter} 分别为带间光电导率的实部和虚部。带内光电导率与带间光电导

图 1-5

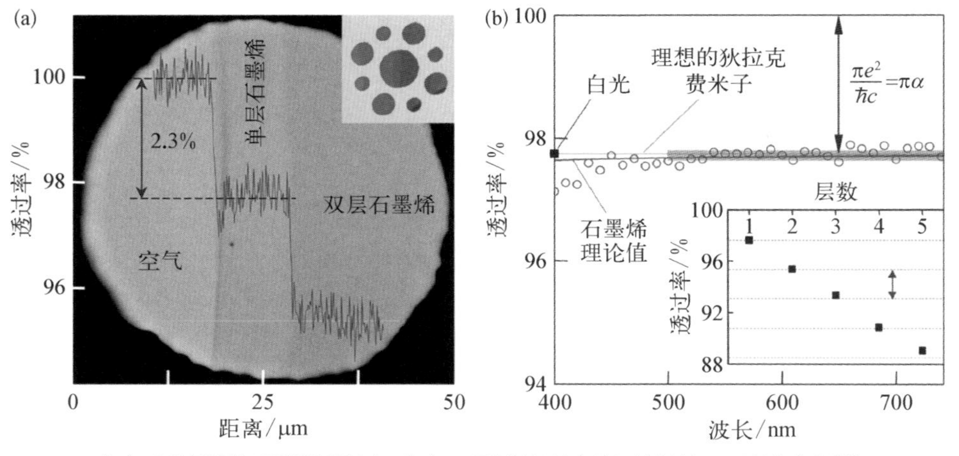

（a）实验测得的石墨烯的透过率；（b）石墨烯的透过率随入射光波长及层数的变化[21]

率均与化学势μ相关。石墨烯的带内光电导率在太赫兹和远红外波段起主导作用，此过程主要为自由载流子吸收过程，并且伴随其他声子或者缺陷散射过程。而带间光电导率则主要贡献在近红外和可见光波段，这一过程中光电导率与频率无关，导致普适吸收率为 2.3%（Jiang，2017）。在对石墨烯进行掺杂后，其中的杂原子能够改变石墨烯的能带结构与化学势，因此会影响其光学性质。Yu 等（2016）通过研究 N/B 掺杂的石墨烯发现，掺杂石墨烯与未掺杂石墨烯相比，其能带和费米能级都发生了改变，且狄拉克锥消失，进而打开了带隙，改变了石墨烯的光学性质。

此外，石墨烯还具有良好的非线性光学效应。入射光的电场与石墨烯中碳原子的外层电子相互作用，可以使石墨烯内电子云产生极化现象。当外加光场较弱时，电极化强度 P 与偏移量 χ、外加电场强度 E 之间满足如下关系：

$$P=\varepsilon_0\chi E \tag{1-7}$$

式中，ε_0 为真空介电常数。

当外加光场较强时，这些参量则主要满足如下关系：

$$P=\varepsilon_0\chi^{(1)}E+\varepsilon_0\chi^{(2)}E^2+\cdots+\varepsilon_0\chi^{(n)}E^n,\ n=2,3,\cdots \tag{1-8}$$

式中，$\chi^{(1)}$为一阶线性极化率；$\chi^{(n)}$为 n 阶非线性极化率。对于一阶线性极化率 $\chi^{(1)}$，石墨烯的折射率与其实部相关，而光学增益或损耗与其虚部相关。通过改变垂直于石墨烯表面的直流电场，在一定程度上可以调控一阶线性极化率，进而改变石墨烯的折射率。由于其晶格的高度对称性，通常认为石墨烯的二阶非线性极化率 $\chi^{(2)}=0$。石墨烯的非线性光学效应主要与三阶非线性极化率 $\chi^{(3)}$ 相关，$\chi^{(3)}$ 的值与单位体积内电极化强度及外加电场强度有关。基于石墨烯的非线性光学效应，石墨烯可以被用来制作锁模激光器的可饱和吸收体。Loh 等(2010)利用石墨烯可饱和吸收体制备了工作波段在 1570～1600 nm、可调范围大于 30 nm 的光纤锁模激光器，其脉冲宽度为 1.67 ps，信噪比大于 58 dB。

GQD 具有很好的光致发光(photoluminescence, PL)效应。由于 GQD 具有较高的结晶度，其量子产率高于普通的碳量子点(通常小于 10%)。GQD 的 PL 效应与多种因素有关，比如尺寸、形状、激发波长、sp^2 与 sp^3 比例、官能团、pH 及溶剂等[22]。GQD 中 C═C 的 $\pi-\pi^*$ 跃迁导致其在紫外区域有很强的吸收峰(4.6～6.2 eV)，而 C═O 的 $n-\pi^*$ 跃迁导致其在可见光区域有一个尾峰(2.1 eV 附近)。GQD 带间跃迁的吸收峰在 4.55 eV 左右。由于量子限域效应，随着尺寸变大，GQD 的吸收峰发生红移，例如当直径由 5 nm 增大至 35 nm 时，GQD 的吸收峰由约 6.2 eV 红移至约 4.6 eV。GQD 的 PL 峰能量随尺寸增大而先减小后增大，在约 17 nm 处出现极小值。对于锯齿型 GQD，π 电子离域导致带隙减小，随着尺寸由 0.46 nm 增大至 2.31 nm，PL 发射波长由深紫外区域(235.2 nm)红移至近红外区域(999.5 nm)(Chen, 2014)。官能团修饰及缺陷的引入也会导致锯齿型 GQD 的 PL 发射波长发生红移，但对于扶手椅型 GQD 和 N 掺杂 GQD，PL 发射波长发生蓝移。除此之外，GQD 还具有上转换效应，即低能量的光子激发出高能量的光子发射，其原因之一是多光子吸收效应。Liu 等(2013)报道了 N 掺杂 GQD 的双光子诱导发光效应，双光子吸收截面达 48000 GM①，比传统有机染料要高 2 个数量级。

针对 GNR 光学性质的报道较少。Hsu 等(2007)研究了锯齿型 GNR 的光学吸收谱，并与碳纳米管的光谱选律进行了比较。对于碳纳米管，当入射光的偏振方向与碳纳米管的轴向平行时，光学吸收主要来源于其带间跃迁。然而这种选律不适用于锯齿型 GNR，由于锯齿型 GNR 的宽度有限，其在横截面方向上的本征态是对称的或反对称的，因此带间跃迁是禁阻的。Chong 等(2018)首次报道了 GNR 的发光现象。他们发现，只有 7 个原子宽度的 GNR 在扫描隧道显微镜(scanning tunneling microscope, STM)针尖与 Au(111)表面间产生了明亮的发光现象，其强

---

① $1\ \mathrm{GM}=10^{-50}\ \mathrm{cm^4\cdot s\cdot photon^{-1}}$，其中 photon 表示光子个数。

度与碳纳米管制成的发光器件相当，通过改变电压可改变其颜色。

在GO的紫外-可见吸收光谱中，225～270 nm内的吸收峰对应C═C的$\pi-\pi^*$跃迁，而C═O的$n-\pi^*$跃迁则对应约300 nm处的吸收峰。在将GO还原成rGO的过程中，其吸收峰发生红移，原因可能是π电子浓度和结构有序性的增加。GO本身具有PL效应，这是由于GO具有高度混乱的原子和电子结构，在某些电子局域态上，电子-空穴对复合而发射荧光，其发射光谱在500～800 nm或390～440 nm（紫外光激发下会产生蓝光发射）。GO的片层尺寸对其PL光谱无明显影响，即使将其切割为仅几纳米大小的片，PL峰也并未明显移动（Dai，2008）。除此之外，GO还具有荧光猝灭效应。研究发现，该效应可能与GO和rGO的sp^2区域中荧光共振能量的转移过程有关。

1.4.3 石墨烯的力学性质

材料的断裂本质上是化学键的断裂，而决定化学键强度的一个重要因素是原子轨道的重叠程度。石墨烯面内碳原子以sp^2杂化方式形成碳碳双键，同时面内存在离域π电子，这使得石墨烯具有优异的力学性质。

为了测定单层石墨烯的力学性质，研究人员发展了基于原子力显微镜（atomic force microscope，AFM）的测量技术。AFM纳米压痕法可以用来对单层石墨烯的有效弹性常数进行测量。通过测量悬空石墨烯在针尖压力下的应变，可得石墨烯的断裂应变约为25%，弹性常数为42 N/m。以0.335 nm作为单层石墨烯的厚度，可得其杨氏模量为1 TPa，本征强度（材料在外力作用下抵抗永久变形和断裂的能力）为130 GPa，弹性刚度（杨氏模量×厚度）约为335 N/m（Lee，2008）。

材料弹性的各向异性δ被定义为

$$\delta(\boldsymbol{C})=\frac{|\boldsymbol{C}-\boldsymbol{C}_{\mathrm{iso}}|}{|\boldsymbol{C}|} \tag{1-9}$$

式中，$\boldsymbol{C}_{\mathrm{iso}}$为弹性矩阵$\boldsymbol{C}$的各向同性部分，其模定义为$|\boldsymbol{C}|=\sqrt{\boldsymbol{C}_{ijkl}\boldsymbol{C}_{ijkl}}$，其中$i$、$j$、$k$、$l$均为晶体的晶面方向。实验测量发现，石墨烯弹性的各向异性高达0.67，远高于其他材料，仅次于单壁碳纳米管（Zheng，2007）。这主要与石墨烯层间弱的相互作用相关，石墨烯的层间剪切模量为4 GPa，层间剪切强度为0.08 MPa（Ruoff，2000）。

对于 GNR，沿不同方向拉伸得到的最大弹性应变和拉伸强度各不相同。当沿锯齿型边缘拉伸时，最大弹性应变 $\varepsilon_{c,\ zGNR}$ 为 24%，拉伸强度为 98 GPa；当沿扶手椅型边缘拉伸时，最大弹性应变 $\varepsilon_{c,\ cGNR}$ 为 16%，拉伸强度为 83 GPa；当沿中间方向拉伸时，最大弹性应变 $\varepsilon_{c,\ cGNR}$ 和拉伸强度结果则介于前两者结果之间。分子动力学模拟结果也表明，沿三个方向拉伸的最大弹性应变 $\varepsilon_{c,\ aGNR} : \varepsilon_{c,\ cGNR} : \varepsilon_{c,\ zGNR} = 0.65 : 0.71 : 1$（Xu，2009）。

化学修饰石墨烯的力学性质与其表面修饰官能团有关。GO 骨架上连接有羟基、环氧基和羧基等，并且通常含有晶格缺陷，这对其力学性质有一定影响。Ruoff 等（2010）利用 AFM 研究了孔洞上自支撑的单层 GO、双层 GO 和三层 GO 的力学性质。测量发现，单层 GO 的有效杨氏模量为（156.5 ± 23.4）GPa，弹性刚度为（109.6 ± 16.7）N/m。另外，石墨烯氧化物层间键合作用力较大，能够有效避免层间滑移，因此双层 GO 和三层 GO 的有效杨氏模量区别不大，分别为（223.9 ± 17.7）GPa 和（229.5 ± 27.0）GPa。

1.4.4　石墨烯的热学性质

材料的热导率描述的是其导热能力。对于固体材料，其热传导通常通过声子和电子来实现。当声子的平均自由程小于材料宽度时，声子会与其他声子、晶格缺陷、杂质等发生散射。块体材料的热导率通常与三种声学声子模式相关，包括面内纵向声学支（in-plane longitudinal acoustic branch，iLA）、面内横向声学支（in-plane transverse acoustic branch，iTA）和面外横向声学支（out-of-plane transverse acoustic branch，oTA），且这三种声子模式对于石墨烯的有效导热贡献不尽相同，其具体的导热机理详见第 7 章。

石墨烯的热导率与其层数有关，由于存在层间低频声子的散射及倒逆过程，石墨烯的热导率随层数增加而明显下降（Lindsay，2010）。Ghosh 等（2010）发现了四层石墨烯的热导率约为 2000 W/(m·K)，远低于单层石墨烯（图 1-6）。由于石墨烯晶格振动的层间耦合作用很弱，石墨烯的层间热导率远低于面内热导率，从而造成热导率的各向异性。研究发现，石墨烯的面内热导率约为层间热导率的 100 倍，且层间热导率随温度上升而下降（Sun，2009）。

Guo 等[23]利用非平衡态分子动力学模拟的方法研究了扶手椅型 GNR 和锯齿

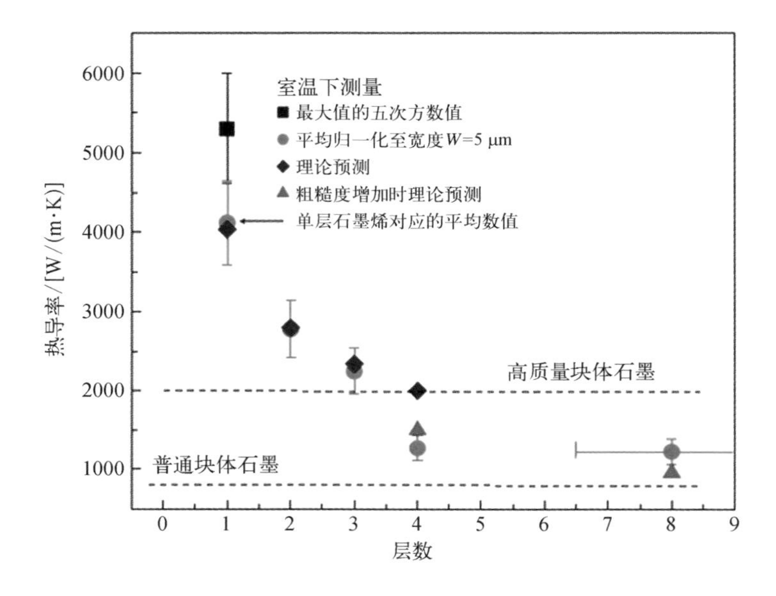

图 1-6 石墨烯的热导率与其层数的关系

型 GNR 的热导率,发现 GNR 具有较高的热导率及较大的声子平均自由程,其热导率受到边缘类型、几何尺寸和应力的影响。他们以长度为 11 nm、宽度为2 nm 的 GNR 作为模拟对象,发现扶手椅型 GNR 的热导率[218 W/(m·K)]远小于锯齿型 GNR 的热导率[472 W/(m·K)]。随着 GNR 长度的增加,其热导率会升高。不仅如此,对于锯齿型 GNR,其热导率会随着宽度的增加而先升高后降低;对于扶手椅型 GNR,其热导率则随着宽度的增加而升高。其主要原因如下:① 宽度的增加会导致 GNR 声子模式的数量增加,但是不会改变边缘局部的声子模式的数量,边缘效应会降低热导率,因而引起热导率升高;② 宽度的增加会降低声子间能隙,增加声子倒逆过程,从而降低热导率。

缺陷的引入会导致声子模式展宽,即声子平均自由程减小及声子弛豫(声子从非平衡态过渡到平衡态的过程)时间缩短,这会显著降低石墨烯的热导率[24]。同样,多晶石墨烯的晶界也会引起石墨烯热导率的降低。晶界处主要以碳五元环-七元环形式相连,而单位面积内缺陷数目的增加同样会导致声子散射增强,从而导致热导率下降。此外,样品表面的粗糙度增加、杂质的存在等都会降低石墨烯的热导率。

石墨烯的化学修饰会导致声子模式弱化和散射中心增加,进而降低石墨烯的热导率[25]。通过非平衡态分子动力学模拟发现,氢化石墨烯的热导率随表面氢的覆盖度增加而降低。而对于 GO，由于片层接触热阻较大，且含氧官能团会造成声子散射，其热导率远低于本征石墨烯。通常，利用 GO 制备的宏观聚集体，如石墨烯薄膜、石墨烯纤维等，都需要进行高温退火，以去除表面大量的含氧官能团、减弱热传导的声子散射，从而提高其热导率。

1.4.5　石墨烯的其他性质

（1）石墨烯的自旋和磁性。在量子力学中，角动量由轨道角动量和自旋角动量组成，由自旋角动量 $\boldsymbol{S}$ 产生的磁矩$\boldsymbol{\mu}_e$可以表示为

$$\boldsymbol{\mu}_e = \mu_B g \boldsymbol{S} \tag{1-10}$$

式中，μ_B为玻尔磁子；g 为朗德因子。自旋磁矩的能量 $E=\mu_B B$，其中 B 为外加磁场强度。当 $B=0$ 时，自旋向上和向下的能量相等。但是 B 的存在会使得自旋态与磁场平行或反平行，造成自旋向上和向下的能量不相等，从而导致塞曼效应的产生。

本征石墨烯不具有磁性，而引入单碳原子缺陷就可以产生磁性。Yazyev 等（2007）通过理论计算发现，石墨烯中化学吸附氢缺陷和空位缺陷都会产生磁性，每个化学吸附氢缺陷的磁矩大小为μ_B，而每个空位缺陷的磁矩大小为（1.12～1.53）μ_B（图 1-7）。Lopez-Sancho 等（2009）预测，奇元环（五元环或七元环）的存在会使碳原子发生移位，可能导致磁性的产生。另外，随着石墨烯尺寸的减小，边缘态对磁性也有一定的影响。Wakabayashi 等（1999）通过紧束缚模型研究发现，锯齿型 GNR 的磁化率在高温抗磁性到低温顺磁性的转变过程中存在交叉。值得一提的是，最近的研究表明，具有特定扭转角度（“魔角”）的双层石墨烯表现出一些新奇的电子特性，例如铁磁性转变和超导性等。

（2）石墨烯的渗透性。研究表明，将石墨烯覆盖在金属表面，当在 200℃下加热4 h时，仍能够较好地保护金属，使其表面不被氧化。Liu 等通过研究发现，在 Cu(111)面上生长的石墨烯可以保护 Cu 免受腐蚀，至少可持续 2.5 年，这是因为 Cu(111)面和石墨烯间较强的界面相互作用可以阻止水分子进入，避免金属发生电化学腐蚀。而在 Cu(100)面上生长的石墨烯由于热膨胀失配产生了一维褶皱，因而不能很好地防止 Cu 被腐蚀（Xu，2018）。

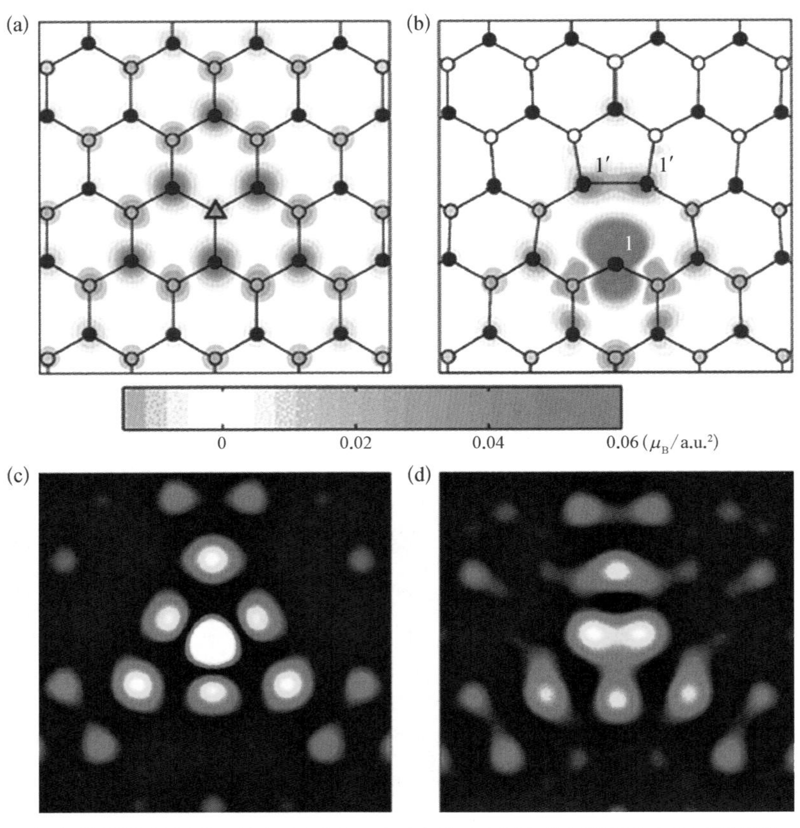

图 1-7 石墨烯中电子自旋密度成像

（a）化学吸附氢缺陷；（b）空位缺陷；（c）（d）与两种缺陷相对应的 STM 模拟图像

（3）石墨烯的吸附性。本征石墨烯的比表面积高达 2630 m^2/g，如此巨大的比表面积使得石墨烯具有较强的吸附性。同时，分子在石墨烯表面的吸附或者脱附会使石墨烯的电导率发生变化。这一特性使得石墨烯可以被用来制作气体传感器，并且由于其高的电导率与低的热噪声，石墨烯基气体传感器往往具有较高的灵敏度。Schedin 等[26]利用机械剥离法得到的单层石墨烯制备了气体传感器，可以用于 NO_2、NH_3、H_2O 和 CO 等气体的检测，检测限可低至 1 ppm①，且电导率在 1 min 内出现明显变化(图 1-8)。从原理上讲，H_2O 和 NO_2 分子吸附在石墨烯表面作为电子受体形成 p 型掺杂石墨烯，从而提高石墨烯的电导率；NH_3 和 CO 分子吸附在石墨烯表面则作为电子给体形成 n 型掺杂石墨烯，从而降低石墨烯的电导率。

① 1 ppm=10^{-6}。

图 1-8 石墨烯基气体传感器[26]

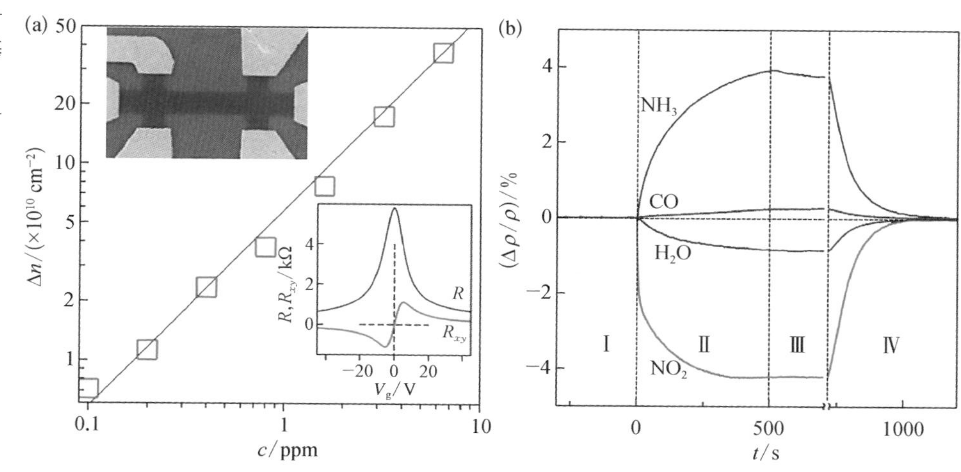

(a) 单层石墨烯的载流子浓度随 NO_2 浓度的变化曲线(左上插图为器件的假色扫描电子显微镜图像，右下插图为器件的场效应特性曲线);(b) 石墨烯的电导率在不同吸附气体(浓度为 1 ppm)中的变化曲线，其中 Ⅰ ~ Ⅳ四个阶段分别对应真空、待测气体、抽真空及 150℃加热

1.5 本章小结

本章概述了石墨烯的发现历程、结构特点、制备方法及主要的物理性质。在石墨烯的结构和性质方面，本章只做简要介绍，在后续章节中，将详细介绍石墨烯的结构和性质的显微学表征和光谱学表征，并针对石墨烯的晶格与电子结构、电学性质、热学性质、力学性质等进行系统介绍。

参考文献

[1] Novoselov K S, Geim A K, Morozov S V, et al. Electric field effect in atomically thin carbon films[J]. Science, 2004, 306(5696): 666-669.
[2] Neto A H C, Guinea F, Peres N M R, et al. The electronic properties of graphene [J]. Reviews of Modern Physics, 2009, 81(1): 109-162.
[3] Yacoby A. Graphene: Tri and tri again[J]. Nature Physics, 2011, 7(12): 925-926.
[4] Warner J H, Rümmeli M H, Gemming T, et al. Direct imaging of rotational

stacking faults in few layer graphene[J]. Nano Letters, 2009, 9(1): 102 - 106.

[5] Chen L, Hernandez Y, Feng X L, et al. From nanographene and graphene nanoribbons to graphene sheets: Chemical synthesis [J]. Angewandte Chemie International Edition, 2012, 51(31): 7640 - 7654.

[6] Choi S H. Unique properties of graphene quantum dots and their applications in photonic/electronic devices[J]. Journal of Physics D, 2017, 50(10): 103002.

[7] Hummers W S, Offeman R E. Preparation of graphitic oxide[J]. Journal of the American Chemical Society, 1958, 80(6): 1339.

[8] Schniepp H C, Li J L, McAllister M J, et al. Functionalized single graphene sheets derived from splitting graphite oxide[J]. The Journal of Physical Chemistry B, 2006, 110(17): 8535 - 8539.

[9] Chen Z P, Ren W C, Gao L B, et al. Three-dimensional flexible and conductive interconnected graphene networks grown by chemical vapour deposition[J]. Nature Materials, 2011, 10(6): 424 - 428.

[10] Hernandez Y, Nicolosi V, Lotya M, et al. High-yield production of graphene by liquid-phase exfoliation of graphite[J]. Nature Nanotechnology, 2008, 3(9): 563 - 568.

[11] Dreyer D R, Park S, Bielawski C W, et al. The chemistry of graphene oxide[J]. Chemical Society Reviews, 2010, 39(1): 228 - 240.

[12] Li X S, Cai W W, An J, et al. Large-area synthesis of high-quality and uniform graphene films on copper foils[J]. Science, 2009, 324(5932): 1312 - 1314.

[13] Xu X Z, Zhang Z H, Dong J C, et al. Ultrafast epitaxial growth of metre-sized single-crystal graphene on industrial Cu foil[J]. Science Bulletin, 2017, 62(15): 1074 - 1080.

[14] Badami D V. Graphitization of α-silicon carbide[J]. Nature, 1962, 193(4815): 569 - 570.

[15] de Heer W A, Berger C, Wu X S, et al. Epitaxial graphene[J]. Solid State Communications, 2007, 143(1 - 2): 92 - 100.

[16] Zhi L J, Müllen K. A bottom-up approach from molecular nanographenes to unconventional carbon materials[J]. Journal of Materials Chemistry, 2008, 18(13): 1472 -1484.

[17] Bolotin K I, Sikes K J, Jiang Z, et al. Ultrahigh electron mobility in suspended graphene[J]. Solid State Communications, 2008, 146(9 - 10): 351 - 355.

[18] Du X, Skachko I, Barker A, et al. Approaching ballistic transport in suspended graphene[J]. Nature Nanotechnology, 2008, 3(8): 491 - 495.

[19] Weiss N O, Zhou H L, Liao L, et al. Graphene: An emerging electronic material [J]. Advanced Materials, 2012, 24(43): 5782 - 5825.

[20] Nakada K, Fujita M, Dresselhaus G, et al. Edge state in graphene ribbons: Nanometer size effect and edge shape dependence[J]. Physical Review B, 1996, 54 (24): 17954 - 17961.

[21] Nair R R, Blake P, Grigorenko A N, et al. Fine structure constant defines visual transparency of graphene[J]. Science, 2008, 320(5881): 1308.
[22] Zheng X T, Ananthanarayanan A, Luo K Q, et al. Glowing graphene quantum dots and carbon dots: Properties, syntheses, and biological applications[J]. Small, 2015, 11(14): 1620 - 1636.
[23] Guo Z X, Zhang D E, Gong X G. Thermal conductivity of graphene nanoribbons [J]. Applied Physics Letters, 2009, 95(16): 163103.
[24] Bagri A, Kim S P, Ruoff R S, et al. Thermal transport across twin grain boundaries in polycrystalline graphene from nonequilibrium molecular dynamics simulations[J]. Nano Letters, 2011, 11(9): 3917 - 3921.
[25] Pei Q X, Sha Z D, Zhang Y W. A theoretical analysis of the thermal conductivity of hydrogenated graphene[J]. Carbon, 2011, 49(14): 4752 - 4759.
[26] Schedin F, Geim A K, Morozov S V, et al. Detection of individual gas molecules adsorbed on graphene[J]. Nature Materials, 2007, 6(9): 652 - 655.

第2章

石墨烯结构的显微学表征

显微学是研究纳米材料结构与性质的重要表征手段，其优点包括显示的直观性及尺度可调的空间分辨率。石墨烯作为一类新型纳米材料，它优异的理化性质很大程度上源于其独特的二维结构。一方面，石墨烯面内的碳原子规则排布表现出与块状晶体类似的面内周期性，且横向晶粒尺寸可达米量级。另一方面，石墨烯在纵向仅有单层碳原子厚度，展现出亚纳米量级的超小尺寸。因此，石墨烯的显微学表征涵盖从宏观到原子级微观的广阔空间尺度，同时涉及晶体学和表面分析技术等多个显微学领域，具有丰富的科学内涵与外延。本章将介绍在石墨烯结构表征中常用的显微学手段，具体包括光学显微术、扫描电子显微术、透射电子显微术、光发射电子显微镜/低能电子显微镜系统技术、原子力显微术及扫描隧道显微术，并通过丰富的实例展现不同测量技术在表征石墨烯尺寸与形状、厚度、晶体取向、堆垛方式、局域缺陷等方面的应用。

2.1 光学显微术

光学显微术因其简便、直观、快速的特点和设备的普及性成为研究材料微观形貌的有力手段。光学显微镜依据观测样品的差异可分为反射式光学显微镜和透射式光学显微镜。前者利用被样品反射的光成像，常用于观测透明度低的固体样品，如表征金属材料常用的金相显微镜。而后者则利用透过样品的光成像，常用于观测具有高透明度或厚度薄的样品，如生物组织等。光学显微镜通过聚光镜和物镜的设计可拥有丰富的成像模式，包括明场、暗场、相衬、偏振光等，具体成像模式的选取需依据衬度需求、放大倍数、分辨率、样品特点等决定。利用可见光成像的光学显微镜，其理论分辨率受限于可见光的衍射极限，约为 0.2 μm。样品最终的图像质量与成像模式、样品性质、制样手段、电荷耦合器件（charge coupled device，CCD）相机质量等多重因素有关。

2.1.1 石墨烯层数的光学衬度法表征

光学衬度是指样品图像和相邻背景(基底)的光强度之差相对于整个背景强度的比值。在明场成像模式下,样品的辨别主要依赖于样品与背景具有不同的吸收、反射、散射和发射荧光的能力从而导致的光学衬度差异。

光学衬度法在石墨烯层数的表征中有着举足轻重的作用。单层石墨烯的厚度仅为0.34 nm,在可见光区的吸收率为2.3%,因此悬空石墨烯在光学显微镜下几乎不可见。Geim课题组首次利用机械剥离法得到单层石墨烯时所使用的是300 nm厚的SiO_2/Si基底。由于光线在不同界面传播时引发干涉效应,单层石墨烯呈现一种淡紫色,因而能够与基底区分开来,且石墨烯为薄层时的光学衬度与层数息息相关。因此,光学衬度法成为一种快速判断石墨烯层数的常用方法。以下将具体推导石墨烯在SiO_2/Si基底表面光学衬度成像的原理。

石墨烯样品的光学衬度可以通过样品和基底表面的反射光强度来进行计算,而反射光强度取决于层状薄膜系统中各层薄膜的复折射率和厚度、入射光的波长和入射角度。如图2-1(a)所示,空白基底中存在两个界面,即空气/SiO_2界面和SiO_2/Si界面,而石墨烯薄膜样品中则存在三个界面,分别为空气/石墨烯界面、石墨烯/SiO_2界面及SiO_2/Si界面。假设入射光为正入射,且空气的复折射率为$\tilde{n}_0$,石墨烯、SiO_2和Si的复折射率分别为$\tilde{n}_1$、$\tilde{n}_2$和$\tilde{n}_3$,其厚度分别为d_1、d_2和d_3,则石墨烯/SiO_2/Si薄膜体系的表面反射系数,即空气/石墨烯界面的反射系数r为

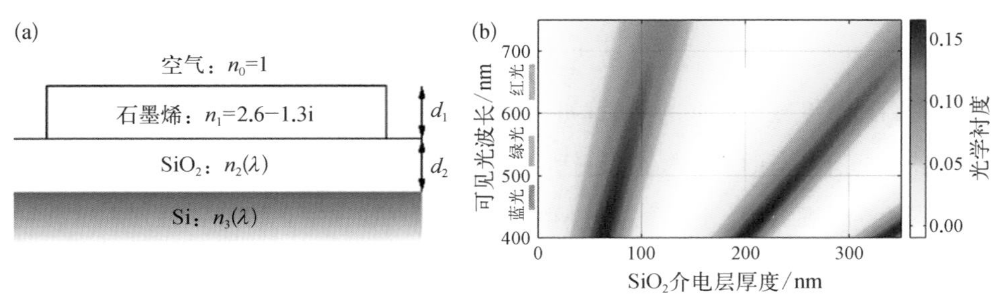

图2-1 石墨烯在SiO_2/Si基底表面光学衬度成像的原理

(a)光在层状薄膜系统中各界面的反射示意图;(b)不同可见光波长下单层石墨烯的光学衬度与SiO_2介电层厚度的关系图(Geim, 2007)

$$r=\frac{r_1 e^{i(\beta_1+\beta_2)}+r_2 e^{-i(\beta_1-\beta_2)}+r_3 e^{-i(\beta_1+\beta_2)}+r_1 r_2 r_3 e^{i(\beta_1-\beta_2)}}{e^{i(\beta_1+\beta_2)}+r_1 r_2 e^{-i(\beta_1-\beta_2)}+r_1 r_3 e^{-i(\beta_1+\beta_2)}+r_2 r_3 e^{i(\beta_1-\beta_2)}} \tag{2-1}$$

式中，β_1 和 β_2 分别为光通过石墨烯和 SiO_2 时引起的相位差，如式(2－2)所示；r_1、r_2 和 r_3 均为相对折射率。

$$\beta_1=\frac{2\pi n_1 d_1}{\lambda},\ \beta_2=\frac{2\pi n_2 d_2}{\lambda} \tag{2-2}$$

式中，λ 为入射光波长；n_1、n_2 分别为石墨烯和 SiO_2 的折射率。

根据菲涅耳定律可得：

$$r_1=\frac{\tilde{n}_0-\tilde{n}_1}{\tilde{n}_0+\tilde{n}_1},\ r_2=\frac{\tilde{n}_1-\tilde{n}_2}{\tilde{n}_1+\tilde{n}_2},\ r_3=\frac{\tilde{n}_2-\tilde{n}_3}{\tilde{n}_2+\tilde{n}_3} \tag{2-3}$$

因而空气/石墨烯界面的反射率 $R(\lambda)$ 为

$$R(\lambda)=rr^* \tag{2-4}$$

石墨烯的光学衬度 C 为

$$C=\frac{R_s(\lambda)-R_g(\lambda)}{R_s(\lambda)} \tag{2-5}$$

式中，$R_s(\lambda)$ 和 $R_g(\lambda)$ 分别为入射光照射空气/SiO_2 界面及空气/石墨烯界面的反射率。空气/SiO_2/Si 薄膜体系的反射率的计算方法较为简单，只需将式(2－3)中的 $\tilde{n}_1$ 代入空气的折射率即可。

当将单层石墨烯放置于 SiO_2/Si 基底表面时，其光学衬度依赖于入射光波长及 SiO_2 介电层厚度。图 2－1(b)为当 SiO_2 介电层厚度不同时，单层石墨烯在不同可见光波长下的光学衬度。当 SiO_2 介电层厚度为 200 nm 时，单层石墨烯在绿光下的衬度较高，而当 SiO_2 介电层厚度增加至 300 nm 以上时，单层石墨烯则在蓝光下的衬度较高。

从光在各层薄膜中的传播来看，少层石墨烯的层数影响了相邻两束反射光之间的相位差，从而决定了石墨烯的光学衬度，这就是利用光学衬度法表征石墨烯层数的基本原理。

Shen 等(2007)将不同层数的石墨烯机械剥离至 285 nm 厚的 SiO_2/Si 基底上，对其光学衬度进行了表征。单层石墨烯呈现淡紫红色，随着层数增加，石墨烯的颜色逐渐变成蓝紫色，再变为深紫红色、淡蓝色，一直到厚层石墨烯为黄色，据此可以在光学显微镜下快速定位薄层石墨烯样品[图 2－2(a)]。

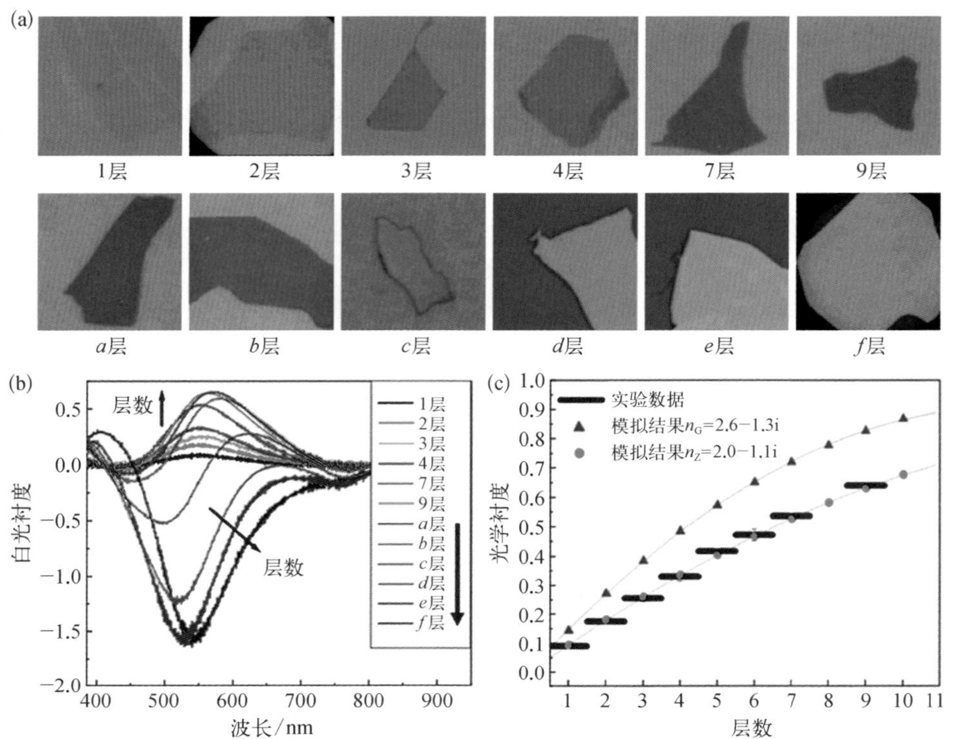

图 2-2 不同层数石墨烯的光学衬度

（a）285 nm 厚的 SiO_2/Si 基底上不同层数石墨烯的光学图像；（b）不同层数石墨烯的白光衬度谱；（c）1～9 层石墨烯在 550 nm 时的光学衬度及其拟合曲线

对 285 nm 厚的 SiO_2/Si 基底上石墨烯的白光衬度进行测试，当其白光衬度大于 0 时，石墨烯对于此波长的光的反射率小于基底，而当其白光衬度小于 0 时，石墨烯的反射率大于基底[图 2-2(b)]。当石墨烯为 1～9 层时，其白光衬度谱的谱峰位置约在550 nm，且此波长下的光学衬度呈递增趋势[图 2-2(c)]，其光学衬度与层数之间的关系可以用式(2-6)进行拟合。

$$C = 0.0046 + 0.0925N - 0.00255N^2 \tag{2-6}$$

式中，N 为石墨烯的层数。

因此，利用光学衬度法可以有效地对石墨烯的层数进行表征，相较于原子力显微术，这一方法更为简单快速，将石墨烯置于具有合适厚度的介电层的基底上，即可利用基本的薄膜光学理论对其光学衬度谱进行解析。然而值得注意的是，在石墨烯层数的光学衬度法表征中，通常假定入射光为正入射，而在实际的光学显微术表征中，物镜的数值孔径同样影响石墨烯的光学衬度，因而对石墨烯光学衬度的精确模拟通常更为复杂，需要考虑 s 偏振光与 p 偏振光的不同反射系数以及对镜头的孔径角进行积分。

2.1.2　石墨烯晶界的光学成像

化学气相沉积法是一种常见的生长单层石墨烯的方法。在石墨烯生长的初期，石墨烯的晶核在基底的不同区域内形成，随着生长时间的延长，石墨烯的各个单晶畴区之间结合形成多晶石墨烯薄膜，同时各个单晶畴区的结合界线上形成石墨烯的晶界。石墨烯的晶界对其性质有着重要的影响，随着晶界密度增大，石墨烯的载流子迁移率、热导率及机械强度都会相应降低。因此，如何减小晶界密度、增大单晶畴区是石墨烯生长研究中的重要课题，而对石墨烯晶界的表征可以为其生长研究提供指导。

基于石墨烯与液晶分子之间的取向依赖关系，Kim 等(2011)通过在石墨烯表面覆盖一层向列型液晶，利用其双折射效应实现了对石墨烯单晶畴区的可视化。向列型液晶材料 5CB 在 23℃时可以转变为向列相，且具有显著的光学异性，寻常光(o 光)与非寻常光(e 光)的折射率之差可以达到 0.18，因而在交叉偏振下，石墨烯的光学衬度显著依赖于液晶分子的取向。液晶分子与石墨烯之间的 π－π 相互作用使得液晶分子在形成向列相时，其苯环结构与石墨烯的六元环结构相匹配，因而利用液晶分子在偏光显微镜下的双折射效应可以对石墨烯的不同单晶畴区进行成像[图 2－3(b)(c)]，不同区域光学图像的交界处即为多晶石墨烯薄膜的晶界。

为了表征铜箔上未经转移的石墨烯的晶界，Lee 等(2012)利用紫外线产生了 O 自由基和 OH 自由基，使得石墨烯的晶界被 OH 自由基功能化，从而将石墨烯晶界下的铜箔氧化，实现了石墨烯晶界的光学表征。铜箔上生长的石墨烯在氧化前后的光学图像如图 2－4(b)(c)所示，其中黑色曲线为石墨烯的晶界，通过扫描电子显微镜(scanning electron microscope，SEM)及 AFM 的表征可以对这一变化的原因进行解释。石墨烯晶界下方的铜箔被氧化，使得其氧化区域的高度显著提高，且宽度可以达到 500～600 nm，从而能够实现光学可视化表征。

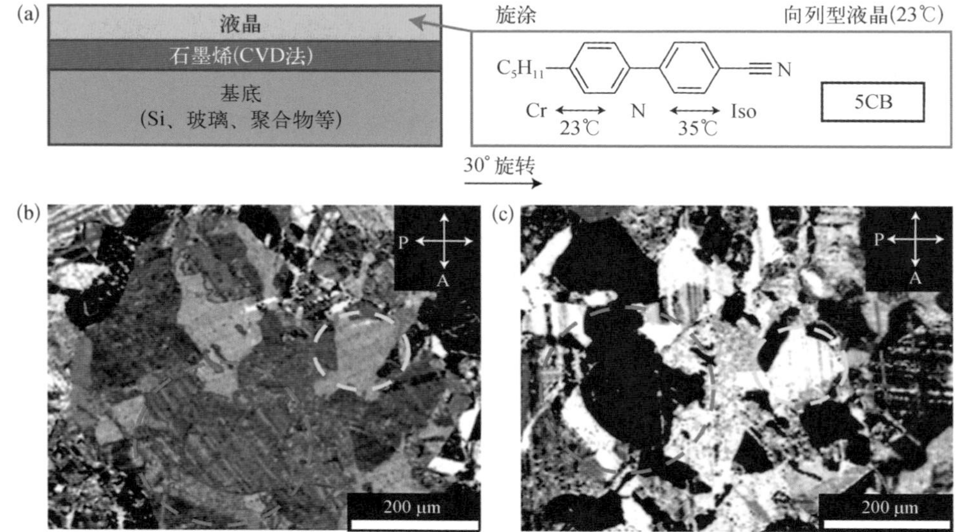

图 2-3 利用向列型液晶对石墨烯的单晶畴区进行表征

（a）液晶、石墨烯和基底的示意图，以及 5CB 的分子结构和热转变温度（图中 Cr 表示晶相，N 表示向列相，Iso 表示无序相）；（b）偏光显微镜下，液晶分子由于石墨烯单晶畴区的不同取向及双折射效应产生的颜色差异（图中 P 为起偏方向，A 为检偏方向）；（c）将图（b）中区域旋转 30° 后的光学图像

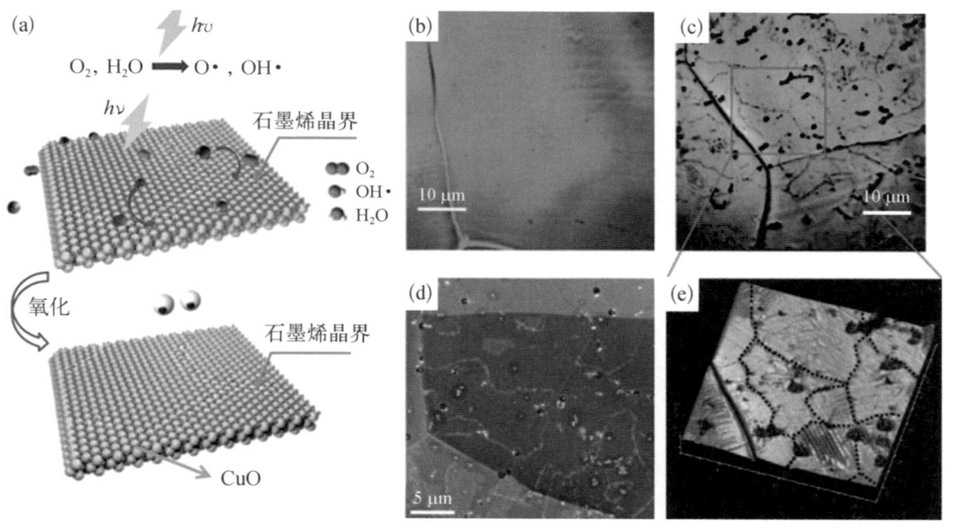

图 2-4 在富含水分的环境下紫外线照射后的石墨烯晶界

（a）铜箔上生长的石墨烯的紫外线处理过程；（b）（c）氧化前和氧化后石墨烯的光学图像；（d）氧化后石墨烯的 SEM 图像；（e）图（c）中红方框区域的 AFM 表征结果

对石墨烯晶界下方的铜箔进行氧化成为一种表征石墨烯晶界的通用方法。Lee 等(2013)将石墨烯浸入氯化钠电解液中，增强了氧气对铜箔的氧化作用，使得

其晶界通过氧化的铜箔得以表征。利用热氧化和氧等离子体对铜箔上生长的石墨烯进行处理，也可以达到类似的效果（Guo，2012；Lee，2017）。而 Niklaus 等（2018）利用氟化氢气体对石墨烯晶界下方的 SiO_2 进行刻蚀，实现了在 SiO_2/Si 基底上对石墨烯晶界的表征。

2.1.3　其他光学表征模式

上述对石墨烯的光学表征主要利用明场成像模式，优点是设备简单、样品无须繁琐处理，但对薄层石墨烯的显像衬度不高。为了追求更高的光学衬度、更简便的制样方法和对细微结构更灵敏的表征能力，人们通过改变成像模式、选取不同光源等方法进行光学表征，主要方法包括暗场光学成像、荧光猝灭成像等。

Kong 等（2013）利用暗场光学成像对化学气相沉积法制备的石墨烯进行了光学表征，如图 2-5(b)所示。暗场光学成像的原理是利用被样品散射的光进行成

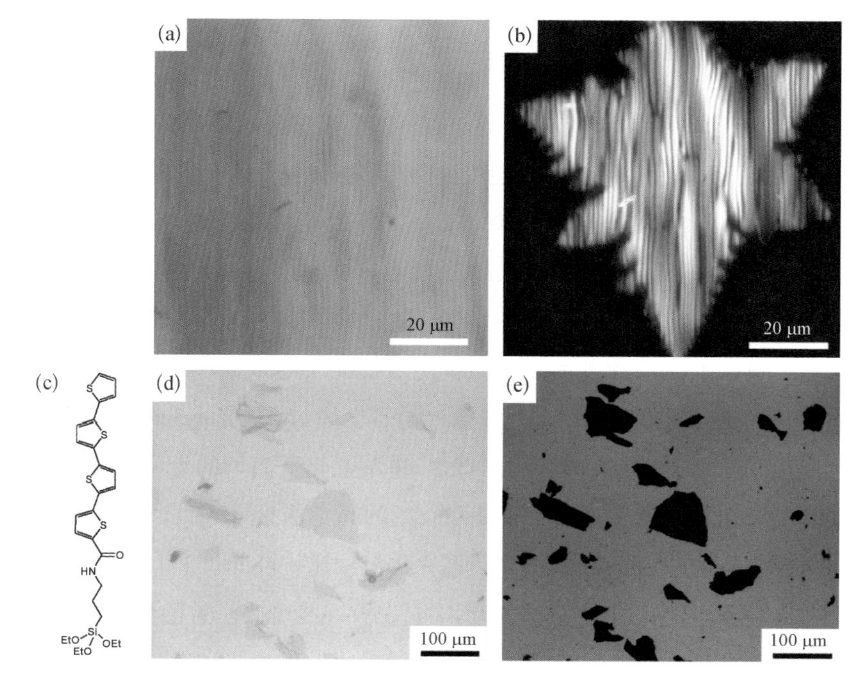

图 2-5　不同光学成像技术获得的石墨烯图像

（a）明场光学成像观察的铜箔上生长的石墨烯的形貌；（b）暗场光学成像观察的铜箔上生长的石墨烯的形貌；（c）T4 荧光分子的结构；（d）负载 T4 荧光分子的氧化石墨烯的光学图像；（e）负载 T4 荧光分子的氧化石墨烯的荧光猝灭图像

像，不同于明场成像模式下样品被实心圆柱状光束聚焦后的辐照情形，暗场下显微镜的聚光器形成空心圆柱状光束，聚焦后入射光以斜入射的方式照射样品，而收集物镜的数值孔径小于聚光镜，即只收集发射角度小于入射角度的散射光，从而避开了入射光的影响，样品图像的形成源自样品对光的瑞利散射（Davidson, 2002）。当颗粒尺寸 D 小到和入射光波长 λ 相当时，即颗粒周长与入射光波长之比为

$$\alpha = \frac{\pi D}{\lambda} \leqslant 1 \tag{2-7}$$

光的散射以瑞利散射为主，散射光强度 I 的表达式如下：

$$I \propto \frac{D^6}{\lambda^4} \left| \frac{n^2 - 1}{n^2 + 2} \right| (1 + \cos^2 \theta) I_0 \tag{2-8}$$

式中，I_0 为入射光强度；n 为折射系数；θ 为散射角度。从式(2-8)可以看出，散射光强度与颗粒尺寸的6次方成正比。因此，暗场光学成像对样品表面形貌的微观变化极为敏感。

在石墨烯的生长及降温过程中，由于石墨烯的包覆使得铜箔免于被氧化而产生台阶，且高度约为20 nm。而裸露的铜箔表面由于氧化作用，起伏程度相对较小，仅为3 nm。因而两者的暗场散射光强度相差约88000倍，从而在暗场散射模式下，可以准确分辨生长在铜箔或其他金属基底上的石墨烯样品而无须额外转移。

氧化石墨烯与还原氧化石墨烯的光学表征面临着相似的困境，其厚度低于1 nm，且相较于机械剥离法得到的单层石墨烯，其在可见光区的吸收率更低。Treossi等(2009)利用氧化石墨烯对荧光分子(T4)的荧光猝灭作用进行成像[图2-5(d)(e)]，其荧光猝灭机制主要基于氧化石墨烯与T4荧光分子之间的电荷转移。利用这一方法得到的荧光猝灭图像中，单层氧化石墨烯的光学衬度约为0.78，相较于石墨烯在300 nm厚的SiO_2/Si基底上的光学衬度(0.12)提升了5倍左右。这一成像方法不受基底的限制，甚至可以在溶液中进行(Kim, 2010)。但须用荧光染料对石墨烯进行预处理，操作略繁琐，对待测样品也带来一定的污染。

光学显微术是一种快速、简便的表征石墨烯的方法，然而由于石墨烯的原子级厚度及对可见光的高透过性，石墨烯的光学表征通常受限于基底的特性，或者需要利用特殊的分子或化学反应对石墨烯进行处理之后才能表征，这对石墨烯样品造

成了一定的污染及破坏。同时，由于光学衍射极限的限制，光学显微成像的方法无法表征石墨烯较为精细的结构，依然需要与具有更高分辨率的表征方法相结合。

2.2 扫描电子显微术

2.2.1 扫描电子显微术的基本原理

扫描电子显微术是表征纳米材料微观形貌的有力手段，表征的尺度处于光学显微术与原子级分辨率的显微技术（如透射电子显微术、扫描隧道显微术及原子力显微术）之间。一方面，与光学显微术类似，扫描电子显微术同样具有成像快、制样和操作简便的特点；另一方面，扫描电子显微术由于将外界激励更换成波长更短、会聚性更优、与材料相互作用更丰富的电子束，因而展现出更高的空间分辨率、更大的成像景深，并能反映材料从微观形貌到化学组成的多维信息。SEM 主要利用高会聚的入射电子束扫描样品表面，并通过样品中被电子激发的丰富信号（如二次电子、背散射电子、特征 X 射线、阴极射线等）对样品的表面元素组成和微观形貌进行表征。其中，由于二次电子具有能量低、空间局域性高和对元素种类不敏感等特点，是 SEM 最常利用的信号，二次电子成像可良好体现材料表层纳米厚度范围内的微观形貌信息，成像空间分辨率可优于 1 nm，也是表征石墨烯微观形貌的有效方法。此外，为满足不同环境下样品的表征需求，还有一系列可在低压、潮湿、可变温度条件下操作的环境 SEM，为原位实时追踪材料的合成与生长过程提供了强有力的支撑。

石墨烯原子级厚度的特征导致二次电子产额偏低，因此石墨烯的 SEM 表征关键在于如何获得足够的二次电子衬度。表征中往往使用低的加速电压对石墨烯进行成像，因为低的加速电压有利于提取材料的表层信息，从而提高石墨烯的衬度。同时，石墨烯的一些结构特征本身也具有较高的衬度。例如，石墨烯褶皱的凸出部位、裂纹与孔洞的边界处等形貌的不同导致更多的二次电子发射量，从而表现出更亮的 SEM 成像衬度。此外，SEM 图的衬度在裂纹等微观结构的辅助下还能大致反映石墨烯的层数，在可观察到的石墨烯片层、褶皱、孔洞区域，颜色较深的位置石墨烯层数较多，颜色较浅的位置石墨烯层数较少。单层石墨烯为降低表面能量往往会形成一定厚度的褶皱，并且随着石墨烯层数的增多，褶皱程度越来越小，所以SEM下层数越少的石墨烯，其表面褶皱的起伏形貌也越明显。

SEM表征对制样的要求较为简单，重点在于保证样品良好的导电性，并避免粉末、易挥发物质、磁性物质对SEM腔体内真空度、清洁度和电子束偏转方向的不良影响。对于石墨烯样品，通常可将其直接通过导电胶固定于样品座表面，粉体石墨烯样品须在放入真空腔前烘干表面并除去导电胶上的多余粉末，导电性较差的化学改性石墨烯样品可通过表面喷金处理提高电导率。直接生长在铜箔表面的二维石墨烯材料可以直接用SEM进行表征，也可通过转移到硅片表面以获得更高的二次电子衬度。

2.2.2 平面石墨烯的表征

SEM常应用于平面石墨烯晶粒和薄膜的表征，通过原位或非原位的手段观测石墨烯的形貌并追踪不同生长阶段或条件下石墨烯形状的演变。Geng等[1]利用SEM观察了不同气氛对石墨烯薄膜的刻蚀行为。他们发现，通过调节Ar/H_2混合气的比例，可将生长在铜箔表面的单层石墨烯连续薄膜刻蚀出不同形状的孔洞，如图2-6所示。当Ar/H_2流量比较低(800 sccm①/100 sccm)时，单层石墨烯连续薄膜表面出现六边形孔洞[图2-6(a)]。随着Ar/H_2流量比的增加，刻蚀孔洞边缘的粗糙度逐渐提升，刻蚀孔洞形状向枝晶状发展[图2-6(b)～(d)]。当Ar/H_2流量比达到800 sccm/20 sccm时，刻蚀孔洞形状表现为典型的类雪花状[图2-6(e)]。随后，刻蚀孔洞形状在较宽混合气流量比范围内都保持类似的枝晶状[图2-6(f)～(h)]，直到当Ar/H_2流量比达到800 sccm/3 sccm时，刻蚀孔洞形状出现突变，变成图2-6(i)所示的形状。在该条件下，六边形内部的六个三角形内的每一条刻蚀线都沿相同方向排列，六边形的六条边界有明显的刻蚀条纹。该研究利用SEM证明了石墨烯在不同的Ar/H_2流量比下表现出各向异性的刻蚀行为，但刻蚀孔洞形状在总体上始终保持六重对称性，并据此提出了表面迁移控制的刻蚀机理。

Geng等[2]还利用SEM表征了在液态铜基底表面生长的六边形单层石墨烯晶粒的自发取向排列过程。当单层石墨烯尚未完全覆盖液态铜基底时，每个晶粒在球形的铜液滴表面都表现为六边形的形状且分布均匀，但此阶段晶粒间尚未表现

① 1 sccm=1 mL/min(标准状况)。

图 2-6　随着 Ar/H_2 流量比的增加，单层石墨烯连续薄膜表面刻蚀孔洞形状演变的 SEM 图[1]

出一致的取向[图 2-7(a)]。有趣的是，随着单层石墨烯在液态铜基底表面覆盖率的增加，六边形晶粒的尺寸和取向都趋于一致，自发紧密地自组装成高密度阵列[图 2-7(b)(c)]。该结构将有效缓和在固态铜表面生长石墨烯时常见的产物多晶化、晶界密度过高等问题，尤其可以避免相邻晶粒间大扭角晶界的出现，从而提升石墨烯薄膜的电子输运性能。作者认为该晶粒间通过平移和扭转实现的自发有序排列过程可能来源于体系总能量降低的驱动。

图 2-7　不同生长阶段液态铜基底表面生长的六边形单层石墨烯晶粒的 SEM 图[2]

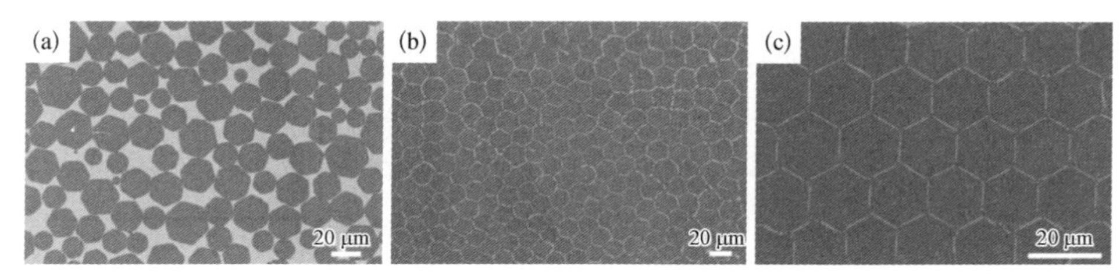

（a）单层石墨烯尚未完全覆盖液态铜基底时晶粒的形状、尺寸、分布和排列的 SEM 图；（b）单层石墨烯在液态铜基底表面接近全覆盖时晶粒的分布与排列的 SEM 图；（c）对图（b）局域放大的 SEM 图，体现六边形单层石墨烯晶粒间取向一致、尺寸均一、紧密排列的自组装结构

2.2.3 三维石墨烯的表征

SEM 由于具有极大的成像景深，除了可用于表征平面上的二维石墨烯结构，还常被应用于三维石墨烯结构的表征，例如化学法制备的氧化石墨烯与还原氧化石墨烯片层，以及三维多孔石墨烯等。Xu 等[3]利用改进的 Hummers 法制备了氧化石墨烯和还原氧化石墨烯，并利用 SEM 表征了这些片层在三维空间的卷曲、褶皱等形貌信息。图 2-8(a)是改进的 Hummers 法制备的氧化石墨烯的 SEM 图，图 2-8(b) 是还原氧化石墨烯的 SEM 图。从图 2-8 中可以观察到，氧化石墨烯和还原氧化石墨烯的整体形貌并没有较大的差异，都是类似透明蝉翼状的卷曲片层，并有大量褶皱重叠卷曲的薄膜结构。结合两者的 SEM 表征、比表面积测试和密度泛函理论计算结果，可以更全面地预测两类材料的介孔和微孔的尺寸与密度，并构建起材料结构与电容性能之间的联系。

图 2-8 改进的 Hummers 法制备的氧化石墨烯（a）和还原氧化石墨烯（b）的 SEM 图[3]

Huang 等[4]利用 SEM 表征了边缘组装法制备的具有三维多孔网络结构的氧化石墨烯气凝胶。图 2-9(a)(b)分别展示了 La^{3+} 和氧化石墨烯交联的气凝胶在压缩处理前后的结构。从图 2-9 中可以看出，压缩处理前样品具有明显的边界和相互连接的三维多孔网络结构，大孔的直径在几百纳米(不小于 50 nm)内，该材料的结构疏松导致其力学强度较弱。压缩处理后样品的三维多孔网状结构仍得到良好的保留，但孔径被均匀压缩，该材料在保持多孔高比表面积特点的同时，致密度显著增大，因而杨氏模量被提高至20 MPa。通过将二维片层的氧化石墨烯边缘组装成三维立体网络结构并进行合理的压缩处理，可获得比表面积大、化学活性高、力学强度出色的多孔致密碳基气凝胶材料。

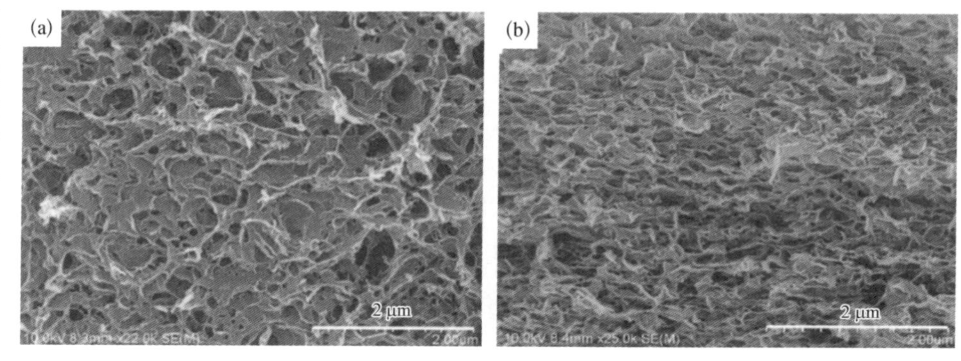

图2-9　具有三维多孔网络结构的氧化石墨烯气凝胶在压缩处理前（a）与压缩处理后（b）的SEM图[4]

Yang等[5]利用MgO模板法合成了氮掺杂多孔石墨烯和磷掺杂多孔石墨烯。这类将异质原子(氮、硫、磷、硼等)掺入石墨烯晶格中的改性方式,可通过缺陷引入来打开石墨烯带隙,并调整导电类型、提高载流子密度,从而改变石墨烯的电学、催化等性能。图2-10(a)(b)是氮掺杂多孔石墨烯的SEM图,图2-10(c)(d)分别是

图2-10　掺杂多孔石墨烯的SEM图[5]

（a）（b）氮掺杂多孔石墨烯的SEM图；（c）磷掺杂多孔石墨烯的SEM图；（d）未掺杂多孔石墨烯的SEM图

磷掺杂多孔石墨烯和未掺杂石墨烯的 SEM 图。从图 2-10 中可以看出，这三者都是正六边形片层结构，片层尺寸为 200～400 nm，同时含有大量的孔道。这三种多孔石墨烯表现出类似的六边形片层形貌，表明 MgO 模板在石墨烯生长过程中起到显著的诱导作用。

虽然 SEM 具有制样简单、表征高效、成像景深大等优势，在表征微米尺度的平面石墨烯晶粒与薄膜、三维石墨烯及其复合材料聚集体等方面应用广泛，但受制于成像原理，SEM 无法准确判断石墨烯的层数与厚度，难以给出材料在纳米乃至原子级尺度的信息。因此，在对石墨烯更小尺度的结构进行表征时，通常要结合具有更高空间分辨率的电子显微术和扫描探针显微术。

2.3 透射电子显微术

2.3.1 透射电子显微术表征石墨烯的基本方法及原理

透射电子显微术是通过分析透过样品的电子束来研究材料微观组成、结构与性质的技术。透射电子显微镜(transmission electron microscope, TEM)涵盖电子衍射、成像和谱学三大模块。

高分辨透射电子显微术是在表征石墨烯结构时最常被使用的透射电子显微术。它依靠穿过薄层样品的多条透射电子束彼此相干实现成像，因此，HRTEM 所成的是相位像。这与一般的光学显微术和透射电子显微术的成像原理有所不同，后者的图像衬度大多来源于样品对波的吸收造成的振幅变化。高分辨透射电子显微镜(high resolution transmission electron microscope, HRTEM)在成像原理上的特殊性使得对图像的解读需要格外仔细，学界常结合专业仿真手段判断图像上不同衬度对应的具体结构信息。HRTEM 具有高空间分辨率和高时间分辨率两大优势。前者得益于近期飞速发展的球差和色差矫正技术，使得 HRTEM 即使工作在低加速电压下仍能获得原子级分辨率，从而大大拓展了它在辐照损伤敏感材料(如生物材料、低维材料)领域的表征应用。有时，研究者把这类经过球差或色差矫正的 HRTEM 叫作像差矫正 TEM(aberration-corrected TEM, ACTEM)。此外，HRTEM 可对样品进行连续快速拍照，因而具有高时间分辨率的特点，方便研究样品的演化过程。

除了 HRTEM，选区电子衍射（selected area electron diffraction，SAED）和电子能量损失谱（electron energy loss spectroscopy，EELS）也是在研究石墨烯微观结构时常用的 TEM 技术。SAED 通过放大入射高能电子波与样品在背焦面所呈现的衍射花样，采集样品的结晶性、晶粒取向、堆垛方式、层数等信息；EELS 则是通过分析与样品发生非弹性散射的透射电子的能量损失分布，分析样品的元素组成和成键状态。

TEM 技术的使用对制样有明确的要求，其中最重要的一点是样品必须对电子束透明。对于块体材料而言，这意味着需要经过打磨、刻蚀、抛光等一系列手段将样品减薄到 100 nm 以下，而 HRTEM 的要求更高，通常需要样品厚度低于 20 nm。然而，石墨烯材料由于其自身天然的原子级厚度，不再需要这些繁琐的制样过程，只需将制备好的石墨烯薄膜或粉体通过合适的手段转移至 TEM 栅格，获得覆盖良好、表面清洁、厚度合适的悬空石墨烯区域，即可对材料进行 HRTEM 表征。

在对石墨烯进行 TEM 表征时，虽然加速电压越高，电流密度越大，设备的理论分辨率和图像对比度越高，但对样品的辐照损伤也会越显著。因此，选择合适的观测参数以在获取最高分辨率的同时降低电子束对样品的辐照损伤是非常重要的。电子束对样品的辐照损伤包括以下三种来源：① 撞击效应，这是由高能电子碰撞样品中的原子发生动量传递而导致的原子被击出；② 电离效应，它来源于样品受到高能粒子的辐射激发而产生的电离；③ 刻蚀效应，它来源于电子束自身的还原性而导致样品发生的某些化学反应。在对石墨烯样品进行 TEM 表征时，控制电子束导致的撞击效应是降低辐照损伤的关键。研究表明，加速电压低于 80 kV 可以显著抑制撞击效应，从而减少由于观测产生的样品缺陷。这是因为该加速电压下电子传递给碳原子的动能低于将石墨烯中碳原子从晶格中被击出所需要的阈值能量（22 eV）。除控制加速电压外，被观测区域所承受的电子剂量也应被控制在合适范围内以保证较小的电子辐照损伤。

以下将通过实例介绍 TEM 技术在石墨烯的层数、堆垛、缺陷和边界等结构解析方面的应用。

2.3.2 石墨烯层数的判定

TEM 的多种技术都可实现对石墨烯层数的判定，最常用的包括 HRTEM 和电子衍射两类方法。HRTEM图最为直观，可通过直接数出石墨烯折叠边缘的数目来获得层数信息[6]，如图2-11(a)(b)所示。单层石墨烯折叠边缘的条数为1，双层石墨烯则显示为2条黑色的直线折叠边缘。边缘相对于真空背底具体表现出黑色还是白色取决于仪器的操作参数，如到焦平面的距离等。该方法的使用需要石墨烯边缘清洁、图像分辨率高且放大倍数足够大，否则可能造成信息的误判。

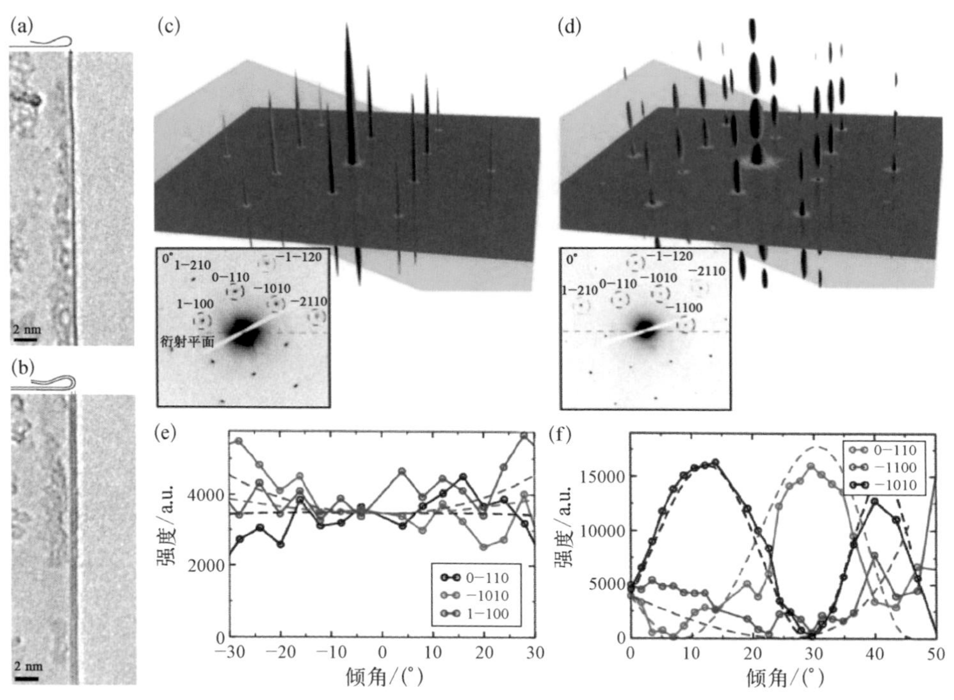

图2-11 TEM判定石墨烯的层数[6, 7]

(a)(b)单层和双层石墨烯折叠边缘的HRTEM图；(c)单层石墨烯的倒易空间示意图（左下角内置图为单层石墨烯的衍射花样）；(d)少层石墨烯的倒易空间示意图（左下角内置图为少层石墨烯的衍射花样）；(e)单层石墨烯的衍射点强度随倾角的变化图；(f)少层石墨烯的衍射点强度随倾角的变化图

电子衍射也可用于判断石墨烯样品是单层还是少层[7]。单层和少层石墨烯在衍射花样上存在两个显著差异。第一，在电子束相对于石墨烯平面法向的倾角较小的条件下，单层石墨烯的衍射点强度几乎不随倾角的变化而变化[图2-11(e)]，而少层石墨烯的衍射点强度则随倾角表现出剧烈振荡[图2-11(f)]。这是因为单层石墨烯只存在一层原子因而仅有零阶劳厄区，而少层石墨烯在厚度方向存在周期性因而有高阶劳厄区。如图2-11(c)(d)所示，它们分别表示了单层和少层石墨烯的倒易空间示意图。单层石墨烯在倒易空间的结构是一系列呈六方对称性排列的竖直小柱,小柱的粗细代表在对应倒易空间位置这一衍射点的强度。随着石墨烯层数的增加,这些小柱在竖直方向上被切割,因而表现出周期性的强度变化。图2-11(c)(d)中的蓝色平面是当倾角为0°时的衍射平面,随着倾角的增加,衍射平面相对于竖直小柱发生旋转[图2-11(c)(d)中的粉色平面]。在某些倾角下,衍射平面正好切中小柱强度最高或者最低的区域,表现在衍射花样上即为衍射点强度随倾角的变化产生显著振荡。第二,单层和少层石墨烯在衍射点的锐利程度不同。研究发现,单层石墨烯为了保持自身的稳定性而存在显著的原子级褶皱,这导致它在倒易空间的结构不是完美的竖直小柱,而呈现锥形,因此当衍射平面呈一定倾角与石墨烯的倒易空间相截时,得到的衍射点将出现特征高斯展宽。这一衍射点展宽的现象随着石墨烯层数的增加越发不明显,因为石墨烯的面外起伏程度会随着厚度的增加显著减弱。

HRTEM成像呈现的是相位信息,不同层数区域透射电子束相干后产生的相位变化不同,因而表现出不同的图像衬度和衍射花样。因此,利用透射电子束在多层石墨烯区域打孔,从而梯度性地暴露不同层数石墨烯的部分区域,再结合HRTEM的图像仿真,可逐一判断不同区域的层数(Warner, 2010)。

2.3.3 石墨烯堆垛结构的表征

少层石墨烯与三维石墨烯结构类似,可展现出多样化的层间堆垛方式,其中最常见的是AB堆垛(Bernal堆垛)(Charlier, 1994)。除此之外,AA堆垛和层间扭转堆垛也可能发生。TEM可以通过电子衍射或HRTEM对摩尔花样直接成像等方法来表征多层石墨烯的堆垛结构。

SAED常被用于区分石墨烯的AB堆垛和层间扭转堆垛。AB堆垛由于石墨烯层与层之间彼此平行,所以只出现一套衍射点。而层间扭转堆垛,有时也称乱层堆垛,其石墨烯层与层之间存在相对扭角,因此表现出多套衍射点,在不同套的衍射点中,相同晶面所对应的衍射点之间的夹角即为层间扭角。对HRTEM图进行快速傅里叶变换(fast Fourier transform, FFT),可从数学上与对实空间样品做电子衍射等价,因此,对HRTEM图进行FFT也可分析少层石墨烯的层间堆垛方式[8]。图2-12(a)是双层石墨烯折叠边缘的HRTEM图,图2-12(b)为该图对应

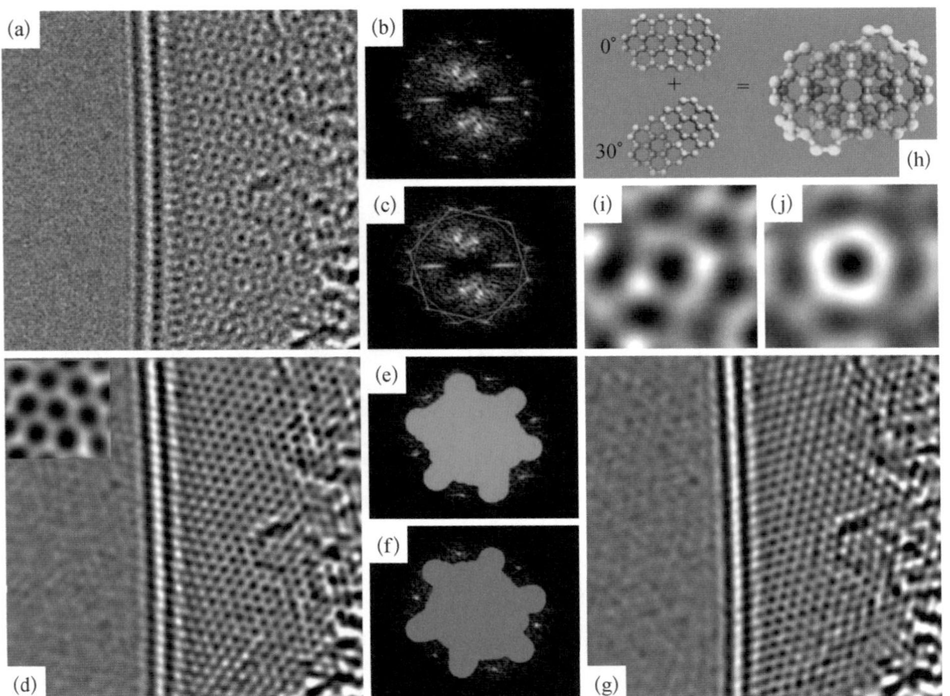

图 2-12 HRTEM 解析石墨烯的层间堆垛方式[8]

（a）双层石墨烯折叠边缘的 HRTEM 图；（b）图（a）的 FFT 图；（c）用橘黄线和绿色线标注出图（b）中石墨烯一级衍射点的两套六边形图案；（d）（e）滤除橘黄色区域覆盖衍射点获得的 HRTEM 重构图；（f）（g）滤除绿色区域覆盖衍射点获得的 HRTEM 重构图；（h）彼此呈 30° 层间扭角的双层石墨烯堆垛的原子模型；（i）（j）对应图（h）中原子模型的 HRTEM 实验图与模拟图

的 FFT 图，图 2-12(c)中用橘黄线和绿色线标注出对应石墨烯一级衍射点的两套六边形图案。两套衍射点间彼此存在 30°的层间扭角，说明该区域内石墨烯层间存在 30°的旋转错排。

除了利用样品在倒易空间的 SAED 图或 HRTEM 图的 FFT 图，少层区域的 HRTEM 图也可表现出特殊的摩尔花样，对其进行分析，可以实现对晶格信息的重构。通过在 FFT 图中滤除特定取向的衍射点并对图形进行重构，我们可以获得指定晶格取向的石墨烯结构信息。图 2-12(d)是滤除图 2-12(e)中橘黄色区域覆盖的衍射点后重构的 HRTEM 图，图 2-12(g)是滤除图 2-12(f)中绿色区域覆盖的衍射点后重构的 HRTEM 图。可见图 2-12(d)(g)中六边形石墨烯晶格彼此旋转了 30°，这与在倒易空间中分析的结果一致。由此可见，摩尔花样的产生来源于具有周期性的多层结构的层间相对排列，当层间发生相对扭转时，将产生新的面内周期性。图 2-12(h)～(j)展现了当两层彼此扭转 30°的石墨烯纵向堆叠时[图 2-12(h)]，其 HRTEM 实验图[图 2-12(i)]与模拟图[图 2-12(j)]之间具有良好的匹配关系。图 2-12(i)(j)中的黑色衬度区域对应上下层石墨烯中碳原子对齐的位置，而白色衬度区域对应上下层石墨烯中碳原子错配显著的区域。对于层间不存在扭角的少层石墨烯，则主要通过在高图像分辨率条件下的仿真手段，精细对比 AB 堆垛与 ABC 堆垛结构在图像花样、衬度上的区别来实现(Warner，2012)。

2.3.4　石墨烯缺陷结构的表征

缺陷是使原子周期性排布不同于材料本征结构的区域，它对材料的电学、光学、力学、催化等性质都有着显著的影响。因此，精确表征材料中的缺陷结构一直是材料学研究的重要课题。TEM 技术，尤其是 HRTEM 技术，为在实空间中精确解析缺陷的原子结构并追踪缺陷的运动和演化过程提供了强有力的手段。石墨烯中存在多种缺陷结构，包括由碳原子的缺失而产生的空位、由面内某原子列的缺失或增加而导致的位错、不同取向晶粒边界在键合过程中产生的晶界及由外来原子的引入而带来的掺杂。本小节将介绍如何利用 TEM 技术对上述代表性缺陷结构进行解析。

图 2-13(a)～(d)为石墨烯丢失单个碳原子后形成的单空位缺陷对应的 HRTEM 图和原子结构模型[9]。研究表明，碳原子的缺失使得其相邻三个碳原子处于不饱和配位状态，该亚稳态结构将导致材料通过 Jahn-Teller 形变产生局域重构，从原本三个碳原子都不饱和的状态[图 2-13(a)(c)]转变为三个不饱和碳原子中某彼此相邻的两个碳原子成键的状态，形成五元环-九元环[图 2-13(b)(d)]。该局域重构可显著降低空位区域的原子不饱和度。当石墨烯中出现相邻两个碳原子丢失或两个单空位缺陷合并时，将产生双空位缺陷[10]。双空位缺陷的优势结构是五元环-八元环-五元环[图 2-13(e)(h)]。从单个原子的能量上看，双空位缺陷的形成能低于单空位缺陷，因此双空位缺陷在热力学上更具优势。双空位缺陷通过一系列的 Stone-Wales 旋转还可重构成更加复杂的缺陷结构[图 2-13(f)(i)]或产生两个双空位缺陷线性连接的复合结构[图 2-13(g)(j)]。

石墨烯中单原子层的二维结构使其仅存在刃位错而不存在螺位错，刃位错的

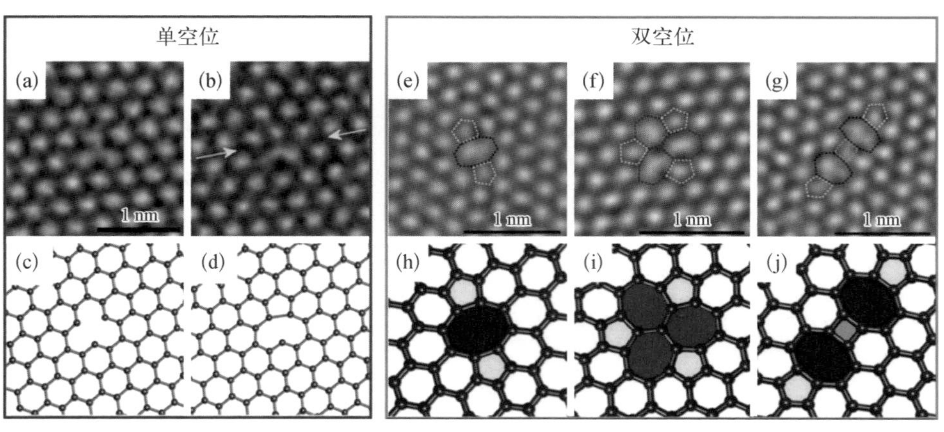

图 2-13 石墨烯中的空位缺陷

（a）~（d）单空位缺陷对应的 HRTEM 图和原子结构模型[9]；（e）~（g）双空位缺陷对应的 HRTEM 图和原子结构模型[10]

产生可通过先缺失石墨烯锯齿型晶格方向的一列原子，再将缺陷位置上下列的原子进行重构而形成[图 2-14(a)～(c)]，在重构区域的两端产生两个五元环-七元环的位错芯。该位错芯的产生会导致沿石墨烯的某些锯齿型晶格方向在位错芯的两侧出现原子列数目的不匹配[图 2-13(d)～(f)]。HRTEM 技术可有力地表征和追踪石墨烯中的位错结构，尤其是在先进的球差和色差矫正器的帮助下，ACTEM 的分辨率可达到原子级。Warner 等[11]利用 ACTEM 技术实时观测了石墨烯中一对五元环-七元环位错芯通过 Stone-Wales 旋转产生滑移而发生相对运动的过程[图 2-14(g)～(j)]。原子级的分辨率使得研究者可直接测量位错芯处 C—C 键长的变化，并发现该处键长相对于本征石墨烯中的 C—C 发生了高达 27% 的拉伸或收缩，这表明位错芯存在显著的局域晶格内应变，且应变场可延伸至位错芯周围数个埃的范围[图 2-14(k)]。对位错缺陷在石墨烯中的形成与移动进行研究将加深对该材料力学塑性的理解。

晶界是材料中常见的非周期性结构，该结构会引起局域掺杂、电子散射、机械断裂等现象，因而对材料的整体理化性质产生影响。TEM 中的暗场成像模式可快速显现晶界的位置和分布，通过在 TEM 的背焦面选择合适的衍射斑点进行成像，可清晰显现出不同的晶粒。该方法在定量表征 CVD 法制备的单层石墨烯样品的不同晶粒尺寸时尤为常用。图 2-15(a)(b)就展示了多晶石墨烯的不同衍射斑点所呈现的暗场 TEM 图[12]。图 2-15(a)中不同颜色的晶粒与图 2-15(b)中相同颜色的衍射斑点呈对应关系。暗场 TEM 模式可以标定晶界的位置、分布与密度，而

图 2-14　石墨烯中的位错缺陷

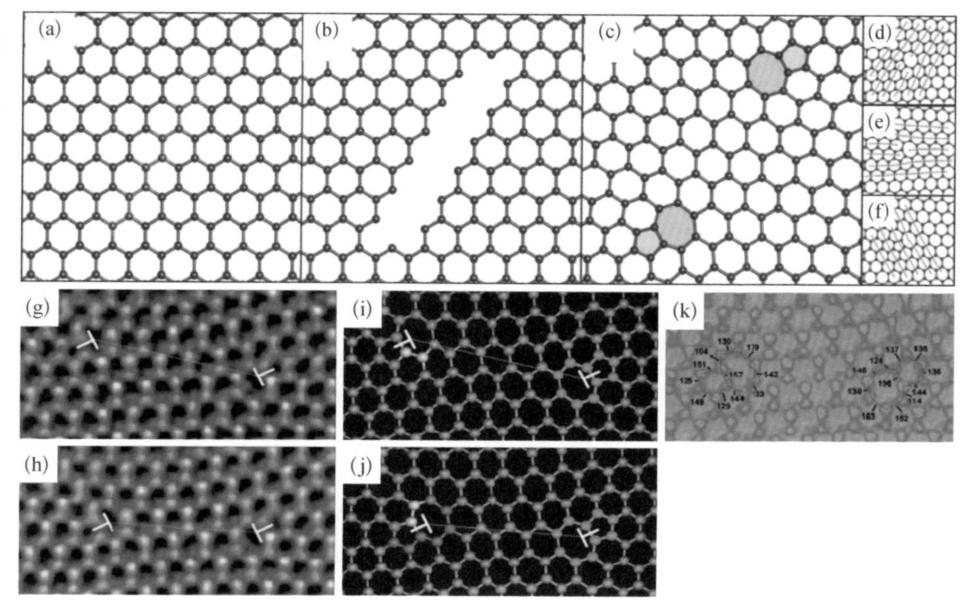

（a）~（f）石墨烯中位错缺陷的形成与结构示意图；（g）~（j）ACTEM 技术表征石墨烯中一对五元环-七元环位错芯的相对运动[11]；（k）根据 ACTEM 图对位错芯处 C—C 键长进行直接测量[11]

图 2-15　多晶石墨烯的晶界分布与原子结构[12]

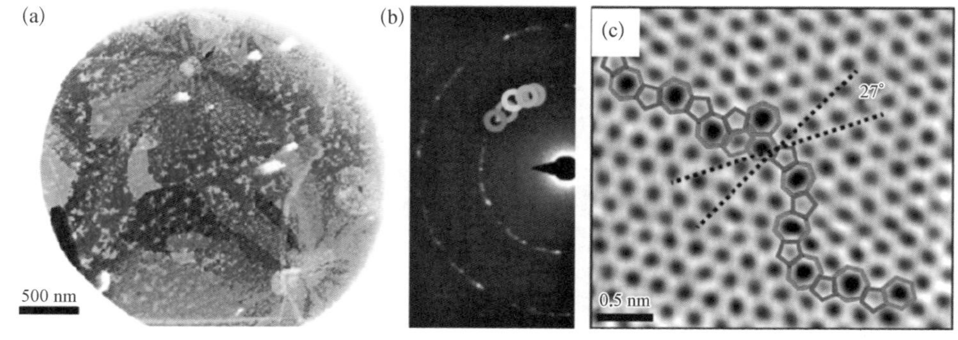

（a）（b）多晶石墨烯的不同衍射斑点所呈现的暗场 TEM 图；（c）一条夹角为 27° 的多晶石墨烯晶界的 ADF-STEM 图

晶界的原子结构则可依靠环形暗场-扫描透射电子显微镜（annular dark field-scanning transmission electron microscope，ADF-STEM）进行解析。图 2-15（c）是一条夹角为 27°的多晶石墨烯晶界的 ADF-STEM 图[12]。从图中可见，该晶界在纳米尺度呈曲折蜿蜒的形状、由一系列五元环-七元环构成。

除了内在缺陷，因外来原子的引入而导致的掺杂缺陷在石墨烯的制备和功能化过程中也很普遍，掺杂原子在石墨烯中的位置与其自身的原子半径和配位状态密切相关。过渡金属是一类常见的石墨烯掺杂源，它们以弱范德瓦耳斯力吸附在石墨烯表面，也可以依靠强共价相互作用与石墨烯晶格键合。前者对应的情况下，掺杂原子的稳定性较低，容易在外界环境的激发下在石墨烯表面发生迁移；后者对应的情况下，掺杂原子与石墨烯结合牢固，对石墨烯的改性效果更为稳定持久。因此，准确判断掺杂原子与石墨烯形成的缺陷结构并追踪其位置及保持掺杂结构的稳定性是设计和优化石墨烯改性策略的重要基础。ACTEM 技术是研究石墨烯掺杂缺陷的原子结构的最有效手段。如图 2－16 所示，He 等[13] 发现 Fe 原子倾向于铆接在石墨烯的单空位缺陷和双空位缺陷处形成稳定的单原子掺杂，图中衬度最亮的区域对应 Fe 原子所在位置。由于 ACTEM 图可以给出 Fe 掺杂石墨烯处精确的俯视图信息，结合密度泛函理论计算可推断出该掺杂缺陷在面外方向的热力学优势构象，如图 2－16(c)(d)中右下角的内置插图所示。从原子结构模型图中可

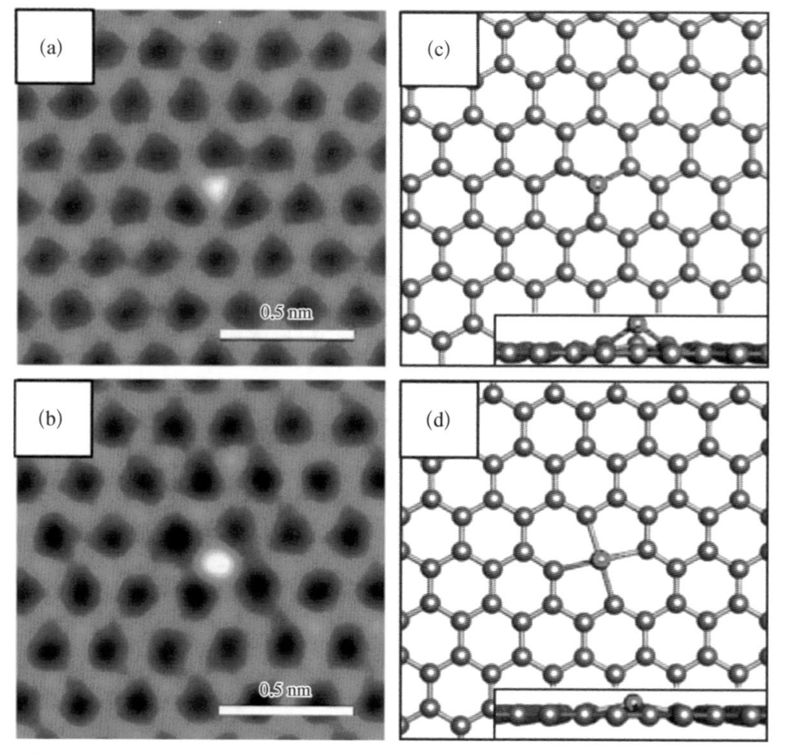

图 2－16 单个 Fe 原子掺杂石墨烯[13]

(a)(c) Fe 原子铆接在石墨烯单空位缺陷处的 ACTEM 图及其对应原子结构模型；(b)(d) Fe 原子铆接在石墨烯双空位缺陷处的 ACTEM 图及其对应原子结构模型

见，处于石墨烯单空位缺陷处的 Fe 原子相比双空位缺陷处的 Fe 原子表现出更大的面外形变，这可能源于石墨烯的单空位缺陷处未给 Fe 原子预留足够的面内空间。从该例子可以看出，ACTEM 技术与密度泛函理论计算的联合使用将有效帮助构建缺陷态的三维空间结构。这是因为 ACTEM 图是对三维空间结构的二维投影，它可以给出被观测区域在投影方向的原子级精确信息，但由于 ACTEM 图的衬度对样品在平行于电子束方向的微小位移不敏感，因此无法直接给出材料在该维度上的信息，此时结合密度泛函理论计算将有助于我们在精确构造了面内结构的基础上，利用能量最低判据预测材料的面外形貌。

2.3.5 石墨烯边界结构的表征

在石墨烯的研究中，边界的结构与性质一直是研究的热点，尤其是边界在石墨烯条带中对能带结构的改性效果。ACTEM 技术是研究石墨烯边界结构中最常用的成像手段，图 2 - 17(a)～(c)是利用 ACTEM 技术表征的三种常见的石墨烯边界，以及它们对应的原子结构模型与 TEM 仿真图(Robertson, 2013)。从加有标注的 ACTEM 图中可见，这三种常见边界分别是锯齿型边界、扶手椅型边界和重构锯齿型(reconstructed zigzag)边界。前两种结构由石墨烯晶体沿着这两个晶格方向直接停止生长所形成，边界未发生任何重构。而第三种结构则是在原本的锯齿型边界基础上发生了六元环变成周期性五元环-七元环的重构。理论计算表明，重构锯齿型边界比锯齿型边界的稳定性更高。除了上述三种常见石墨烯边界外，从

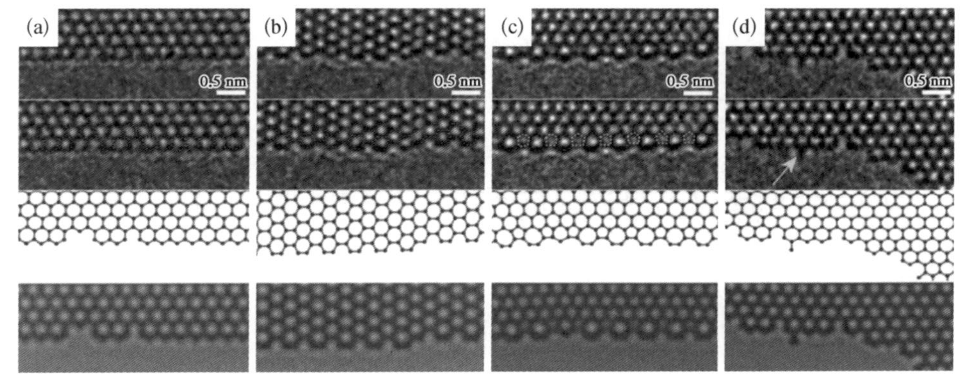

图 2 - 17 四种典型石墨烯边界的 ACTEM 图、对应原子结构模型与 TEM 仿真图

（a）锯齿型边界；（b）扶手椅型边界；（c）重构锯齿型边界；（d）Klein 边界

ACTEM 图中还观测到某些边界上存在悬挂着的单成键碳原子，如图 2-17(d)中黄色箭头所示。该类结构叫 Klein 边界，由 Liu 等[14]首次通过 ACTEM 图发现，这种结构由于碳原子的高不饱和度而稳定性较低。

除了 ACTEM，使用扫描透射电子显微镜(scanning transmission electron microscope, STEM)耦合原子级分辨 EELS 可实现对石墨烯边界上单个碳原子的键合方式(单键、双键和三键)的精确表征。Suenaga 等[15]在 60 kV 的低加速电压下，同时采集了石墨烯边界的 ADF-STEM 图和特征区域的 EELS 图。图 2-18(a)为石墨烯边界的 ADF-STEM 图。图 2-18(b)对应图 2-18(a)中的碳原子区域(图中亮度高的白色圆点)，用黄色圆圈进行了标注，同时还用红、蓝、绿三点分别标注了三种不同键合方式的特征碳原子。图 2-18(c)～(e)给出了这三个碳原子对应的原子结构模型。图 2-18(f)是这三个碳原子对应的 EELS 图。从 EELS 图中可见，三个位置都有 sp^2 杂化碳原子所对应的特征 σ^* 和 π^* 激子跃迁峰，分别位于 292 eV 和 286 eV 附近。其中，蓝色谱线对应的是图 2-18(d)中与邻近两个碳原子键合的边界碳原子，其 EELS 图在(282.6±0.2)eV 处出现一个额外峰(标注为 D 峰)，且 π^* 激子跃迁峰的强度明显降低。而红色谱线对应图 2-18(e)中仅和邻近

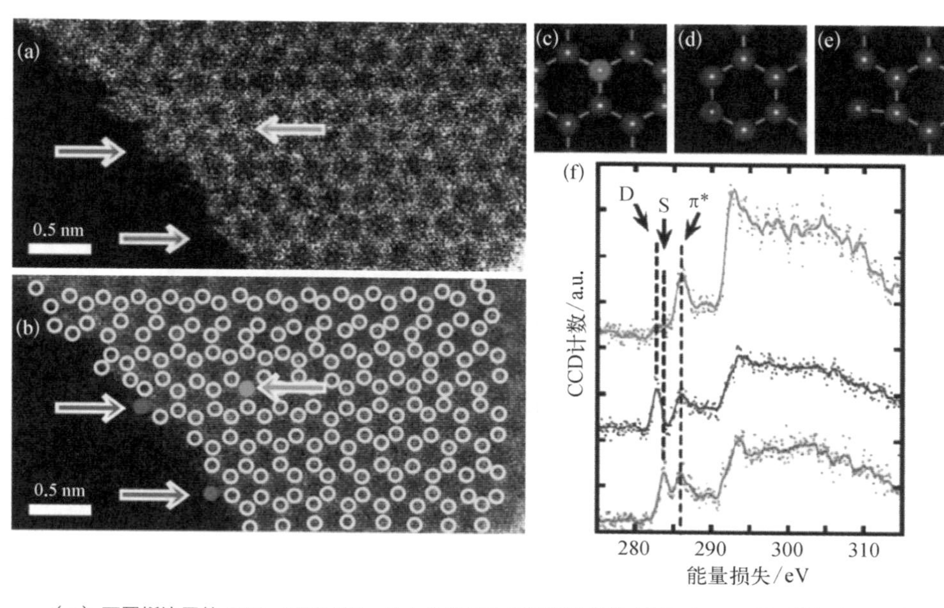

图 2-18 石墨烯边界的 ADF-STEM 图与 EELS 图[15]

(a) 石墨烯边界的 ADF-STEM 图；(b) 加标注的石墨烯边界的 ADF-STEM 图，其中碳原子被黄色圆圈标注，三种不同键合方式的特征碳原子分别被红、绿、蓝三点标注；(c)～(e) 红、绿、蓝三个位置碳原子对应的原子结构模型；(f) 红、绿、蓝三个位置碳原子对应的 EELS 图

一个碳原子键合的 Klein 边界碳原子，其 EELS 图在(283.6 ± 0.2)eV 处产生一个额外峰(标注为 S 峰)。通过采集边界对应的原子级分辨 EELS 图，可以获得不同结构的边界单个碳原子的电子态和键合方式，同时也证明了边界不饱和碳原子的 EELS 信号与块体中饱和碳原子的 EELS 信号存在显著差异。

由于电子良好的会聚性及其与材料丰富的相互作用，使得 TEM 技术成为表征石墨烯纳米和原子尺度微观结构的强有力手段，被广泛应用于判定层数与层间堆垛方式、表征二维晶体本征结构与非周期性局域缺陷，以及观测边界等。结合近年来逐渐普及的 ACTEM、ADF - STEM 及 EELS，可实现在低加速电压下对包括石墨烯在内的低维材料的亚原子级空间观测分辨，并可在表征结构的同时给出元素种类和周围化学环境等多重信息。值得注意的是，TEM 技术与石墨烯的研究是相辅相成的，TEM 技术促进了石墨烯原子结构的解析，而高质量石墨烯的制备与转移技术推动了 TEM 技术的发展。Zheng 等(2020)和 Liu 等(2019)将 CVD 法制备的石墨烯薄膜用作 TEM 栅格的载网材料。该石墨烯具有高结晶度、高表面清洁性、优异的力学强度及可调的表面亲水特性，因而相比于传统载网材料，其具有更低的背景噪声和更优良的生物分子负载特性，在冷冻电镜应用中可实现的空间分辨率接近 2.36 Å。当然，TEM 技术在表征石墨烯等二维材料过程中也存在局限性，包括对制样要求高、仪器操作难度大和成本较高，以及较难实现对观测到的局域原子结构进行同步原位性能测试等，因而针对不同的研究需求，有时需要与合适的探针技术互补。

2.4 光发射电子显微镜/低能电子显微镜技术

2.4.1 光发射电子显微镜与低能电子显微镜简介

光发射电子显微镜(photoemission electron microscope, PEEM)是一种利用光电效应原理，通过光子激发样品电子(因为逃逸过程很快，所以只有近表面样品的光生电子才可以逸出样品)以实现对样品成像的工具。如果将光源换成低能电子枪，那么此时样品会产生背散射电子(低能电子散射截面很大，因此穿透力很弱，所以也同样只能反映表面的信息)，利用与 PEEM 同样的电子光学系统，也可以对这些背散射电子成像，这就是低能电子显微镜(low energy electron microscope,

LEEM)的成像原理。两者只有激发光源不同,后续电子光路完全通用,现如今,PEEM 技术和 LEEM 技术往往集成在一起,因此本小节合并介绍。

PEEM/LEEM 技术与扫描显微技术(扫描隧道电子显微镜、扫描透射电子显微镜等)最大的区别在于,其用以成像的电子直接来自样品表面,因此无须各种探针扫描过程即可实时地获取图像。这使得原位表征成为这项技术最显著的特点之一。

需要指出的是,由于低能电子很容易被表面原子散射,且探测目标就是近表面信息,所以 PEEM/LEEM 技术对表面十分敏感,因此,测试时对样品表面清洁程度要求很高,需要使用超高真空系统。

PEEM 以紫外或 X 射线作为光源,通过辐照固体表面原子而激发出光电子,再利用电子光学系统收集表面光电子,从而实现固体表面成像。PEEM 的空间分辨率为 10～20 nm,目前使用深紫外激光(光子能量为 6.99 eV)作为激发光源,可以实现 5 nm 的超高空间分辨率。值得一提的是,以同步辐射 X 射线为 PEEM 光源,可以发挥同步辐射 X 射线的强度高、能量可变和偏振可调等优势,实现元素选择成像、磁性体磁畴的观察。在 PEEM 图像中固体表面局域功函数较高的区域,光电子产率较低,显示较暗,而较亮的部分则说明光电子产率较高,对应于固体表面局域功函数较低的区域。任何影响表面局域功函数的因素都会引起图像衬度的改变,例如气体分子在固体表面的吸附、扩散、脱附和反应等。

LEEM 图像衬度主要来源于固体表面几何结构和电子波干涉(图 2－19)。一方面,单晶表面的不同结晶取向和单元构造均会产生不同的电子衍射强度差,造成图像衬度的不同。另一方面,被表面反射的电子波也会在以下两种情况下发生干涉:一是单晶表面原子面台阶处[图 2－19(a)];二是表面薄膜界面处[图 2－19(b)]。对于原子级厚度的薄膜,被其上表面和基底界面反射的电子波会发生干涉,从而产生图像基底的强弱对比,干涉的效果由入射电子的能量和薄膜厚度决定。因此,LEEM 图像衬度的变化能够反映表面取向、缺陷、重构等变化。除此之外,LEEM 入射电子的能量是可以调节的(通过改变电子枪加速电压)。如果对同一块样品连续改变 LEEM 入射电子的能量,并且记录 LEEM 图像衬度,则可以绘制强度-能量($I-E$)曲线,该曲线能反映入射电子与样品的相互作用,这与表面物质的变化息息相关,因此在探究表面反应时经常用到。

另外,利用 LEEM 技术,还可以通过低能电子衍射(low energy electron diffraction, LEED)获得样品的晶体学信息。电子衍射(electron diffraction, ED)

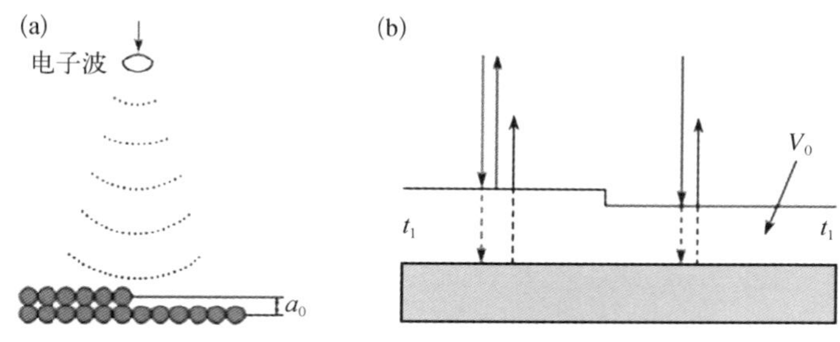

图 2-19 LEEM 成像中干涉效应示意图

（a）单晶表面原子面台阶处；（b）表面薄膜界面处

是表征晶体微观结构的一种重要技术，其原理如下：当具有一定波长的电子束与晶体发生碰撞时，由于晶体的原子周期性排布，光波会被晶体内规则排列的质点散射，由于散射强度较大，质点作为新波源也能发射具有一定方向和波长的次级波。若在散射过程中，电子不与质点发生能量交换，电子方向改变而波长不变，则称为弹性散射；若电子与碰撞的质点发生能量交换，电子波长发生变化，则称为非弹性散射。在弹性散射中，由于质点在晶体中的排列具有周期性，散射的次级波在叠加时相互干涉，在某方向上可以观察到很强的散射电子束，而在其他方向上则无散射电子出现，这种现象称为电子衍射，其所对应的衍射强度分布图案称为衍射花样。出射电子束可以是背散射的低能电子束，也可以是透射束，前者入射电子的能量一般为 20～200 eV，主要反映表面的晶格信息，后者则给出整个区域的晶格信息。

低能电子衍射仪器主要由电子枪、样品架和衍射电子束的检测器构成。电子束经过电场加速后，能够以一定入射角撞击样品表面，其中有 2%～5%的电子发生弹性散射。这些弹性散射电子经过筛选后，在达到荧光屏之前被施以较大的电场，以确保其能以较大的速度到达荧光屏，从而产生衍射斑点，即 LEED 图。在得到衍射花样之后，通过分析衍射电子束的分布、强度(与入射电子的能量、方向，以及表面原子的排列情况有很大的关系)，可以得到材料表面结构的信息。

2.4.2 利用 PEEM/LEEM 技术原位表征石墨烯的生长

基于对功函数的高敏感性，PEEM 技术可用于研究石墨烯的生长和表面物理化学反应等。例如，在 Pt(111)表面生长的石墨烯，其表面功函数与层数紧密相关，双层石墨烯具有高于单层石墨烯的功函数，双层石墨烯的 PEEM 图像衬度较单层石墨烯低，因此可根据图像衬度的不同来区分不同层数的石墨烯。图2-20(a)显示了在Pt(111)表面生长的从边缘到中心依次为1～10层的石墨烯(Sutter, 2009)，电子能量为4.4 eV。其 *I*-*E* 特征谱线如图2-20(b)所示，电子能量为2～100 eV。当电子能量大于15 eV时，从1到10层石墨烯的 *I*-*E* 特征谱线较为相似，而在较低电子能量范围内，*I*-*E* 特征谱线差异较大，这反映了石墨烯层数的不同。此外，石墨烯的掺杂也会引起表面功函数的变化。例如，N掺杂的石墨烯表现出较低的功函数，在PEEM图中显示为较亮的衬度，因此可以利用PEEM图像衬度区分不同掺杂程度和掺杂类型的石墨烯，并揭示石墨烯不同掺杂区域功函数的差异(Yan, 2012)(图2-21)。

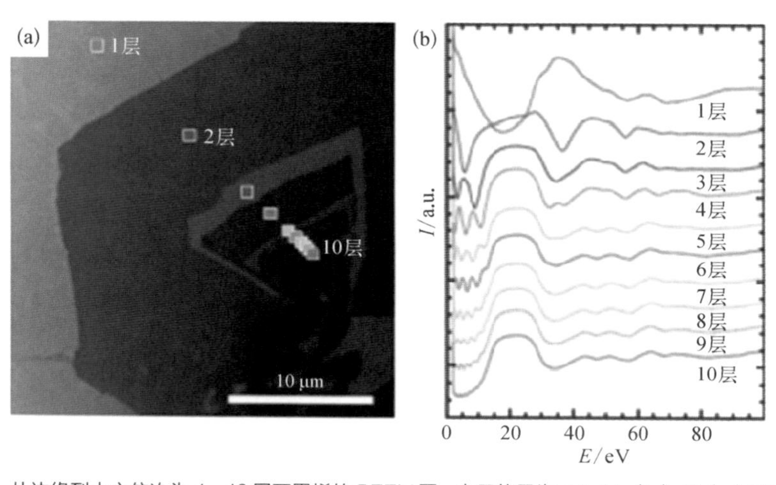

图2-20 Pt(111)表面生长的不同层数石墨烯的PEEM图

(a) 从边缘到中心依次为1～10层石墨烯的PEEM图，电子能量为4.4 eV；(b) 图(a)对应的 *I*-*E* 特征谱线，电子能量为2～100 eV

LEEM技术可以对石墨烯生长过程进行原位监测，为揭示石墨烯的生长机理提供支持。Sutter等(2012)利用LEEM技术原位监控了单层石墨烯在Ru(0001)表面的外延生长初始过程[图2-22(a)]。当覆盖度较低时，石墨烯在Ru(0001)表面台阶处成核，并趋于台面和下台阶方向优先生长，而沿上台阶方向的生长则被抑制。石墨烯呈类扇形生长，带有由表面台阶形状所决定的连续边缘。不同于台面原子，台阶处的金属原子由于配位不饱和而具有更高的活性，所以碳原子在台阶处更容易成核。由于石墨烯面内共价键与基底表面台阶边缘处的金属原子之间存在着较强的相互作用，所以上台阶方向上石墨烯的生长被抑制。而沿着下台阶方向，石墨烯与

图 2-21 掺杂石墨烯的光谱表征

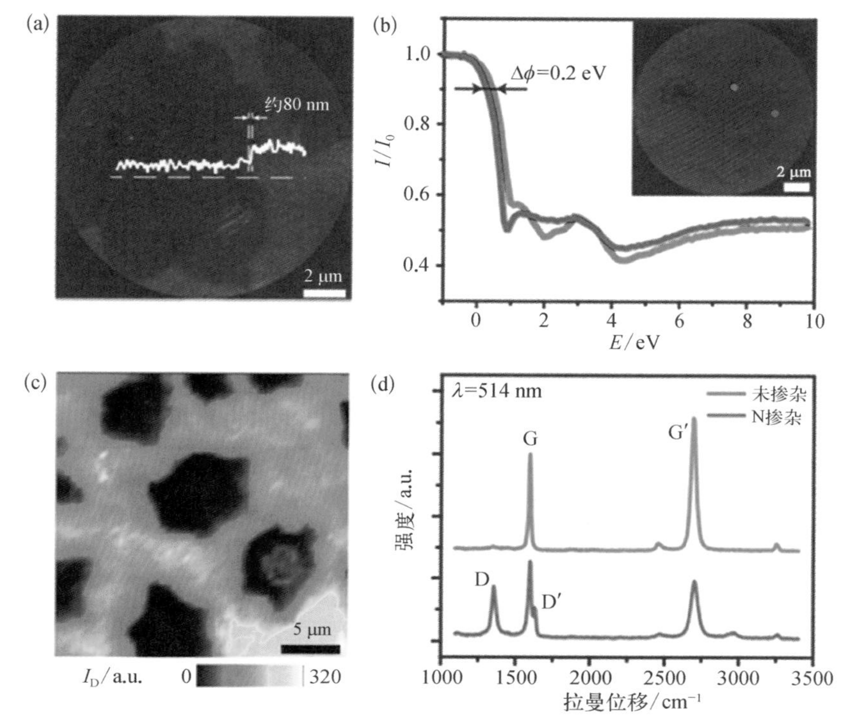

（a）Cu 表面生长不同掺杂程度的马赛克型石墨烯的 PEEM 图，其中功函数较高的本征石墨烯呈现较暗的衬度；（b）插图（马赛克型石墨烯的 LEEM 图）标记的不同区域内相对电子反射率 I/I_0 与能量 E 的特征谱线；（c）转移至 SiO_2/Si 基底上的马赛克型石墨烯的拉曼 D 峰成像图；（d）马赛克型石墨烯未掺杂和 N 掺杂区域的拉曼光谱图

图 2-22 Ru(0001) 表面外延生长单层石墨烯的原位 LEEM 图

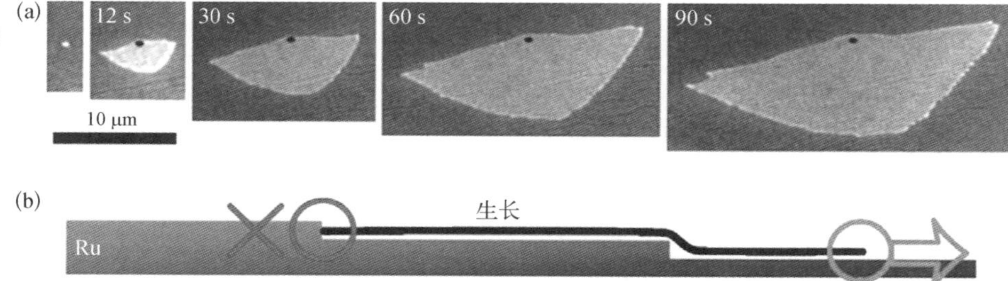

（a）LEEM 图记录单层石墨烯在 Ru（0001）表面外延生长的初始过程，生长温度为 850℃，黑点位置标记为石墨烯初始成核位点，表明在上台阶方向几乎没有石墨烯生长；（b）石墨烯生长过程的示意图，石墨烯优先沿台面和下台阶方向生长，而在上台阶方向生长受到抑制

Ru(0001)表面台阶的边缘态重叠最小，能够以类似的毯状无阻碍地跨过台阶生长，因此该方向石墨烯生长速度最快[图 2-22(b)]，生长单晶岛的尺寸可达约 100 μm。

Jin 等(2012)利用 LEEM 技术研究了 Ru 偏析生长石墨烯的过程。研究发现，在平整的 Ru(0001)表面可以获得具有扇形结构的石墨烯岛[图 2-23(a)～(c)]，石墨烯在与台阶平行和垂直方向的尺寸比例约为 2∶1[图 2-23(g)]；而经 Ar 离子刻蚀且在较低温度下退火处理的 Ru(0001)表面，可以观测到原本平整的表面出现了 Ar 气泡的凸起结构，石墨烯可以沿着台阶上坡和下坡方向同时生长[图 2-23(h)，石墨烯在与台阶平行和垂直方向的尺寸比例接近于 1∶1]，从而获得了各向同性的微米尺寸的圆形石墨烯岛[图 2-23(d)～(f)]。进一步研究发现，石墨烯晶格会被 Ar 气泡凸起结构拉伸，而拉伸所产生的应力能够增强 C 原子与 Ru(0001)表面的相互作用，从而有效减弱台阶在生长过程中的影响。

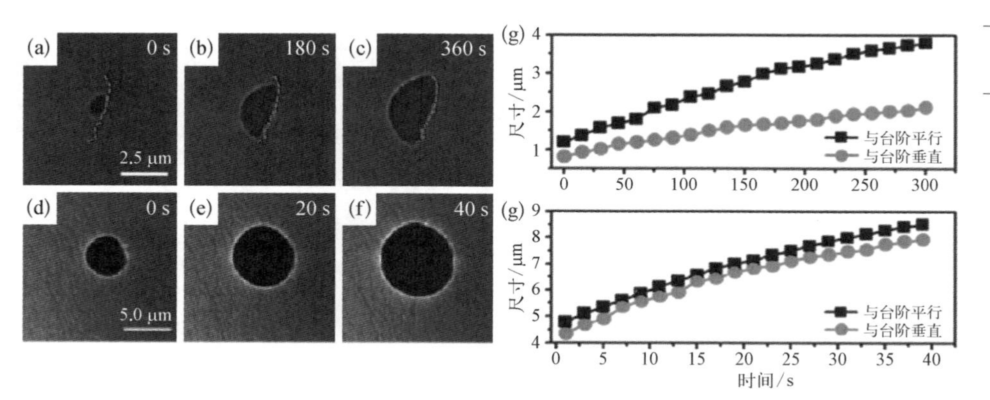

图 2-23

(a)～(c) 在平整的 Ru(0001) 表面监控石墨烯岛生长的一系列原位 LEEM 图；(d)～(f) 经 Ar 离子刻蚀且在较低温度下退火处理的 Ru(0001) 表面监控石墨烯岛生长的一系列原位 LEEM 图；(g)(h) 在平整的和经 Ar 离子刻蚀且在较低温度下退火处理的 Ru(0001) 表面，沿平行和垂直于台阶方向生长的石墨烯的畴区尺寸变化

利用 LEED 图的衍射花样也可以实时监测石墨烯样品的生长，如图 2-24 所示(Berger，2004)。最初，研究者只能探测到单晶 6H-SiC 的信号(清晰白亮的六个点)，之后，在单晶 6H-SiC 衍射点的周围逐渐出现石墨烯的衍射点，这是清晰的次级衍射花样，证明了石墨烯在单晶 6H-SiC 上外延生长。

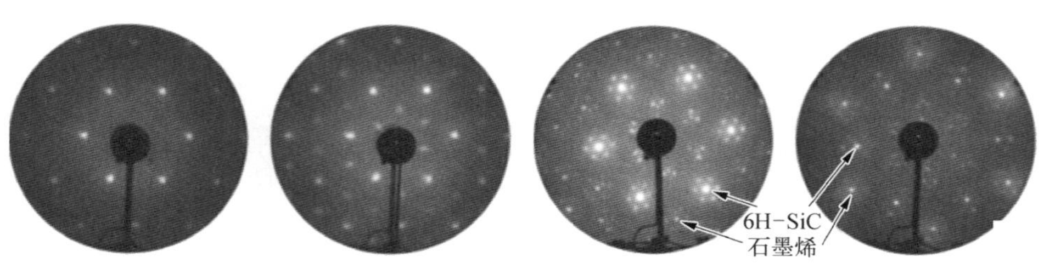

图 2-24 单晶 6H-SiC 的 Si 终止面[Si(0001)晶面]上生长的石墨烯在不同生长阶段的 LEED 图

2.5 原子力显微术

2.5.1 原子力显微术的基本原理

原子力显微术是一种分辨率高达纳米尺度的扫描探针显微术，也是表征石墨烯厚度最直接、常用的手段之一。它通过感知探针尖端与材料表面原子间的微弱相互作用来表征样品的表面结构与性质。AFM 的工作原理示意图如图 2-25 所示，AFM 针尖固定于一个小弹簧悬臂上，通常该弹簧悬臂有较低的弹性常数。当样品与针尖之间发生相互作用时，针尖会发生偏转，这一微小的位移通过聚焦在针尖上的激光利用光杠杆效应放大，转化为位移检测器上光斑的移动，利用位置敏感检测器检测光斑的位移，可以获得针尖的偏转情况，即受力状况。利用反馈回路控制针尖与样品间的相互作用力恒定（恒力模式）或者控制针尖与样品间距恒定（恒高模式），就可以获得样品的表面微观形貌等信息。AFM 对弱力信号非常敏感，可以检测到皮牛量级的力。AFM 根据需求的不同可有多种扫描模式，包括接触模式、轻敲模式和非接触模式等。与 SEM 相比，AFM 具有以下优势：首先，AFM 具有更高的信息提供维度，不仅能展示二维的图像，还能提供材料表面的纵向高度信息，实现三维信息的表征；其次，AFM 对样品的导电性没有要求，对于不导电材料

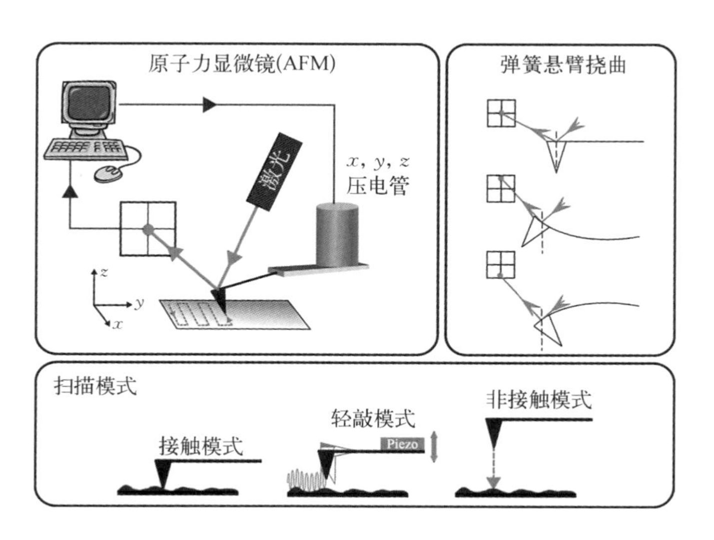

图 2-25 AFM 的工作原理示意图

无须进行类似 SEM 样品的喷金处理；再者，AFM 可运行在常压甚至液体中，无须真空度的限制；最后，AFM 在三个维度方向都具有比 SEM 更高的空间分辨率。但是，AFM 也有局限性，主要包括成像范围小、成像速度慢、成像质量受针尖影响显著等。因此，在实验中，应根据测试的目标和材料的性质综合考虑表征手段的选取。

在使用 AFM 对石墨烯的基本形貌、厚度及原子结构进行表征时，首先应根据需求选取合适的扫描模式，其中轻敲模式和接触模式较为常用。然而，在最初用 AFM 测量位于硅片表面的薄层石墨烯厚度时，人们发现测得的厚度不稳定且难以获得准确的原子级厚度数值（Nemes - Incze, 2008；Novoselov, 2004）。该现象可能来源于两个因素：第一，在标准工艺下，硅片表面热氧化法制备的二氧化硅绝缘层具有约 1 nm 的粗糙度，这造成了覆盖在其上的石墨烯产生褶皱，该褶皱的存在使得针尖探测的高度信息与平坦状态下的情况有所差异；第二，在大气环境下，普遍存在的各种碳氢氧化合物（对于机械剥离法制备的石墨烯，还包括胶带残留物）吸附在二氧化硅和石墨烯之间，从而形成"死区"，造成较大的表观高度。当单层石墨烯被 AFM 针尖从基底上剥离后，仍然可观测到与原来石墨烯形状一致的凝聚印记，这种毛细凝聚现象是"死区"存在的一个直接证据。因此，在利用 AFM 测量石墨烯厚度时，可选择一个翻折的石墨烯边界区域（Novoselov, 2005），这样使得针尖扫描的区域内材料的种类一致，避免由与针尖相互作用的材料不同及基底残留吸附物等导致的石墨烯厚度测量不准确。此外，选择合适的基底也尤为重要。独立存在的悬浮石墨烯或沉积在基底上的石墨烯，为了维持自身稳定性而在表面形成波纹状起伏。Lui 等[16]研究了基底对 AFM 表征石墨烯形貌的影响。他们发现，石墨烯在云母上的铺展性最好，表现出最小的粗糙度，可以得到最"平"的石墨烯，如图2 - 26 所示。目前实验室研究中，云母片为 AFM 表征石墨烯的最理想基底。

2.5.2 石墨烯的形貌与厚度表征

在表征石墨烯的厚度时，一般采用 AFM 的接触模式或轻敲模式。但是，如果想更精确地对石墨烯的厚度进行表征，还需选择合适的理论模型及优化测量中的具体参数。这是由于尽管单层石墨烯的理论厚度为 0.34 nm，但是一般情况下石墨烯为了保持其热力学稳定性，表面会形成一定的褶皱或吸附杂质分子，导致表面粗

图 2-26 不同基底上的石墨烯的AFM图[16]

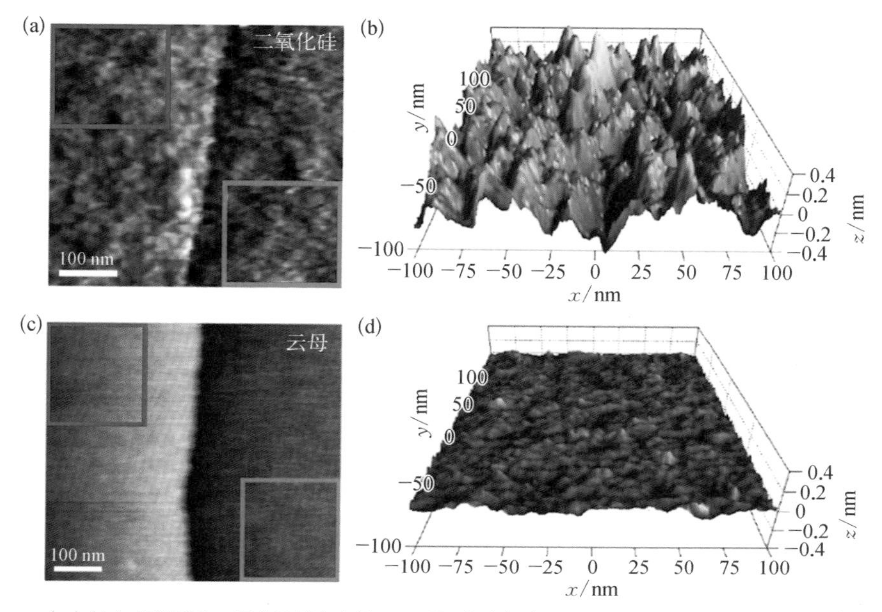

(a)(b) 石墨烯在二氧化硅基底上的AFM图；(c)(d) 石墨烯在云母基底上的AFM图

糙度可达到 1 nm 左右，这些因素都会对石墨烯的厚度表征产生较大的影响。Yao 等(2017)为了精确测量少层石墨烯的厚度，选取了 AFM 的轻敲模式进行测量，采用了柱状图方法定量分析了石墨烯的厚度。研究发现，不同的测量参数(包括振幅的起始点及振幅的改变)会对石墨烯厚度的测量结果产生很大影响。通过调节相关参数，Yao 等可将单层石墨烯厚度的测量结果控制在(0.41 ± 0.09) nm。Lee 等(2015)对比了不同扫描模式(接触模式和轻敲模式)对石墨烯厚度测量的影响。研究发现，在接触模式测量中，石墨烯的厚度数值与样品旋转角度成呈弦函数关系；而在轻敲模式测量中，石墨烯的厚度数值则与样品旋转角度无关。这是由于石墨烯表面存在的褶皱在接触模式中会与针尖产生横向作用力，样品方位的不同会改变褶皱与针尖的相对位置，继而影响了针尖对样品的作用力，所以表现出随样品旋转角度而改变的石墨烯厚度数值。在轻敲模式中，针尖与样品为纵向相互作用，作用力不受样品褶皱的影响，因此样品旋转角度不会影响石墨烯的厚度数值。利用 AFM，研究者可清晰判断石墨烯不同区域的层数，这对表征机械剥离法制备的石墨烯的厚度分布尤其重要。Panchal 等[17]基于 AFM 的层数测量结果开发出利用共聚焦激光扫描显微镜(confocal laser scanning microscope，CLSM)判定在 SiO_2/Si 表面石墨烯厚度的方法。他们先利用 AFM 的形貌像，测量出一片具有 1～5 层厚度不等石墨烯区域的高度信息，如图 2－27(a)所示。随后，将 CLSM 测量得到的不同厚度区域的衬度信息与 AFM 表征得到的对应区域的厚度相比对，并利用 AFM 数据对 CLSM 的信号进行拟合，可获得 CLSM 所测的图像衬度与石墨烯厚度之间的线性函数关系[图 2－27(b)]，从而建立利用无损、快捷的光学 CLSM 表征硅片表面石墨烯层数的方法。

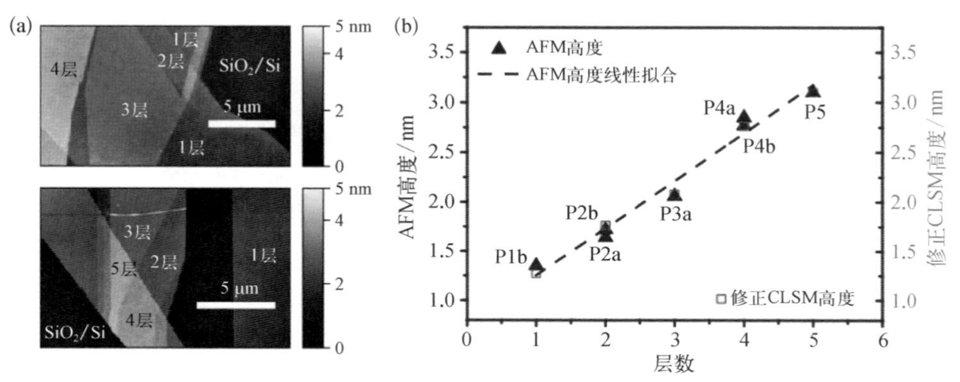

图 2－27 AFM 测量的石墨烯层数及其与 CLSM 判定的层数之间的关联性[17]

（a）机械剥离法制备的石墨烯的 AFM 图；（b）利用 AFM 测量的石墨烯厚度数据拟合 CLSM 测量获得的对应区域石墨烯衬度信号，从而建立 CLSM 所测的图像衬度与石墨烯厚度之间的线性函数关系

除了判定层数，AFM 还常被应用于表征石墨烯表面的粗糙度。Lin 等[18]在开发利用 CVD 法制备具有超洁净表面的石墨烯时，使用 AFM 对比了直接生长在铜箔表面和使用泡沫铜作为额外催化剂后在铜箔表面上生长的两批石墨烯薄膜表面的粗糙度差异。图 2－28(a)左图展示了直接生长在铜箔上的石墨烯表面的粗糙度，其表面随处可见起伏在 1 nm 左右的不连续污染物。而当使用泡沫铜作为额外催化剂时，石墨烯表面平滑度显著提升，几乎看不见表面吸附的污染物[图 2－28(a)右图]。他们推测该石墨烯表面清洁度的提高主要是因为泡沫铜的高比表面积在高温条件下为体系提供了更加充足的铜蒸气，从而提升了甲烷前驱体转变为 sp^2 杂化的石墨碳而非无定形碳的效率，因此大大减少了石墨烯表面污染物的覆盖率。该超洁净表面有助于提升石墨烯的光学透明度、热传输性能，降低石墨烯作为电极时的接触电阻并使得石墨烯表现出天然的亲水性。Pampaloni 等[19]同样使用 AFM 表征了单层和多层石墨烯的表面粗糙度，用于开发其在生物传感领域的应用。2－28(b)给出了在生物传感界面中常用的几种材料表面的 AFM 图，从左到右依次为玻璃、单层石墨烯、少层石墨烯和镀金玻璃，它们的表面粗糙度为(0.23 ±

图 2-28 AFM 表征石墨烯表面的粗糙度

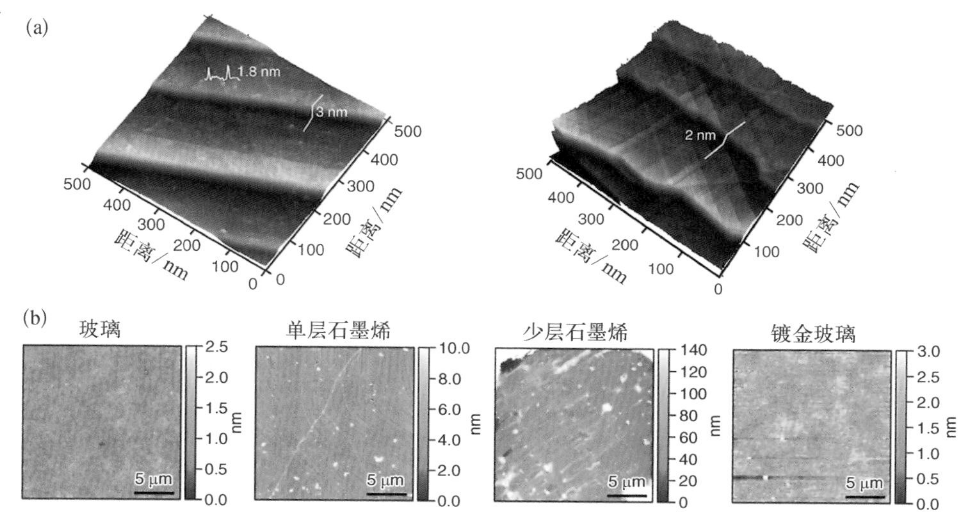

(a) 直接生长在铜箔表面的石墨烯(左)和使用泡沫铜作为额外催化剂后在铜箔表面生长的石墨烯(右)的 AFM 使用图[18];(b) 玻璃、单层石墨烯、少层石墨烯和镀金玻璃(从左到右)的 AFM 图,用于表征不同基底的表面粗糙度[19]

0.02)nm、(1.5±0.5)nm、(20±10)nm 和(0.47±0.1)nm,体现出石墨烯这类典型二维层状薄膜具有较高的表面起伏。作者认为,AFM 对不同材料表面石墨烯形貌的表征为后续探索其在生物神经网络中的传感活性奠定了结构学基础。

2.5.3 石墨烯的原子结构表征

利用 AFM 技术不仅可以对石墨烯的形貌和厚度进行表征,还可观测石墨烯的原子结构。AFM 针尖与样品间的相互作用力包括吸引力和排斥力。吸引力主要有范德瓦耳斯力、静电力和化学吸引力;排斥力主要包括泡利排斥作用和电子间库仑相互作用等。其中,范德瓦耳斯力和静电力是长程力(可至 100 nm),化学吸引力和排斥力是短程力(埃量级)。一般认为,AFM 成像中能够获得原子级分辨率主要是由于短程力的贡献。在半导体表面,得到原子级分辨率是因为针尖与表面原子形成局域的化学键。在离子晶体表面,相邻原子所带电荷不同,静电势随空间变化,表面原子与针尖产生短程静电力作用,这是得到原子级分辨率的主要原因。

为了实现原子结构的表征,目前使用较多的是 qPlus 型 AFM 技术。qPlus 型

AFM 技术是基于频率调制检测模式并以石英音叉为力传感器的 AFM 技术。qPlus 型 AFM 利用石英音叉的压电效应测量频率偏移 Δf,属于自检测力传感器,石英音叉的一支悬臂固定于底座,探针(一般为金属)粘在另一支悬臂上。Hämäläinen 等[20]利用带有 85 pm① 振幅的石英音叉的 AFM,对 Ir(111)上石墨烯的原子结构进行了观察[图 2-29(a)]。这一工作采取了恒频移模式,并利用 CO 分子对 AFM 针尖进行了修饰。为了得到 Ir(111)上沉积的石墨烯样品,首先将单层 C_2H_4 分子沉积在干净的 Ir(111)上,然后在 1500 K 下加热 30 s。Sun 等(2011)对比了 STM 和非接触模式 AFM 在表征 Ir(111)上石墨烯的原子结构上的区别,指出 STM 图取决于石墨烯样品的电学性质,而 AFM 图取决于样品的表面形貌。Ruffieux 等[21]通过对特定单体的聚合与脱氢环化反应实现了具有锯齿型边缘的石墨烯纳米条带的合成,并利用 CO 分子功能化的针尖在非接触模式 AFM 下表征出石墨烯纳米条带的原子结构,如图 2-29(b)所示。图中清晰可见具有 5 行锯齿型边缘碳列组成的仅为数纳米宽的石墨烯纳米条带、光滑延伸的边缘及以 C—H 结构封端的边缘结构,还可辨析出图左下角一处因 CH_2 缺陷展现出的反常亮度。该研究有望推进石墨烯特定边缘结构的自旋与磁学性能的开发。

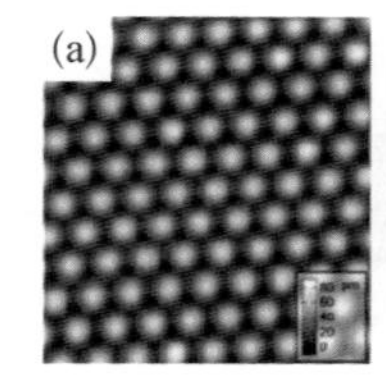

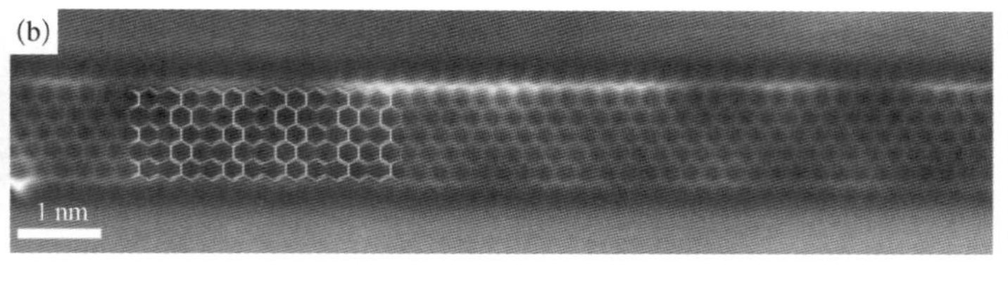

图 2-29 AFM 观测的石墨烯薄膜(24 nm×24 nm)(a)[20]及石墨烯纳米条带(b)[21]的原子结构图

AFM 作为一类典型的探针技术,在石墨烯形貌与厚度的表征方面具有不可替代的作用。相比于光学显微术与 SEM,它具有更高的面内和面外两个方向的空间分辨率,尤其适合对纵向仅为原子级厚度的二维材料进行面外结构表征。相比于 TEM 和即将探讨的扫描隧道显微术,它又具有制样简单、对基底导电性要求宽松等优势。但是,AFM 也存在局限性,包括表征精确度显著依赖于基底的选择与针尖的质量,并且相比于电子束成像,AFM 表征的速率较慢等。因此在石墨烯的表征中,应针对不同的研究问题,选择与其他测量技术搭配使用。

① 1 pm=10^{-12} m。

2.6 扫描隧道显微术

2.6.1 扫描隧道显微术的基本原理

扫描隧道显微术和原子力显微术一样，是扫描探针显微术的一个重要分支。该技术的优势之一在于可在三个维度同时获得原子级分辨率，通常 STM 的分辨率在平行于表面的方向可达 0.1 nm，在垂直于表面的方向可达 0.01 nm。STM 可实时地获得样品表面实空间的三维图像，还可以观察单个原子层的局部表面结构，包括样品的表面缺陷、表面重构、表面吸附体的形态与位置，以及由吸附体引起的表面重构等。配合扫描隧道谱(scanning tunneling spectroscopy, STS)可以得到有关表面电子结构的信息，例如表面的态密度、表面电子势阱等。由于 STM 以针尖与样品表面之间的隧穿电流为探测信号，因此需要样品导电，尤其适合石墨烯这类导体材料的高分辨结构表征。

STM 的成像基于量子力学中的隧道效应。在经典力学中，当一个粒子的动能小于其前方的势垒能量时，它不可能越过此势垒。而在量子力学中，粒子是可以穿过比它能量更高的势垒的，这种现象就是隧道效应。STM 的具体成像原理如下：在导电探针和导电样品间施加一个偏压 V_b，然后通过控制系统使探针接近样品表面，当针尖与样品表面距离小到 1 nm 左右时，在外加电场的作用下，电子会穿过探针和样品之间的势垒，从一方流向另一方，从而产生隧道电流。隧道电流 I 是电子波函数重叠的量度，与针尖和样品之间的距离 S 以及平均功函数 φ 有关：

$$I \propto V_b \exp(-A\varphi^{\frac{1}{2}}S) \tag{2-9}$$

式中，A 为常数，在真空条件下约为 1；φ 为平均功函数，$\varphi = \frac{1}{2}(\varphi_1 + \varphi_2)$，其中 φ_1 和 φ_2 分别为针尖和样品的功函数。由式(2-9)可知，隧道电流的强度随着针尖和样品之间的距离呈指数级变化，因此，通过记录隧道电流的变化就可以获得样品表面的结构信息。由于针尖的尖端只有原子级尺度，且隧道电流局域在很小的范围内，所以 STM 具有原子级分辨率。STM 有两种操作模式：恒流模式和恒高模式。由于隧道电流对针尖与样品之间的距离非常敏感,所以控制隧道电流恒定不变(恒流模式),就可以获得表面形貌起伏的高分辨图像;而如果控制针尖和样品之间的距离恒定(恒高模式),可获得表面不同位置的电流分布图。图 2-30 为 STM 的工作原理图。

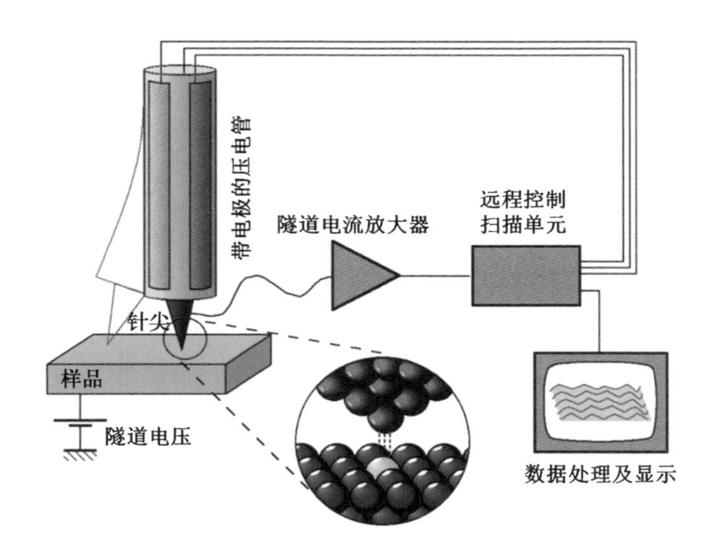

图 2-30 STM 的工作原理图

由于 STM 表征对样品的质量要求较高,在对石墨烯进行表征时,一般选用 CVD 法合成的样品,样品的制备方法可分为直接生长法和间接转移法两种。直接生长法是将 Cu 或 Ir 等金属基底置于超高真空腔内高温加热处理,并通入碳源进行反应,得到在不同基底上生长的石墨烯样品。含有石墨烯的 Cu 或 Ir 基底在 STM 的超高真空腔中高温退火 48 h 后,即可进行 STM 表征。而间接转移法则需将石墨烯从生长基底上转移到测试用的基底表面并对样品做类似的高温真空退火处理,从而提高待测样品表面的清洁度和平整度。

2.6.2 不同基底上的石墨烯表征

人们研究了石墨烯在不同基底上的 STM 图。由于受到基底导电性的限制,最初的 STM 测量都是在 SiC 表面外延生长的石墨烯上进行的。Mallet 等[22] 利用 STM 测量了在 SiC 表面石墨化生长得到的单层和双层石墨烯,观察到了单层与双层石墨烯图形的不同和石墨烯与基底的相互作用[图 2-31(a)]。为了便于在光学显微镜下的观察,石墨烯一般是铺展在 SiO_2 表面上的。基于此,Stolyarova 等[23] 研究了石

图 2-31 石墨烯在 SiC（a）[22]、SiO_2（b）[23]、h-BN（c）、Cu（d）上的 STM 图

墨烯在 SiO_2 基底上的 STM 图，观察到了石墨烯高度结晶的蜂窝状结构［图 2-31(b)］。虽然 SiO_2 基底有利于在光学显微镜下的研究，但是其表面的绝缘特性对石墨烯电学性质有很大的负面影响，不利于电学性质的研究。人们发现六方氮化硼(h-BN)是一种理想的研究石墨烯电学性质的基底。Xue 等(2011)利用 STM 观察了石墨烯在 h-BN 上的原子结构，发现石墨烯在 h-BN 上的铺展比在 SiO_2 上平整很多［图2-31(c)］。Rasool 等(2011)利用 STM 观察了 Cu 基底上生长的石墨烯的原子形貌，发现石墨烯的生长并不受 Cu 基底结构的限制［图 2-31(d)］。

STM 可实时得到实空间样品表面的原子级三维图像，因而被广泛用于不同基底表面 CVD 法生长石墨烯过程的检测和机理研究。Cho 等[24]观察了石墨烯在 Cu 箔上的生长过程同时观察了石墨烯在不同退火温度下的形貌变化，并在高温退火下发现石墨烯对 Cu 箔有很好的防氧化效果，为石墨烯的应用提供了新方向(图 2-32)。Coraux 等(2009)利用 STM 观察了石墨烯在 Ir(111)表面的生长行为，通过 STM 的测量研究了不同温度下石墨烯的生长过程，这些结果为石墨烯的大面积生长提供了重要的信息。

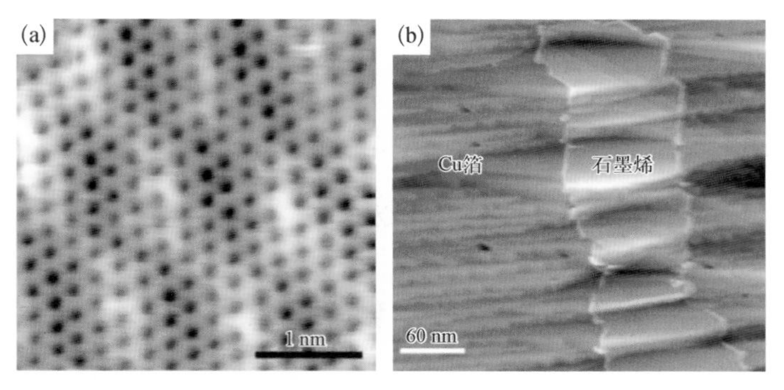

图 2-32

（a）低温退火后石墨烯在 Cu 箔上的蜂窝状结构；（b）高温退火后石墨烯在 Cu 箔上的形貌[24]

2.6.3 多层石墨烯的原子堆垛

Lauffer 等[25]在研究石墨烯在 SiC 上铺展时发现，SiC 上不同层数石墨烯有着不同的原子结构图像。单层石墨烯显示出典型的六边形蜂巢结构[图 2-33(a)]，与在 SiO_2 基底上观察的原子结构类似。三层石墨烯的堆垛在 STM 图上显示出不同的原子结构，只能看到苯环的六个碳原子中的三个，这是由于堆垛方式破坏了石

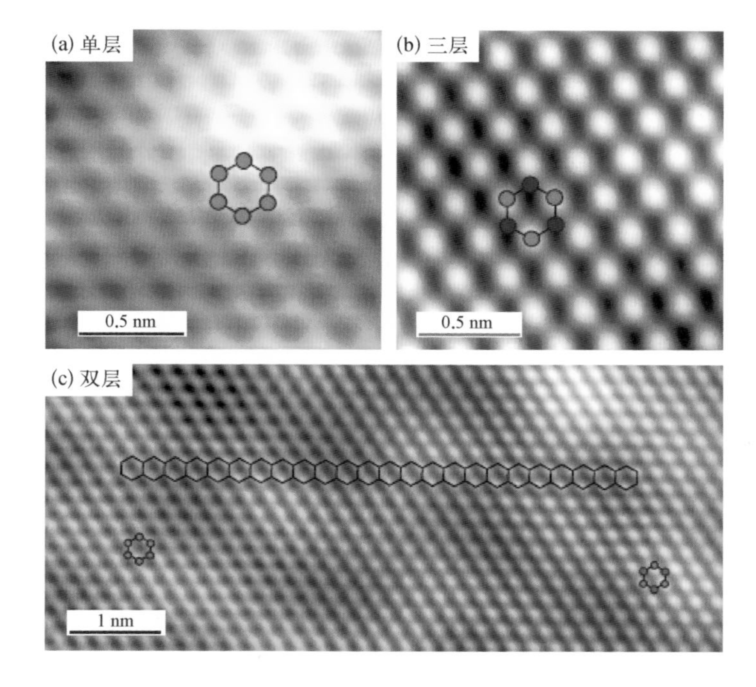

图 2-33 SiC 上不同层数石墨烯的 STM 图[25]

墨烯的对称性[图 2－33(b)]。双层石墨烯的堆垛也显示出了与三层石墨烯相似的原子结构，表现为三角形的亮点阵列，这是由于 AB 堆垛方式致使重叠的三个碳原子在 STM 图上更为突出[图 2－33(c)]。

STM 不仅可以用于表征石墨烯的堆垛方式，还可通过针尖与石墨烯的相互作用将其按任意晶向进行折叠，构筑可设计的层间堆叠方式，实现对二维材料的精细纳米操纵。Chen 等[26]在低温下用 STM 针尖对单层石墨烯纳米岛进行可逆折叠操作[图2－34(a)(b)]。他们还将该单层石墨烯纳米岛按层间扭角分别为 54.4°和 1.6°进行折叠操作，获得了具有不同周期性和摩尔花样的二维双层石墨烯超晶格[图 2－34(c)]。该折叠操作在边缘产生了具有不同手性的管状结构，结合 STM 的原位电学测

图 2－34　利用 STM 进行“纳米折纸”[26]

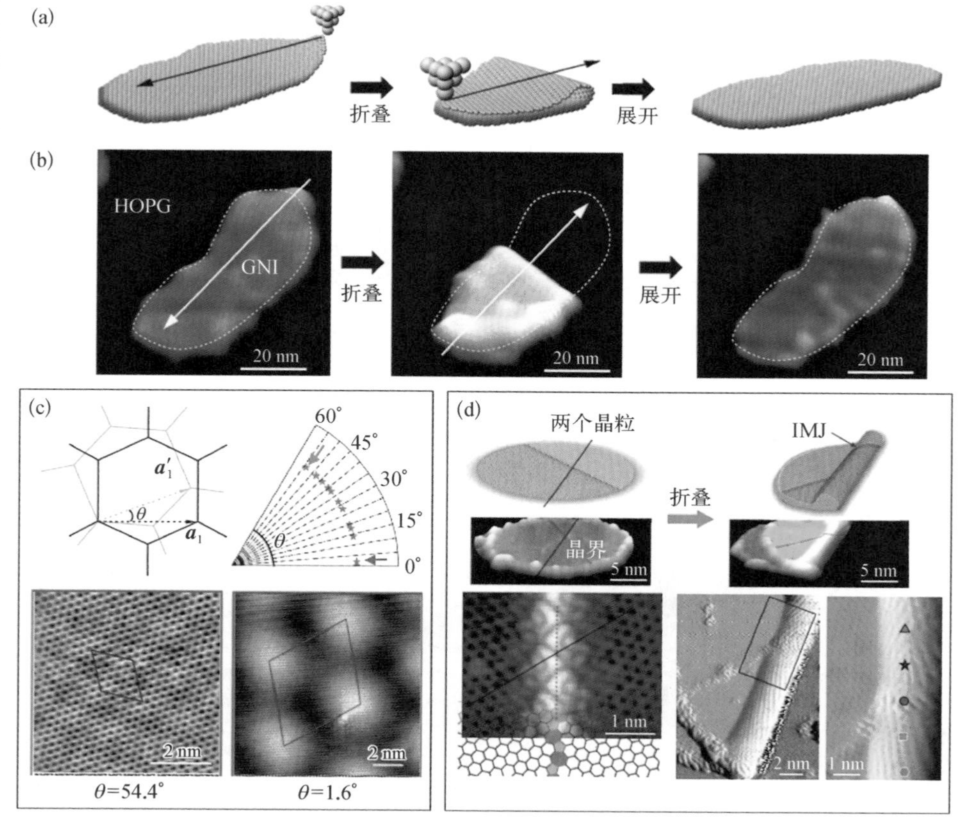

(a) 用 STM 针尖对单层石墨烯纳米岛进行可逆折叠操作的示意图；(b) 单层石墨烯纳米岛被可逆折叠的 STM 图；(c) 按层间扭角 54.4° 和 1.6° 折叠单层石墨烯纳米岛的示意图与 STM 实验图；(d) 折叠由两个晶粒和一个晶界组成的单层石墨烯纳米岛的示意图，以及对石墨烯晶界处与折叠区域边缘管状结构的原子级形貌进行表征的 STM 图

试可得，由石墨烯折叠产生的边缘管状结构虽然与直接生长的碳纳米管相比没有封口，但表现出与单壁碳纳米管类似的一维电学特性，如范霍夫奇点，且电学性质与管状结构的手性密切相关。研究者还利用 STM 针尖折叠了由两个不同取向晶粒构成的单层石墨烯纳米岛，从而构筑出分子结（intramolecular junction，IMJ）。如图 2－34(d)所示，STM 可清晰表征出石墨烯晶界处的五元环-七元环线型位错列。在折叠区域边缘的管状结构上也可辨识出 IMJ 的准确位置。该晶界的存在导致了 IMJ 两侧管状结构的手性不同，因而产生了不同的能带结构和电学性质。该研究展现了利用 STM 精确构筑具有特定堆叠方式的低维材料的“纳米折纸”技术。

2.6.4 石墨烯表面的分子组装

在观察石墨烯表面分子组装方面，Wang 等[27]利用 STM 在石墨烯表面观察到了规则排列的苝四甲酸二酐(PTCDA)分子层[图 2－35(a)～(c)]。超高真空 STM 图显示，该分子具有长程有序的人字形结构。基底表面的分子结构是不受外延生长的石墨烯或原子台阶上的缺陷干扰的。通过分析 STS 图，PTCDA/石墨烯显示出原始石墨烯所不具备的特性，展现了 PTCDA 分子对外延生长的石墨烯进行有机分子功能化的潜在优势。Balog 等(2010)利用 STM 观测了氢离子选择性修饰的石墨烯样品。通过调节在

图 2－35 吸附在石墨烯表面的上 PTCDA 分子[(a)～(c)][27]及氢离子[(d)～(f)]的 STM 图

Ir(111)上外延生长的石墨烯暴露于氢离子氛围中的时间,得到了不同氢离子吸附的石墨烯样品。这些样品中的石墨烯表现出了明显的能级分裂,产生了至少 450 meV 的带宽。通过 STM 图可见,石墨烯暴露于氢离子中不同时间后,氢离子在石墨烯表面的吸附形貌有很大不同[图 2-35(d)~(f)],进而使石墨烯产生了不同程度的能级分裂。

2.6.5 石墨烯的掺杂态

STM 还是研究掺杂石墨烯的重要工具。尽管石墨烯的电学性质优异,但本征石墨烯难以直接在电子器件中得到应用,研究人员常常对石墨烯进行掺杂以使其具有适用于电子器件的半导体性质。目前,对石墨烯最常用的掺杂原子包括氮原子、硼原子等。为了直观地表征石墨烯掺杂后的原子结构及掺杂状态,STM 被用于对掺杂石墨烯进行表征。利用 STM 对氮掺杂石墨烯进行表征时发现,氮原子会在石墨烯表面上引入缺陷,表现在 STM 图上为明亮的三角形区域[图 2-36

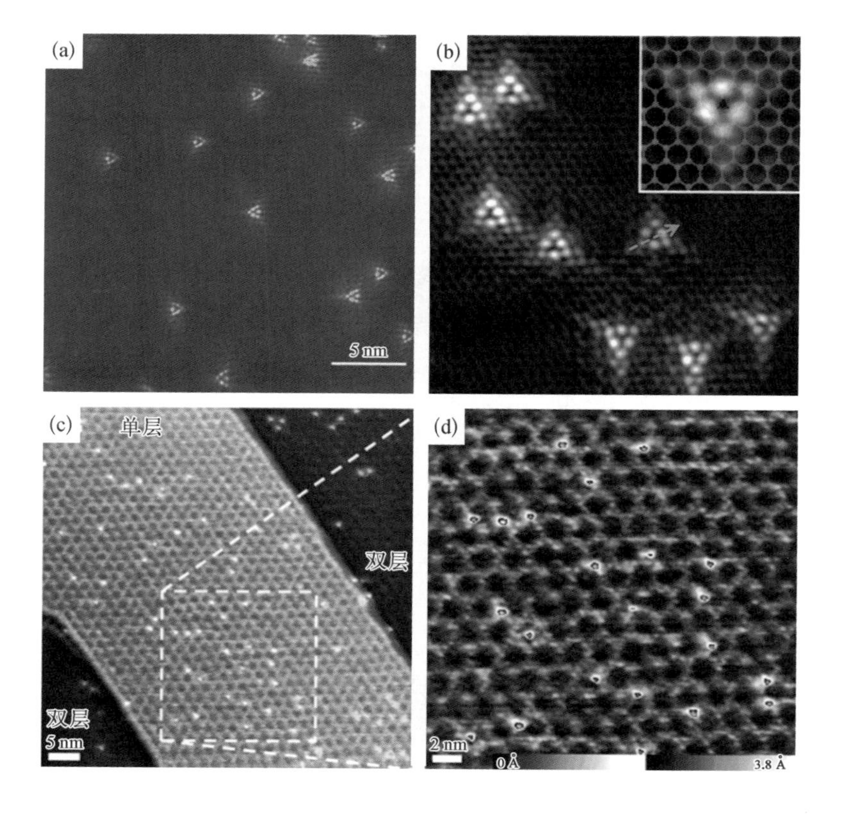

图 2-36 氮掺杂石墨烯[(a)(b)][28]及硼掺杂石墨烯[(c)(d)][29]的 STM 图,其中图(b)中扫描区域边长为 9 nm

(a)(b)][28]，这源于缺陷引起的隧道电流的变化。调节掺杂氮原子的用量，STM图也会发生相应改变。统计这些改变，并以理论计算为辅助，可对不同掺杂形态进行归类分析，实现对掺杂含量及形式的控制。利用STM也可对硼掺杂石墨烯或双掺杂石墨烯进行同样的表征。图2-36(c)(d)为硼掺杂石墨烯的STM图[29]。可以看出，高浓度的硼原子以单原子分散的形式掺杂在石墨烯表面。

2.7 本章小结

结构决定性质，显微学在表征石墨烯形貌与结构领域发挥着重要作用，是理解石墨烯结构与其多样的理化性质之间准确的"构效关系"的关键。本章紧紧围绕石墨烯的结构特点，综合介绍了光学显微术、扫描电子显微术、透射电子显微术、原子力显微术和扫描隧道显微术等在石墨烯结构表征中的应用，并从成像原理、空间尺度、空间与时间分辨率、表征效率、制样要求等多个角度对以上不同显微学表征技术进行了横向与纵向对比。通过案例介绍了它们在表征石墨烯层数、晶粒形貌、表面起伏、层间堆垛、缺陷与边缘原子结构等方面的具体应用。

未来石墨烯显微学表征技术的发展可能沿着以下几个重要方向。首先，原位与多元环境下的显微学表征技术可能成为研究热点。随着对生长过程与反应机理研究的不断推进，人们迫切需要通过原位显微学表征技术耦合多元环境场实现对低维材料制备与功能化过程的实时监控，以破解复杂环境下各个参数对于材料结构的影响。其次，将各种对石墨烯结构的显微学表征手段与材料的性质研究进行有机组合，实现材料微观结构甚至是原子结构表征与性质研究之间的无缝衔接，更好地构筑低维材料结构与性能的关系可能是另一个发展方向。最后，结合目前材料基因组工程对于高通量的需求，为显微学表征技术开发合适的人工智能算法，提高数据采集和分析的效率，从而实现从海量数据中提取具有统计学意义的普适、本质规律，这对新材料的底层设计、制备和应用具有重要意义。

参考文献

[1] Geng D C, Wu B, Guo Y L, et al. Fractal etching of graphene[J]. Journal of the American Chemical Society, 2013, 135(17): 6431 - 6434.

[2] Geng D C, Wu B, Guo Y L, et al. Uniform hexagonal graphene flakes and films grown on liquid copper surface[J]. PNAS, 2012, 109(21): 7992 - 7996.

[3] Xu B, Yue S F, Sui Z Y, et al. What is the choice for supercapacitors: Graphene or graphene oxide? [J]. Energy & Environmental Science, 2011, 4(8): 2826 - 2830.

[4] Huang H, Chen P W, Zhang X T, et al. Edge-to-edge assembled graphene oxide aerogels with outstanding mechanical performance and superhigh chemical activity [J]. Small, 2013, 9(8): 1397 - 1404.

[5] Yang F, Fan X X, Wang C X, et al. P-doped nanomesh graphene with high-surface-area as an efficient metal-free catalyst for aerobic oxidative coupling of amines[J]. Carbon, 2017, 121: 443 - 451.

[6] Meyer J C, Geim A K, Katsnelson M I, et al. The structure of suspended graphene sheets[J]. Nature, 2007, 446(7131): 60 - 63.

[7] Meyer J C, Geim A K, Katsnelson M I, et al. On the roughness of single- and bi-layer graphene membranes[J]. Solid State Communications, 2007, 143(1 - 2): 101 - 109.

[8] Warner J H, Rümmeli M H, Gemming T, et al. Direct imaging of rotational stacking faults in few layer graphene[J]. Nano Letters, 2009, 9(1): 102 - 106.

[9] Robertson A W, Montanari B, He K, et al. Structural reconstruction of the graphene monovacancy[J]. ACS Nano, 2013, 7(5): 4495 - 4502.

[10] Robertson A W, Allen C S, Wu Y A, et al. Spatial control of defect creation in graphene at the nanoscale[J]. Nature Communications, 2012, 3: 1144.

[11] Warner J H, Margine E R, Mukai M, et al. Dislocation-driven deformations in graphene[J]. Science, 2012, 337(6091): 209 - 212.

[12] Huang P Y, Ruiz-Vargas C S, van der Zande A M, et al. Grains and grain boundaries in single-layer graphene atomic patchwork quilts[J]. Nature, 2011, 469 (7330): 389 - 392.

[13] He Z Y, He K, Robertson A W, et al. Atomic structure and dynamics of metal dopant pairs in graphene[J]. Nano Letters, 2014, 14(7): 3766 - 3772.

[14] Liu Z, Suenaga K, Harris P J F, et al. Open and closed edges of graphene layers[J]. Physical Review Letters, 2009, 102(1): 015501.

[15] Suenaga K, Koshino M. Atom-by-atom spectroscopy at graphene edge[J]. Nature, 2010, 468(7327): 1088 - 1090.

[16] Lui C H, Liu L, Mak K F, et al. Ultraflat graphene[J]. Nature, 2009, 462(7271): 339 - 341.

[17] Panchal V, Yang Y F, Cheng G J, et al. Confocal laser scanning microscopy for rapid optical characterization of graphene[J]. Communications Physics, 2018, 1: 83.

[18] Lin L, Zhang J C, Su H S, et al. Towards super-clean graphene[J]. Nature Communications, 2019, 10: 1912.

[19] Pampaloni N P, Lottner M, Giugliano M, et al. Single-layer graphene modulates neuronal communication and augments membrane ion currents[J]. Nature Nanotechnology, 2018, 13(8): 755 - 764.

[20] Hämäläinen S K, Boneschanscher M P, Jacobse P H, et al. Structure and local variations of the graphene moiré on Ir(111)[J]. Physical Review B, 2013, 88 (20): 201406.

[21] Ruffieux P, Wang S Y, Yang B, et al. On-surface synthesis of graphene nanoribbons with zigzag edge topology[J]. Nature, 2016, 531(7595): 489 - 492.

[22] Mallet P, Varchon F, Naud C, et al. Electron states of mono- and bilayer graphene on SiC probed by scanning-tunneling microscopy[J]. Physical Review B, 2007, 76 (4): 041403.

[23] Stolyarova E, Rim K T, Ryu S, et al. High-resolution scanning tunneling microscopy imaging of mesoscopic graphene sheets on an insulating surface[J]. Proceedings of the National Academy of Sciences of the United States of America, 2007, 104(22): 9209 - 9212.

[24] Cho J, Gao L, Tian J F, et al. Atomic-scale investigation of graphene grown on Cu foil and the effects of thermal annealing[J]. ACS Nano, 2011, 5(5): 3607 - 3613.

[25] Lauffer P, Emtsev K V, Graupner R, et al. Atomic and electronic structure of few-layer graphene on SiC(0001) studied with scanning tunneling microscopy and spectroscopy[J]. Physical Review B, 2008, 77(15): 155426.

[26] Chen H, Zhang X L, Zhang Y Y, et al. Atomically precise, custom-design origami graphene nanostructures[J]. Science, 2019, 365(6457): 1036 - 1040.

[27] Wang Q H, Hersam M C. Room-temperature molecular-resolution characterization of self-assembled organic monolayers on epitaxial graphene[J]. Nature Chemistry, 2009, 1(3): 206 - 211.

[28] Telychko M, Mutombo P, Ondráček M, et al. Achieving high-quality single-atom nitrogen doping of graphene/SiC(0001) by ion implantation and subsequent thermal stabilization[J]. ACS Nano, 2014, 8(7): 7318 - 7324.

[29] Telychko M, Mutombo P, Merino P, et al. Electronic and chemical properties of donor, acceptor centers in graphene[J]. ACS Nano, 2015, 9(9): 9180 - 9187.

第3章

石墨烯的光谱学表征

光谱学表征技术是研究物质与电磁波相互作用下光谱现象和规律的一种重要手段。根据光谱产生原理的不同,光谱学分为发射光谱学、吸收光谱学和散射光谱学,不同种类的光谱学分析方法可以从不同方面提供物质的微观结构和含量等信息。其中,发射光谱可以获得原子和分子的能级结构及一些重要常数,例如荧光光谱中的荧光强度、量子产率、荧光寿命等信息,它们可以反映出电子的跃迁特征。吸收光谱来源于分子电子态的跃迁,常用的有红外吸收光谱和紫外-可见吸收光谱。红外吸收光谱一般用来研究分子化学键的振动和转动性质,紫外-可见吸收光谱则对应于价电子的跃迁,这两种吸收光谱被广泛应用于材料的结构鉴定和成分分析。在散射光谱中,拉曼光谱可以探测分子的振动与转动能级,拉曼频移与物质结构特征密切相关,它是一种可以实现材料结构指纹识别的光谱学表征技术。此外,基于不同大小微粒对光波散射强度的差异,可以利用动态光散射技术来获取物质的粒径分布。除了以上的荧光光谱、红外吸收光谱、紫外-可见吸收光谱和拉曼光谱外,X 射线光电子能谱也是分析物质结构和成分的常用技术。

石墨烯的光谱学表征是其常用的表征手段之一,尤其是拉曼光谱,已经成为石墨烯的常规表征手段。一方面,它可以用来确定石墨烯的层数、边缘及缺陷态等;另一方面,它也可以定量评估石墨烯所承受应力的相对大小,或是定量地评估石墨烯中的缺陷密度及掺杂浓度。例如,在外加电场的作用下,石墨烯的费米能级会产生移动,其移动范围可以有效地在拉曼光谱中反映出来。本章在概述本征石墨烯拉曼光谱的基础上,着重介绍了拉曼光谱在石墨烯以上几个方面的应用,同时简要总结了拉曼光谱在表征石墨烯复合物方面的一些研究进展。

3.1 石墨烯的拉曼光谱表征

3.1.1 拉曼光谱简介

拉曼散射是一种光的非弹性散射效应，最初由印度科学家拉曼(C. V. Raman)于 1928 年在研究 CCl_4 的光散射时发现，他因此获得了 1930 年的诺贝尔物理学奖，这一效应被称为拉曼效应，相应的光谱被称为拉曼光谱。拉曼光谱技术具有无损、快捷及结构指纹识别的优点，被广泛应用于物理学、化学、分子生物学、材料科学等领域。

如图 3－1 所示，光和物质的相互作用主要包括吸收、反射、散射、透射。光射入介质时，若介质中存在某些不均匀性的因素，例如电场、相位、粒子密度等，光的传播方向将发生变化，这就是光散射。经典量子力学认为，当遵循一定选择定则的电子感应偶极矩的初末态能级之间发生辐射跃迁时，就发生了光散射。如果介质起伏的变化不随时间改变，此时发生的散射是弹性散射，散射光的频率不会发生改变而只是方向发生变化；如果介质起伏的变化与时间相关，介质与入射光发生能量的转移与交换，从而使散射光的频率和方向均发生改变，此时发生的散射即为非弹性散射。瑞利散射和米氏散射均属于弹性散射，而拉曼散射和布里渊散射则均属于非弹性散射。图 3－2 为瑞利散射、布里渊散射和拉曼散射的频率分布示意图，其中短波长的一侧被称为反斯托克斯(anti－Stokes)曲线，长波长的一侧被称为斯托克斯(Stokes)曲线(Nibler, 1981)。布里渊散射频率位移通常较小，大多数情况下会淹没在瑞利散射中。在拉曼散射中，由于入射光与分子振动、转动等各种元激发相互作用产生的介质能级间差距较大，其谱线分布范围一般都比较广。

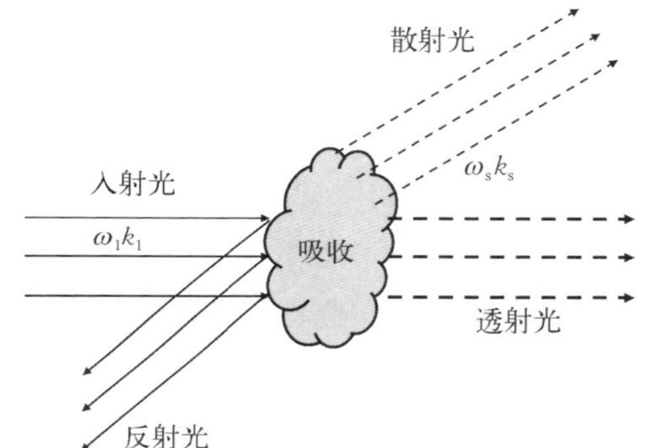

图 3－1 光与物质的相互作用示意图

图 3－3 展示了红外吸收、瑞利散射和拉曼散射过程的能级跃迁。红外吸收过程直接对应分子振动能级从基态到激发态的跃迁。在散射过程中，基态电子受入

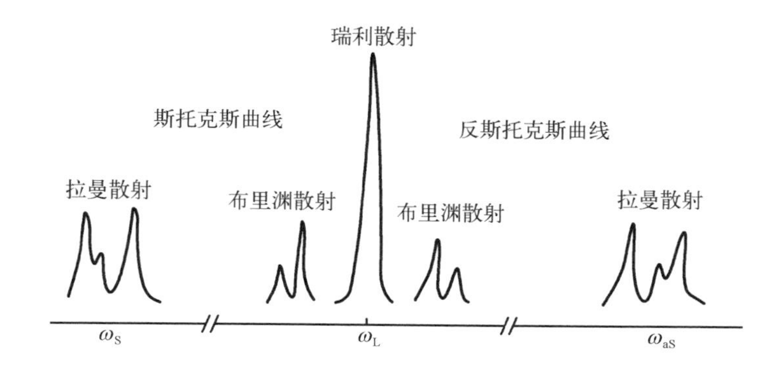

图 3-2 瑞利散射、布里渊散射和拉曼散射的频率分布示意图

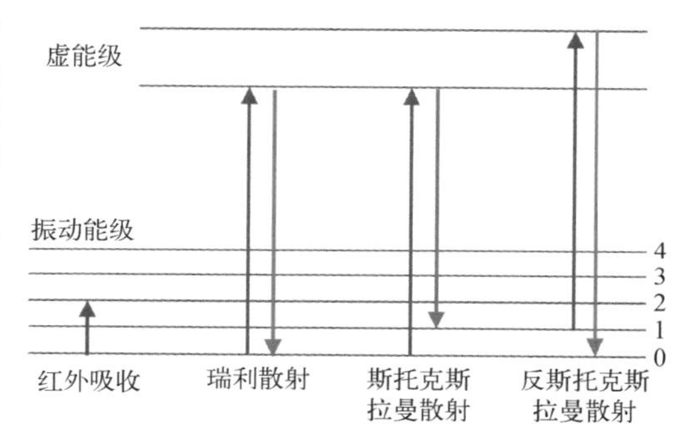

图 3-3 红外吸收、瑞利散射和拉曼散射过程的能级跃迁示意图

射光的激发跃迁到一个电子虚态，如果跃迁回到电子基态中的振动基态，放出光子的能量和入射光一致，则对应瑞利散射过程；如果基态电子受入射光的激发跃迁到虚能级后，与一个声子发生相互作用而吸收或损失一个声子的能量，再跃迁到电子基态，则对应拉曼散射过程。散射光与入射光的能量差对应的是声子或分子的振动能级的能量。通常，在拉曼光谱中以这一能量差作为横坐标，单位常用波数(cm^{-1})表示，称为拉曼频率或拉曼位移；坐标零点的位置表示瑞利散射线的位置，即散射频率不发生变化；纵坐标为测得的散射信号强度。拉曼光谱反映了拉曼散射的两个特征量——频移和散射强度。频移一般只与物质的结构相关，而散射强度和入射光强度及所测样品分子的浓度成正比，用公式可以表示为(Judkins, 1990)

$$\emptyset_k = \emptyset_0 S_k NHL 4\pi \sin^2(\partial/2) \tag{3-1}$$

式中，$\emptyset_k$ 为在垂直入射光光束方向上通过聚焦透镜所收集的拉曼散射光通量；$\emptyset_0$ 为入射光照射到样品上的光通量；S_k 为拉曼散射系数；N 为样品浓度；H 为样品的有效体积；L 为考虑折射率和样品内场效应等影响因素的效应；∂ 为拉曼光束在聚焦透镜方向上的半角度。

拉曼散射系数非常小，只有 $10^{-29} \sim 10^{-28}$ mol/sr，这一系数的大小与散射截面相关。散射截面是一种描述微观粒子散射概率的物理量，又称碰撞截面，散射截面

的大小决定了散射光的强度。相比于表 3－1 中瑞利散射和米氏散射，拉曼散射的散射截面只有 10^{-29} cm^2，是所有散射类型中的最小值。拉曼光谱还有一个特征量是退偏振度，它描述的是散射物体各向异性的程度，其定义为垂直于电矢量 ***E***（入射光传播方向）偏振的散射强度与平行于 ***E***（与入射光传播方向垂直）偏振的散射强度之比。一般情况下，拉曼散射光是偏振光。对于具有确定取向的分子或晶体材料，当入射光的偏振方向改变时，散射光的偏振方向随之改变，不同的拉曼散射信号具有不同的偏振依赖性。

表 3－1　不同散射过程的散射截面

散 射 类 型	散射截面/cm^2
瑞利散射	10^{-26}
米氏散射	10^{-26}～10^{-8}
拉曼散射	10^{-29}

拉曼光谱仪主要包括激光光源、分光系统、检测系统，检测系统通常为高度灵敏的电荷耦合器件。根据分光系统的不同可以把拉曼光谱仪分为两类：第一类是色散型光谱仪，这一类光谱仪的分光元件是棱镜和光栅，在这一类光谱仪中，为了消除或减少瑞利散射的干扰，通常需要选择合适的滤光片；第二类是非色散型的傅里叶变换光谱仪，这一类光谱仪主要基于迈克耳孙干涉仪原理，其分光系统可以有效地避免荧光背景的干扰。拉曼光谱仪的重要参数包括光谱分辨率和空间分辨率，可以通过选择不同刻线的光栅、不同的激发波长及不同数值孔径的物镜等来进行调节。

总而言之，拉曼光谱是一种快速灵敏、可以反映物质结构信息且对样品无损害的光谱测试手段。拉曼光谱的研究范围极其广泛，包括化学、生物、环境科学、食品安全等方面，并在纳米碳材料的发现和发展研究中发挥了重要作用，如富勒烯、碳纳米管、石墨烯等，可以根据材料特征峰的峰形、峰位、强度等信息快速、无损、准确地对这些碳的同素异形体加以表征。本节将主要讨论石墨烯的声子振动性质并阐述拉曼光谱在石墨烯及石墨烯衍生物的结构表征中的应用。

3.1.2　石墨烯的声子振动特征

石墨烯属于六方晶系中的 D_{6h}点群，通过紧束缚模型得到 π^* 和 π 的能带交于

一点 $K(K')$。在该点附近，能量与动量呈线性关系，这一点称为狄拉克点，狄拉克点附近的载流子有效质量为零，速度接近于光速，因此理解石墨烯的声子色散曲线是解释其拉曼光谱特征的前提。图 3-4(a)给出了单层石墨烯的声子色散曲线。单层石墨烯的单胞中包含两个不等价的碳原子，分别是 A 和 B。对于单层石墨烯来说，总共有六支声子色散曲线[1]，分别为三个光学支[面内纵向光学支(in-plane longitudinal optical branch, iLO)、面内横向光学支(in-plane transverse optical branch, iTO)和面外横向光学支(out-of-plane transverse optical branch, oTO)]和三个声学支[面内纵向声学支(iLA)、面内横向声学支(iTA)和面外横向声学支(oTA)]。面内和面外分别指原子的振动方向平行或者垂直于石墨烯平面，纵向和横向分别指原子的振动方向平行或者垂直于 A—B 的方向。对于单层

图 3-4

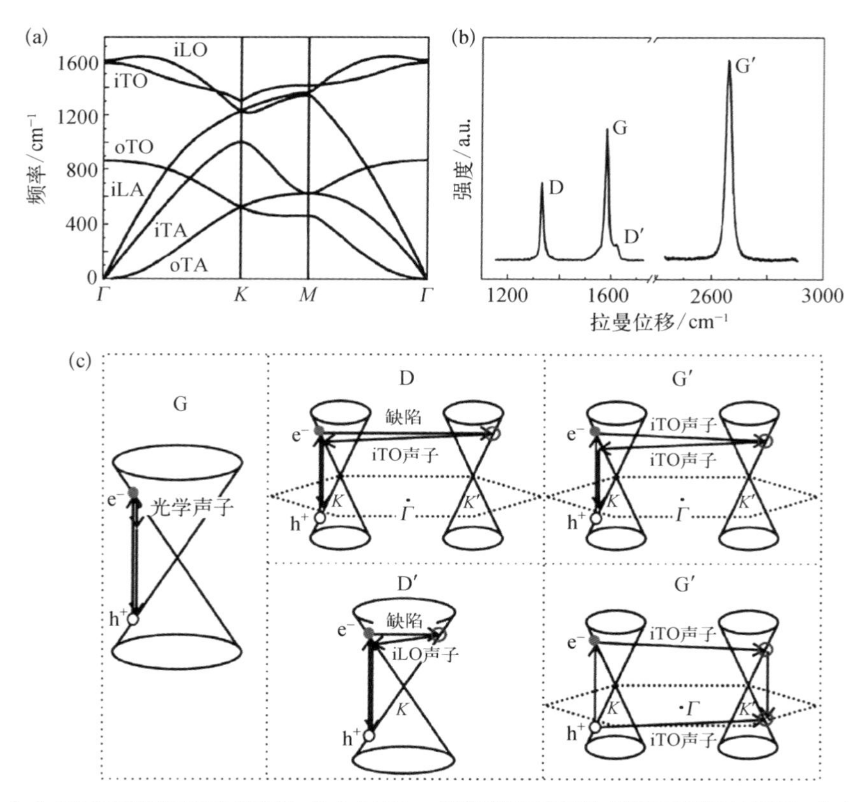

（a）单层石墨烯的声子色散曲线；（b）514.5 nm 激发波长下典型的含缺陷石墨烯拉曼光谱；（c）石墨烯的拉曼光谱特征峰的产生过程，其中左图为 G 峰的一阶拉曼散射过程，中间图为 D 峰和 D′ 峰的双共振拉曼散射过程，右图为 G′ 峰的双共振拉曼散射过程和三阶共振拉曼散射过程[1]

石墨烯，在 Γ 点附近，其声子振动模式的不可约表示为 $\Gamma = A_{2u} + B_{2g} + E_{2g} + E_{1u}$。根据群论理论，iLO 和 iTO 均属于 E_{2g} 振动模，而 E_{2g} 振动模表现出拉曼活性，对应石墨烯的 G 峰。对于其他的三个振动模，A_{2u} 和 E_{1u} 均属于声学声子模式，代表了石墨烯的 A 和 B 两个碳原子的面内、面外的同向振动，而 B_{2g} 则既不表现出拉曼活性也不表现出红外活性。

图 3－4(b)为 514.5 nm 激发波长下典型的含缺陷石墨烯的拉曼光谱，其拉曼光谱特征峰的产生过程如图 3－4(c)所示。石墨烯的拉曼散射过程包含光子、电子、声子相互作用的三个过程，首先价带的电子在入射光的激发下跃迁至导带，之后电子与声子发生相互作用，这一重要过程是产生不同拉曼光谱特征峰的决定步骤，最后电子再次回到价带。如图 3－4(b)所示，约 1585 cm^{-1} 的 G 峰和约 2685 cm^{-1} 的 G′峰对应于本征石墨烯的特征峰，而约 1345 cm^{-1} 和约 1625 cm^{-1} 处的 D 峰和 D′峰为含缺陷石墨烯特有的拉曼散射信号。如图 3－4(c)左图所示，G 峰对应一阶拉曼散射过程，起源于布里渊区中心(Γ 点)简并光学声子(iLO 和 iTO)的一阶拉曼散射。D 峰、G′峰均对应狄拉克点(K 点)附近的双共振拉曼散射过程，如图 3－4(c)中上图与右上图所示。D 峰和 G′峰均发生两次谷间散射，电子吸收入射光子跃迁到价带后，首先经历一次缺陷弹性散射(D 峰)或与 iTO 声子发生非弹性散射(G′峰)，再经历一次 iTO 声子散射回到初态并与空穴复合同时发射一个光子。可以看出，G′峰的能量恰好为 D 峰的两倍，因此文献中也有很多人把 G′峰标记为 2D 峰(但它的产生与缺陷无关)。由此可以得到，D 峰包含一个缺陷散射(弹性散射)和一个 iTO 声子散射，而 G′峰包含两个 iTO 声子散射。对于 D 峰和 G′峰来说，其峰位随着入射光能量的不同而变化，因此具有一定的色散性，在较宽的入射光能量范围内，D 峰峰位随着入射光能量的增加而蓝移。事实上，由于在 K 点附近石墨烯的价带和导带相对于费米能级成镜像对称，电子不仅可以与声子发生散射作用，而且可以与空穴发生散射作用，加上电子空穴的复合过程，因此还会有三阶共振拉曼散射过程的产生，如图 3－4(c)右下图所示。除此之外，也有一些其他的特征峰表现为双共振拉曼散射过程，例如少层石墨烯的和频与倍频信号。

3.1.3 石墨烯层数、边缘及缺陷态的拉曼光谱分析

石墨烯只具有一个原子的厚度，因此其电子结构对石墨烯表面存在的晶格缺

陷、暴露的边缘结构和堆垛层数都极为敏感。不同层数、边缘态、化学结构和掺杂状态的石墨烯的电子结构不同，从而表现出丰富的物理与化学特性。深入理解这类因素对石墨烯的结构及其电学、热学等性质的影响，对发展基于石墨烯的电子、光电和热电器件具有重要意义，而各种精细结构的表征是石墨烯材料应用的前提。

1. 石墨烯的层数判断

不同层数石墨烯的拉曼光谱的差异首先表现在G′峰上。如图3-5(b)所示，单层石墨烯的G′峰为完美的洛伦兹单峰峰形，而双层石墨烯的G′峰则为明显的多峰峰形，需要用四个洛伦兹峰进行分峰拟合。这是由于单层石墨烯的能带结构为狄拉克锥型[1]，对应只有一种双共振散射形式，而双层石墨烯的能带结构为双抛物线型，对应有四种双共振散射形式。更多层石墨烯的能带结构更为复杂，3层石墨烯、4层石墨烯和厚层石墨都具有明显不同的G′峰峰形，但6层以上石墨烯的G′峰峰形差异很小。值得注意的是，由于G′峰位移随激光能量的变化是色散的，不同测试波长下多层石墨烯的峰形也不尽相同，在借鉴文献数据进行层数指认时需要加以注意[1,2]。

石墨烯层数差异也反映在其他一些拉曼光谱特征峰上。如图3-5(a)所示，在少层范围(1～4层)内，G峰强度随石墨烯层数增加近似呈线性增加。由此，Koh等(2011)利用G峰和硅基底信号(520 cm^{-1})的强度比 I_G/I_{Si} 来对石墨烯的层数进行指认。在Gupta等(2006)的工作中，他们对D峰和 D_3 峰(约1500 cm^{-1})随石墨烯层数变化的拉曼散射特征进行了详细研究，其中 D_3 峰是由石墨烯的无序结构引发的一阶拉曼散射峰。除此之外，Ni等(2010)发现石墨烯的G峰强度在10层以内线性增加，之后随着石墨烯层数的增加逐渐变弱，双层石墨烯的G峰强度强于块体石墨，这一G峰强度的反常结果是入射光在界面处的多级反射和拉曼散射信号在石墨烯内部的多级反射造成的。图3-5(c)展示了考虑(红色曲线)和不考虑(黑色曲线)拉曼散射信号在石墨烯内部的多级反射时，石墨烯G峰强度随层数变化规律的理论计算结果，插图分别为激光在具有一定厚度的石墨烯和 SiO_2/Si基底上的多级反射示意图以及拉曼散射信号在空气/石墨烯界面、石墨烯/SiO_2/Si界面的多级反射示意图。当入射光到达界面时，例如空气/石墨烯界面，一部分光被反射，而另一部分则透射穿过石墨烯，透射光线发生干涉后产生电场分布，而G峰强

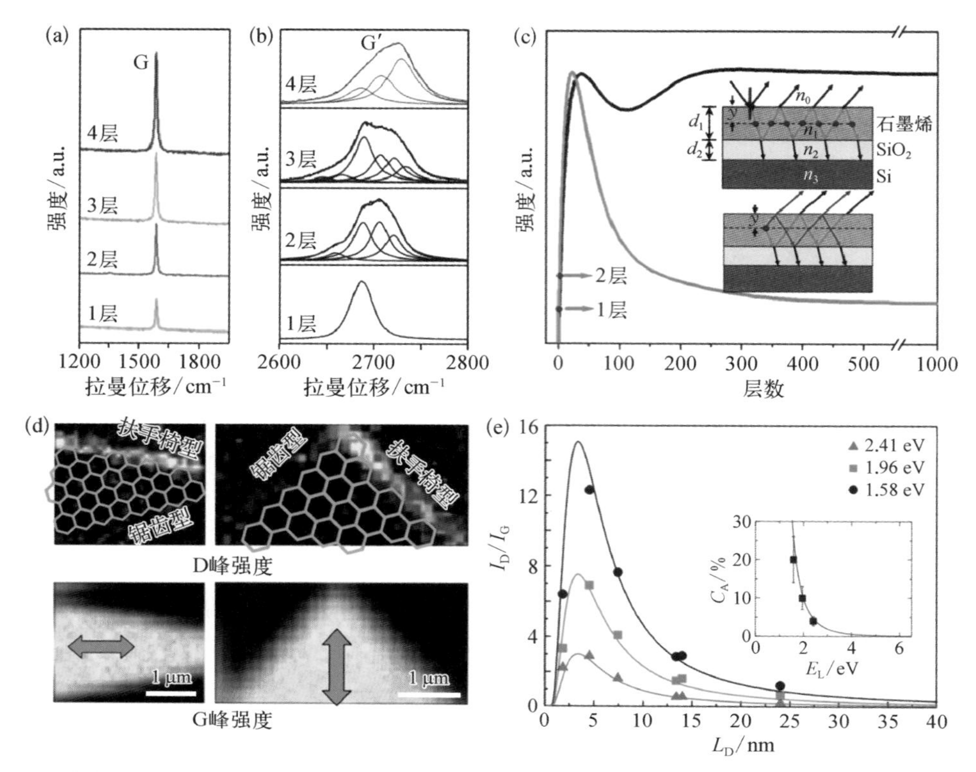

图 3-5

（a）1～4 层石墨烯的 G 峰；（b）1～4 层石墨烯的 G′ 峰；（c）考虑（红色曲线）和不考虑（黑色曲线）拉曼散射信号在石墨烯内部的多级反射时，石墨烯 G 峰强度随层数变化规律的理论计算结果，插图分别为激光在具有一定厚度的石墨烯和 SiO_2/Si 基底上的多级反射示意图以及拉曼散射信号在空气/石墨烯界面、石墨烯/SiO_2/Si 界面的多级反射示意图；（d）边缘夹角分别成 30° 和 90° 的石墨烯边缘的拉曼光谱成像图；（e）I_D/I_G在不同入射光能量下随 L_D的变化规律，插图为 C_A 随 E_L 的变化曲线[1, 5]

度正是依赖于此电场分布，在某一确定深度 y 处的总电场强度事实上可以看作所有透射光电场强度叠加的结果。从图 3-5(c)中的黑色曲线可以看出，当石墨烯为 38 层时，G 峰强度最强，而块体石墨的 G 峰强度远强于单层石墨烯和双层石墨烯，这与实验结果是不相符的。进一步地，考虑石墨烯的拉曼散射光线在界面处的多级反射，如图 3-5(c)中的红色曲线所示，当石墨烯为 22 层时，拉曼散射信号强度最高，而块体石墨的 G 峰强度较双层石墨烯弱得多，这一结果可以较好地与实验结果吻合。因此，考虑石墨烯中拉曼散射信号的多级反射是很有必要的，在少层范围内，可以通过拉曼光谱快速准确地确定石墨烯的层数。当然，Tan 等[3]发现的低频区域石墨烯层间剪切振动模(shear vibration mode)和 Lui 等(2012)发现的层间呼吸振动模(layer breathing vibration mode)与 iLO 声子的合频(LO + ZO′，约

1720 cm^{-1}）的层数依赖性也是有效的层数及其堆垛方式的指认方法。

2. 石墨烯边缘及缺陷态分析

根据石墨烯的取向与晶体结构之间的空间关系，其边缘可以分为两种类型：扶手椅型和锯齿型。在3.1.2小节中，我们已经了解D峰（包括D′峰）是包含一个缺陷散射的双共振拉曼散射过程，因而石墨烯的缺陷信息会反映在D峰上。与锯齿型边缘相比，扶手椅型边缘对其D峰的贡献更大。这一特点可以用双共振理论来解释，扶手椅型边缘的缺陷波矢满足动量守恒，双共振拉曼散射过程可以发生，而锯齿型边缘无法将两个不等价的 K、K' 点连接起来，双共振拉曼散射过程被禁阻。因此，D峰可以用来判断、识别石墨烯的边缘手性[4]。对于机械剥离法制备的石墨烯样品，通常其两种边缘形成的夹角为30°的整数倍。因此，对于成30°、90°、150°夹角的两种边缘碳原子往往具有不同的手性，而夹角成60°或120°的两种边缘碳原子具有相同的手性结构。图3－5(d)所示为边缘夹角分别成30°和90°的石墨烯边缘的拉曼光谱成像图，根据其边缘的D峰强度可以判断得到如图中蓝色原子所示的石墨烯边缘手性结构。另外，石墨烯边缘D峰的产生与入射光的偏振方向有一定的关系（Cancado，2004），当入射光的偏振方向平行或垂直于石墨烯的锯齿型边缘时，其D峰信号非常弱；当入射光的偏振方向平行于石墨烯的扶手椅型边缘时，其D峰强度较强，而当两者垂直时，检测到的D峰信号极其弱。

除了以上讨论的边缘型缺陷，D峰也是判断石墨烯化学功能化修饰程度的一个重要指标（Zhang，2014）。其中D峰与G峰之间的强度比被用作表征分析石墨烯缺陷密度的重要参数。假设石墨烯中的缺陷类型为零维的点缺陷，两点之间的平均距离为 L_D，通过计算拉曼光谱中D峰与G峰的强度比 I_D/I_G 就可以对 L_D 进行定量，从而可以进一步估算出石墨烯中的缺陷密度。如图3－5(e)所示，随着 L_D 的减小，I_D/I_G 逐渐增大，并在 $L_D \approx 3$ nm时达到最大[5]。在此过程中，I_D 与激光照射斑点下缺陷的数量呈正相关，I_G 与激光照射斑点下的面积同样呈正相关，因此两者的关系可以表示为 $I_D/I_G \propto 1/L_D^2$。而当两个点缺陷之间的距离小于声子发生散射前电子-空穴对之间的平均运动距离时，这些点缺陷对于D峰的贡献将变得不再独立。当 $L_D < 3$ nm时，sp^2 杂化碳区域将会变得非常小，直至其六元环被打开，此时G峰强度将会急剧减弱。对于一个给定的 L_D，I_D/I_G 随

着入射光能量的增加呈现减小的趋势。理论研究表明，L_D、I_D/I_G和入射光能量E_L之间存在如下关系：

$$L_D^2(\mathrm{nm}^2) = \frac{(4.3 \pm 1.3) \times 10^3}{E_L^4}\left(\frac{I_D}{I_G}\right)^{-1} \tag{3-2}$$

因此，缺陷密度 n_D 可以表示为

$$n_D(\mathrm{cm}^{-2}) = (7.3 \pm 2.4) \times 10^9 E_L^4\left(\frac{I_D}{I_G}\right) \tag{3-3}$$

通常，含有缺陷的石墨烯还会出现由于谷内散射产生的位于 1620 cm^{-1}左右的 D′峰。D 峰产生于石墨烯的谷间散射过程，两者的强度比 $I_D/I_{D'}$ 与石墨烯表面缺陷的类型密切相关。当石墨烯表面的缺陷密度处于较低水平时，D 峰和 D′峰的强度随着缺陷密度的增加而增强，与缺陷密度呈正相关，当缺陷密度增加到一定程度后，D 峰强度达到最大值之后开始减弱，而 D′峰强度则保持不变。研究表明，对于 sp^3 杂化类型产生的缺陷，$I_D/I_{D'}$ 比值最大，约为 13；对于空位类型缺陷，这一比值约为 7；对于石墨烯边缘类型的缺陷，这一比值最小，仅为 3.5 左右（Zhang，2014）。综上所述，拉曼光谱是一种判断石墨烯各种缺陷类型和定量评估缺陷密度的有效手段[6]。

3.1.4　石墨烯掺杂效应的拉曼光谱研究

石墨烯的价带和导带相交于狄拉克点并呈线性色散关系，零带隙结构使石墨烯电子器件的开关比低且漏电流大。通过掺杂可以有效地打开石墨烯的带隙[7,8]，这是石墨烯能够应用于未来电子器件的必要条件，而拉曼光谱是检测掺杂效应的理想手段。常见的掺杂作用包括化学掺杂和电场调制掺杂。化学掺杂是利用氧化还原试剂直接与石墨烯发生氧化还原反应，从而改变石墨烯的导电状态。大量的实验研究发现，n 型或者 p 型掺杂均会使 G 峰蓝移，而对于 G′峰，n 型掺杂使其红移，p 型掺杂使其蓝移[9,10]。B 掺杂与 N 掺杂石墨烯分别可以表现出 p 型掺杂与 n 型掺杂属性，可以通过调节 B 和 N 的掺杂浓度来调控掺杂程度，并且利用拉曼光谱可以判断石墨烯的掺杂水平。例如，Rao 等（2010）采用理论计算与实验测量相结合的方式揭示了 B 掺杂和 N 掺杂浓度与拉曼位移之间的关系。随着元素掺杂浓度的提高，其拉曼位移程度随之增大，并且在所有掺杂的样品中，D峰强度均比G峰强度高，而G′峰强度相对于G峰强度降低，同时由于声子的衰变方式没有被禁阻而变成电子-空穴对G峰有所展宽。计算结果显示，与未掺杂的石墨烯相比，无论是B掺杂还是N掺杂，掺杂后的石墨烯均表现为较小的微粒尺寸。美国斯坦福大学的Dai等(2010)通过与NH_3的电热反应实现了对石墨烯纳米带的N掺杂，掺杂位点在石墨烯纳米带的边缘形成C—N，N掺杂石墨烯纳米带显示出n型掺杂属性，这与理论结果相符。Gong等(2010)报道了石墨烯样品经过N^+辐照后，可重复获得稳定且均匀的N掺杂石墨烯。石墨烯在不同剂量N^+辐照下的拉曼光谱显示，D峰强度随着辐照时间的延长而增强，同时I_D/I_G的比值呈增加趋势，这表明随着暴露剂量的增加，由于N掺杂而导致的石墨烯平面内的缺陷含量增加。进一步在N_2气氛下退火后，辐照引起的D峰强度显著降低，这说明辐照后产生的sp^3或其他空位缺陷恢复为sp^2键合方式，石墨烯受损晶格得以恢复。

此外，化学改性与修饰也属于石墨烯掺杂方法的一种，一些有机分子特别是芳香族分子通过与石墨烯的强$\pi-\pi$作用，可以吸附在石墨烯表面来调节石墨烯的费米能级并控制其载流子类型和浓度。Starke等(2010)利用拉曼光谱评估了四氟四氰基喹二甲烷(F4-TCNQ)在石墨烯中的掺杂水平对石墨烯振动及电子性质的影响。当石墨烯表面覆盖的F4-TCNQ含量减少时，石墨烯的G峰峰位由低波数移至高波数(从1583 cm^{-1}到1591 cm^{-1})，但其强度未受F4-TCNQ掺杂含量的影响。这是因为石墨烯中的载流子参与了电子-声子的耦合作用，当载流子密度增加时，电子-声子耦合作用增强造成G峰蓝移。

电场调制掺杂是以电极作为介质，提供(n型掺杂)或者接收(p型掺杂)电子作为氧化或还原手段，从而改变石墨烯的荷电状态，调节其能带性质。电场调制掺杂没有实质性化学物质的参与，因而不影响石墨烯的化学成分或组成，掺杂方法比较简便，而且掺杂过程具有可逆性，可控程度较高。如图3-6(a)所示，外加电场可使石墨烯的费米能级从狄拉克点处发生上移或下移[9]，从而使石墨烯的本征载流子变成电子型或空穴型，进而使石墨烯表现出n型掺杂或p型掺杂属性。

图3-6(b)为在石墨烯表面施加栅压后，其G峰与G′峰随施加电场强度变化的情况。很显然的是，两者的峰位与半峰宽都受到了栅压的影响，且G峰与G′峰相比变化更加明显。从图3-6(c)中能更清楚地观察到，石墨烯的G峰半峰宽在n型掺杂与p型掺杂后均变小，且G峰峰位在n型掺杂与p型掺杂后都向高波数方

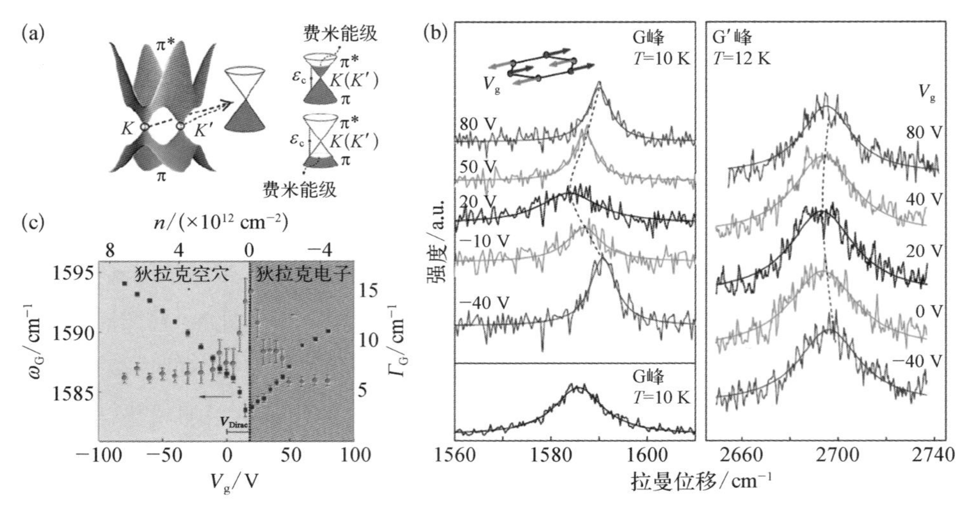

图 3-6　（a）石墨烯费米能级变化与电子-声子耦合作用的关系；（b）石墨烯 G 峰和 G′ 峰随栅压的变化关系；（c）G 峰峰位（蓝色点）和半峰宽（红色点）与石墨烯载流子浓度、栅压之间的关系[9]

向位移，n 型掺杂时蓝移了约 25 cm^{-1}，p 型掺杂时蓝移了约 30 cm^{-1}[9]。而 G′峰在 n 型掺杂后向低波数方向位移，p 型掺杂时向高波数方向位移。因此，可以通过石墨烯拉曼光谱的变化对外加电场效应下的掺杂类别进行定性地表征（Zhang，2014）。

除了以上石墨烯拉曼光谱与掺杂的定性关系，也有理论计算结果表明，石墨烯的 G 峰峰位 ω 与其费米能级 $|E_F|$ 之间存在以下的定量关系[11]：

$$\hbar\Delta\omega = \frac{\hbar A\ \langle D_{\Gamma}^{2}\rangle_{F}}{\pi M\omega_{0}\ (\hbar v_{F})^{2}}\ |\ \varepsilon F\ | = \alpha'\ |\ \Delta E_{F}\ | \tag{3-4}$$

式中，$\hbar$ 为约化普朗克常量；$\alpha' = 4.39\times10^{-3}$；$\langle D_{\Gamma}^{2}\rangle_{F}$ 为 E_{2g} 振动模的形变势能，$\langle D_{\Gamma}^{2}\rangle_{F} = 45.6$ eV；εF 为费米能级的改变量；M 为碳原子的质量；ω_0 为未掺杂石墨烯的 G 峰峰位；v_F 为石墨烯的费米速度；A 为石墨烯的单位面积，$A = 5.24$ Å^2。因此，原则上可以通过石墨烯的拉曼光谱特征峰峰位变化来定量分析电场调制掺杂下石墨烯费米能级的变化情况。

3.1.5　温度和应力等对石墨烯拉曼光谱的影响

除了自身的结构，石墨烯所处的环境（如温度、掺杂和应力等）也会对性质产生显著影响，例如，石墨烯的G峰与长波光学声子相关，其对外界环境的变化响应十分灵敏。另外，由于石墨烯在300 nm厚的SiO_2/Si基底上的光学可见性，大多数情况下对石墨烯拉曼光谱的研究都是在此基底上实现的，然而其他相关基底的电荷掺杂作用（还可能包含应力作用）将会影响石墨烯的电学性质和拉曼光谱。随着对石墨烯潜在性能及其在电子与光电子学应用方面研究的推进，了解并掌握石墨烯与基底之间的相互作用至关重要，而拉曼光谱可以准确检测出石墨烯与基底之间的相互作用、石墨烯表面褶皱和石墨烯表面电荷的缺失等。

1. 石墨烯拉曼光谱的温度依赖性

图3-7(a)(b)分别为单层石墨烯和双层石墨烯的G峰峰位随外界温度的变化关系。从图中可以看出，在所测量的温度范围内，当温度T升高时，石墨烯G峰向低波数方向位移，与温度呈线性关系。因此，G峰峰位ω的温度依赖性可以表示为[12]

$$\omega = \omega_0 + \chi T \tag{3-5}$$

式中，ω_0为温度T外延到0℃时的G峰峰位，对于单层和双层石墨烯，其值分别为1584 cm^{-1}和1582 cm^{-1}；χ为一阶温度系数，表示当样品温度升高1℃时的G峰峰位变化值，单层和双层石墨烯的χ分别为$(-1.62\pm0.20)\times10^{-2}$ cm^{-1}/℃和$(-1.54\pm0.06)\times10^{-2}$ cm^{-1}/℃。尽管G峰峰位随温度的升高而向低波数方向移动，但其半峰宽在所测量温度范围内并未发生变化。基于石墨烯对于温度的依赖性，Balandin等(2011)采用光热拉曼技术首次实现了对石墨烯热导率的测定。他们研究了石墨烯拉曼光谱中灵敏的G峰（C—C的伸长率）对于温度的依赖性。G峰峰位随着温度上升而线性下降，-200℃时在约1584 cm^{-1}处，100℃时则在1578 cm^{-1}处。这种温度变化是由非简谐效应导致的，源于声子模的非简谐耦合及晶格的热膨胀。Balandin小组利用这种依赖关系测定了悬空石墨烯的热导率。石墨烯热导率的拉曼光谱法表征将在第7章中进行详细介绍。

2. 石墨烯拉曼光谱的应变响应

研究表明，当石墨烯受到1%左右的拉伸应变时会打开约300 meV的带隙，因此通过施加应变可以对石墨烯的带隙进行可控调节，从而使其在电子器件方面得到更加广泛的应用(Ni, 2008)。图3-7(c)(d)分别是单层石墨烯和三层石墨烯的

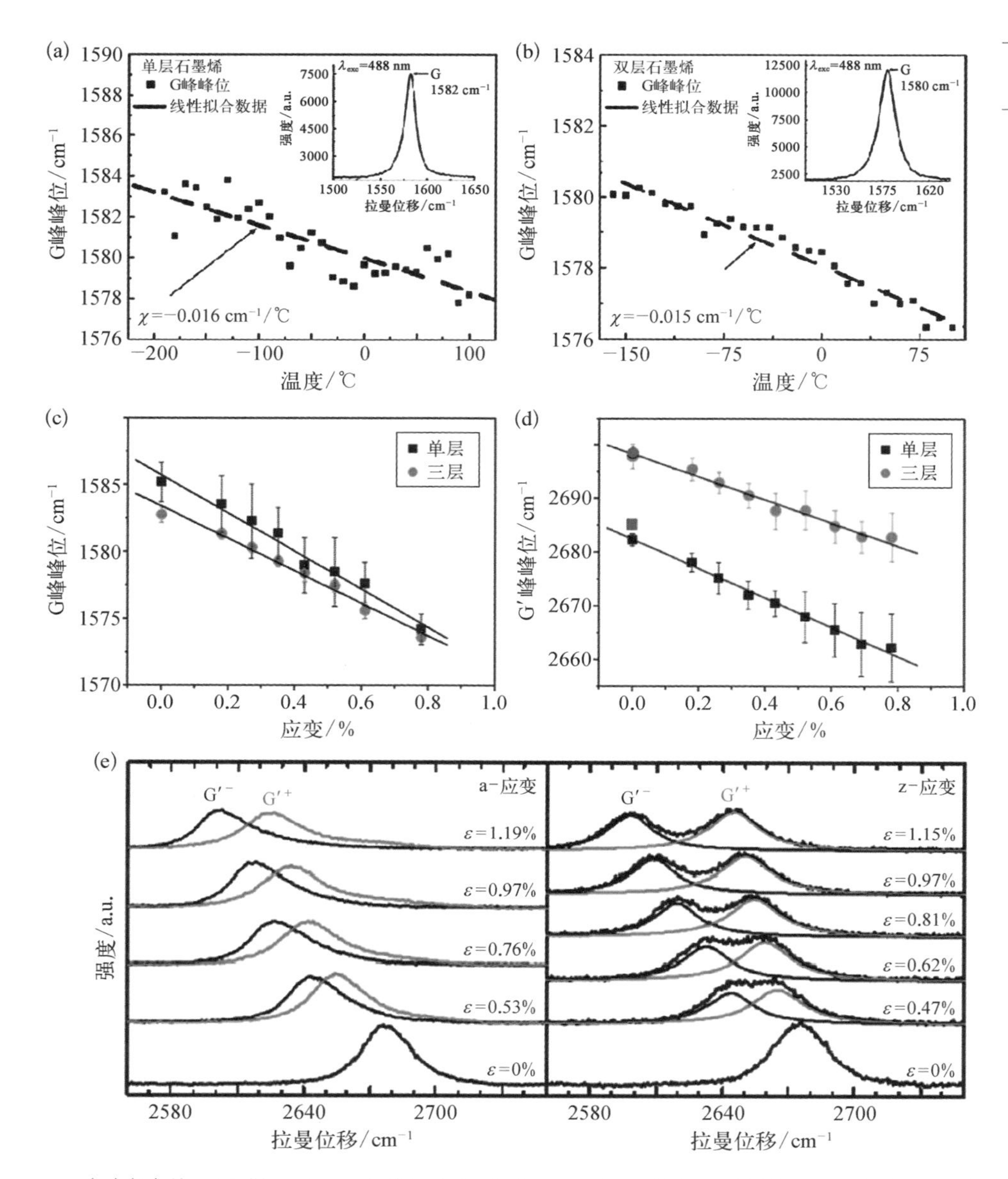

图 3-7 （a）（b）单层石墨烯和双层石墨烯的 G 峰峰位的随外界温度的变化关系，插图为对应 G 峰的拉曼光谱图；（c）（d）单层石墨烯和三层石墨烯的 G 峰、G′ 峰峰位随应变的变化关系；（e）受到不同方向的应变作用后单层石墨烯 G′ 峰的变化趋势[13]

G 峰和 G′峰峰位随应变的变化关系。可以看出，当石墨烯受到应变作用时，其 G 峰和 G′峰均向低波数方向移动，G 峰和 G′峰峰位与所受应变呈线性关系。对于单层石墨烯，G 峰和 G′峰的应变系数分别为（-14.2 ± 0.7）cm^{-1}/%和（$-27.8\pm$

0.8) $cm^{-1}/\%$，而三层石墨烯则为(-12.1 ± 0.6) $cm^{-1}/\%$和(-21.9 ± 1.1) $cm^{-1}/\%$。这种应变作用下石墨烯拉曼光谱特征峰的红移可以归结于其碳碳键的拉伸。当应变释放之后，其特征峰波数会蓝移到本征的峰位[图 3-7(d)中绿点]。由此可见，在一定条件下，应变对石墨烯拉曼位移的影响是可逆的。del Corro 等(2012)通过深入的研究进一步证明，受到拉伸应变时，石墨烯的拉曼光谱特征峰向低波数位移，而在压缩应变条件下，由于碳原子之间距离减小而向高波数方向移动。

石墨烯 G′峰的散射过程涉及布里渊区 K 点附近的电子态和 iTO 声子，在石墨烯受到外界应变作用后，应变引起的电子结构和声子色散的各向异性可以很好地反映在其 G′峰上。当施加的应变增加时，单层石墨烯 G′峰会发生裂分(Narula, 2012)，各组分均向低波数方向位移，且其位移大小对所施加应变的方向具有明显的依赖性。图 3-7(e)展示了受到不同方向的应变作用后单层石墨烯 G′峰的变化趋势[13]，其中沿着石墨烯的扶手椅型和锯齿型晶格方向的应变分别表示为 a-应变和 z-应变。当石墨烯受到应变作用时，G′峰发生裂分，两个峰随着应变的增大均向低波数方向位移，且位移速率有所不同，对于 a-应变，位移速率分别为 $-63.1\ cm^{-1}/\%$ 和 $-44.1\ cm^{-1}/\%$，z-应变则分别对应 $-67.8\ cm^{-1}/\%$ 和 $-26.0\ cm^{-1}/\%$。由于 G′峰与电子结构和声子色散息息相关，因此，通过其强度的偏振依赖性可以对石墨烯中的拉曼散射过程有一个更加深入的了解。同样地，在施加应变后，石墨烯的晶格对称性受到一定的破坏，其 G 峰同样会发生裂分，同时对激光的偏振方向也有一定的依赖性，因此可以通过应变下的偏振拉曼光谱对石墨烯的晶格方向进行指认(Poncharal, 2009; Zhang, 2014)。

3. 石墨烯拉曼光谱的基底依赖性

石墨烯仅有一个原子层厚度，因此它与支撑基底之间往往会发生强烈的相互作用，这些相互作用会引起石墨烯与基底之间的耦合或使石墨烯表面产生缺陷，而这些变化都可以通过石墨烯的拉曼光谱反映出来。

图 3-8 是不同基底上单层石墨烯的拉曼光谱[14]，其中包括透明基底(玻璃和石英)、柔性聚合物基底(聚二甲基硅氧烷 PDMS)、导电材料基底(NiFe 和重掺杂 Si)、SiC 和 SiO_2/Si 基底。表 3-2 总结了这些基底上单层石墨烯 G 峰和 G′峰的峰位和半峰宽(Tsukamoto, 2011; Anindya, 2008)。可以看到，SiO_2/Si、石英、PDMS、重掺杂 Si、玻璃和 NiFe 基底上石墨烯的 G 峰峰位和半峰宽接近，分别为(1581.5 ± 1)cm^{-1}和

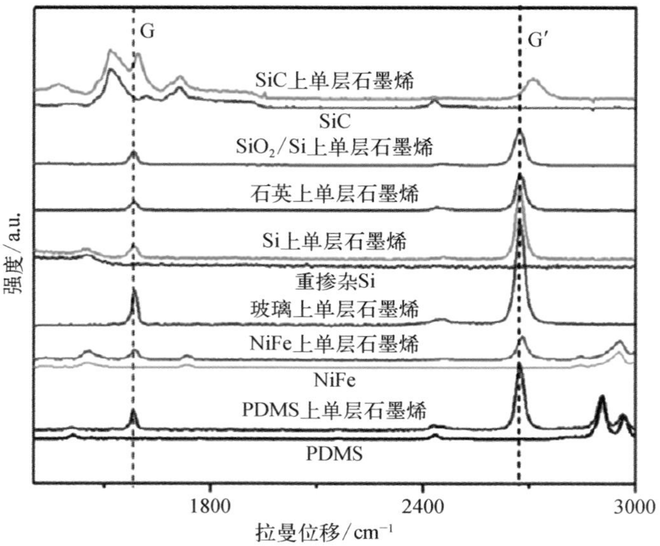

图 3-8 不同基底上单层石墨烯的拉曼光谱[14]

$(15.5\pm1.5)\mathrm{cm}^{-1}$。这一微小差异在电子、空穴掺杂引起的波动范围之内，说明机械剥离法制备的石墨烯与基底的相互作用较弱，不会影响其物理结构。G 峰产生于长波光学声子(iTO 和 iLO)，面外振动不会与面内振动相耦合。与机械剥离法制备的石墨烯明显不同的是，SiC 基底上外延生长的单层石墨烯的 G 峰与 G′峰分别向高波数位移约 11 cm^{-1}和 34 cm^{-1}，这是由基底引起的应力效应导致的。在外延生长的单层石墨烯与 SiC 基底之间存在一层具有蜂窝状晶体结构的碳原子，以共价键形式与基底相结合，改变了基底的晶格常数与电学特性，正是石墨烯与这一碳层之间的晶格失配而在单层石墨烯中引入压缩应力导致其 G 峰产生位移。

基　底	G 峰		G′峰	
	峰位/cm^{-1}	半峰宽/cm^{-1}	峰位/cm^{-1}	半峰宽/cm^{-1}
SiC	1591.5	31.3	2710.5	59.0
SiO_2/Si	1580.8	14.2	2676.2	31.8
石英	1581.9	15.6	2674.6	29.0
重掺杂 Si	1580	16	2672	28.3
PDMS	1581.6	15.6	2673.6	27
玻璃	1582.5	16.8	2672.8	30.8
NiFe	1582.5	14.9	2678.6	31.4
GaAs	1580	15	—	—

表 3-2 不同基底上单层石墨烯 G 峰和 G′ 峰的峰位与半峰宽[14]

续 表

基　底	G 峰		G′峰	
	峰位/cm^{-1}	半峰宽/cm^{-1}	峰位/cm^{-1}	半峰宽/cm^{-1}
蓝宝石(0001)	1590.3	8.0	2678.4	28
蓝宝石(1120)	1586.4	10	2677.6	27
蓝宝石(1102)	1585.8	11	2677.1	29
ITO	1576	—	2665	—

表 3-2 同时也显示了不同晶面的蓝宝石和透明导电薄膜 ITO 基底上单层石墨烯的拉曼光谱特征信息。蓝宝石(0001)晶面上单层石墨烯的 G 峰较其他晶面上有明显的蓝移,这是由于石墨烯与不同晶面的蓝宝石基底界面处的水分子局域密度不同,这一水层对石墨烯产生的空穴掺杂浓度不同,进而引起其 G 峰蓝移程度的不同。与此相反,ITO 基底上单层石墨烯的 G 峰和 G′峰有明显的红移,说明 ITO 基底上单层石墨烯的晶格常数有所增加,但是产生这一现象的原因目前尚不明确。

3.1.6　石墨烯堆垛和层间相互作用的拉曼光谱表征

一般情况下,石墨烯分为单层、双层及少层,层数大于 10 则主要表现为石墨的电学性质。对于少层石墨烯来说,不同的堆垛方式会影响其能带结构,进而影响其电学性质。如前所述,石墨烯层与层之间主要有三种堆垛方式,分别是简单六角堆垛(AAA…)、六角堆垛(ABAB…)和三角晶系堆垛(ABC…),其中六角堆垛也称 Bernal 堆垛[15]。对于三层石墨烯,堆垛方式主要有 ABA 和 ABC 两种。研究表明,ABA 堆垛的三层石墨烯表现为半金属性,电场可以调节其能带的重叠程度,而 ABC 堆垛的三层石墨烯表现为半导体性,通过施加栅压即可调节其带隙(Craciun, 2009; Lui, 2011)。

图 3-9(a)(b)分别为 ABA 和 ABC 堆垛的三层石墨烯的 G 峰和 G′峰拉曼光谱,这两种堆垛方式的三层石墨烯的 G 峰和 G′峰的半峰宽不同。从图中可以看出,采用 ABC 堆垛方式的三层石墨烯,其 G 峰相对于 ABA 堆垛发生微小的红移(约 1 cm^{-1}),同时其半峰宽相对较小、峰形更加尖锐。图 3-9(a)插图为对应 G 峰半峰宽的成像图,其上下两部分表现出明显的差异,采用 ABA 堆垛方式的三层石

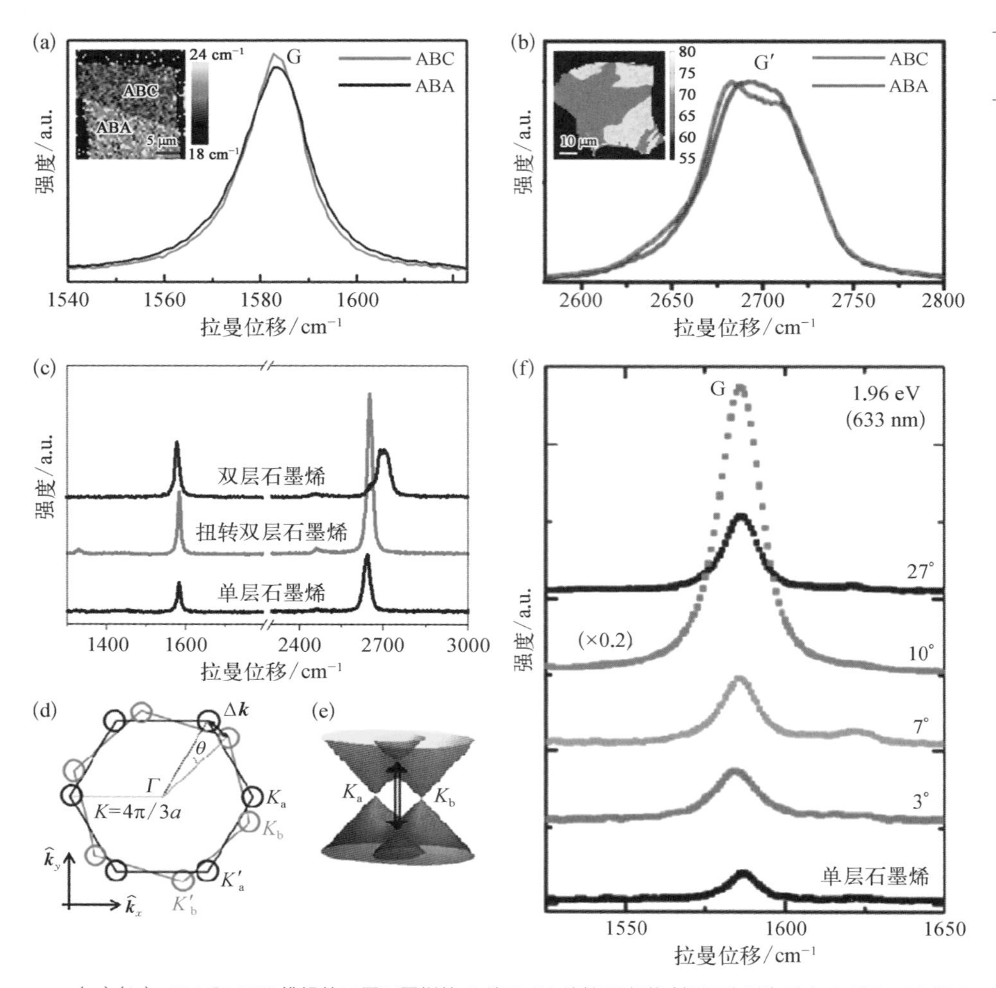

图 3-9 (a)(b)ABA 和 ABC 堆垛的三层石墨烯的 G 峰和 G′ 峰拉曼光谱(插图分别为对应 G 峰和 G′ 峰半峰宽的成像图);(c)单层、双层和扭转双层石墨烯的拉曼光谱对比图;(d)扭转角度为 θ 的双层石墨烯的第一布里渊区示意图;(e)对 G 峰强度有贡献的拉曼散射过程;(f)不同扭转角度的非 AB 堆垛的双层石墨烯和单层石墨烯的 G 峰拉曼光谱[15]

墨烯的 G 峰半峰宽更宽一些,这是因为 ABC 堆垛的三层石墨烯的电子与声子之间的相互作用较弱,从而增加了 G 峰产生过程中参与散射的声子寿命。Heinz 等(2011)和 Tan 等(2016)发现,这两种堆垛方式的石墨烯在 G 峰峰位与峰形上的区别较小,只有一个波数左右,然而与 ABC 堆垛的三层石墨烯相比,ABC 堆垛的 4～6 层石墨烯的 G 峰红移值增加至 5 cm^{-1},这可能是因为层间弱耦合引起的层间依赖分裂。此外,Chou 等(2008)采用密度泛函理论研究了单层石墨烯和多层石墨烯的声子色散特性，计算结果显示，ABC 堆垛的三层石墨烯的 G 峰峰位（1594 cm^{-1}）与 ABA 堆垛的三层石墨烯的 G 峰峰位（1593 cm^{-1}）差异较小，与以上的实验结果相符合。

ABC 堆垛的三层石墨烯的 G 峰峰位的略微红移主要是由于其声子能带结构的微小差异，因为 G 峰的产生与电子的共振无关。而 G′ 峰对应于与 iTO 声子发生两次散射的双共振过程，这与石墨烯的能带结构密切相关，因此 G′峰可以更加灵敏地反映石墨烯的堆垛方式。这两种堆垛方式的三层石墨烯的 G′峰的拉曼光谱如图 3－9(b) 所示。可以看出，采用 ABC 堆垛方式的三层石墨烯的 G′峰变得更加不对称，分别在 2680 cm^{-1} 和 2640 cm^{-1} 处出现一个尖峰和一个增强的肩峰，并且其半峰宽较宽。图 3－9(b) 插图为对应 G′峰半峰宽的成像图。可以看出，这两种堆垛方式的三层石墨烯的 G′峰半峰宽展现出明显的差异。Dresselhaus（2011）和 Tan 课题组（Tan，2016）比较了不同激发波长（1.96 eV、2.33 eV、2.54 eV）下得到的两种不同堆垛方式的三层石墨烯的拉曼光谱，进一步对其 G′峰进行了拟合，拟合的六个洛伦兹峰之间的相对强度存在显著差异。并且在 ABA 堆垛的三层石墨烯中，其中拟合的亚峰（2700 cm^{-1}）较在 ABC 堆垛的三层石墨烯中发生明显的蓝移。

对于双层石墨烯来说，不同的堆垛方式对其能带结构有显著的影响。特别是当双层石墨烯扭转到特殊角度（1.1°）并借助电场来调控其载流子浓度时，在低温条件下，该体系由于莫尔超晶格和层间杂化的相互作用，可以产生超导现象（Jarillo－Herrero，2018；Dean，2019）。此外，Zhang 等（2020）首次在扭转双层石墨烯体系中发现了本征赝磁场存在的重要证据。因此，扭转双层石墨烯有望在未来的超导和存储等领域发挥极大的作用。由此可见，石墨烯中的层间堆垛方式、扭转角度的差异会对石墨烯的性质产生重大的影响，而拉曼光谱在研究石墨烯的层间相互作用方面具有较大的优势。扭转的双层石墨烯由于其层间的耦合作用较弱，因此在 K 点附近仍然表现为单层石墨烯的线性色散关系，只有当扭转角度小于一定值（1.5°）时，其能带结构才会受到影响而变为抛物线形。图 3－9(c) 为单层、双层和扭转双层石墨烯的拉曼光谱对比图。单层石墨烯 G′峰为完美的洛伦兹单峰峰形，而双层石墨烯 G′峰则为明显的多峰峰形，需要用四个洛伦兹峰进行分峰拟合。对于大部分扭转双层石墨烯来说，其拉曼光谱特征与单层石墨烯一致，G′峰同样为洛伦兹单峰，且其强度远大于 G 峰。图 3－9(f) 为不同扭转角度的非 AB 堆垛的双层石墨烯和单层石墨烯的 G 峰拉曼光谱。可以明显看到的是，相比于单层石墨稀，扭转双层石墨烯的G峰具有较大的半峰宽，同时其强度随着扭转角度的变化发生明显的变化，然而，当扭转角度为10°左右时，在633 nm的激发波长下，其G峰强度得到极大的增强，是单层石墨烯G峰强度的几十倍，这一结果与理论计算结果是相符的。图3-9(d)为扭转角度为θ的双层石墨烯的第一布里渊区示意图。不同于AB堆垛的双层石墨烯的能带结构，其上下两层石墨烯的能带结构发生重叠，重叠的区域形成了范霍夫奇点，如图3-9(e)所示。随着扭转角度的不同，导带和价带的能量差随之改变，当这一能量差与入射光能量一致时，临界扭转角度θ_c可以用式(3-6)进行计算。

$$\theta_c = \frac{3aE_L}{\hbar v_F 4\pi} \tag{3-6}$$

式中，a为单层石墨烯的晶格常数，其数值约为0.246 nm；v_F为单层石墨烯的费米速度，其数值为10^6 m/s。当激发波长为633 nm时，其对应的能量为1.96 eV，通过式(3-6)计算得到的临界扭转角度为10°，与图3-9(f)中观察的结果是一致的。如果扭转角度大于计算得到的临界扭转角度，光激发过程只发生于孤立的狄拉克锥中，因此表现出与单层石墨烯拉曼光谱相类似的特征。除了以上提及的G峰和G′峰的差异，还会有一些特殊的拉曼光谱特征峰出现，分别是1375 cm^{-1}的R峰和1620 cm^{-1}的R′峰(R代表旋转)，随着扭转角度的不同，这两个峰出现的位置不尽相同。Chiu等(2012)发现CVD法生长的扭转双层石墨烯在红光(633 nm)的激发下，R′峰(1625 cm^{-1})强度在扭转角度为5°时达到最大值，随着入射光能量的增加，出现R′峰强度极大值的扭转角度随之增大。然而，R′峰只有在扭转角度为3°～8°时才会出现，较大的扭转角度处由于存在较大的$\boldsymbol{q}$矢量(布里渊区的基矢)而需要具有更高能量的电子来完成谷间散射过程；与R′峰不一样的是，R峰只在具有较大扭转角度(28°或30°)的双层石墨烯中出现。Carozo课题组(2011)在扭转角度为15°的双层石墨烯中观察到R峰位于1435 cm^{-1}处，在非共振条件下，其强度仅为G峰的1%。

3.1.7 氧化石墨烯和功能化石墨烯的拉曼光谱

本征石墨烯具有许多非常优异的性质，在石墨烯表面引入特定的官能团可以极大程度地扩展石墨烯的应用范围。氧化石墨烯和功能化石墨烯在保持石墨烯大部分特性的同时，还具有不同于本征石墨烯的新功能，在能源转换与存储、催化、光电子器件和生物分子传感等领域展现出了较好的应用前景[16,17]。

本征石墨烯由于其 sp^2 杂化特性而具有十分稳定的结构，通常情况下表现为化学惰性及表面疏水性，因此在水等溶剂中难以实现分散，很容易发生团聚和堆叠。通过石墨烯与有机小分子和高分子的反应，例如与重氮盐的自由基反应、和亲双烯体的环加成反应等共价修饰的方法，可以将石墨烯中 sp^2 杂化的碳碳键打开，生成功能化的产物。除了本征石墨烯外，采用强氧化法制备的氧化石墨烯由于其表面具有非常丰富的含氧官能团，可以成为构筑其他功能化石墨烯的基本单元。在上述共价修饰的方法制备功能化石墨烯的过程中，由于碳碳键的断裂，其本征结构遭到破坏，而在通常的应用中，往往需要其保持石墨烯的固有属性，同时具有良好的分散能力，因此，纳米粒子负载修饰和非共价堆积等方法逐渐受到了广泛的关注（Li，2009；Geng，2010；Xu，2008；Hao，2008）。

由于拉曼光谱对于碳原子间杂化方式的敏感性，它也成为分析石墨烯氧化程度及官能团化程度最有效的手段。本小节首先对石墨、氧化石墨、功能化石墨的拉曼光谱进行比较[18]，如图 3－10(a)所示。对于高度有序的石墨来说，只有两个振动峰具有活性，分别是位于 1575 cm^{-1} 处反映其晶格振动的 G 峰和位于 1355 cm^{-1} 处反映其缺陷水平的 D 峰。从图中可以看出，从石墨到功能化石墨，具有 sp^3 杂化方式的无定形碳含量的增加使得 D 峰和 G 峰均发生明显的变化，即 D 峰、G 峰展宽的同时，D 峰相较于 G 峰的强度也有所提高。除此之外，与高度有序的石墨的拉曼光谱相比，氧化石墨的 G 峰发生明显的蓝移，这主要归因于以下三个方面：一是在具有足够缺陷浓度的石墨中，本来不具有拉曼活性的非零声子由于缺陷导致的量子限域效应而在 1620 cm^{-1} 处出现一个被称为 D′峰的振动峰[18]，它很容易与 G 峰发生部分合并从而导致峰展宽与蓝移；二是当石墨逐渐减薄到单层石墨烯后，G 峰从 1581 cm^{-1} 蓝移至 1585 cm^{-1}，若在氧化石墨中仍然存在大量未经修饰的石墨化区域，则可能是氧化石墨的 G 峰波数较高的部分原因；三是孤立的双键在高波数下通常会发生共振，从而导致 G 峰蓝移。事实上，前两个原因对于 G 峰的蓝移程度影响非常小。因此，双键的存在是目前对于观察到的氧化石墨 G 峰蓝移的最合理解释，这在之后的研究及计算模拟方面也有证明[18]。

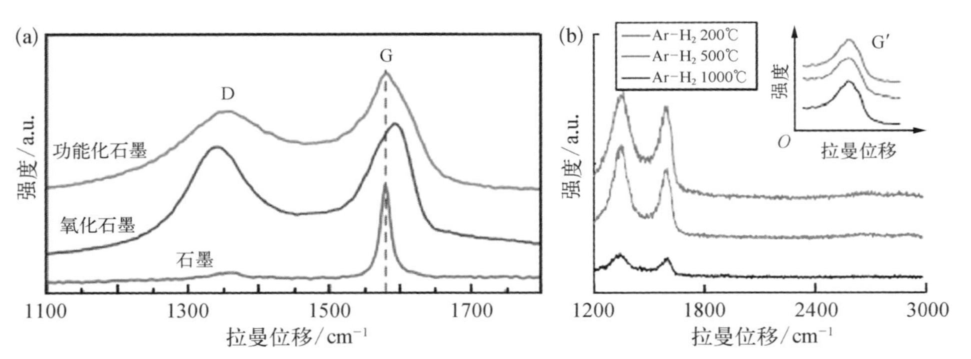

图 3-10 （a）石墨、氧化石墨、功能化石墨的拉曼光谱；（b）氧化石墨烯于氩气和氢气混合气氛中经不同温度还原后所得产物的拉曼光谱（插图为 G′ 峰）[18, 19]

氧化石墨烯与氧化石墨相比，巨大的比表面积使其在平面和边缘处能吸附更多的羧基、羟基等含氧官能团，通过进一步的还原可以得到具有不同含量和不同种类官能团的还原氧化石墨烯。图 3-10(b)所示为氧化石墨烯于氩气和氢气混合气氛中经不同温度还原后所得产物的拉曼光谱，其表现出明显的 D 峰、G′峰及较宽的 G 峰。随着还原温度的升高，G 峰和 D 峰强度有所下降，且 D 峰较 G 峰的下降程度更为明显，同时 G′峰发生蓝移。结合 3.1.3 小节中提到的通过 I_D/I_G 的比值来判断石墨烯缺陷密度大小的方法，因此，可以认为在氧化石墨烯被还原为还原氧化石墨烯的过程中，其石墨化程度增加。

在功能化石墨中，G 峰位置回归到与石墨相同的 1575 cm^{-1} 处，这归因于石墨的自我修复效应(Sato, 2006)。例如，Ramasse 等[19]发现，虽然金属纳米粒子可以刻蚀石墨烯进而在其表面形成纳米孔结构，但是去除金属纳米粒子后，孔状结构边缘的碳原子与周围的碳原子或其他碳氢化合物的碳原子相结合形成五元环-八元环的相对稳定结构，从而实现了对石墨烯的修复。若使用含有其他杂原子的烃类化合物，则修复后的石墨烯不能保持正六边形的组态，但如果加入纯的碳源，修复效果则十分理想。因此，在从氧化石墨形成功能化石墨的过程中，通常会留下许多缺陷与空位，其中最稳定的一种是双空位(C2)，通常由两个五元环和一个八元环组成，形成了五元环-八元环-五元环缺陷。大量缺陷的存在使得功能化石墨的 D 峰相较于氧化石墨的 D 峰发生更加显著的展宽[19]。

总的来说，拉曼光谱是一种表征石墨烯及其衍生物结构的有力工具，是理解石墨烯中的电子与声子之间相互作用的有力手段，利用拉曼光谱可以获得石墨烯晶格的对称性，以及应变、掺杂和层数变化等信息。石墨烯层数及其层间取向反映在其双共振散射过程对应的拉曼光谱特征上，包括峰位、半峰宽及强度。由于声子与电子的强耦合作用，也可以从拉曼光谱中获得石墨烯的电子结构，例如费米能级位置的变化。

3.2 石墨烯的紫外-可见吸收光谱表征

紫外-可见吸收光谱属于电子光谱，对应于价电子的跃迁。利用紫外-可见吸收光谱的峰位及吸光强度，可以对物质的组成、含量和结构进行分析测定。物质对光的吸收与吸光系数、浓度、厚度等有关，可通过朗伯比尔定律来描述。当一束光透过溶液时，光被吸收的程度与溶液中的光程差及溶液浓度相关，可以表示为

$$A = \lg(1/T) = klc \tag{3-7}$$

式中，A 为吸光度；T 为透过率；k 为摩尔吸光系数；l 为吸收层厚度；c 为浓度。

在电磁波谱中，波长为 4～400 nm 的电磁辐射区为紫外光区，其中 4～200 nm 为远紫外区，200～400 nm 为真空紫外区。因为可以免受空气中其他杂质或气体的干扰，所以将 400～800 nm 的电磁辐射区称为可见光区。紫外-可见吸收光谱中通常采用的是 200～400 nm 的真空紫外光和 400～800 nm 的可见光。当物质受到紫外-可见光照射时，价电子发生从低能级到高能级的跃迁。根据分子轨道理论，目前价电子的跃迁主要有四种类型：第一种是 $\sigma-\sigma^*$ 跃迁，其需要的能量较高，产生的吸收峰处于远紫外区；第二种是 $n-\sigma^*$ 跃迁，即杂原子轨道中的电子向 σ^* 轨道跃迁；第三种是 $\pi-\pi^*$ 跃迁，其对应的吸收通常为强吸收；第四种为 $n-\pi^*$ 跃迁，其所需的能量最小。按照不同的跃迁类型，可以将紫外-可见吸收光谱划分为几个吸收带：① R 带，它是由 $n-\pi^*$ 跃迁产生的吸收带，是弱吸收带；② K 带，对应的跃迁类型是 $\pi-\pi^*$ 跃迁，K 带是共轭分子的特征吸收带，也是紫外-可见吸收光谱中最为常见的吸收带，通常可以用来判断共轭结构；③ B 带，这一吸收带对应的跃迁类型也是 $\pi-\pi^*$ 跃迁，是芳香族和杂环化合物的特征吸收带；④ E 带，也是芳香族化合物的特征吸收带，为强吸收带。

分子在吸收紫外光子后发生跃迁的速度非常快，原子核的运动与之相比要慢

得多，因此可以认为电子的跃迁在原子核尚未发生位移时就已经完成。可以用 Frank - Condon 原理来解释紫外吸收带上振动吸收峰的强度分布。以双原子分子为例，分子势能 U 是核间距离 r 的函数，它们的关系可以用 Morse 势能曲线来表示。如图 3 - 11 所示，G 和 E 分别是电子的基态和激发态的势能曲线，υ 和 υ' 分别为电子的基态和激发态的振动分能级，r_e 是基态时的平衡核间距离。一般情况下，分子处于激发态时的化学键比基态弱，平衡核间距离更大一些。在常温下，大部分电子分布于能量最低的电子基态能级（$\upsilon=0$），此时，分子势能最低，动能几乎接近于零。当分子受到紫外光子的激发变为激发态时，由 Frank - Condon 原理可知，原子核的动能和势能保持不变，分子的全部能量只等于它的势能，因此分子具有的动能为零，这种跃迁是 Frank - Condon 原理允许的跃迁。图中处于 b 点的振动分能级 $\upsilon'=2$，因此只有 $\upsilon=0$ 向 $\upsilon'=2$ 的跃迁才是允许跃迁，允许跃迁产生的吸收带是最强吸收带。在 $r=r_e$ 的情况下，0→3 垂直跃迁的垂线交于 $\upsilon'=3$ 的 c 点，分子的总能量为分子的势能加动能，b 点仍为分布在 $\upsilon'=2$ 上的分子势能，那么 bc 这一段所代表的能量为动能，此时核间距离不变，但是动能不为零，这与 Frank - Condon 原理不符，因此属于禁阻跃迁。所以，电子跃迁的产生需要遵循一定的原则——跃迁选择定则。首先是自旋选择定则，要求电子的自旋方向不变；其次是对称性选择定则，电子只有在反演对称性不同的能级间跃迁才是允许的；最后是轨道的重叠程度，若电子跃迁所涉及的两个分子轨道在空间的同一区域重叠，则是允许跃迁。

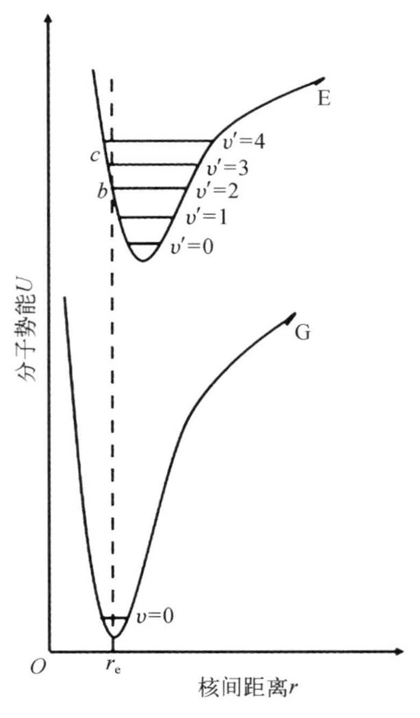

图 3 - 11　Frank - Condon 原理的 Morse 势能曲线

在紫外-可见吸收光谱中，两个特征需要明确：一是吸收峰的位置和形状，这是进行结构分析和定性判断的依据；二是吸收峰的强度，可以通过朗伯比尔定律来进行定量分析。紫外-可见吸收光谱的应用范围十分广泛，可以用于化合物的鉴定，例如：可用于推导有机化合物的分子骨架中是否含有共轭结构、确定异构体，对于羰基化合物，根据在极性溶剂和非极性溶剂中 R 带的差别可以近似测定氢键的强度；在定量分析的基础上，可以测定一些平衡常数、配位比等；在适用范围方面，可以用于无机化合物和有机化合物的分析，同时对于常量、微量、多组分都适用。

对于本征石墨烯，在紫外波段，由于石墨烯能带的鞍点奇异性，其光导率在268 nm处出现一个明显的不对称峰形，多体效应使得其在紫外波段对光的吸收率接近10%，远大于本征石墨烯在可见光和近红外波段光吸收率(2.3%)，因此石墨烯在紫外波段具有较大的的应用潜力。Yan 等(2018)设计了由 ZrO_2 和 Na_3AlF_6 作介质层、SiO_2 作光栅的基于石墨烯的全介质纳米光学完美吸收体，该结构在相位匹配的条件下可以产生多个共振模式。在240～400 nm的紫外光照射下，当入射光与共振模式产生耦合时，该结构产生的场增强效应可以大大提高石墨烯的光吸收率。基于该结构的紫外-可见吸收光谱显示，通过改变光栅的尺寸可以调控吸收峰的波长，当光栅尺寸为221 nm时，在波长为270 nm处可以达到最大光吸收率(99.7%)。

对于氧化石墨烯及其衍生物来说，丰富的官能团信息使得紫外-可见吸收光谱成为定性分析其结构和定量判断其含量的有效表征手段。如图3-12(a)所示，氧化石墨烯分散液的紫外-可见吸收光谱有两个特征峰[20]：一个是出现于310 nm附近的对应 $n-\pi^*$ 跃迁的等离子体共振峰，这一肩峰在改进的 Hummers 法制备的样品中都可以被观察到；另一个是位于230 nm附近的对应 $\pi-\pi^*$ 跃迁的等离子体共振峰。经具有较高质量比(指的是 $KMnO_4$ 与石墨烯的质量比)的 $KMnO_4$(例如

图3-12

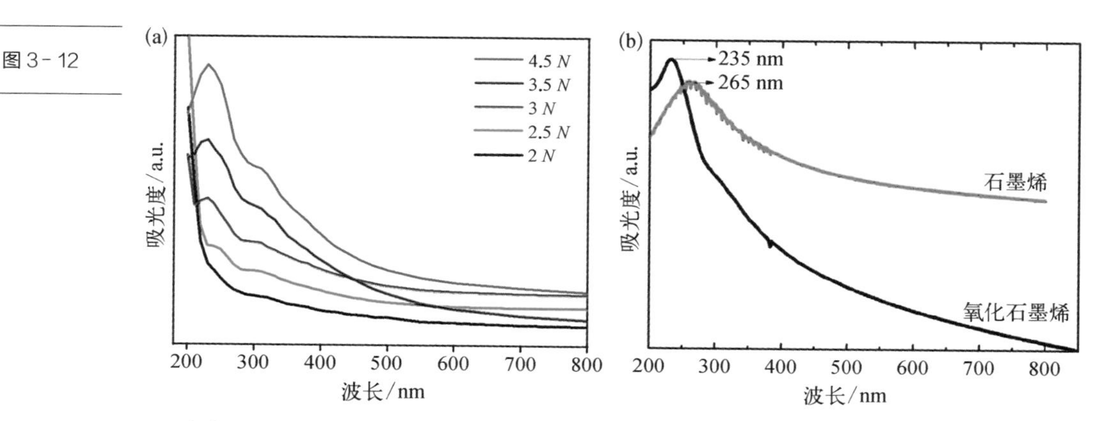

(a) 氧化石墨烯分散液的紫外-可见吸收光谱[20]；(b) 氧化石墨烯和经过水合肼还原后的石墨烯的紫外-可见吸收光谱

4.5N、3.5N，其中 1N = 10 g，石墨烯统一为 10 g)氧化后，氧化石墨烯分散液紫外-可见吸收光谱在 230 nm 处出现一个很强的单峰，而随着质量比的降低，这一吸收带对应的特征峰在 3N 条件下发生蓝移(峰位置为 226 nm)而在 2.5N 条件下发生红移(峰位置为 232 nm)，与此同时伴随着吸收强度的降低，直至在 2N 条件下，这一特征峰完全消失。对于这一结果，Lai 等[20]通过测试不同浓度 $KMnO_4$ 氧化得到的氧化石墨烯的厚度发现，低浓度氧化条件(2N)下得到的大部分氧化石墨烯为少层或者是厚层，随着浓度的升高，其厚度逐渐较小，4.5N 条件下得到的 80%的氧化石墨烯均为单层，且计算得到的层间距(0.5 nm)远大于石墨的层间距(0.335 nm)。这一厚度的增加主要是来源于石墨烯表面修饰的环氧基和羟基。$\pi-\pi^*$ 跃迁过程产生的等离子体共振峰主要来源于两种共轭效应，一种是纳米尺度的 sp^2 杂化形成的共轭效应，另一种是 C═C、C═O 和 C—O 相连接形成的生色团带来的共轭效应。因此，在不同 $KMnO_4$ 浓度下得到的氧化石墨烯，由于层数的不同，其共轭基团的数目及聚集程度也大不相同，最终导致其紫外-可见吸收光谱强度等产生明显的差异。

图 3 - 12(b)为氧化石墨烯和经过水合肼还原后的石墨烯的紫外-可见吸收光谱(Jung，2014)。氧化石墨烯经过还原后，其共轭程度增加，跃迁所需的能量减少，吸收峰向较长波长区域偏移(由 235 nm 移至 265 nm)。由胺取代的四苯基卟啉(TPP)共价官能化的氧化石墨烯具有优异的光物理性质，在能量转换系统中有广泛的用途。卟啉官能化的氧化石墨烯分散在二甲基甲酰胺(DMF)溶液中后，紫外-可见吸收光谱显示其从 700 nm 到紫外光区的吸收带连续增加，这归因于 420 nm 处卟啉的特征吸收带与氧化石墨烯吸收带的叠加效应(Amolo，2012)。紫外-可见吸收光谱在石墨烯的偶氮苯共价官能团化合物中可以用来判断其顺式或反式异构体的含量，偶氮苯的最强吸收峰位于 405 nm 处，该最大值对应于热稳定的反式异构体的 $\pi-\pi^*$ 跃迁，形成的偶氮苯-石墨烯的吸收峰发生红移，在紫外光的持续照射下将会建立顺式异构体与反式异构体的热力学平衡，表现为紫外-可见吸收光谱上 410 nm 处的吸收峰强度的降低(Wang，2010)。

根据以上结果可以看出，紫外-可见吸收光谱在石墨烯的表征方面主要用于对石墨烯及其衍生物进行定性分析，例如对石墨烯氧化过程的鉴定和氧化石墨烯还原过程的监测等。

3.3 石墨烯的红外吸收光谱表征

分子的一些振动和转动可以引起分子偶极矩的变化，因而产生红外活性。当分子受到连续波长的红外光照射时，分子吸收相应波长的光，导致这些振动和转动能级发生从基态到激发态的跃迁。相应地，这些吸收区域的透射光强度减弱，由此形成了这一分子的红外吸收光谱。

分子吸收红外光后主要会产生两种类型的吸收峰，分别是基频峰和泛频峰。振动能级由基态跃迁至第一激发态产生的吸收峰称为基频峰，当振动能级由基态跃迁至第二、第三激发态时，对应为倍频峰。对于三倍频峰，一般发生跃迁的概率很小，几乎检测不到。倍频峰与和频峰、差频峰统称为泛频峰。通常，我们把波长在 0.78～500 μm 内的光称为红外光，更细致地，红外光又可以划分为三个区间：近红外区域(0.78～2.5 μm)、中红外区域(2.5～25 μm)、远红外区域(25～500 μm)。一般来讲，近红外吸收光谱是由分子的和频和倍频产生的，分子的基频振动位于中红外区域，远红外吸收光谱则属于分子的转动光谱。与紫外-可见吸收光谱有所不同，紫外-可见吸收光谱发生的是外层电子的跃迁，因此属于电子光谱，而红外吸收光谱反映的是分子的振动和转动，因此属于分子光谱。对于绝大部分化合物来说，无论是有机化合物还是无机化合物，吸收最强的基频振动均处于中红外区域，因此通常意义上提到的红外吸收光谱指的是中红外吸收光谱。

在理解红外吸收光谱的产生及分析确定不同振动形式的频率时，对于双原子分子，一般采用简谐振子模型，即将两个原子看作两个由弹簧(化学键)相连的小球，且这两个小球只能沿着键长的方向伸缩运动。按照弹簧运动的经典宏观力学描述——胡克定律可知，双原子分子的简谐振子模型的振动频率正比于弹性系数，此处的弹性系数对应于化学键的力常数，这一力常数与键能、键长等因素相关。对于多原子分子，由于其具有较多种类的振动形式，例如伸缩振动、弯曲振动等，一般用振动自由度来描述它所具有的振动个数。振动自由度等于“$3N$ -平动自由度-转动自由度”，其中 N 代表的是组成分子的原子个数，对于线性分子，其振动自由度为 $3N-5$，而非线性分子的振动自由度为 $3N-6$。对于一个标准的红外吸收光谱来说，吸收峰与分子中各个基团的振动形式相对应，主要有以下特征。第一个特征是红外吸收光谱区可以分为两个部分：第一部分是位于 4000～1300 cm^{-1} 的基团频率区，也称为官能团区，其吸收带来源于官能团的伸缩振动，主要用于对官能团进行定性分析；第二部分叫做指纹区，其光谱在 1300～600 cm^{-1} 内，顾名思义，借助于指纹区的吸收带可以从整体上对分子的结构进行有效的鉴定，因为指纹区吸收带除了有单键的伸缩振动，还有可以反映整个分子结构的变形振动。第二个特征是吸收带强度的大小，它主要反映的是分子中偶极矩变化的大小，一般对称性低的分子的偶极矩变化较大，在红外吸收光谱中表现出较高强度的吸收带。

基团特征吸收峰及其强度对于含量的依赖性使得红外吸收光谱不仅可以用来定性地鉴定未知物的化学结构，还可以用来进行定量分析。

在红外吸收光谱中，纵坐标为吸光度或透过率，横坐标为波数或波长。在谈及红外吸收光谱的产生原理时，需满足两个条件：首先，吸收峰的波长应对应于振动或转动能级发生跃迁所需要的能量，而在振动过程发生的同时，往往也伴随着转动过程，因此振动光谱会发生展宽；其次，并非所有分子的正则振动的基频跃迁都有对应的红外吸收峰，没有产生红外吸收峰的跃迁属于红外禁阻。只有引起分子的偶极矩发生变化的振动跃迁才会产生对应的红外吸收峰，对于单原子或对称性很高的物质，通常不会表现出红外活性，例如石墨烯，虽然具有振动跃迁，但是偶极矩并没有发生变化，因此只具有拉曼活性。关于红外吸收光谱这一分析表征手段，本小节将主要聚焦于对粉体石墨烯及其衍生物的官能团分析鉴定方面，除此之外，还将给出红外吸收光谱与拉曼光谱这两种表征技术的异同。

对于本征石墨烯来说，其在可见光和近红外区域没有等离子体响应，与波长无关的光吸收率约为 2.3%（Nair, 2008）。在长波长范围内（即从中红外区域到远红外区域），石墨烯的光学性质类似于 Drude 材料，可以利用等离子体共振产生强共振吸收。Mueller 等（2012）通过构筑微腔的方法使光多次通过石墨烯，达到了增强红外光吸收的目的。除此之外，Zhang 等（2014）提出了一种使用深金属光栅在磁共振或磁极化子处产生强大的局部电场来增强石墨烯光吸收的方法，同时可以通过调整光栅的几何形状来调节增强石墨烯光吸收的波长，单原子石墨烯层的光吸收率可以大大提高，接近 70%。

在对石墨烯及其衍生物和复合材料的研究中，红外吸收光谱主要用于对其结构进行分析。在 Hummers 法制备石墨烯的过程中，石墨被氧化或者氧化石墨被还原的过程都会伴随着红外特征吸收峰的减弱或消失，在功能化石墨烯的形成过程中，同样会伴随着新吸收带的产生和强度的变化，因此，可以用红外吸收光谱监测制备石墨烯及其衍生物和复合材料的过程[21-23]。例如，对于氧化石墨烯，由于含氧官能团的丰富多样性、含氧官能团与石墨烯碳基平面或边缘连接方式的差异性，以及环境的轻微扰动，易使其官能团种类发生转变，监测其碳氧键随着外界条件及不同的含氧官能团之间相互作用的变化过程显得十分重要。

图 3－13 为经过标准的 Hummers 法得到的五层氧化石墨烯在不同还原温度下的红外吸收光谱[24]。从图 3－13(a)中可以看出，在 100℃时，羟基开始分解；紧接着分别在 120℃、150℃、175℃时，环氧基、羧基和羰基相继被还原；当温度高于 200℃时，羧基和羰基结构仍在减少。这些结果表明，相较于环氧基、羧基和羰基，羟基更容易在低温下被分解还原。如图 3－13(b)中 β 和 γ 区域所示，当氧化石墨烯经过 250～650℃的高温热还原过程后，羧基和酮基结构持续减少。然而，对于单层氧化石墨烯，在 650℃时，乙醚基结构仍然保持不变，其他几种官能团则在高于 400℃时才开始被还原，而三层氧化石墨烯含氧官能团的还原温度介于单层和五层石墨烯的还原温度之间。因此，在整个退火过程中，含氧官能团的浓度取决于室温条件下羧基和羰基(所有酮衍生物)的初始量，以及这些官能团对于羟基自由基的吸附能力。除此之外，Acik 等[24]依据上述研究结果并结合理论计算提出了可能的

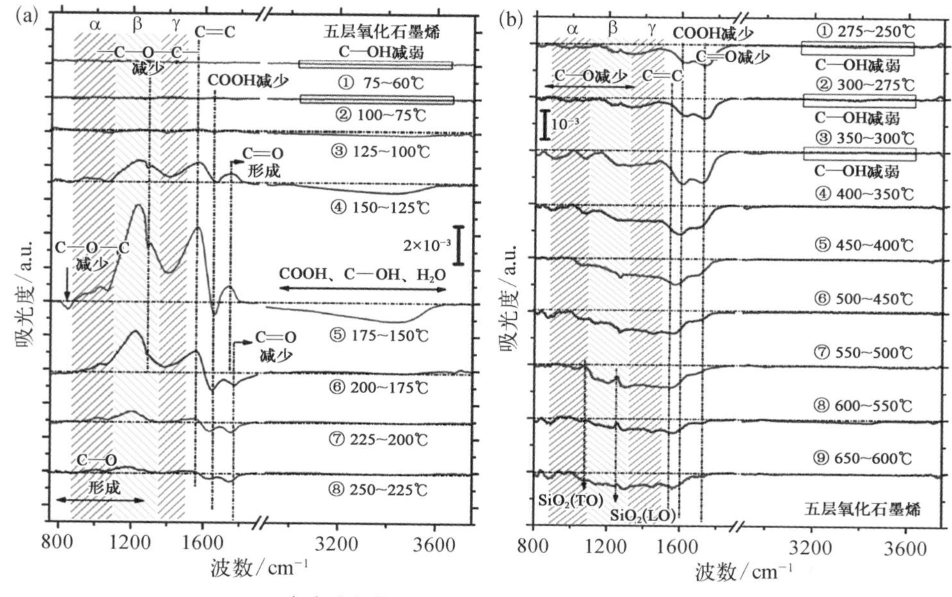

(a) 低温热还原条件；(b) 高温热还原条件

图 3－13 经过标准的 Hummers 法得到的五层氧化石墨烯在不同还原温度下的红外吸收光谱[24]

热还原机制：以水为触发剂，首先产生含氧自由基，进而引发自由基反应，这些自由基与氧化石墨烯的含氧官能团或缺陷位点处的碳悬挂键反应，形成新的自由基，并最终决定了退火后还原氧化石墨烯中的氧含量。

拉曼光谱和红外吸收光谱都属于振动光谱，都可以用来对粉体石墨烯及其衍生物做定性和定量分析，两者的异同如表 3-3 所示。

表 3-3 红外吸收光谱与拉曼光谱对粉体石墨烯及其衍生物表征的对比

	红外吸收光谱	拉 曼 光 谱
产生机理	吸收光谱，由于分子振动和转动导致的偶极矩变化	散射光谱，由于分子振动和转动导致的分子极化率改变
光源	连续波长的红外光	单色激光
灵敏度	灵敏度较高	较小的散射截面使其灵敏度较低
样品制备及检测适用范围	适用于不含结晶水的固态、气态、液态物质(水在红外波段有很强的吸收峰)，制样较为复杂	除金属外的绝大部分物质，无须特殊制样，且不受水的影响或干扰
获得的信息	分子官能团、化学键识别	主要反映分子骨架

3.4 石墨烯的荧光光谱表征

荧光是辐射跃迁的一种，是物质从激发态跃迁到低能级时所释放的辐射。荧光光谱包括激发谱和发射谱两种类型，激发谱反映不同波长激光的荧光激发效率，而发射谱是在固定激发波长下，荧光强度在不同波长处的强度分布。如图 3-14 所示，分子能级可由雅布隆斯基示意图来描述，图中 S_0 表示电子基态，S_1、S_2 表示电子激发单重态，T_1、T_2 表示电子激发三重态。处于基态的电子被激发跃迁到激发态，再通过辐射跃迁和非辐射跃迁的形式回归到基态。辐射跃迁的形式主要有两种，即荧光和磷光；非辐射跃迁主要包括振动弛豫、内转换、外转换及系间窜跃等四种。受光激发的分子从第一电子激发单重态跃迁回到基态，发出荧光。如果通过系间窜跃到达第一电子激发三重态，以辐射的形式回到基态的发光过程称为磷光。

分子产生荧光必须满足两个条件：一是具有 $\pi^*-\pi$ 的电子跃迁类型，$\pi^*-\pi$ 的荧光效率最高，系间窜跃至第一电子激发三重态的概率非常小，同时具有较大共轭体系或脂环羰基结构的脂肪族化合物也可能产生荧光，例如氧化石墨烯及其衍生

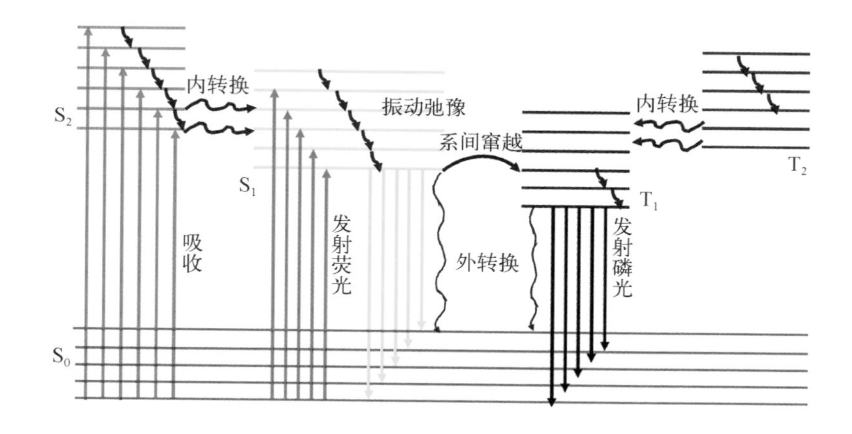

图 3-14 雅布隆斯基的分子能级示意图

物；二是具有一定的量子产率，即物质发射的光子数与吸收的光子数的百分比。荧光光谱的灵敏度较高，通常情况下要比分光光度计的灵敏度高出 2 或 3 个数量级。另外，通过荧光的激发光谱和发射光谱，能够获得荧光强度、量子产率、荧光寿命、荧光偏振等参数，从而获得被检测分子的电子能级等信息。

理想的石墨烯因其 sp^2 杂化结构表现出半金属性，因而没有荧光效应。而氧化石墨烯由于同时具有较多的 sp^2 和 sp^3 杂化碳，结构不均一，展现出带隙。因此，通过化学还原的方法可控地调控其 sp^2 碳原子和 sp^3 碳原子的相对含量，可以实现对其光电性质的调控。氧化石墨烯及还原氧化石墨烯在相当宽的波长范围内会表现出荧光，但与此同时，其中的 sp^2 杂化结构具有荧光猝灭效应。本节将对氧化石墨烯、还原氧化石墨烯的荧光效应和荧光猝灭效应展开叙述并给出其相关的应用。

3.4.1 氧化石墨烯和还原氧化石墨烯的荧光效应及应用

图 3-15(a)给出了片层尺寸为 10～300 nm 的氧化石墨烯的荧光光谱[25]，其光谱覆盖了从红外到近红外的范围。一般来说，含氧官能团使得氧化石墨烯表现出宽谱的红光发射，同时，这一范围内的荧光对于细胞成像是非常有意义的，因为在这一范围内，细胞本身自发的荧光作用很弱。此外，Luo 等[26]还研究了氧化石墨烯粉体和氧化石墨烯悬浮液的荧光光谱随着片层尺寸(1～10 μm)的变化关系。将氧化石墨烯置于还原条件下，如暴露在水合肼蒸气中进行还原处理，随着暴露时间的延长，其荧光峰位红移至近红外区域，同时荧光强度明显降低，如图 3-15(b)所示。这是因为随着还原过程的进行，sp^2 杂化区域增大，带隙减小，同时，其无序化程度增加导

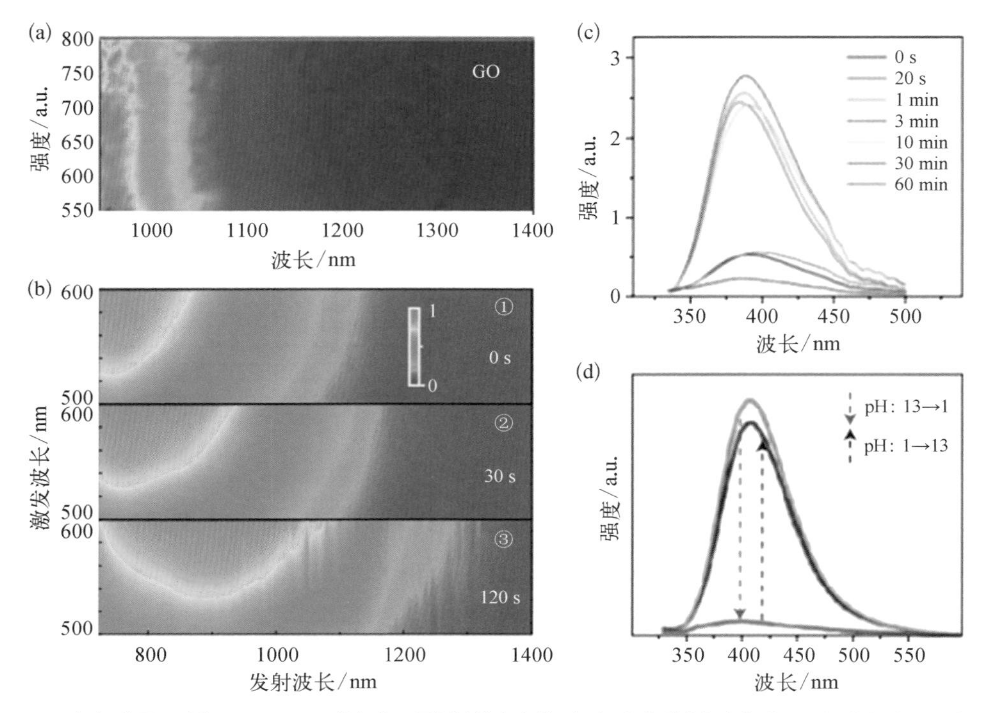

图 3-15

（a）片层尺寸为 10~300 nm 的氧化石墨烯的荧光光谱；（b）水合肼蒸气中氧化石墨烯荧光随暴露时间的变化关系；（c）紫外光（325 nm）照射下，水合肼蒸气中氧化石墨烯荧光强度随暴露时间的变化关系；（d）氧化石墨烯量子点荧光强度的 pH 依赖性[25, 26]

致荧光强度急剧降低。他们发现，氧化石墨烯的片层尺寸并非影响荧光峰位变化的主要因素，这与 Gokus 等(2009)总结的经过氧等离子体处理的机械剥离法制备的石墨烯的荧光峰位会发生更大红移的结论是一致的。当用紫外光作为激发光源时，氧化石墨烯会在弱蓝光区域及紫外区域发射荧光，在此波段范围内，氧化石墨烯悬浮液的荧光峰位较氧化石墨烯粉体有明显的位移。同样地，由图 3-15(c) 可以看出(Eda，2009)，将氧化石墨烯暴露在水合肼蒸气中，当暴露时间为 3 min 时，荧光强度达到最大，而随着暴露时间的延长，荧光强度降低，这是其周围介质的介电常数不同造成的。除此之外，Pan 等(2010)还发现，氧化石墨烯量子点发射的蓝色荧光具有 pH 依赖性[图 3-15(d)]，pH 达到 13 时，荧光强度达到最高，而 pH 为 1 时，荧光甚至会猝灭。

氧化石墨烯产生荧光效应的机制通常有两种。一种机制认为是局域有限尺寸的 sp^2 碳原子及 sp^3 碳原子的存在使得氧化石墨烯中的 π 电子限域，sp^2 杂化团簇中电子和空穴对的辐射复合过程产生了荧光。按照这种解释，sp^2 杂化团簇的尺寸大小决定了其带隙和相应的发射波长。另一种机制认为，氧化石墨烯的荧光来自锯齿型边缘态中的类碳烯三重基态电子 σ1π1 的激发，因此，激发后的三重基态电子 σ1π1 的质子化作用将会导致荧光的猝灭。例如图 3-15(d)中所提及的氧化石墨烯量子点的荧光强度对 pH 的依赖性，当 pH 较大时，去质子化作用明显，氧化石墨烯表现出较高的荧光强度，甚至肉眼可见。从以上这些结果可以看出，氧化石墨烯的荧光可以通过对其片层尺寸、溶液 pH 及还原程度来得到调控，调控后所得到的从红外区域到紫外区域均有响应的氧化石墨烯在诸多领域都可以得到应用，尤其在生物领域，其中最常见的应用就是活细胞成像和药物输运。相较于其他材料，例如碳纳米管，氧化石墨烯在生物应用方面具有独特的优势。首先，氧化石墨烯具有很好的水溶性，其分散不需要引入表面活性剂，从而降低了由于引入表面活性剂而带来的毒性；其次，氧化石墨烯具有更大的比表面积，可以负载更多的药物分子。Lin 等(2010)以氧化石墨烯作为活细胞中三磷酸腺苷(ATP)的传送介质和识别探针，通过检测荧光信号的强弱来判断活细胞中适配体的输运和对 ATP 进行探测，因此可用于生物活细胞成像。

3.4.2 氧化石墨烯的荧光猝灭效应及应用

荧光猝灭效应，指的是荧光分子与溶质或溶剂发生相互作用使荧光分子的荧光强度降低的过程，这些可以使荧光猝灭的物质称为猝灭剂。按照猝灭剂与荧光分子的基态和激发态的不同相互作用，分别称为静态猝灭和动态猝灭。在动态猝灭的过程中，猝灭剂与激发态的荧光分子碰撞而发生能量转移或电荷转移，使激发态的荧光分子回到基态从而使荧光遭到猝灭。

氧化石墨烯表面的大量含氧官能团不仅增加了其亲水性，而且增加了其与分子之间的相互作用，此外，氧化石墨烯巨大的比表面积和 sp^2 杂化形成的 π-π 共轭结构，使得其他分子很容易吸附到其表面而发生荧光共振能量转移，进而导致荧光猝灭。如图 3-16(a)所示，与氧化石墨烯相比，还原氧化石墨烯因为其 sp^2 杂化含量的增加使得其荧光猝灭效应更为明显。因此，利用荧光猝灭效应，可以通过荧光显微镜在任意基底及溶液中使氧化石墨烯及还原氧化石墨的形貌特征可视化[图 3-16(b)]。此外，Ju 课题组(2010)利用量子点与氧化石墨烯的荧光共振能量转移作用建立了一个检测核酸序列和生物大分子的方法[图 3-16(c)]。首先信标分子被 CdTe 量子

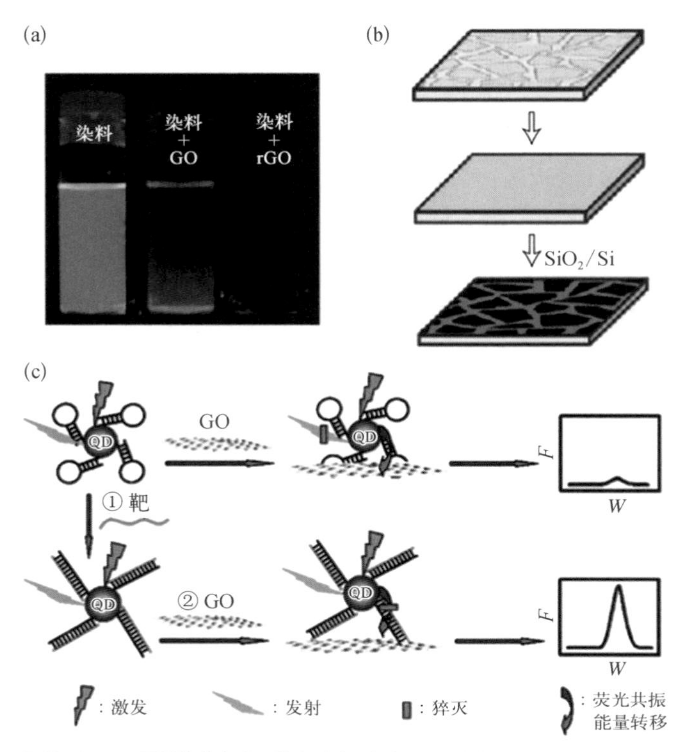

图 3-16

（a）氧化石墨烯和还原石墨烯的荧光猝灭效应对比；（b）利用荧光猝灭效应可视化氧化石墨烯及还原氧化石墨烯的示意图；（c）氧化石墨烯诱导的信标分子－CdTe 量子点的荧光猝灭效应和生物传感机制示意图

点修饰作为探针，由于信标分子与氧化石墨烯之间强烈的相互作用导致 CdTe 量子点荧光猝灭，当信标分子与目标分子结合后，CdTe 量子点与氧化石墨烯之间的距离增加，与目标分子结合的信标分子和氧化石墨烯之间的相互作用减弱，阻止了荧光共振能量转移过程的发生，导致量子点的荧光得到恢复，从而实现了对目标物质的检测，这一应用通常被称为生物传感。由于氧化石墨烯与有机小分子及适配体之间的相互作用，氧化石墨烯可以使染料标记的适配体荧光猝灭，而适配体与所检测的目标物质的作用可以使荧光得到恢复，因此，通过荧光强度的变化也可以实现对目标物质的定量检测。

3.5 石墨烯的动态光散射

光散射在物质的研究中，特别是在粒度测量中得到了广泛的应用。一束光照射到介质上时，交变的电磁场引起介质分子中的电子做加速运动，振动的电荷向各个方向辐射电磁波，这些从不同散射体发出的次波互相叠加形成散射光，每一个散射体发出的散射光的相位和偏振态取决于介质中散射体的位置和取向。由于存在布朗运动，散射体的位置和取向随着时间发生变化，因此散射光的相位和偏振态也发生改变，这样散射光的涨落中包含了散射体的动力学信息。根据光散射电磁场理论可知，当入射光以平面波的形式照射到介质微粒时，所接收到的散射光强是介质微粒数目及介质微粒之间散射光的相位差的函数。由于介质微粒在不断运动，相位差与时间有关，所以散射光强将随着时间起伏涨落。介质微粒越小，布朗运动越迅速，位置变化就越快，随之散射光强的涨落也就越快。散射光强在极值之间涨落一次的时间间隔取决于两个介质微粒散射光的相位差，与散射角度和粒径大小有关，因此，可以根据这一时间间隔内散射光强的涨落测定粒子的尺寸。

通过动态光散射，可以获得化学法制备的石墨烯或氧化石墨烯的片层大小分布[27]。Chowdhury 等[27]通过动态光散射比较了氧化石墨烯在地表水和废水中随时间的粒径变化，并研究了石墨烯形成凝胶的动力学过程及其稳定性。图 3-17(a)给出了氧化石墨烯片层大小分布的 AFM 图。如图 3-17(b)所示，地表水中的氧化石墨烯的粒径随时间并没有发生变化，在低离子浓度下，由于颗粒之间的静电斥力作用而形成高度稳定的凝胶。而在废水中，粒径随着时间变化较为显著，这是

图 3-17

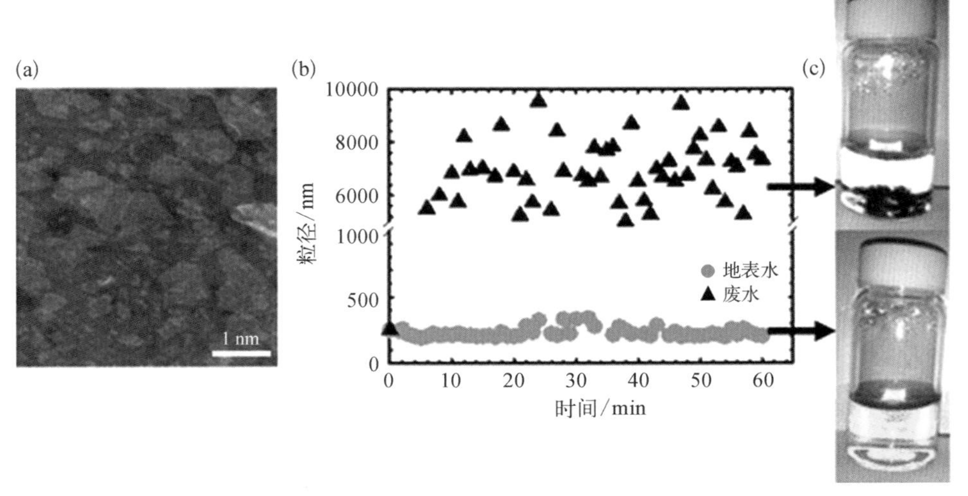

（a）氧化石墨烯片层大小分布的 AFM 图；（b）氧化石墨烯在地表水和废水中的动态光散射结果；（c）氧化石墨烯在地表水和废水中的悬浮液放置后的照片[27]

因为废水中离子浓度高，导致氧化石墨烯不稳定并发生较为显著的聚集，这从相应的氧化石墨烯悬浮液放置后的照片中也可以明确地看出[图 3-17(c)]。利用动态光散射过程揭示了氧化石墨烯在不同类型水中的凝胶动力学过程及其稳定性，实际上也可以反映其在实际环境中的毒性及可降解性。

3.6 本章小结

光谱学表征法是利用光与物质相互作用之后信号光的频率、强度等变化来反映物质的结构和性质的方法，已经成为研究石墨烯及其衍生物的重要表征手段之一。材料吸收光子之后，与材料的相互作用过程取决于光子的能量范围。例如，如果激发的电子与晶格振动耦合而发生能量变化，则可以通过发射光子的能量变化反映晶格振动的信息(拉曼光谱)；如果入射光子的能量大于材料的电子能带，则导致电子能级跃迁，通过入射光强度的变化可以反映电子能级信息(紫外-可见吸收光谱)；如果光子能量与振动或转动能级相当，则吸收光子导致振动或转动能级跃迁，入射光强度的变化反映振动或转动能级信息(红外吸收光谱)。

本章主要介绍了几种典型的石墨烯光谱学表征技术，包括拉曼光谱、紫外-可见吸收光谱、红外吸收光谱等，每一项技术都可以给出相应的晶体结构、电子能带或官能团相关的丰富信息，在石墨烯的基本结构、掺杂状态、堆垛效应等表征方面起到了重要的作用，极大地促进了石墨烯研究领域的发展。拉曼光谱广泛用于研究石墨烯的面内结构、层数、缺陷掺杂、应力调控、堆垛形式等；红外吸收光谱、紫外-可见吸收光谱、荧光光谱等技术主要用于粉体石墨烯、氧化石墨烯及石墨烯衍生物等的定性表征，包括对石墨烯及其衍生物结构的判断、官能团种类的分析等，是粉体石墨烯及石墨烯宏观材料重要的表征手段。随着石墨烯应用研究的迅速发展，光谱表征技术将在石墨烯的材料结构和性能研究方面起到不可或缺的作用。

参考文献

[1] Malard L M, Pimenta M A, Dresselhaus G, et al. Raman spectroscopy in graphene

[J]. Physics Reports, 2009, 473(5 - 6): 51 - 87.
[2] Herziger F, May P, Maultzsch J. Layer-number determination in graphene by out-of-plane phonons[J]. Physical Review B, 2012, 85(23): 235447.
[3] Tan P H, Han W P, Zhao W J, et al. The shear mode of multilayer graphene[J]. Nature Materials, 2012, 11(4): 294 - 300.
[4] You Y M, Ni Z H, Yu T, et al. Edge chirality determination of graphene by Raman spectroscopy[J]. Applied Physics Letters, 2008, 93(16): 163112.
[5] Cançado L G, Pimenta M A, Neves B R A, et al. Influence of the atomic structure on the Raman spectra of graphite edges[J]. Physical Review Letters, 2004, 93(24): 247401.
[6] Eckmann A, Felten A, Mishchenko A, et al. Probing the nature of defects in graphene by Raman spectroscopy[J]. Nano Letters, 2012, 12(8): 3925 - 3930.
[7] Wang H, Zhou Y, Wu D, et al. Synthesis of boron-doped graphene monolayers using the sole solid feedstock by chemical vapor deposition[J]. Small, 2013, 9(8): 1316 - 1320.
[8] Park J, Jo S B, Yu Y J, et al. Single-gate bandgap opening of bilayer graphene by dual molecular doping[J]. Advanced Materials, 2012, 24(3): 407 - 411.
[9] Yan J, Zhang Y B, Kim P, et al. Electric field effect tuning of electron-phonon coupling in graphene[J]. Physical Review Letters, 2007, 98(16): 166802.
[10] Ferrari A C. Raman spectroscopy of graphene and graphite: Disorder, electron-phonon coupling, doping and nonadiabatic effects[J]. Solid State Communications, 2007, 143(1 - 2): 47 - 57.
[11] Xu H, Chen Y B, Zhang J, et al. Investigating the mechanism of hysteresis effect in graphene electrical field device fabricated on SiO_2 substrates using Raman spectroscopy[J]. Small, 2012, 8(18): 2833 - 2840.
[12] Calizo I, Balandin A A, Bao W, et al. Temperature dependence of the Raman spectra of graphene and graphene multilayers[J]. Nano Letters, 2007, 7(9): 2645 - 2649.
[13] del Corro E, Taravillo M, Baonza V G. Nonlinear strain effects in double-resonance Raman bands of graphite, graphene, and related materials[J]. Physical Review B, 2012, 85(3): 033407.
[14] Wang Y Y, Ni Z H, Yu T, et al. Raman studies of monolayer graphene: The substrate effect[J]. The Journal of Physical Chemistry C, 2008, 112(29): 10637 - 10640.
[15] Lui C H, Li Z Q, Chen Z Y, et al. Imaging stacking order in few-layer graphene [J]. Nano Letters, 2011, 11(1): 164 - 169.
[16] Stankovich S, Dikin D A, Dommett G H B, et al. Graphene-based composite materials[J]. Nature, 2006, 442(7100): 282 - 286.
[17] Silver D, Huang A, Maddison C J, et al. Mastering the game of Go with deep neural networks and tree search[J]. Nature, 2016, 529(7587): 484 - 489.

[18] Kudin K N, Ozbas B, Schniepp H C, et al. Raman spectra of graphite oxide and functionalized graphene sheets[J]. Nano Letters, 2008, 8(1): 36 - 41.
[19] Ramasse Q M, Zan R, Bangert U, et al. Direct experimental evidence of metal-mediated etching of suspended graphene[J]. ACS Nano, 2012, 6(5): 4063 - 4071.
[20] Lai Q, Zhu S F, Luo X P, et al. Ultraviolet-visible spectroscopy of graphene oxides [J]. AIP Advances, 2012, 2(3): 032146.
[21] Zhang K, Zhang L L, Zhao X S, et al. Graphene/polyaniline nanofiber composites as supercapacitor electrodes[J]. Chemistry of Materials, 2010, 22(4): 1392 - 1401.
[22] Xiao J, Mei D H, Li X L, et al. Hierarchically porous graphene as a lithium-air battery electrode[J]. Nano Letters, 2011, 11(11): 5071 - 5078.
[23] Lotya M, Hernandez Y, King P J, et al. Liquid phase production of graphene by exfoliation of graphite in surfactant/water solutions[J]. Journal of the American Chemical Society, 2009, 131(10): 3611 - 3620.
[24] Acik M, Lee G, Mattevi C, et al. The role of oxygen during thermal reduction of graphene oxide studied by infrared absorption spectroscopy[J]. The Journal of Physical Chemistry C, 2011, 115(40): 19761 - 19781.
[25] Sun X M, Liu Z, Welsher K, et al. Nano-graphene oxide for cellular imaging and drug delivery[J]. Nano Research, 2008, 1(3): 203 - 212.
[26] Luo Z T, Vora P M, Mele E J, et al. Photoluminescence and band gap modulation in graphene oxide[J]. Applied Physics Letters, 2009, 94(11): 111909.
[27] Chowdhury I, Duch M C, Mansukhani N D, et al. Colloidal properties and stability of graphene oxide nanomaterials in the aquatic environment[J]. Environmental Science & Technology, 2013, 47(12): 6288 - 6296.

第 4 章

石墨烯增强拉曼光谱

石墨烯由于具有独特的结构和优异的物理性质，在功能增强复合材料、光电检测与转换、储能以及微纳电子器件等领域展示出广阔的应用前景。2010 年，Ling 等首次报道了石墨烯增强拉曼散射（graphene enhanced Raman scattering, GERS)效应[1]。从此，石墨烯被拓展成为表面增强拉曼散射（surface enhanced Raman scattering, SERS)的全新基底，在分子与石墨烯电荷相互作用研究、分子检测等方面得以广泛应用。

拉曼光谱能反映分子的振动和转动能级信息，可对分子进行指纹识别。然而受限于较小的本征拉曼散射截面，常规小分子的拉曼光谱强度往往很弱，极大地限制了这一光谱表征手段的应用和发展。1974 年，Fleischmann 等对光滑 Ag 电极的表面进行粗糙化处理后，将吡啶分子吸附在 Ag 电极表面，发现吡啶分子的拉曼光谱强度极高[2]。随后，研究者对吸附在粗糙 Ag 电极表面的吡啶分子的拉曼光谱与溶液相中分子的拉曼光谱进行了对比，经过一系列的实验和计算发现，Ag 电极表面的吡啶分子的拉曼光谱强度增强了约 6 个数量级，并指出这是一种与表面粗糙度相关的增强效应，这种效应被称为 SERS 效应，相应的光谱被称为 SERS 光谱[3]。目前，能够作为 SERS 基底的金属有 Ag、Au、Cu 及多种过渡金属。SERS 效应的发现，有效地解决了拉曼光谱低灵敏度的问题。近年来，随着激光技术、纳米科技等的发展，具有高灵敏度、指纹识别、快速无损检测等诸多优点的 SERS 技术已经在诸如界面与表面科学、材料分析、物理化学、食品安全等多个领域得到了广泛的应用。

然而，目前的 SERS 技术在实际体系的应用中仍然存在很多挑战。从定性分析的角度，分子的拉曼散射信号在 SERS 检测过程中往往不够稳定，原因主要包括：分子在金属表面的吸附与形变使得其对称性及跃迁选律发生改变；金属与分子间的电荷转移使得分子的拉曼散射信号发生峰形和峰位上的变化；金属基底带来的荧光背景及某些分子本身的荧光信号聚焦的激光光场导致分子的光致发光被破坏（如光漂白和碳化），这对拉曼散射信号的检测产生极大的干扰。从定量检测的角度，由于分子在粗糙金属基底表面的吸附极不均匀，无法确定吸附分子数目，因而难以定量。值得一提的是，由于贵金属纳米结构也是很多氧化还原反应的高效催化剂，金属和探针分子之间可能发生化学成键乃至金属催化副反应，使得SERS信号进一步复杂化，极大地限制了SERS的实际应用(Xu，2013)。因此，发展一种新型稳定的拉曼增强基底极为必要。由于石墨烯拉曼增强基底具有化学惰性、良好的导电导热性、原子级平整等特性，可以很好地解决SERS技术在实际定性和定量应用中的特定问题。

4.1 石墨烯增强拉曼散射的实现

4.1.1 石墨烯的荧光猝灭效应

在拉曼检测中，荧光信号是主要的干扰因素之一。由于荧光的发射截面通常比拉曼散射截面高几个数量级，且峰宽远大于拉曼散射峰，因此，对于有荧光信号的分子，或处于强荧光背景环境中的分子，拉曼散射信号往往被荧光信号所掩盖。为了避免拉曼检测中荧光信号的干扰，可以采取的手段如下：① 采用不同波长的激光激发，避开荧光信号的干扰；② 利用拉曼散射和荧光的激发态寿命不同，采用时间分辨光谱手段，如时间分辨拉曼光谱和相干反斯托克斯拉曼光谱等。

荧光猝灭是指荧光分子与环境中的物质发生相互作用导致荧光强度降低的过程。其中，基态荧光分子与猝灭剂发生反应生成非荧光性复合物，称为静态猝灭；激发态荧光分子与猝灭剂碰撞发生电子或能量转移从而失去荧光，或生成瞬时激发态复合物从而猝灭原荧光分子的荧光，称为动态猝灭。石墨烯是一种半金属材料，对吸附于其上的染料分子具有优异的荧光猝灭效果[4]，如图4-1所示。通过机械剥离法在300 nm厚的SiO_2/Si基底上制备石墨烯，通过溶液吸附的方法加载罗丹明6G(R6G)分子，采用的激发波长为514.5 nm。对R6G分子的水溶液进行拉曼检测，只能观察到很强的荧光信号，拉曼散射信号完全被淹没；而对石墨烯上R6G分子进行拉曼检测，发现其荧光信号明显降低，能清楚地观察到拉曼散射信号。

石墨烯可以猝灭荧光信号，归因于石墨烯和分子间的电荷转移和能量转移过程。分子与石墨烯接触后，分子与石墨烯之间可以发生电荷转移，使得分子中的激发态电子不能通过光辐射的形式返回基态，从而在一定程度上抑制了荧光的产生。

图 4-1

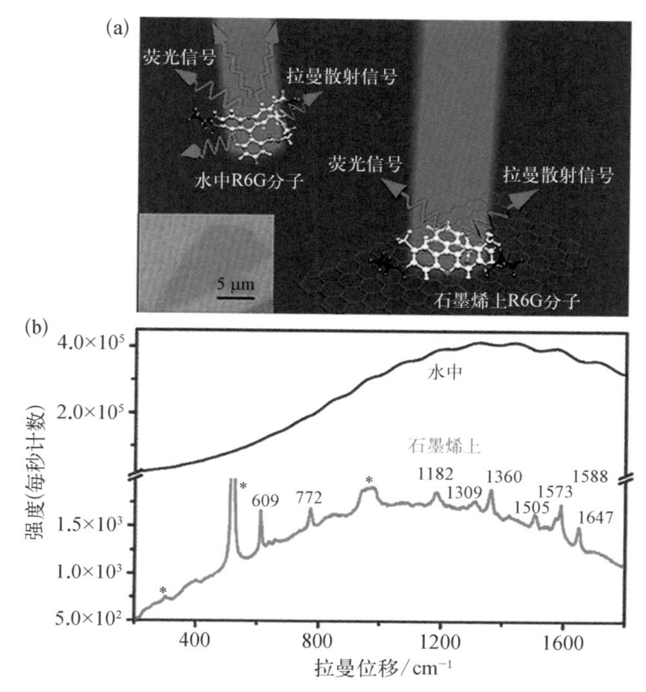

(a) 石墨烯猝灭 R6G 分子荧光示意图；(b) R6G 分子在水中和石墨烯上的拉曼光谱[4]

同时，由于石墨烯对光的吸收波段较宽，分子发射的荧光可以通过荧光共振能量转移的方式被石墨烯吸收，在一定程度进一步抑制了分子的荧光。由于石墨烯中电子和空穴不会发生复合发光，因此不会给体系引入额外的荧光干扰（而这在金属作为猝灭剂的体系中经常发生）。

石墨烯的猝灭荧光效应是石墨烯与分子之间发生电荷转移的有力证据。事实上，能与石墨烯发生电荷转移的物质很多，通过吸附物质的给电子（相当于 n 型掺杂）或吸电子（相当于 p 型掺杂）作用，石墨烯的费米能级位置将发生移动，甚至会打开带隙（Saha，2009），这种分子掺杂效应可以通过石墨烯的拉曼光谱峰位变化来表征。

4.1.2 石墨烯增强拉曼散射的发现

Ling 等[1]将结晶紫（crystal violet，CV）、酞菁（phthalocyanine，Pc）类、偶氮苯类衍生物等染料分子加载到石墨烯表面，发现分子的拉曼散射信号得到了明显增强。这些分子的共同特点是具有较大的拉曼散射截面、共振激发波长处在可见光区，并且具有较大的共轭结构，与石墨烯有着很强的 π－π 相互作用，因而更容易吸附并稳定在石墨烯表面。图4－2(a)(b)为 Pc 分子在石墨烯表面的拉曼光谱测试示意图。通过真空热蒸镀法，在机械剥离法制备的石墨烯基底上蒸镀约 2 Å[①] 的 Pc 分子膜，对应分子的亚单层分布。采用 632.8 nm 的激发波长进行测试，对比 Pc 分子在石墨烯基底和空白 SiO_2/Si 基底上的拉曼光谱[图 4－2(c)]，发现其在石墨烯基底上的拉曼散射信号比空白 SiO_2/Si 基底上的强数倍到数十倍，结果直接表明石墨烯具有增强拉曼散射的效应，这一效应被称为 GERS 效应。他们还发现 Pc 分子的几个特征振动模式具有显著不同的增强效应，如图 4－2(d)所示。同时，可见光无法激发石墨烯的等离激元效应，因此，拉曼散射信号的放大来源于化学增强机制。

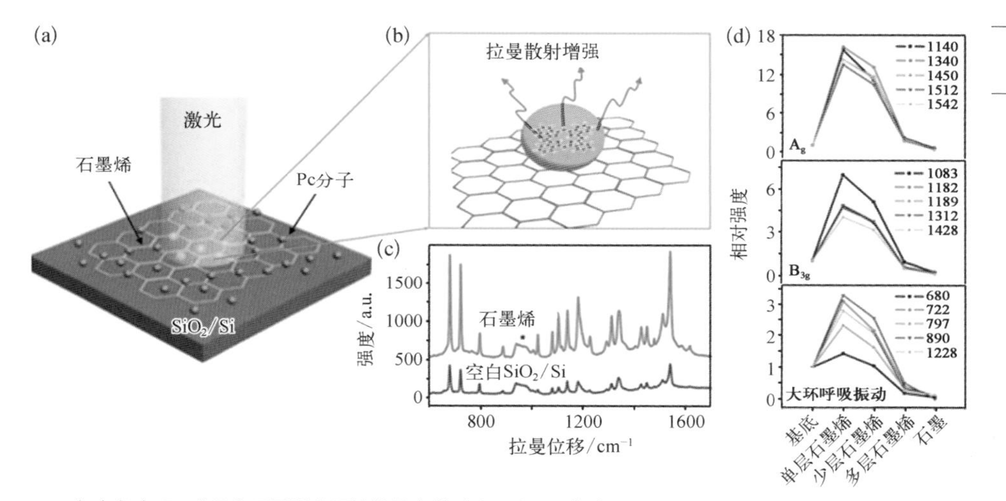

图 4－2 (a)(b) Pc 分子在石墨烯表面的拉曼光谱测试示意图；(c) Pc 分子在石墨烯基底和空白 SiO_2/Si 基底上的拉曼光谱；(d) Pc 分子在不同层数石墨烯上增强效应的特征振动模式依赖性[1]

一方面，在常规的 SERS 体系中，由于金属本身的化学性质活泼，分子与基底接触时可能会发生副反应(Huang, 2010)，因而在 SERS 光谱中经常会出现杂峰干扰及碳化包，难以获得分子的本征拉曼散射信号。在 GERS 体系中，石墨烯是化学惰性的，因此被测物分子的拉曼光谱往往具有很低的背景干扰，更能反映其本征信息，并且具有很好的稳定性和可重复性。另一方面，粗糙金属表面的 SERS 体系的

① 1 Å$=10^{-10}$ m。

主要增强效应来自“热点”处局域电磁增强的贡献，不同“热点”的增强效应及对分子的吸附概率不同，因而难以满足 SERS 定量分析应用的要求。在 GERS 体系中，石墨烯是原子级平整表面，对分子具有均匀的吸附概率，并且不同位点对分子具有一致的增强效果，可以更为可靠地估算对增强效应有贡献的分子数目；此外，石墨烯的 π 电子大共轭体系使得它对具有共轭结构的染料分子有一定的富集作用，所以其具有较高的检测灵敏度；同时，由于石墨烯的化学惰性，其吸附的分子稳定性高。基于以上特点，GERS 能够解决传统 SERS 中信号稳定性低、可靠性差的问题，在 SERS 定量检测方面具有重要的应用价值（Zhang，2016）。进一步地，通过将石墨烯与传统 SERS 金属基底结合，还可以显著提高其检测的灵敏度，因此，GERS 在实际检测中具有广阔的应用前景。

4.1.3 石墨烯增强拉曼散射的实验方法

一般通过机械剥离法和化学气相沉积法获得单层 GERS 基底。机械剥离法可以获得晶型完美的单层石墨烯，但尺寸较小，通常只有几微米到几十微米，且制备效率较低，可用于增强拉曼散射效应的机理研究或应用展示，但难以作为批量生产的基底。CVD 法可以获得大面积的单层石墨烯，但往往具有一定的缺陷，并且在刻蚀及转移的过程中容易导致表面吸附污染物，影响拉曼探针分子的吸附。

拉曼探针分子一般可以通过溶液浸泡的方法来沉积，操作简单快捷。加载探针分子的主要方法还包括以下三种。

（1）真空热蒸镀法

真空热蒸镀法是利用物质受热蒸发或升华为气体后再沉积在基底表面的一种物理气相沉积技术。在常压下，有机分子通常在达到升华温度前就已经热分解，但在真空条件下，其升华温度显著降低，低于分子的热分解温度，因而可以通过真空热蒸镀法沉积有机分子。真空热蒸镀法具有纯度高、均匀性好、厚度可控等优点，但分子在石墨烯上的取向随机，且较难控制亚单层厚度样品的蒸镀。

（2）分子束外延法

分子束外延法是在超高真空腔体中将需要生长的单晶物质的不同元素分别置于喷射炉中，加热到相应温度后，各元素喷射出的分子流可以在基底上生长出原子层厚度的单晶或超晶格材料。该方法温度低，能够严格控制分子的层厚，可以获得面积大且均匀的薄膜，如结合STM还可以直接获得分子在石墨烯表面的原子级成像，从而精确判断分子取向及密度。

（3）Langmuir－Blodgett（LB）膜法

LB膜法是由美国科学家Langmuir及其学生Blodgett建立的一种单分子膜制备方法。将两亲性分子分散在水面上，当沿着水面方向逐渐压缩分子在水面上的铺展面积时，分子逐步形成亲水基朝向水面、疏水基朝外的排列紧密有序的单分子层薄膜，再将其转移沉积到固体基底上，形成了LB膜。利用LB膜法可以获得分子级平整均匀、具有固定分子取向的单分子薄膜，也可以逐层累积形成多层的LB膜。LB膜法对分子结构、溶剂、亚相（一般采用纯水）等有很高的要求。成膜分子须具有两亲性，即既要具有与亚相水有一定亲和力的亲水端，如羧基等，又要具有足够长的疏水脂肪链，使得分子在亚相水表面能够铺展而不溶解，从而具有在空气与水的界面形成分子级厚度薄膜的能力。对溶剂的要求包括：不能与成膜材料和亚相发生化学反应；对成膜材料具有足够的溶解能力；在亚相上具有良好的铺展能力而不溶解；合适的挥发速度；比水低的密度；较高的纯度等。常用的溶剂有氯仿、环己烷、*N*，*N*－二甲基甲酰胺、甲苯等，通常还需要对基底进行亲水或疏水处理。

常用的拉曼探针分子中，亲水性的罗丹明6G（R6G）和结晶紫（CV）不能通过LB膜法制备；原卟啉（PPP）是典型的双亲性分子，一端是亲水的—COOH，另一端是疏水的—CH═CH_2，中间的大环共轭结构可以保证分子在水表面铺展而不溶解；酞菁（Pc）类分子具有平面的刚性结构，且在大部分的有机溶剂中溶解性较差，理论上难以形成LB膜，但其在三氟乙酸/二氯甲烷（体积比为1∶10）的混合溶剂中也可以形成LB膜进而转移到基底表面（Ogawa，1994）。其原因是Pc类分子间可形成较强的π－π相互作用，在逐步压缩铺展面积的过程中，分子倾向于处于直立状态，并且分子间通过π－π相互作用形成"面对面"排列的结构。综上，PPP分子和Pc类分子均可利用LB膜法在基底表面进行沉积。

4.2 石墨烯增强拉曼散射的机理

SERS的作用机制主要包括电磁增强和化学增强（Schluecker，2014）。电磁增强主要基于金属表面局域电磁场的增强。在光电场的作用下，金属表面附近的自由电子产生集体振荡，在合适的入射光频率和偏振条件下，产生局域表面等离激元共振(localized surface plasmon resonance, LSPR)，使得金属表面的电磁场强度得到显著增强。由于入射光的电场及拉曼散射光的电场同时得到增强，而光的强度与其电场强度的平方成正比，因此，分子拉曼散射信号的增强近似与电场增强的四次方成正比。金属纳米结构中曲率半径较小的位点或金属纳米粒子之间发生电磁耦合的位点具有极大的电场强度，因而被称为“热点”，该位点处的分子拉曼散射信号的增强可以达到 10^8 甚至更高。

化学增强主要来源于分子和基底之间的电荷相互作用(Persson, 2006)。在稳态条件下或在入射光的诱导下，基底表面与吸附的分子之间发生电荷转移，分子的有效极化率增加，导致拉曼散射截面增大。与电磁增强的长程效应不同，化学增强是一个短程效应，分子和基底之间直接接触才能发生电荷转移。通常情况下，这两种作用机制是共存的，以电磁增强为主、化学增强为辅。

由于石墨烯在可见光区域的透过率高达 97.7%，且其等离激元共振波长在太赫兹区域，当采用可见光激发时，在石墨烯表面不会产生等离激元共振，因此不存在电磁增强的贡献。理论和实验数据表明，GERS 为化学增强，探针分子与石墨烯之间发生电荷转移，从而增加分子的有效极化率及增大拉曼散射截面。

4.2.1 首层效应与层数依赖性

化学增强机制认为，分子和基底之间电荷转移的程度 G 随距离呈指数衰减(Chenal, 2008)，即

$$G(d) = G(d=0) \times \left(\frac{a}{a+d}\right)^{10} \tag{4-1}$$

式中，d 为分子和金属纳米粒子表面的距离；a 为金属纳米粒子的半径。通常，只有与基底接触的第一层分子在化学增强机制下才会被极大增强，这被称为首层效应。

GERS 效应存在着显著的首层效应[5]。通过 LB 膜法可以可控构筑单层至多层的 PPP 分子，图 4-3(a)比较了不同层数的 PPP 分子在空白 SiO_2/Si 基底表面的拉曼光谱。在空白 SiO_2/Si 基底表面，PPP 分子的光谱强度很弱，且随着分子层数的增加而线性增加；而在石墨烯表面，PPP 分子的光谱强度并没有随分子层数的增

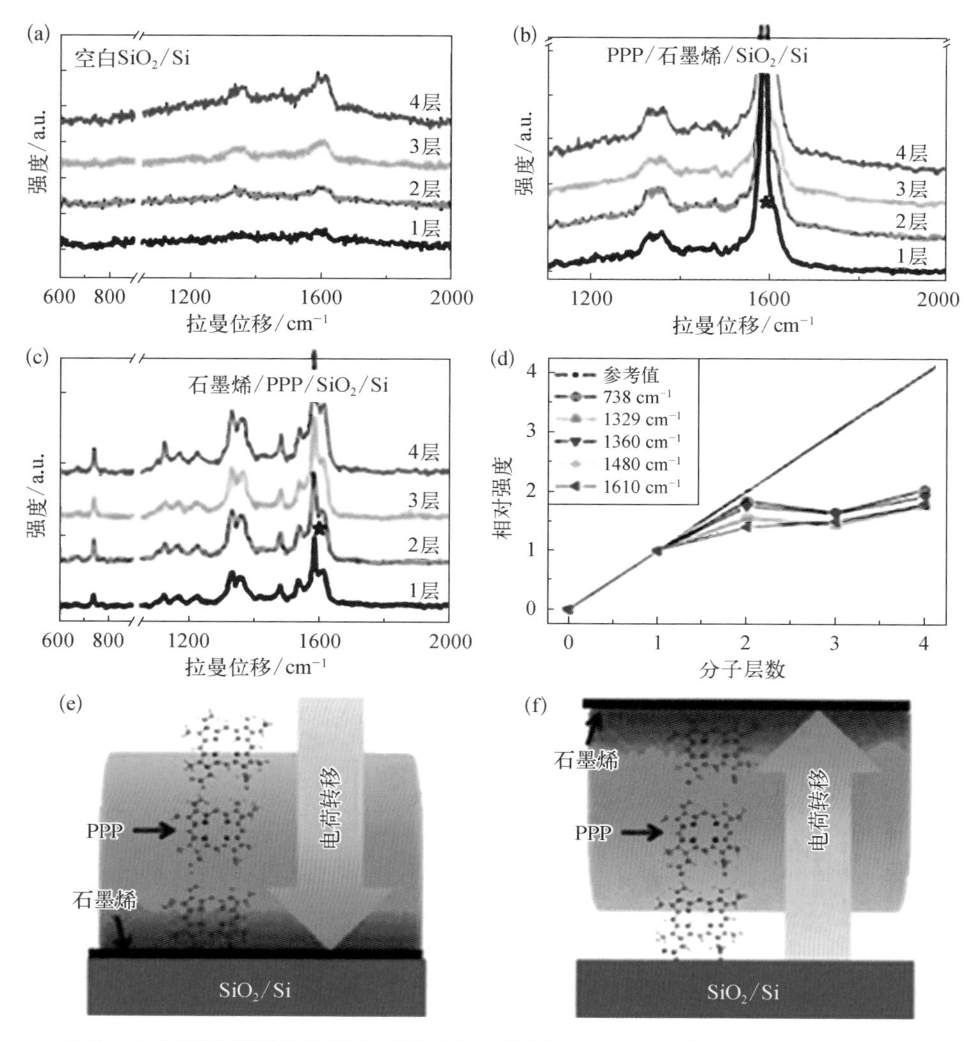

图 4-3 (a)~(c) 不同层数的 PPP 分子在空白 SiO_2/Si 基底表面、PPP/石墨烯/SiO_2/Si、石墨烯/PPP/SiO_2/Si 的拉曼光谱;(d) PPP 分子不同振动模的拉曼散射信号随分子层数的变化;(e)(f) 分别位于石墨烯上方、下方的不同层数 PPP 分子对电荷转移的贡献示意图[5]

加而线性增加,第一个单层贡献了最大的拉曼散射增强,随着分子层数的增加,总的光谱强度不再显著增加,且这一现象与分子和石墨烯的上下相对位置无关,如图 4-3(b)(c)所示。图 4-3(d)显示 PPP 分子不同振动模随分子层数增加具有几乎一致的强度变化趋势。这一结果表明 GERS 效应是一种首层效应,这与电荷转移的短程效应一致。由于 LB 膜中 PPP 分子处于直立状态,高度约为 1.5 nm,与电荷转移的距离一致[图 4 - 3(e)(f)]，因此，只有与石墨烯接触的第一层分子才能与石墨烯之间发生电荷转移并贡献最主要的拉曼散射增强。

4.2.2 分子取向依赖性

由于石墨烯的二维平面特性，分子和石墨烯之间的电荷转移效率强烈依赖于分子在石墨烯表面的取向，因此，分子取向对于 GERS 效应具有显著的影响[6]。以 CuPc 为探针分子，采取 LB 膜法加载分子，如图 4 - 4(a)所示，CuPc 分子直立于石墨烯表面，经过退火处理后，CuPc 分子将完全转化为平行于石墨烯表面的取向。比较两种不同 CuPc 分子取向下的拉曼光谱，发现退火后 CuPc 分子的拉曼散射信号得到了更大的增强[图 4 - 4(b)]。退火前后 CuPc 分子-石墨烯体系的紫外-可见吸收光谱[图 4 - 4(c)]证实 CuPc 分子发生由直立取向转为平行取向的变化，此时 CuPc 分子与石墨烯的 π - π 相互作用变强。当 CuPc 分子与石墨烯接触时，界面处的分子能级发生改变[图 4 - 4(d)]，分析 CuPc 分子与石墨烯的相对取向，可知 CuPc 分子 π 轨道与石墨烯 π 轨道的重叠导致 CuPc 分子的拉曼散射增强。当 CuPc 分子在石墨烯表面采取平行取向时，CuPc 分子 π 轨道与石墨烯 π 轨道的耦合程度最大，从而使得电荷转移的概率大大增加，因此能够获得更高的拉曼散射增强，如图 4 - 4(e)所示。

分子和石墨烯之间的电荷转移程度与和石墨烯直接接触的分子功能基团密切相关[5]。以 PPP 分子为例，通过 LB 膜法制备的分子层在石墨烯基底的上方和下方会有不同的拉曼散射信号特征，增强程度也明显不同。如图 4 - 5(a)所示，PPP 分子在石墨烯下方得到的增强信号更强。这是因为通过 LB 膜法加载的 PPP 分子是直立取向，亲水基团(—COOH)朝下，疏水基团($—CH═CH_2$)朝上，由于观察到的 PPP 分子拉曼光谱的振动大都来源于吡咯环或乙烯基相关的振动，即疏水基团相关的振动，因此当 PPP 分子的疏水基团与石墨烯直接接触时会得到较高的增强。对于高对称性的 CuPc 分子，如图 4 - 5(b)所示，不论 CuPc 分子与石墨烯的上下位置关系如何，与石墨烯直接接触的基团不变，因此拉曼光谱的相对强度不会发生明显变化。PPP 分子和 CuPc 分子的 GERS 结果表明，与石墨烯直接接触的基团相关的振动模能够得到优先增强，也就是说，基团与石墨烯距离越近，其受电荷转移的影响越大，相关振动模的极化率张量越大，拉曼散射增强效应越显著。

图 4-4

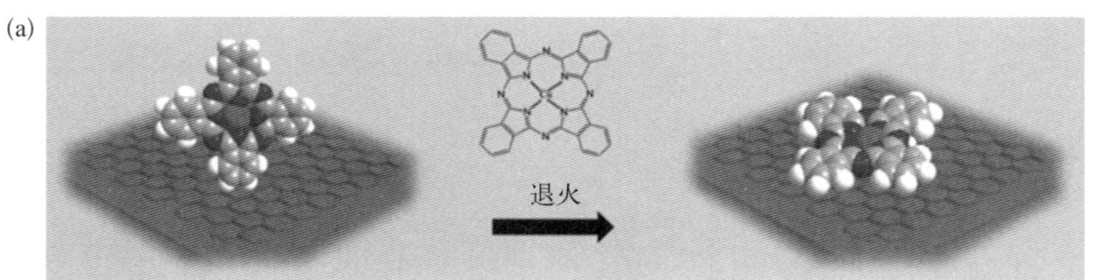

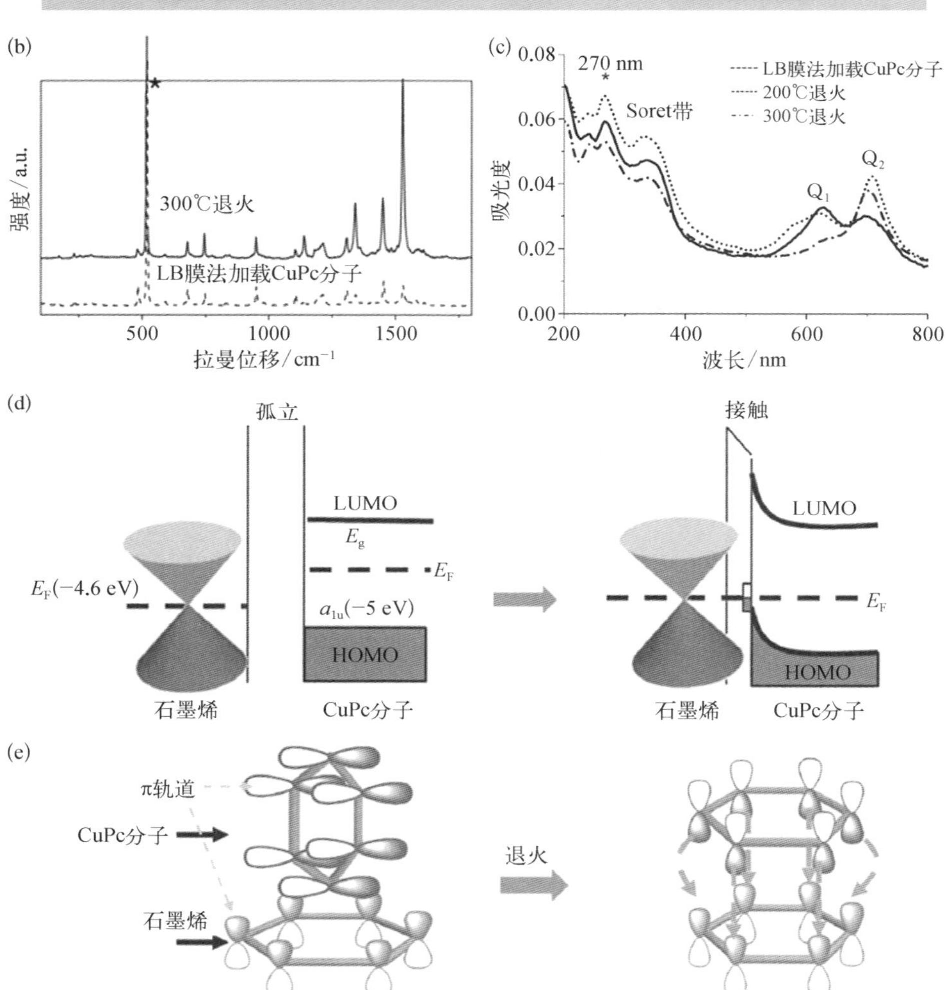

(a) 退火前后 CuPc 分子取向的示意图；(b)(c) 退火前后 CuPc 分子-石墨烯体系的拉曼光谱和紫外-可见吸收光谱；(d) 石墨烯与 CuPc 分子间能级关系；(e) CuPc 分子 π 轨道与石墨烯 π 轨道相对方向的变化[6]

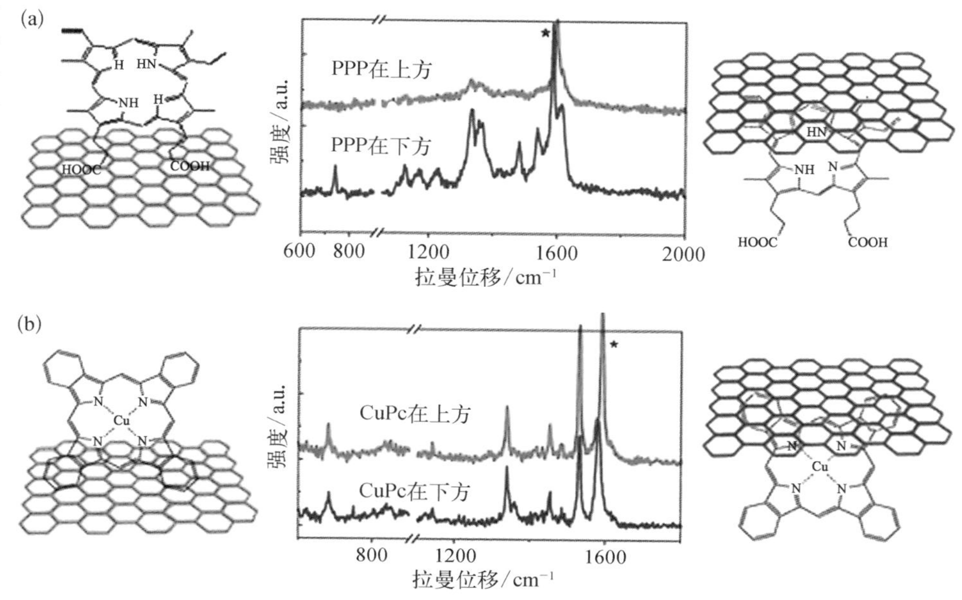

图 4-5 PPP 分子(a)与 CuPc 分子(b)在石墨烯上方、下方的示意图及其拉曼光谱[5]

4.2.3 分子类型选择性

具有不同结构特征和能级位置的分子的 GERS 特性已经被系统研究[7,8]。这些分子可以按照以下特征分类：① 类似的分子结构，不同的能级位置，如 Pc 类分子；② 类似的能级位置，不同的分子结构，如四硫代吩嗪(TTP)和三(4-咔唑基-9-基苯基)胺(TCTA)；③ 相同骨架结构，不同生色团取代基，如 *N*-乙基-*N*-[2-乙基(1-芘丁酸)-4-(4-R-苯偶氮)苯胺]，其中 R 为甲氧基、甲基、氰基、硝基或三氰呋喃基等。对于第一类分子，通过比较分子在石墨烯表面的增强因子可以发现，在分子的最高占据分子轨道(highest occupied molecular orbit，HOMO)、最低未占分子轨道(lowest unoccupied molecular orbit，LUMO)能级位置与石墨烯费米能级位置匹配的情况下，拉曼散射增强才能有效发生。理论计算结果表明，GERS 的化学增强只有在满足以下一种或几种共振条件的情况下才会发生[9]：

$$E_{\lambda} = LUMO - HOMO \text{ 或}$$
$$E_{\lambda} = LUMO - HOMO + E_{ph} \qquad (4-2)$$
$$E_{F} = HOMO \pm E_{ph} \text{ 或}$$

$$E_F = LUMO \pm E_{ph} \tag{4-3}$$

$$E_\lambda = E_F - HOMO \text{ 或}$$

$$E_\lambda = E_F - HOMO + E_{ph} \tag{4-4}$$

$$E_\lambda = LUMO - E_F \text{ 或}$$

$$E_\lambda = LUMO - E_F - E_{ph} \tag{4-5}$$

式中，E_λ 为入射光能量；E_{ph} 为声子能量；E_F 是石墨烯的费米能级。

第二类分子的 GERS 结果表明，具有苯环体系或大的电子共轭结构的分子能得到较高的增强，这是因为分子和石墨烯之间可以产生较强的 π－π 相互作用，电荷转移程度更大。第三类分子中不同的生色团通过吸电子效应或给电子效应来改变分子的偶极矩（表 4－1），进而影响石墨烯与生色团之间的电荷耦合。随着长链分子的偶极矩增大，拉曼散射截面随之增大。因此，分子的能级位置、结构对称性和偶极特征均是影响 GERS 特性的关键因素。

表 4－1 不同生色团的分子结构、能级位置与偶极矩列表[8]

生色团	DROMeP	DRMP	DRHP	DRCP	DRIP	TCFP
分子结构	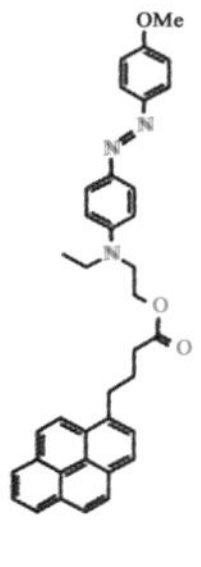	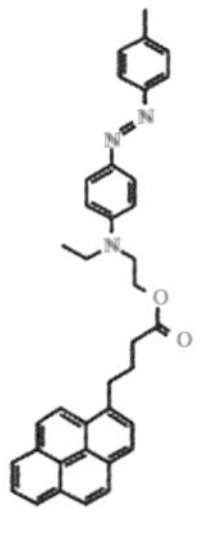	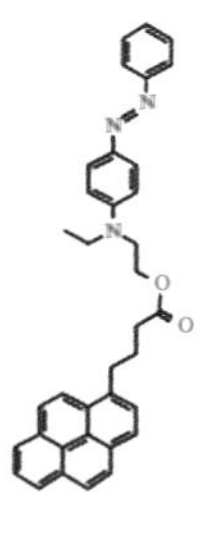	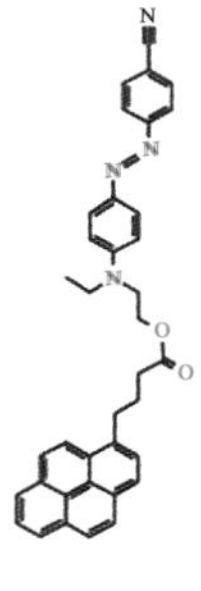	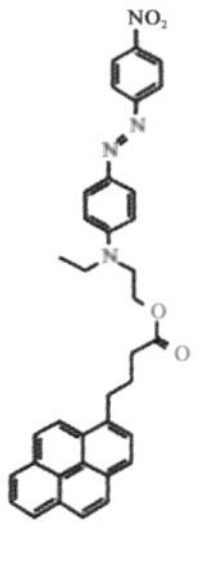	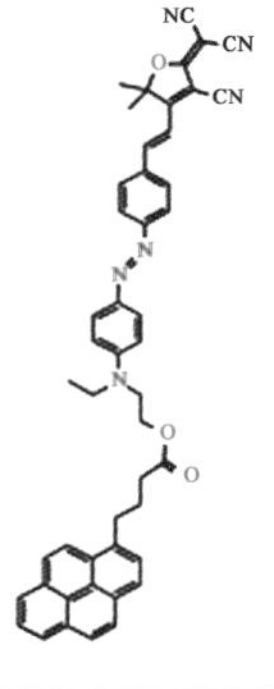
E_{HOMO} /eV	－2.6	－2.7	－2.8	－3.2	－3.5	－4.0
E_{LUMO} /eV	－4.5	－4.7	－4.8	－5.1	－5.2	－5.3
偶极矩 /D	2.26	3.90	4.57	11.21	12.04	23.43

4.2.4 GERS 电荷转移机制

拉曼散射过程可以用费因曼图来描述（图 4－6）[10]，用拉曼散射量子理论描述

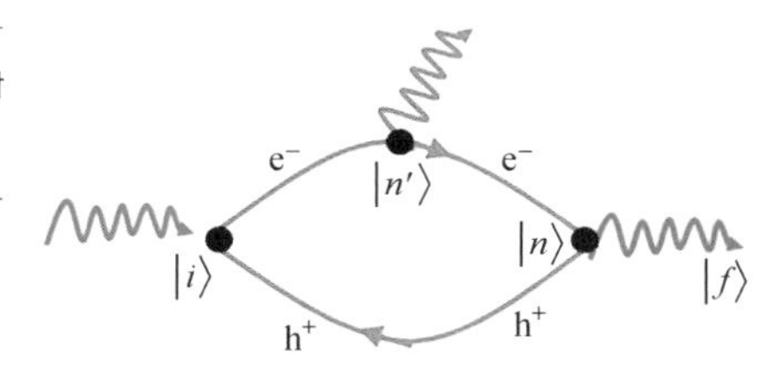

图4-6 拉曼散射过程的费因曼图[12]

可以分为三步：① 入射光子与基态电子相互作用，电子跃迁到激发态；② 激发态电子与特定振动模的声子耦合；③ 电子回到基态，并发射一个散射光子。每一个步骤都可以用相应的哈密顿算符来描述。拉曼散射强度 I 可以表示为

$$I \propto \frac{\langle i \mid H_{\text{light}} \mid n\rangle\langle n \mid H_{\text{el-ph}} \mid n'\rangle\langle n' \mid H_{\text{light}} \mid f\rangle}{(E_\lambda - E_{ii} - \mathrm{i}\Gamma_1)(E_\lambda - E_{ii} - E_{\text{ph}} - \mathrm{i}\Gamma_{12})} \tag{4-6}$$

式中，$|i\rangle$ 为初态；$|n\rangle$ 和 $|n'\rangle$ 为拉曼散射过程中的两个中间激发态；$|f\rangle$ 为终态；H_{light} 为光子-电子相互作用的哈密顿算符；$H_{\text{el-ph}}$ 为电子-声子相互作用的哈密顿算符；E_λ 为入射光能量；E_{ii} 为电子跃迁能；E_{ph} 为相应振动模的声子能量；Γ 为共振窗口的能量。拉曼散射强度 I 的表达式对应了费因曼图描述的拉曼散射过程的三个步骤。由式(4-6)可以看出，拉曼散射强度依赖于跃迁路径的数量、电子-声子耦合强度($H_{\text{el-ph}}$)和共振条件($E_\lambda = E_{ii}$ 或 $E_\lambda = E_{ii} + E_{\text{ph}}$)。

基于此，GERS 体系的 SERS 光谱轮廓可以采用共振条件下拉曼散射信号强度的表达函数来进行拟合，即

$$I(E_\lambda) = \left| \frac{A}{(E_\lambda - E_{ii} - \mathrm{i}\Gamma_1)(E_\lambda - E_{ii} - E_{\text{ph}} - \mathrm{i}\Gamma_{12})} \right|^2 \tag{4-7}$$

式中，A 为常量。

化学增强中电荷转移主要存在两个过程，即基态电荷转移和激发态电荷转移。前者指的是在基态情况下，分子与基底之间存在的电荷转移过程；后者则是激发光将电子激发到激发态而发生的电荷转移过程。化学增强机制中基态和激发态电荷转移过程导致的分子拉曼散射信号强度具有截然不同的激发波长依赖性，前者的激发波长依赖性通常与正常共振拉曼散射相同，而后者由于存在电荷转移跃迁共振，在激光能量对应的电荷转移跃迁能处会出现强度的峰值。Ling 等[10] 发现，在 CuPc 分子的 GERS 体系中，激发轮廓与正常共振拉曼散射表达函数相吻合，在对应的电荷转移跃迁能处没有观察到明显的轮廓峰，因此，CuPc 分子体系的 GERS 增强电荷转移是一种基态电荷转移机制。

4.2.5 费米能级调制

当分子能级与石墨烯费米能级的相对位置发生变动时，电荷转移的程度甚至途径都可能发生变化，导致不同的拉曼散射增强效应。Xu 等[11,12]研究了在标准大气条件下、NH_3 和 O_2 气氛中，电场调制下的 GERS 效应。NH_3 对石墨烯而言是电子给体，而 O_2 对石墨烯而言是电子受体，石墨烯的费米能级会因掺杂作用而改变。在电场调制下，石墨烯的费米能级与 CoPc 分子的 LUMO 轨道能级的能级差在一定范围内变化，当施加负偏压时，能级差更加接近激光能量值，电荷转移程度上升，使得拉曼散射信号增强；当施加正偏压时，能级差更加远离激光能量值，电荷转移程度下降，使得拉曼散射信号减弱。在 NH_3 气氛中，NH_3 对石墨烯的 n 掺杂作用使得石墨烯费米能级上移，石墨烯费米能级与 CoPc 分子 LUMO 轨道能级的能级差更加远离激光能量值，从而使得石墨烯与 CoPc 分子间的电荷转移程度减小，电荷转移对电场调制下石墨烯费米能级的变化变得更加敏感。与之对应，O_2 对石墨烯的 p 掺杂作用导致的结果是电荷转移对电场调制下石墨烯费米能级的变化变得不敏感。

除上文提到的电场调制及气氛掺杂之外，石墨烯功能化也是调节石墨烯费米能级的有效手段。Valeš 等(2017)研究了石墨烯、氟化石墨烯及对硝基苯修饰的石墨烯对 R6G 探针分子的拉曼散射增强效应。实验发现，对硝基苯修饰的石墨烯增强效应最显著，氟化石墨烯的增强效应最弱，未功能化石墨烯增强效应适中。通过石墨烯 G 峰及 G′峰的峰位可以定量分析石墨烯的掺杂程度，发现对硝基苯修饰的石墨烯掺杂程度最高，氟化石墨烯掺杂程度最低，未功能化石墨烯掺杂程度适中。进一步地，作者分析出掺杂程度越高越符合式(4-3)和式(4-4)中的能级匹配关系，因此表现出更强的拉曼散射增强效应。另外值得注意的是，CVD 法生长的石墨烯在转移到 SiO_2/Si 基底上时会导致一定的掺杂，所以石墨烯费米能级的位置也会有一定的变化。

4.2.6 双表面增强拉曼散射效应

Zhang 等[13]首先通过真空热蒸镀法将 CuPc 分子沉积到 300 nm 厚的 SiO_2/Si

基底上，沉积厚度不超过单层。然后通过机械剥离法将单层石墨烯或 h－BN 转移到已经沉积 CuPc 分子的基底上，获得单面 CuPc 分子被石墨烯或 h－BN 增强的拉曼光谱。之后将相同数量的 CuPc 分子沉积在单层石墨烯或 h－BN 上，这样材料上下表面皆有一层亚单层覆盖度的 CuPc 分子，形成分子/二维材料/分子结构，从而实现双表面增强拉曼散射效应。

拉曼光谱测试结果表明，对于单层石墨烯，在两侧分别加载一层分子导致的拉曼散射信号强度几乎是仅一侧加载分子的两倍，这是由于分子在石墨烯基底上的增强机制主要是电荷转移作用。而对于单层 h－BN，拉曼散射信号强度的增加要小于单层分子的两倍，并优先抑制某些特征模式。这是由于 h－BN 的增强作用是利用偶极-偶极相互作用，即分子与 h－BN 之间形成一个纵向偶极，而两侧分子之间的偶极相互作用会相互干扰和抵消，使得 h－BN 的增强因子降低。

作者进一步研究了双表面增强拉曼散射效应的层数依赖性。随着层数的增加，石墨烯单面接触分子的增强因子单调减小，这主要是由于多层石墨烯对入射光子的吸收和散射均会随层数增加，进而导致收集到的拉曼散射光子减少。而 h－BN 单面接触分子的增强因子随层数增加呈现先增大后减小的趋势，最大增强大约在 4 层上实现。这是由于除了与石墨烯类似的光学效应使得拉曼散射信号强度略微减弱，偶极-偶极相互作用随距离的衰减比电荷转移要小，因此相邻几层的偶极也有所贡献，增强因子在 4 层之内随层数的增加而增大。而随着层数继续增加，光学效应造成的光子损失占主导，故而增强因子开始减小。石墨烯双表面与单表面增强的分子拉曼散射信号强度的比值随着层数的增加而略微增大，这是因为尽管随着层数的增加，能带在费米能级附近分裂，电子浓度线性增加，但是石墨烯的半金属特性会产生静电屏蔽效应，使得多层石墨烯两个表面的电荷转移过程倾向于互不影响。而对于 h－BN，比值随着层数的增加而增大，这是因为随着层数的增加，其上下表面的纵向偶极之间相互作用减弱，拉曼散射增强效应逐渐接近单一表面的增强效果。

4.3 石墨烯/金属复合基底的拉曼散射增强

基于化学增强的 GERS 具有柔性、高机械强度、高导热性、化学惰性及 π－π 相互作用稳定分子的特点，在分子检测方面具有独特的优势。但是，GERS 的增强因子远不及传统的 SERS 金属基底，限制了其在微量检测领域的应用。将石墨烯与金属纳米结构相结合，可以使得增强因子相较于 GERS 体系明显提高，在保留石墨烯增强拉曼散射等诸多优势的同时，还可以利用石墨烯作为隔离层，避免分子在金属纳米结构表面的一系列化学反应，降低和控制 SERS 分析中金属基底的自干扰，得到更为灵敏和可靠的分子检测方法。

4.3.1 石墨烯基拉曼增强基底的制备

按照分子、石墨烯、金属纳米结构的不同加载顺序，石墨烯基拉曼增强基底有不同的制备方法。Xu 等[14] 首先利用真空热蒸镀法将分子加载在 SiO_2/Si 基底的表面，再利用机械剥离法转移单层石墨烯覆盖在分子上方，继续通过真空热蒸镀法沉积一层岛状金属活性膜。这一方法在样品制备方面较为简单，利用真空热蒸镀法沉积贵金属可以避免合成过程中官能团的引入，因而机械剥离法转移的石墨烯可以保持完整的结构与本征性质。

Zhao 等(2014)利用真空热蒸镀后退火的方法制备 Au 纳米颗粒，随后将 CVD 法生长的少层石墨烯转移并包覆在 Au 纳米颗粒上，以此构筑石墨烯基拉曼增强基底。利用金属氧化物还原这一方法，同样可以在基底表面沉积金属纳米颗粒。Gong 等(2015)利用柠檬酸钠还原 $AgNO_3$ 得到 Ag 纳米颗粒，然后将其旋涂在基底表面，随后将 CVD 法生长的少层石墨烯转移并包覆在 Ag 纳米颗粒上，以此制备石墨烯基拉曼增强基底。Qiu 等(2015)将低浓度 $Cu(NO_3)_2$ 溶液滴加在基底表面，在 N_2 气氛中、250℃下进行退火后得到 CuO 纳米颗粒，随后在 H_2 气氛中还原得到 Cu 纳米颗粒，最后利用热释放胶带将石墨烯转移至 Cu 纳米颗粒表面，得到石墨烯基拉曼增强基底。

模板法合成贵金属纳米阵列作为拉曼增强基底的方法也被广泛使用。Wang 等(2015)设计合成了高度约 200 nm 的角锥形 Au 纳米颗粒阵列与石墨烯的复合拉曼增强基底，使其在 633 nm 的激发光下增强因子达到最大。Zhu 等(2013)利用胶体球为模板，合成了 Au 纳米碗阵列与石墨烯的复合结构，这种复合结构对 R6G 分子有良好的增强作用，此方法可以对表面等离激元的共振波长进行精确的调控，从而可以针对不同分子设计得到相应的选择性增强基底。

除此之外，还可以采用在贵金属纳米颗粒表面沉积氧化石墨烯，并进一步还原为还原氧化石墨烯的方法制备复合基底。Chen 等(2015)设计合成了 Ag 纳米颗粒，在其表面修饰—NH_2 基团，并在氧化石墨烯上修饰—COOH 基团，将两者混合超声后得到 Ag/GO 复合结构，其能够实现对于染料分子的检测。以 R6G 为探针分子为例，Ag/GO 复合结构对于 612 cm^{-1} 拉曼散射信号的增强为裸露的 Ag 纳米颗粒的 5.4 倍，对于 1647 cm^{-1} 的拉曼散射信号增强 3.89 倍，且其信噪比明显提高。

利用 CVD 法在金属纳米颗粒表面直接生长石墨烯能够有效地避免官能团的引入，并且生长的石墨烯能够紧密贴合金属纳米颗粒表面，实现对金属纳米颗粒的全部覆盖，增加其稳定性的同时，也使得分子能够更多地吸附在"热点"附近的石墨烯表面。Liu 等(2014)通过真空热蒸镀法在 SiO_2 表面蒸镀金属膜(包括 Cu、Ag、Au)，经过退火处理形成金属纳米颗粒，后在其表面生长少层石墨烯，该复合结构对金属纳米颗粒的荧光背景起到猝灭作用，并实现了对于 CoPc 分子的高灵敏度检测；相较于裸露的金属纳米颗粒，该复合结构增强拉曼光谱的稳定性显著提高。

4.3.2 石墨烯基拉曼增强基底的特征及作用

相对于传统的 SERS 基底，石墨烯基拉曼增强基底具有显著的优势，例如，在基底结构方面的柔性、平整，在检测性能方面的稳定性好、背景干扰低、分子数目更可控。

石墨烯作为隔离层，可以有效地隔离分子与贵金属纳米颗粒之间的相互作用，阻止两者之间的光化学等化学反应，使得分子的拉曼散射信号更为本征。Xu 等[14]比较了 R6G 分子分别在以 Ag 和 Au 作为增强基底的 SERS 和 G-SERS 拉曼光谱，如图 4-7 所示。可以看到 G-SERS(Au)①和 G-SERS(Ag)增强 R6G 分子的拉曼光谱特征非常一致，特征峰位分别为 635 cm^{-1}、660 cm^{-1}、771 cm^{-1}、1181 cm^{-1}、1313 cm^{-1}、1361 cm^{-1}、1511 cm^{-1}、1648 cm^{-1}；而与 G-SERS(Au)和 G-SERS(Ag)相比，SERS(Au)和 SERS(Ag)在图 4-7(c)(d)中红色箭头处出现了许多新的振动峰，包括 SERS(Au)中的 597 cm^{-1}、1014 cm^{-1}、1411 cm^{-1}、1468 cm^{-1}、1540 cm^{-1} 和 SERS

① 这里的石墨烯-表面增强拉曼散射(graphene-surface enhanced Raman scattering, G-SERS)与前文的石墨烯增强拉曼散射(graphene enhanced Raman scattering, GERS)的区别在于，后者一般单纯使用石墨烯作为增强基底，而前者使用的是 Au(或 Ag)与石墨烯的复合基底。

(Ag) 中的 554 cm^{-1}、590 cm^{-1}、1012 cm^{-1}、1336 cm^{-1}、1403 cm^{-1}、1471 cm^{-1}、1531 cm^{-1}，这些振动峰的来源仍然不太明确，可能来自表面的碳化污染、分子构型变化、化学吸附等。另外，1570 cm^{-1} 和 2625 cm^{-1} 分别为石墨烯的 G 峰和 2D 峰[图 4 - 7(a)(b)中红色星号]，可以发现 G - SERS(Au)和G - SERS(Ag)的 G 峰和 2D 峰相对于本征石墨烯的特征峰位明显向低波数移动，表明该体系中 Au、Ag 对石墨烯有电子转移掺杂，导致了特征峰频移，并且这种差异不再传递到 R6G 分子的 SERS 光谱，这也表明石墨烯起到了隔离金属与 R6G 分子的作用。

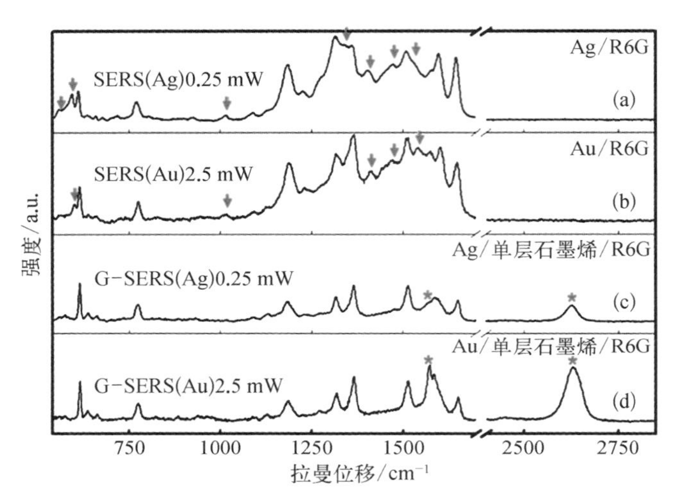

图 4 - 7　R6G 分子分别以 Ag 和 Au 作为增强基底的 SERS 和 G - SERS 拉曼光谱

(a) SERS (Ag)，Ag/R6G；(b) SERS (Au)，Au/R6G；(c) G - SERS (Ag)，Ag/单层石墨烯/R6G；(d) G - SERS (Au)，Au/单层石墨烯/R6G。其中，激发波长均为 632.8 nm，图 (a)(c) 中激发功率为 0.25 mW，图 (b)(d) 中激发功率为 2.5 mW，其他采集条件完全相同[14]

石墨烯隔离层还可以为基底和分子提供额外的稳定作用。激发光照射引起的基底与分子的损伤现象在传统的 SERS 基底上十分常见，主要表现为光碳化效应和光漂白效应。分子碳化现象在 SERS 被发现初期即有报道(Cooney，1980)。Xu 等发现，在激发光照射下，即使未加载探针分子，光谱在 1100～1700 cm^{-1} 内仍会出现较强的背景信号[图 4 - 8(a)的上图]，这是大气环境下吸附的杂质被碳化所致。在加载 R6G 分子后，在 1100～1700 cm^{-1} 内的碳化信号更为明显，这是因为除吸附杂质的碳化外，探针分子 R6G 同样被光碳化。而在 G - SERS 基底上，这一干扰被显著降低[图 4 - 8(a)的下图]。

染料分子在荧光和拉曼检测中往往出现光漂白效应，其信号强度随采集时间

图 4-8

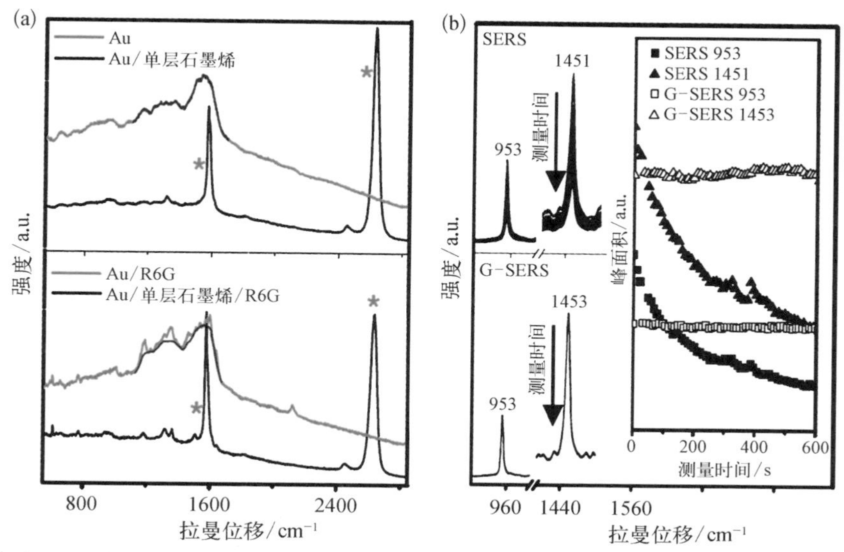

（a）SERS 基底（上图）与 G-SERS 基底（下图）中的光碳化效应；（b）CuPc 分子在 600 s 激发光照射下的拉曼散射信号稳定性[14]

的增加而降低，这使得拉曼散射信号的稳定性与重现性大大降低。如图 4-8(b)所示，在传统的 SERS 基底上，CuPc 分子的拉曼散射信号随测量时间的延长而降低；而在 G-SERS 基底上，在 600 s 的测量过程中，拉曼散射信号依然保持稳定。这充分说明了利用石墨烯作为隔离层可以有效改善分子检测过程中的光漂白效应，对分子有十分明显的稳定作用，其原因可能是石墨烯中 sp^2 碳所形成的 π 电子结构与 CuPc 分子间的 π-π 相互作用形成了石墨烯-CuPc 复合物。Du 等(2014)在 Au 纳米颗粒/石墨烯复合基底上证实了这一现象，在基底上加载了 R6G 分子后，在480 s 内对其拉曼散射信号进行测定，发现拉曼散射信号在高激光功率下依然保持稳定。他们认为除 π-π 相互作用外，石墨烯具有高热导率，使得石墨烯表面加载的分子在激发光照射下更为稳定。Zhao 等[15]对石墨烯抑制 R6G 分子光漂白效应进行了进一步的解释(图 4-9)。R6G 分子吸收光子后，从基态 S_0 跃迁至激发态 S_1，处于激发态的 R6G 分子可以跃迁至基态或与潮湿空气反应。而对于 R6G/石墨烯/Ag 及石墨烯/R6G/Ag 结构，石墨烯的费米能级(约 4.6 eV)在 R6G 分子的 HOMO 能级(5.35 eV)与 LUMO 能级(3.28 eV)之间，R6G 分子由于 π-π 相互作用能够与石墨烯发生电荷转移，使得处于激发态的 R6G 分子数目减少，光漂白效应程度与处于激发态的 R6G 分子数目成正比，因而通过石墨烯与 R6G 分子之间的电荷转移

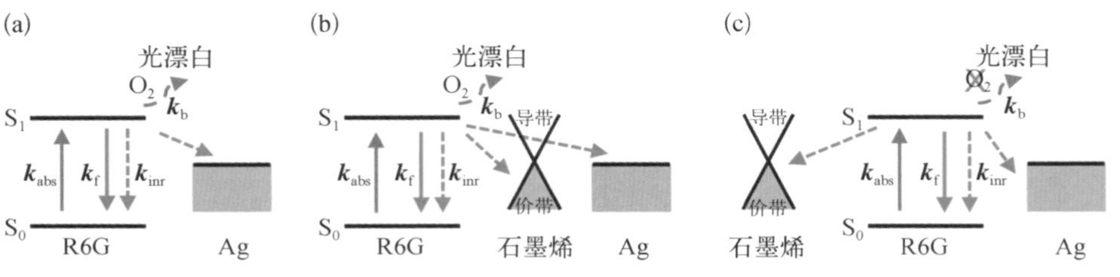

图 4-9 R6G 分子在 R6G/Ag（a）、R6G/石墨烯/Ag（b）和石墨烯 R6G/Ag（c）结构中光漂白效应示意图[15]

可以显著降低光漂白 R6G 分子的比例，对 R6G 分子起到稳定作用。同时，空气中的 O_2 是光漂白效应中的反应物，因而利用石墨烯隔绝 R6G 分子与空气，能够进一步对其光漂白效应进行抑制。

石墨烯对分子及基底的荧光信号具有猝灭作用。如前所述，Xie 等[4] 证明了石墨烯对于染料分子的荧光信号能够起到猝灭作用。然而 SERS 基底常用的 Au 纳米颗粒具有明显的荧光信号，对分子的检测产生了干扰，并且在拉曼检测中，其过强的荧光信号往往达到饱和，完全掩盖了分子的荧光信号。因此，降低 SERS 基底本身的背景荧光信号十分重要。Wang 等[16] 在单层石墨烯上利用真空热蒸镀法沉积了 7 nm 厚的 Au 膜，通过对比单层石墨烯与 Au 纳米颗粒复合位置和裸露 Au 纳米颗粒位置的光致发光光谱图（图 4-10），发现单层石墨烯对于 Au 纳米颗粒的荧光信号有明显的猝灭作用，40.6% 的光致发光信号可以被猝灭。此现象同样被

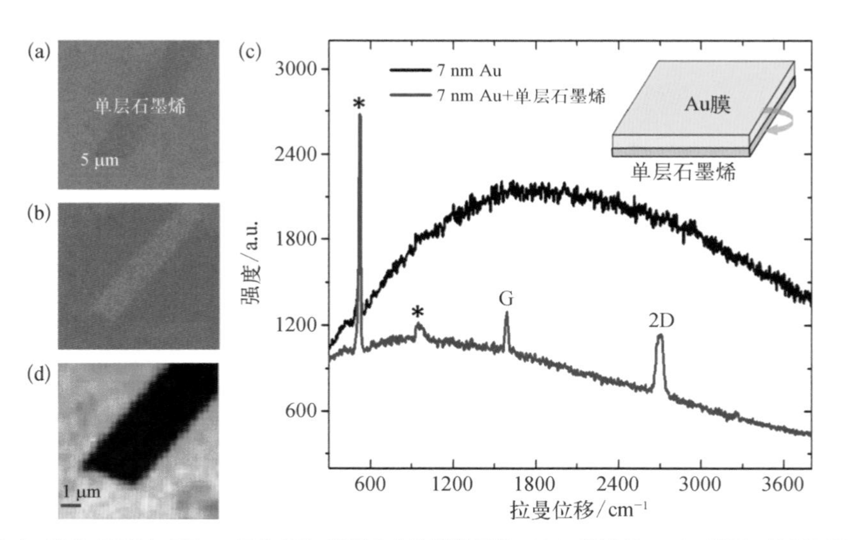

图 4-10

（a）单层石墨烯在 300 nm 厚的 SiO_2/Si 基底上的光学图像；（b）蒸镀 7 nm Au 膜后，单层石墨烯在 300 nm 厚的 SiO_2/Si 基底上的光学图像；（c）Au 纳米颗粒与金纳米颗粒/单层石墨烯复合结构的光致发光光谱及拉曼光谱；（d）Au 纳米颗粒在有无单层石墨烯区域的光致发光图像[16]

Xu 等(2013)证实,他们还发现,石墨烯对于 Au 纳米荧光的猝灭程度取决于 Au 纳米颗粒自身的形貌及与石墨烯的接触情况,当两者紧密接触时,Au 纳米颗粒与石墨烯间的电子转移可以有效猝灭荧光。

4.4 石墨烯增强拉曼散射的应用

4.4.1 柔性石墨烯/金属复合拉曼增强基底

样品复杂的预处理过程使得 SERS 技术在分析检测中的应用被极大地限制,因而发展具有快捷、无损等特征的 SERS 基底尤为重要。柔性 SERS 基底可以实现在任意形貌表面的无损检测。柔性 SERS 基底的制备通常是将贵金属纳米颗粒通过真空热蒸镀或自组装等方法与柔性支撑层相结合,以实现在样品表面对分子进行吸附及检测。利用石墨烯作为隔离层设计自支撑的柔性 SERS 基底,可以在得到较大的增强因子的同时,利用石墨烯对分子的吸附特征,实现对分子的富集,而且相较于金属表面,石墨烯对分子的均匀吸附有利于实现 SERS 技术的定量检测。

Xu 等[14]设计合成了以石墨烯为隔离层的柔性平整基底,其制备过程如图 4-11(a)所示。具体如下:① 在 Cu 箔上利用 CVD 法生长石墨烯;② 在石墨烯上利用真空热蒸镀法沉积 8 nm 厚的 Au 膜;③ 利用聚甲基丙烯酸甲酯(PMMA)进行封装;④ 利用 $FeCl_3$ 溶液去除 Cu 箔。利用此种方法制得的基底,Au 纳米颗粒的间隙为 2～3 nm,可以成为电磁增强“热点”,基底表面为 CVD 法生长的石墨烯,起伏较小,在 2 nm 以内。同时,由于利用 PMMA 作为封装层,可以有效地隔断 Au 纳米颗粒与空气的接触,从而保证了基底的稳定性。

利用上述方法制得的柔性石墨烯基平整基底可应用于多种环境的拉曼检测。由于聚合物具有较低的密度,基底可以漂浮在液体表面检测溶液中的分子。如图 4-11(b)所示,当将基底置于水表面时,拉曼检测只显示单层石墨烯的信号;当将基底漂浮于 10^{-5} mol/L 的 R6G 分子溶液表面时,R6G 分子的拉曼特征峰可以被明显地检测到,并且将基底用水洗净后,可重复使用。同时,利用此基底还可以检测在 Au 表面自组装的对巯基苯胺(PATP)单层膜和蔬菜表面的 CuPc 分子[图

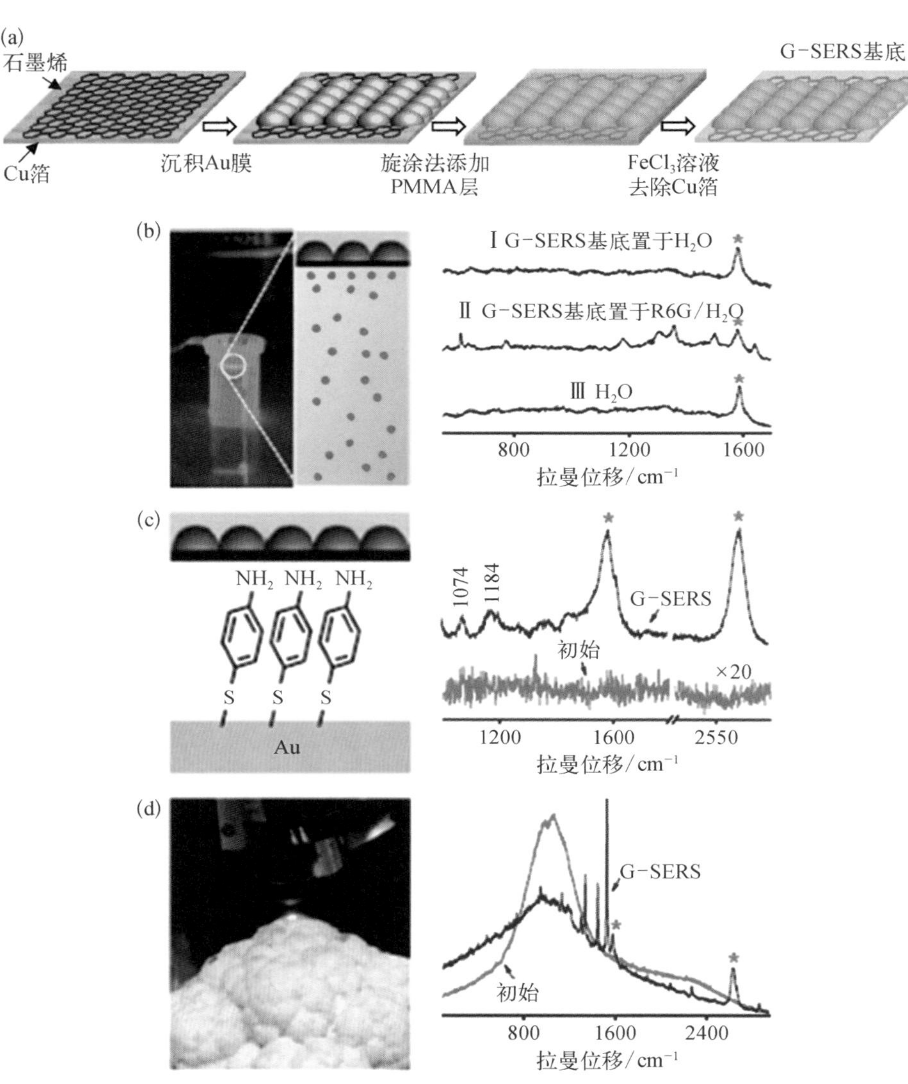

图 4-11 （a）柔性石墨烯基平整基底的制备过程；（b）柔性石墨烯基平整基底在液体样品中的检测，R6G 分子溶液的浓度为 10^{-5} mol/L；（c）柔性石墨烯基平整基底在 Au 表面自组装的 PATP 单层膜表面的拉曼检测；（d）柔性石墨烯基平整基底在蔬菜表面的拉曼检测[14]

4-11(c)(d)]。

不同于平整的柔性石墨烯基拉曼增强基底，Leem 等[17]设计合成了三维石墨烯/Au 纳米颗粒复合结构的柔性拉曼增强基底，其设计思路及合成过程如图 4-12(a)(b)所示。具体如下：① 在 Cu 箔表面利用 CVD 法生长石墨烯；② 利用真空热蒸镀法在石墨烯表面沉积纳米级 Au 膜；③ 退火使得 Au 团聚形成纳米颗粒；④ 将

图 4-12

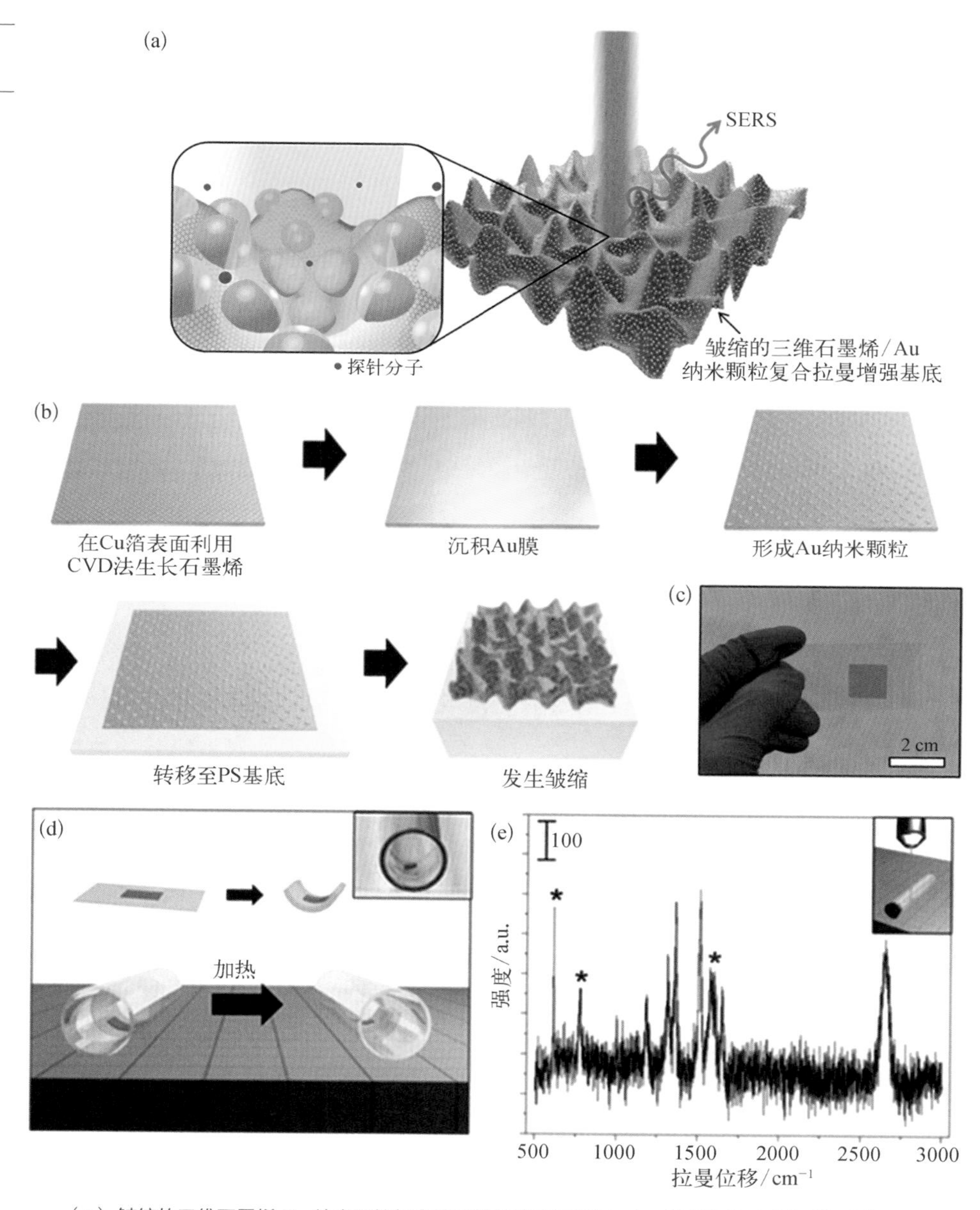

（a）皱缩的三维石墨烯/Au 纳米颗粒复合拉曼增强基底示意图，Au 纳米颗粒形成的“低谷”可以提供较大的电磁增强；（b）三维石墨烯/Au 纳米颗粒复合拉曼增强基底合成过程；（c）三维石墨烯/Au 纳米颗粒复合拉曼增强基底（黑色部分）图；（d）三维石墨烯/Au 纳米颗粒复合拉曼增强基底在任意完全表面进行加热塑性的示意图；（e）利用弯曲的三维石墨烯/Au 纳米颗粒复合拉曼增强基底检测 10 μmol/L R6G 分子溶液的拉曼光谱[17]

石墨烯/Au纳米颗粒复合结构转移至聚苯乙烯(PS)基底;⑤ 对聚苯乙烯基底上的复合结构进行加热,使其发生皱缩,得到三维柔性基底。加热塑形会导致聚苯乙烯基底产生皱缩,从而使其尺寸发生极大的变化,因此对于Au纳米颗粒而言,其密度相当于增加了360%,该基底是一种有效的拉曼增强基底。以4-羟基苯硫酚(4-MPH)为探针分子,未经皱缩的平整石墨烯-金属纳米颗粒复合拉曼增强基底的检测限为1 μmol/L,而这种三维石墨烯/Au纳米颗粒复合拉曼增强基底的检测限为100 nmol/L,主要原因是基底的皱缩使得贡献SERS信号的Au纳米颗粒的密度显著增加,同时,Au纳米颗粒的间隙更小,提供了更高的电磁增强。

同样,这种三维石墨烯/Au纳米颗粒复合拉曼增强基底也可以应用于不同的形貌及弯曲度表面的检测。如图4-12(d)所示,将平整的聚苯乙烯上的三维石墨烯-Au纳米颗粒复合拉曼增强基底置于圆管中,经过加热塑性过程后,其形状可与圆管贴合,且能够实现对于10 μmol/L R6G分子溶液的有效检测。

4.4.2 石墨烯增强拉曼散射的定量分析

对于待测物的定量分析是SERS研究领域的长期挑战。拉曼光谱定量分析主要存在以下两个难点:① 分子不均匀吸附在贵金属表面,因而对检测分子数目的估算不可靠;② 贵金属纳米颗粒的"热点"分布不均匀,因而对于相同数目的分子,其拉曼增强信号取决于与"热点"的相对位置。利用石墨烯基拉曼增强基底,可以有效改善以上问题。

如前所述,当分子被贵金属表面吸附时,分子与贵金属间可能发生化学反应,且在"热点"处的分子取向、位置也可能发生变化,导致拉曼散射信号不稳定;同时,分子在贵金属表面的吸附不可控,其吸附位点与密度不均匀,使得分子数目难以可靠估算。通过引入石墨烯隔离层,可以隔绝分子与贵金属间的化学相互作用。Wang等[18]在Au纳米阵列上搭载石墨烯作为增强基底,发现增强因子可以达到约10^{10},并实现了对多巴胺分子和血清素分子的检测[图4-13(a)~(d)]。通过比较血清素分子在1546 cm^{-1}、多巴胺分子在1482 cm^{-1}及石墨烯G峰的拉曼散射信号强度可以发现,在基底的不同检测位点上,分子的信号与石墨烯G峰信号的相对强度变化一致,这说明Au纳米阵列对石墨烯与分子的拉曼散射信号的增强效应一致。Wang等[19]利用石墨烯-Au纳米阵列复合增强基底检测了R6G分子及溶菌

图 4-13　石墨烯-Au 纳米阵列复合增强基底的拉曼增强测试

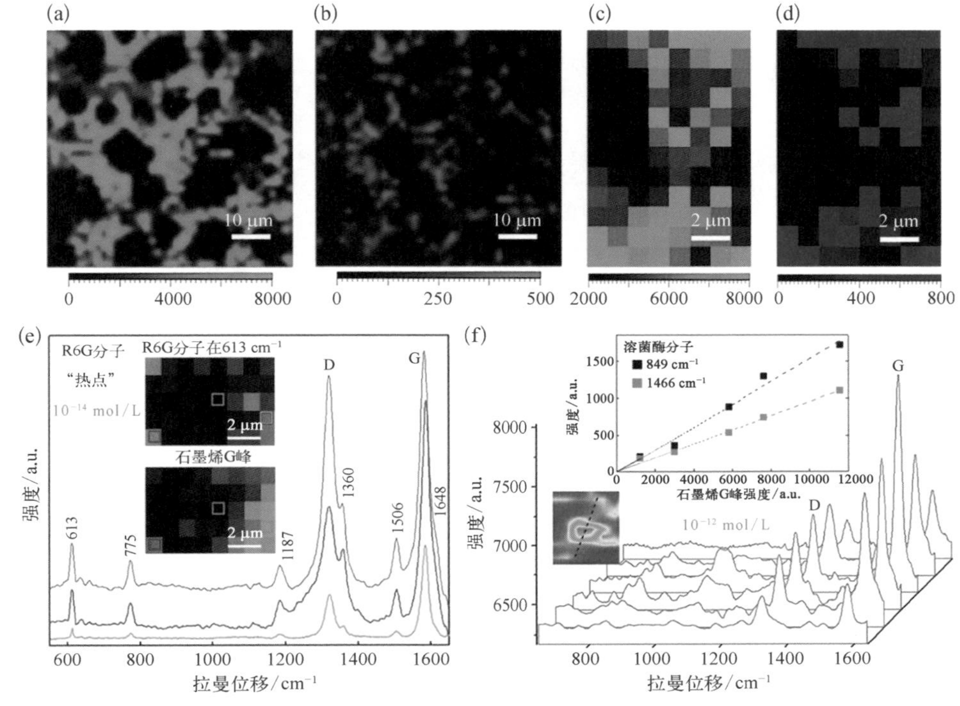

(a)(c) 石墨烯 G 峰强度;(b) 血清素分子在 1546 cm^{-1} 拉曼散射信号强度;(d) 多巴胺分子在 1482 cm^{-1} 拉曼散射信号强度;(e) 不同位置 R6G 分子及石墨烯的拉曼光谱;(f) 溶菌酶分子与石墨烯拉曼散射信号强度相关性[18, 19]

酶分子[图 4-13(e)(f)]。将分子的拉曼散射信号强度与原位的石墨烯 G 峰强度相对比,发现两者呈线性关系,这证明了局域等离激元的电磁增强是拉曼散射信号增强的主要贡献,且石墨烯与分子的拉曼散射信号增强在同一"热点"处一致。因此,利用高质量石墨烯作为一种内标物,可以有效地改善基底"热点"不均匀这一缺陷,实现拉曼光谱的定量分析。

Tian 等[20]利用石墨烯的上述优势,发展了基于石墨烯/金属复合柔性基底的拉曼光谱定量检测方法。由于这种基底具有柔性、透明、自支撑的特点,被称为"G-SERS 贴(G-SERS tape)"。通过 10^{-6} mol/L CV 分子溶液在石墨烯表面的吸附测试,发现 CV 分子在 1180 cm^{-1} 的拉曼散射信号经 100 次吸附测试的相对标准偏差在 10%以内,这证实了 CV 分子可以均匀吸附在石墨烯表面。加载 Au 纳米颗粒后,利用石墨烯作为内标物,可以有效地校正 CV 分子在不同电磁增强下的拉曼散射信号。当未利用石墨烯作为内标物时,CV 分子的拉曼散射信号经多次吸附测试的相对标准偏差约为69%，利用石墨烯2D峰（2650 cm^{-1}）作为内标对拉曼散射信号进行校正，其相对标准偏差可以降低至10%，提高了吸附测试的可重复性。

他们将柔性G-SERS基底置于10^{-8}～10^{-5} mol/L CV分子溶液表面，待吸附饱和后进行拉曼测试，如图4-14所示。其中810 cm^{-1}、916 cm^{-1}、1365 cm^{-1}及1621 cm^{-1}特征峰的拉曼散射信号强度随溶液浓度的提高而呈现先上升、后逐渐饱和的趋势，且在10^{-8}～10^{-7} mol/L的较低溶液浓度内，其拉曼散射信号强度随溶液浓度的提高而线性增加。此现象符合朗格缪尔（Langmuir）等温吸附模型，其吸附常数为$(3.35 \pm 0.25) \times 10^{-6}$；同时，还可以获得在不同溶液浓度下CV分子在石墨烯表面的覆盖度。利用这一模型，可以实现"G-SERS贴"的定量检测，在食品安全、环境监测及药物缓释检测等方面具有很好的应用前景。

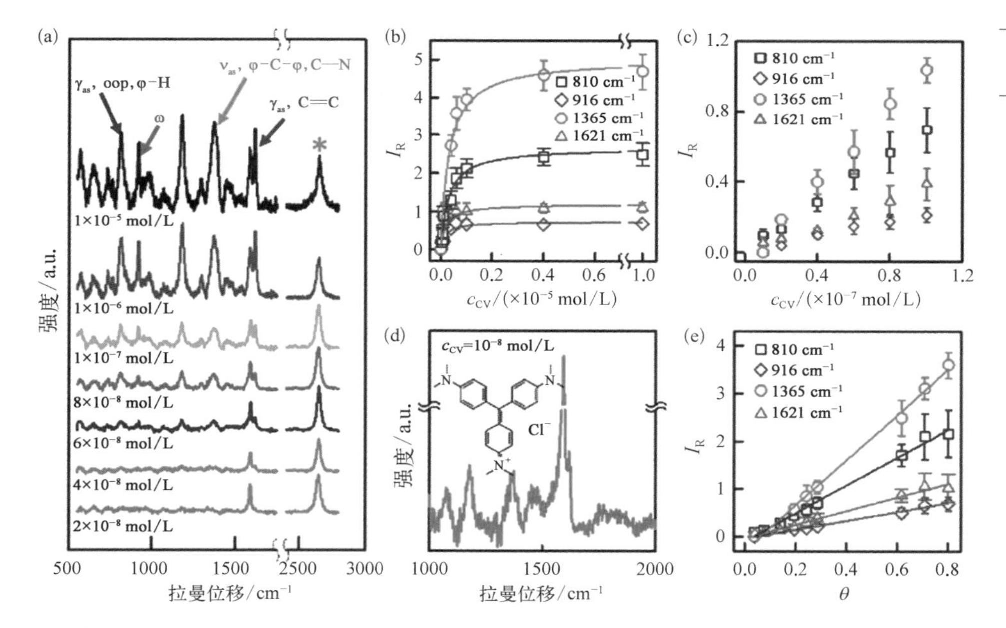

图4-14 （a）G-SERS基底对不同溶液浓度下CV分子的拉曼检测谱；（b）（c）不同溶液浓度下CV分子的拉曼散射信号强度；（d）10^{-8} mol/L CV分子溶液的拉曼散射信号强度，此为其检测限；（e）CV分子的拉曼散射信号强度随表面覆盖度的变化[20]

实际应用中的大多数待检测物都是含有多种组分的混合物。Tian等[21]进一步探索了利用石墨烯/金属复合柔性基底对多组分混合物进行定量分析的方法。

通过 CV 分子和 RhB 分子（或 R6G 分子）的混合溶液在石墨烯表面的吸附测试，他们发现，染料分子在石墨烯上的吸附符合 Langmuir 等温吸附模型。多组分混合物的拉曼光谱可以通过溶质浓度、键合常数及每种组分在石墨烯表面的饱和拉曼散射信号强度来进行计算，组分 A 的拉曼散射信号强度可以用以下公式计算：

$$I_A = \frac{I_{m,A} K_A(c_0 + c_A)}{1 + K_A(c_0 + c_A) + \sum K_i \times c_i} \tag{4-8}$$

式中，$I_{m,A}$为组分 A 的饱和拉曼散射信号强度；K_A、c_A和 c_0 分别为组分 A 的键合常数、已知浓度和待测浓度；K_i 和 c_i 分别为第 i 种组分的键合常数和浓度。以 10^{-7} mol/L CV 分子和 4×10^{-6} mol/L RhB 分子双组分混合溶液进行实验，实验结果与理论预期相符。该工作加深了我们对多组分混合溶液吸附动力学过程的理解，并为 SERS 技术多组分混合物定量分析的进一步发展奠定基础。

4.4.3 G-SERS 用于检测表面等离激元诱导的化学反应

SERS 条件下苯胺及硝基苯类分子的二聚反应为等离激元诱导的典型化学反应，其反应机理已有大量的研究。图 4-15 为典型的苯胺类分子[对巯基苯胺(PATP)]、硝基苯类分子[4-硝基苯硫酚(4-NBT)]及其二聚产物[4,4′-二巯基偶氮苯(DMAB)]的结构示意图[22]。在局域等离激元热电子的辅助作用下，带有—NO_2的分子可以通过还原生成—N═N—基团，而对于带有—NH_2 的分子，可以通过氧化生成—N═N—基团。Grirrane 等(2008)已经对此类转化反应的机理进行了详尽的研究，但在 SERS 中，其反应机理更为复杂，因为此时金属基底不仅仅

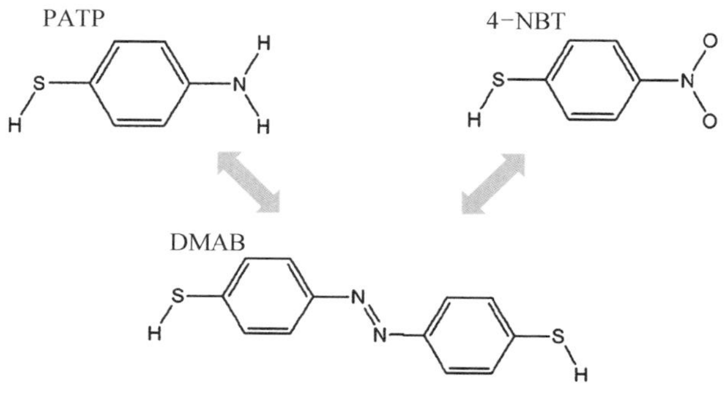

图 4-15 典型的苯胺及硝基苯类分子及其二聚产物的结构示意图[22]

是一个电子受体或电子给体，同时还对光电场起到聚集作用。4-硝基苯硫酚(4-NPT)的还原二聚反应通常被认为是基于热电子还原的机理，表面等离激元共振过程中产生的热电子参与了4-NTP的还原过程，从而使反应得以发生。

利用石墨烯作为SERS基底隔离层为二聚反应的机理研究提供了良好的平台。其优势主要包括以下几点：① 利用石墨烯作为隔离层，可以避免分子与金属的直接接触，避免金属的表面催化作用；② 石墨烯可以对SERS基底起到保护作用，提高其光谱的稳定性及重现性；③ 石墨烯的超高电子迁移率有利于反应中分子与金属间的热电子或空穴的传递。

Dai等[23]设计合成了Ag的蝴蝶结型纳米天线阵列(Ag bowtie nanoantenna array, ABNA)，将CVD法生长的石墨烯转移到Ag纳米阵列上，得到石墨烯覆盖的纳米阵列，并利用真空热蒸镀法加载PATP分子，PATP二聚反应示意图如图4-16(a)所示。图4-16(b)是石墨烯覆盖的ABNA的SEM图。同时，他们使用增强拉曼光谱对PATP二聚为DMAB这一反应过程进行了监测。利用拉曼散射信号的相对值可以对反应的程度进行表征，他们采用的是DMAB在1432 cm^{-1}的N═N振动峰与苯环的1589 cm^{-1}振动峰的比值。值得注意的是，1589 cm^{-1}的苯环振动峰包括PATP、DMAB及石墨烯的振动峰(极弱)的贡献，因此，利用N═N振动峰及苯环振动峰的拉曼强度比值I_{NN}/I_{CC}可以对此反应过程进行定量分析。

如图4-16(e)～(g)所示，PATP二聚为DMAB的反应分别在ABNA、ABNA加载单层石墨烯(ABNA-1LG)及ABNA加载双层石墨烯(ABNA-2LG)等基底上进行。可以观察到，在激光光照的1 min内，ABNA基底上I_{NN}/I_{CC}的值为0.59，ABNA-1LG基底上为1.21，ABNA-2LG基底上为0.46。同时，反应在ABNA及ABNA-1LG基底上反应完全的时间分别为11 min和1 min，进一步证明了加入单层石墨烯作为隔离层会对反应有正向促进的作用，而加入双层石墨烯作为隔离层会对反应产生一定的抑制作用。作者认为原因主要包括以下两个方面。① 电磁增强程度。利用时域有限差分(finite-difference time-domain, FDTD)法对ABNA、ABNA-1LG及ABNA-2LG基底的“热点”进行模拟，可以得到对于ABNA基底，其“热点”处的电磁增强$|\boldsymbol{E}|^2$为1.1×10^3，而ABNA-1LG及ABNA-2LG基底的“热点”处$|\boldsymbol{E}|^2$分别为1.5×10^3和0.9×10^3，因此ABNA-1LG基底的电磁增强作用更为明显。② 电子在PATP、石墨烯及ABNA基底间的转移。对于常规的等离激元诱导的二聚反应，其反应过程为PATP通过巯基吸附

图 4-16

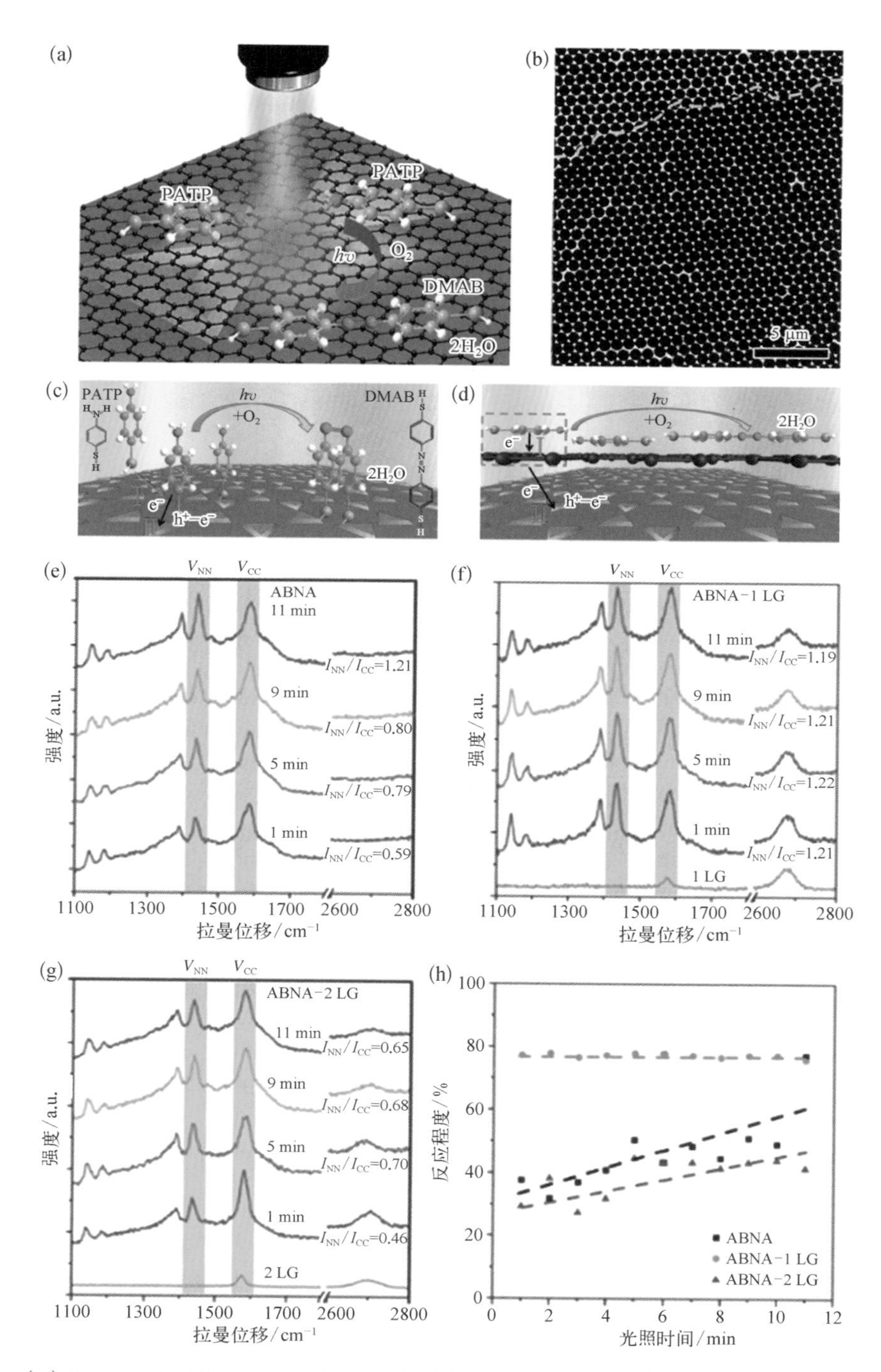

（a）G-SERS 诱导的 PATP 二聚反应示意图；（b）石墨烯覆盖的 ABNA 的 SEM 图；（c）常规 SERS 诱导的 PATP 二聚反应过程示意图；（d）G-SERS 诱导的 PATP 二聚反应过程示意图；（e）~（g）原位拉曼测试，反应基底分别为 ABNA、ABNA-1LG、ABNA-2LG；（h）PATP 反应程度随时间的变化[23]

在 Ag 纳米颗粒上，两个 PATP 分子将电子转移到局域等离激元产生的热空穴上，聚合反应生成 DMAB 分子。对于 ABNA－1LG 基底，由于 π 电子的作用，PATP 分子通常以“平躺”的取向吸附在石墨烯上，反应过程为 PATP 将电子转移至石墨烯，再发生电子与热空穴的复合。石墨烯的引入使得 PATP 与石墨烯间产生偶极并被电磁增强，加速了电子的转移，因此对于二聚反应起到了加速的作用。而对于 ABNA－2LG 基底，电子可以有效地转移到上层与分子接触的石墨烯，但是却难以转移至下层与 ABNA 接触的石墨烯，因此，双层石墨烯对于电子的转移和电子与热空穴的复合起到了抑制的作用，降低了反应的速度及最终的反应比例。

利用氧化石墨烯与金属纳米颗粒的复合结构，同样可以实现苯胺及硝基苯类分子的二聚反应。Wu 等（2014）将 $AgNO_3$ 与氧化石墨烯在液相中通过加入柠檬酸钠进行反应，可以得到 Ag/GO 的复合纳米颗粒，将 4－NBT 修饰在复合纳米颗粒表面后，利用浸渍提拉法可以将复合纳米颗粒置于 SiO_2/Si 基底。局域等离激元的热电子可以将 4－NBT 还原、二聚为 DMAB，同时利用此基底，在反应生成 DMAB 后，滴加 $NaBH_4$ 后继续用 532 nm 的激光照射，DMAB 可以进一步还原为 PATP，从而形成 4－NBT→DMAB→PATP→DMAB 这一循环过程。

Liang 等（2015）利用 Au/rGO 复合纳米颗粒催化 4－NBT 二聚生成 DMAB。Lin 等（2016）同样检测了在 Ag/GO 复合纳米材料上的二聚反应。G－SERS 对于等离激元诱导的化学反应普遍具有更为明显的催化作用，使得这一体系不仅可以用于化学反应的检测，同时也可以成为光化学反应的催化剂，因此在化学反应监测方面具有广阔的应用前景。

4.5 二维材料的增强拉曼散射效应

近年来，各种二维材料方兴未艾，它们具有与石墨烯类似的二维平面结构，同时具有原子级平整、表面惰性、柔软、高透光性等特点，且拥有独特的电子结构，这些特性使得二维材料成为增强拉曼散射研究的新体系，为 SERS 的研究带来了新的契机。

4.5.1 各向同性二维材料的增强拉曼散射效应

与石墨烯结构类似的六方氮化硼(h-BN)和过渡金属二硫化合物二硫化钼(MoS_2)也具有增强拉曼散射效应。Ling等[24]以CuPc为探针分子,比较了在石墨烯、h-BN和MoS_2上的拉曼散射增强因子。实验发现,对于CuPc分子的高频振动模,石墨烯的增强效果比h-BN强;对于CuPc分子的低频振动模,石墨烯的增强效果比h-BN弱;MoS_2表面分子的增强效果与石墨烯和h-BN相比是最弱的。虽然这三种材料均为"单一"而"纯粹"的化学增强机制,但由于不同的电子结构和本征键连形式,其增强拉曼散射的过程存在较大差异。石墨烯是零带隙的半金属,碳碳键是非极性的,对CuPc分子的拉曼散射增强主要是基于电荷转移;h-BN是绝缘性的,没有足够的自由载流子,但B—N有较强极性,可以通过偶极相互作用增加分子的极化率实现拉曼散射增强;MoS_2是半导体性的,Mo—S在垂直方向上有极性,故而电荷转移和偶极相互作用都可以发生,但是程度都比较弱。CuPc分子低频的拉曼峰对应的振动模式极性较大,因此在h-BN基底上增强效果显著;而随着振动模向高频移动,CuPc分子与石墨烯的能量匹配关系更加接近共振,因此石墨烯基底的增强效果逐渐占优。这一模型很好地解释了不同电子结构二维材料的拉曼散射增强特征。Sun等(2014)利用氧等离子体和氩等离子体向MoS_2表面引入缺陷。一方面,缺陷的存在创造了新的局域偶极,增强了MoS_2与R6G分子的偶极相互作用;另一方面,空气中的氧会吸附于MoS_2表面,进而增强了MoS_2与R6G分子的电荷转移。实验发现,等离子体处理过的MoS_2对R6G分子的增强效果比未经处理的MoS_2提高了1个数量级以上,进一步验证了电荷转移和偶极相互作用在拉曼散射增强中的重要性。

Song等(2019)发现金属性二维材料二硫化铌(NbS_2)同样表现出良好的增强拉曼散射效应。他们首先利用CVD法制备二维NbS_2材料,之后利用浸泡法加载甲基蓝(MeB)等探针分子。实验发现,NbS_2对MeB等部分探针分子有非常好的增强效果,增强因子可达1.07×10^3,对MeB分子溶液的检测限可达10^{-14} mol/L,增强效果优于石墨烯及MoS_2等传统二维材料。他们利用密度泛函理论计算发现,费米能级附近NbS_2的态密度(density of state, DOS)要大于石墨烯及MoS_2等材料。根据费米黄金定则,电子的跃迁概率正比于其费米能级附近的态密度,所以

NbS_2 体系中电子跃迁概率更大，表现出更好的增强效果。

Quan 等（2015）发现，p 型半导体 GaSe 也显示了增强拉曼散射效应，对 CuPc 分子的拉曼散射增强因子可达十数倍。与 h－BN 相比，由于 GaSe 为 D_{3h}对称性和 Se－Ga－Ga－Se 四层结构，材料几乎没有偶极，因此偶极相互作用的影响可以排除。他们考察了分子与基底的能级匹配关系，结合首层效应和荧光猝灭实验，证实了 GaSe 基底增强拉曼散射效应来源于电荷转移。随后，Lee 等（2017）系统比较了 MoS_2 和 WSe_2 等过渡金属二硫化合物与石墨烯对于 R6G 分子的增强拉曼散射效应，并将增强机制归因于电荷转移。MoS_2 和 WSe_2 的增强效果具有不同的层数依赖性，这是能级匹配和层间干涉共同作用的结果。最近，Yin 等（2017）报道了 MoX_2（X 为 S 或 Se）从 2H 到 1T 的相转换可以显著提高其对 CuPc 分子的增强效果，证实了金属相 MoX_2 费米能级上的电子与探针分子 HOMO 能级的转移途径要比半导体相 MoX_2 价带上的电子转移更容易，进一步验证了能级匹配关系在电荷转移机制中的重要性。

4.5.2 各向异性二维材料的增强拉曼散射效应

材料的面内对称性是决定材料性质的一个重要结构参数。近年来，一些低对称性的二维材料，如正交晶系的黑磷（black phosphorus, BP）、三斜晶系的二硫化铼（ReS_2）等，具有新奇的各向异性光学和电学性质，因而受到人们的广泛关注。例如，BP 具有各向异性的吸收光谱、消光光谱、透射光谱、反射光谱、光致发光光谱和光电流谱等，其电子和空穴的有效质量也具有明显的各向异性，在宏观上表现为载流子迁移率和电导率的各向异性，且这种各向异性的电输运特性可以通过掺杂和应力来调控。以这些低对称性二维材料作为拉曼增强基底，探针分子与材料之间的电荷相互作用将与材料的面内晶格取向相关，即也具有一定的各向异性，从而导致各向异性的拉曼散射增强[25]。Lin 等以 D_{4h}点群的 CuPc 作为探针分子，通过真空热蒸镀法使其以随机取向沉积在基底上，采用角分辨偏振拉曼光谱进行检测，发现在平行或交叉偏振配置下，分子的拉曼散射信号强度随样品旋转角度发生周期性变化，不同对称性的振动具有不同的变化规律。通过拉曼张量分析和密度泛函理论计算，发现吸附分子之后，材料费米能级附近的电荷发生了重新分布，并与分子的主轴和材料晶格取向的相对夹角有关。根据费米黄金定则，电子跃迁概率 ω

可以表达为

$$\omega = \frac{2\pi}{\hbar} g(E_k) \mid (H'_{kl}) \mid^2 \tag{4-9}$$

式中，$\hbar$ 为约化普朗克常数；$g(E_k)$ 为电子态密度；H'_{kl} 为跃迁矩阵元。

因此，当分子的主轴与 BP 的晶格取向方向一致时，分子和 BP 之间的电子跃迁矩阵元最大，导致了最高的拉曼散射信号增强，而正是这部分分子的拉曼散射强度体现了与样品旋转角度之间的周期性变化。

Zhang 等(2019)发现利用 Au 对 ReS_2 的电子掺杂作用，使得单层 ReS_2 对 CuPc 分子的增强拉曼散射效应减弱，同时对 CuPc 分子的各向异性增强作用消失。随着被电子掺杂 ReS_2 层数的增加，增强因子也随之增加，并趋近于本征 ReS_2 的增强效果，同时各向异性增强作用也逐渐恢复。这是因为电子掺杂使得 ReS_2 导带电子密度上升，因而 ReS_2 和 CuPc 分子之间的电荷转移受抑制，且电子的重掺杂使得 ReS_2 各向异性的电荷分布被拉平。Wu 等(2017)发现单壁碳纳米管水平阵列对 CuPc 分子的增强拉曼散射效应也表现出各向异性，当激发光偏振方向与单壁碳纳米管轴向平行时，表观增强因子最大。这是由于入射偏振方向与碳纳米管轴向平行时的共振现象会使碳纳米管与分子之间发生电荷转移，从而对增强拉曼散射效应有所贡献。

4.5.3 二维材料范德瓦耳斯异质结的增强拉曼散射效应

形形色色的二维材料为拉曼散射增强提供了丰富的基底素材，而由它们堆垛出的范德瓦耳斯异质结由于表面的重构和电子态的相互调制，成为研究增强拉曼散射效应的新型平台。Tan 等采用石墨烯和二硒化钨(WSe_2)作为堆垛单元，搭建了范德瓦耳斯异质结作为拉曼增强基底[26]，如图 4-17(a)所示。他们同样以 CuPc 作为探针分子，发现该异质结上分子的增强效果高于在单一材料基底的增强效果[图 4-17(b)]。由于 WSe_2 具有与 MoS_2 类似的结构和电子性质，因此其增强机制与 MoS_2 类似。对于石墨烯/WSe_2 异质结，由第一性原理计算可知[图 4-17(c)]，石墨烯的电子态会通过界面耦合而受到 WSe_2 的调制，使得石墨烯的电子态密度增加。根据费米黄金定则，在跃迁概率表达式(4-9)中，分子-石墨烯界面处的 $g(E_k)$ 增大，从而使得电子的跃迁概率增大，增大了石墨烯/WSe_2 异质结上分子的拉曼散射截面。通过泵浦探测等时间分辨光谱手段[图 4-17(d)]，证实了增强效果的差异主要来源于石墨烯/WSe_2 异质结的层间耦合导致的电子跃迁概率的变化。

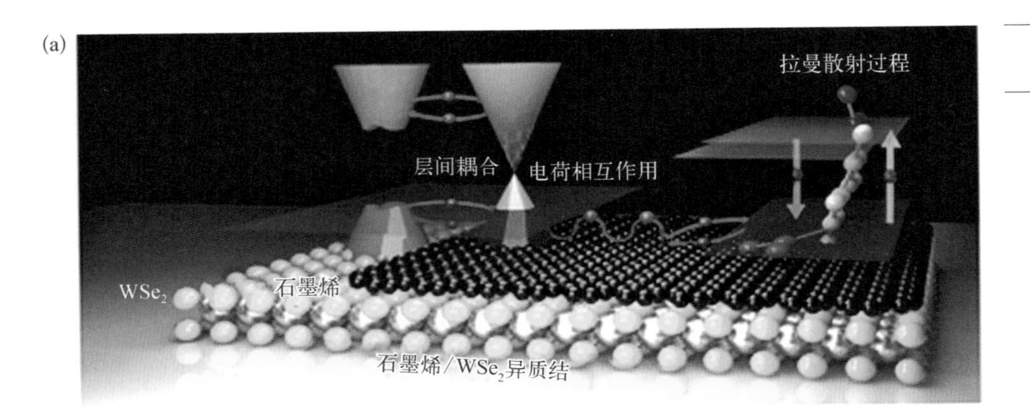

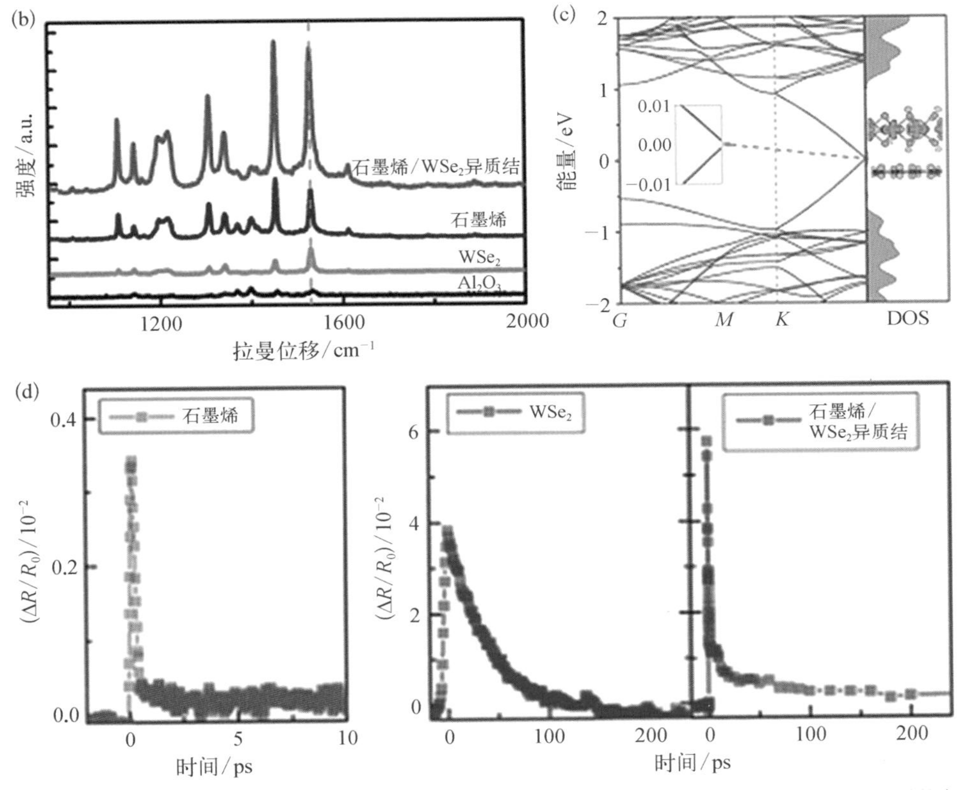

图 4-17

(a)(b) 石墨烯/WSe_2 异质结与分子间的电子转移示意图及拉曼光谱；(c) 石墨烯/WSe_2 异质结的电子结构和能态密度；(d) 石墨烯、WSe_2 和石墨烯/WSe_2 异质结的时间分辨差分反射谱[26]

Seo 等（2020）利用液相沉积法制备 ReO_xS_y/石墨烯异质结，以 R6G 为探针分子，同样发现该异质结上分子的增强效果要高于在单一材料基底的增强效果。对于 ReO_xS_y/石墨烯异质结，利用密度泛函理论计算可知其电子态密度要大于单一 ReO_xS_y 结构的电子态密度，电子跃迁概率大大增加。另外，ReO_xS_y 与传统过渡金属硫族化合物材料相比存在更大的纵向偶极矩，与 R6G 分子存在更强的偶极相互作用，进一步增强了拉曼散射效应。ReO_xS_y/石墨烯异质结对 R6G 分子的检测限低至飞摩尔量级，且检测有很好的重复性和稳定性，所以该异质结有望在超灵敏 SERS 检测领域发挥重要作用。

4.5.4　石墨烯衍生物的增强拉曼散射效应

石墨烯拉曼散射的增强因子往往在 10～100。通过选择合适的探针分子，石墨烯的增强因子可以到达 100，检测限可以达到 10^{-8} mol/L[5,12]。尽管如此，GERS 的增强因子显著低于 SERS，这使其在一些实际应用领域无法满足检测需求。一方面，通过对石墨烯进行氧化，得到的氧化石墨烯或还原氧化石墨烯具有大量的功能化基团，尤其是高度负电性的氧物种，能够显著增加和探针分子之间的电荷转移效率，因而提高拉曼散射强度，增强因子可以达到 10^4，提高了 2 或 3 个数量级（Yang，2013）。另一方面，通过对石墨烯进行掺杂，包括氮掺杂、硼掺杂和硅掺杂等，将会引入新的电子态、更多的载流子以及与分子之间更强的电荷相互作用，从而增加可能的光跃迁通道，也有助于拉曼散射截面的增加。除此之外，石墨烯量子点、石墨烯纳米筛、石墨烯纳米胶体等也被用来作为拉曼增强基底（Tu，2015）。石墨烯衍生物在保留石墨烯增强拉曼散射效应优势的同时，在增强因子上的改善使其在 SERS 分析应用中具有广阔的应用前景。

4.6　本章小结

石墨烯具有明显的增强拉曼散射效应，可以作为增强基底，放大分子的拉曼散射信号。与粗糙金属表面的传统 SERS 体系不同，石墨烯导致的拉曼散射增强来源于纯粹的化学增强效应。因此，石墨烯增强拉曼散射具有首层效应、层数依赖、分子取向依赖性及激发波长依赖性等特征。同时，增强效果与分子能级和石墨烯的费米能级之间的相对位置密切相关。

与传统的SERS基底相比，单一的石墨烯作为增强基底时的增强因子较低，因此，石墨烯与金属纳米结构的复合是提高增强因子的有效方法。同时，利用石墨烯作为隔离层，可以隔离金属与分子间的化学作用，避免分子在金属表面吸附时产生的位置和取向变化，能够得到更为本征的光谱信号，还可以有效改善光碳化及光漂白现象，提高光谱信号的稳定性与重现性。另外，石墨烯对金属基底的荧光具有猝灭作用，能够有效降低背景信号，有利于待测物拉曼散射信号的采集。

利用柔性石墨烯基金属复合拉曼增强基底，还可以实现在任意形貌表面的检测。由于石墨烯对分子具有均匀吸附的作用，同时石墨烯本身的拉曼散射信号可以作为分子信号的内标用于分子的定量检测，对实际体系的检测（如食品安全、环境监测等）都具有重要的意义。

目前，基于石墨烯的增强拉曼散射效应已经被充分验证，不管基于石墨烯本身，还是基于石墨烯和金属纳米结构的复合基底，都可用于微量物质的定性检测，但仍有待发展为实际可用的检测器件。此类增强基底在定量检测方面具有本征的优势，但目前还处于探索阶段，还需进一步结合分子拉曼光谱数据库，优化数据统计算法，才有可能真正应用于环境、食品安全等领域。

参考文献

[1] Ling X, Xie L M, Fang Y, et al. Can graphene be used as a substrate for Raman enhancement? [J]. Nano Letters, 2010, 10(2): 553-561.

[2] Fleischmann M, Hendra P J, McQuillan A J. Raman spectra of pyridine adsorbed at a silver electrode[J]. Chemical Physics Letters, 1974, 26(2): 163-166.

[3] Otto A, Mrozek I, Grabhorn H, et al. Surface-enhanced Raman scattering[J]. Journal of Physics: Condensed Matter, 1992, 4(5): 1143-1212.

[4] Xie L M, Ling X, Fang Y, et al. Graphene as a substrate to suppress fluorescence in resonance Raman spectroscopy[J]. Journal of the American Chemical Society, 2009, 131(29): 9890-9891.

[5] Ling X, Zhang J. First-layer effect in graphene-enhanced Raman scattering[J]. Small, 2010, 6(18): 2020-2025.

[6] Ling X, Wu J X, Xu W G, et al. Probing the effect of molecular orientation on the intensity of chemical enhancement using graphene-enhanced Raman spectroscopy [J]. Small, 2012, 8(9): 1365 - 1372.
[7] Huang S X, Ling X, Liang L B, et al. Molecular selectivity of graphene-enhanced Raman scattering[J]. Nano Letters, 2015, 15(5): 2892 - 2901.
[8] Joo Y, Kim M, Kanimozhi C, et al. Effect of dipolar molecule structure on the mechanism of graphene-enhanced Raman scattering[J]. The Journal of Physical Chemistry C, 2016, 120(25): 13815 - 13824.
[9] Barros E B, Dresselhaus M S. Theory of Raman enhancement by two-dimensional materials: Applications for graphene-enhanced Raman spectroscopy[J]. Physical Review B, 2014, 90(3): 035443.
[10] Ling X, Moura L G, Pimenta M A, et al. Charge-transfer mechanism in graphene-enhanced Raman scattering[J]. The Journal of Physical Chemistry C, 2012, 116 (47): 25112 - 25118.
[11] Xu H, Chen Y B, Xu W G, et al. Modulating the charge-transfer enhancement in GERS using an electrical field under vacuum and an n/p-doping atmosphere[J]. Small, 2011, 7(20): 2945 - 2952.
[12] Xu H, Xie L M, Zhang H L, et al. Effect of graphene Fermi level on the Raman scattering intensity of molecules on graphene[J]. ACS Nano, 2011, 5(7): 5338 - 5344.
[13] Zhang N, Lin J J, Hu W, et al. Bifacial Raman enhancement on monolayer two-dimensional materials[J]. Nano Letters, 2019, 19(2): 1124 - 1130.
[14] Xu W G, Ling X, Xiao J Q, et al. Surface enhanced Raman spectroscopy on a flat graphene surface[J]. Proceedings of the National Academy of Sciences of the United States of America, 2012, 109(24): 9281 - 9286.
[15] Zhao Y D, Xie Y Z, Bao Z Y, et al. Enhanced SERS stability of R6G molecules with monolayer graphene[J]. The Journal of Physical Chemistry C, 2014, 118(22): 11827 - 11832.
[16] Wang Y Y, Ni Z H, Hu H L, et al. Gold on graphene as a substrate for surface enhanced Raman scattering study[J]. Applied Physics Letters, 2010, 97(16): 163111.
[17] Leem J, Wang M C, Kang P, et al. Mechanically self-assembled, three-dimensional graphene-gold hybrid nanostructures for advanced nanoplasmonic sensors[J]. Nano Letters, 2015, 15(11): 7684 - 7690.
[18] Wang P, Xia M, Liang O, et al. Label-free SERS selective detection of dopamine and serotonin using graphene-Au nanopyramid heterostructure[J]. Analytical Chemistry, 2015, 87(20): 10255 - 10261.
[19] Wang P, Liang O, Zhang W, et al. Ultra-sensitive graphene-plasmonic hybrid platform for label-free detection[J]. Advanced Materials, 2013, 25(35): 4918 - 4924.

[20] Tian H H, Zhang N, Tong L M, et al. In situ quantitative graphene-based surface-enhanced Raman spectroscopy[J]. Small Methods, 2017, 1(6): 1700126.
[21] Tian H H, Zhang N, Zhang J, et al. Exploring quantification in a mixture using graphene-based surface-enhanced Raman spectroscopy[J]. Applied Materials Today, 2019, 15: 288 - 293.
[22] Cui L, Wang P J, Li Y Z, et al. Selective plasmon-driven catalysis for para-nitroaniline in aqueous environments[J]. Scientific Reports, 2016, 6: 20458.
[23] Dai Z G, Xiao X H, Wu W, et al. Plasmon-driven reaction controlled by the number of graphene layers and localized surface plasmon distribution during optical excitation[J]. Light: Science & Applications, 2015, 4(10): e342.
[24] Ling X, Fang W J, Lee Y H, et al. Raman enhancement effect on two-dimensional layered materials: Graphene, h - BN and MoS_2[J]. Nano Letters, 2014, 14(6): 3033 - 3040.
[25] Lin J J, Liang L B, Ling X, et al. Enhanced Raman scattering on in-plane anisotropic layered materials[J]. Journal of the American Chemical Society, 2015, 137(49): 15511 - 15517.
[26] Tan Y, Ma L N, Gao Z B, et al. Two-dimensional heterostructure as a platform for surface-enhanced Raman scattering[J]. Nano Letters, 2017, 17(4): 2621 - 2626.

第 5 章

石墨烯的晶格与电子结构表征

石墨烯的晶体结构非常稳定，其具有独特的电子结构。本章将着重介绍石墨烯的晶体结构与电子结构的表征手段，这些技术可分为成像学与谱学两大类。应当指出的是，这些手段现在往往已经集成化，比如对于一台扫描隧道显微镜或者一台透射电子显微镜，高分辨的成像（往往可以做到原子级分辨率）与精细的谱学表征都可以同时完成。这样的集成方法使得我们对于物理过程的探究更为精细。石墨烯的起伏褶皱、晶格缺陷及表面污染等因素对石墨烯的电子结构有不同的影响，比如缺陷会改变石墨烯的能带结构，因此需要在表征其原子排布的基础上，理解这些谱学现象背后的物理学本质。另外，对于声子、带间跃迁这些物理过程的探索，以及电子能带与声子谱在动量空间中色散关系的表征，往往也需要将测试手段扩展到动量空间之中，而非只探讨垂直跃迁。角分辨光电子能谱（angle resolved photoemission spectroscopy，ARPES）与动量分辨电子能量损失谱（momentum resolved electron energy loss spectroscopy，M-EELS）是动量空间表征的重要技术，其中角分辨光电子能谱是表征材料能带结构最常见的测试手段。

在本章中，我们将按照仪器与技术手段分类，分别重点介绍低能透射电子显微镜、扫描隧道谱、角分辨光电子能谱的原理及一些具体实例。应当指出的是，同样的物理性质可以通过不同的仪器进行表征，但不同表征手段对样品的制备要求与测试条件也不尽相同。因此，在实际使用中，应当在了解各种仪器的优缺点前提下，灵活地选取仪器与技术手段，并通过对表征结果的解析，深入理解谱学背后的物理学本质。

5.1 低能透射电子显微学

在透射电子显微学蓬勃发展的今天，基于原子级超高空间分辨率的研究已经屡见不鲜。在这一节里，我们将讨论石墨烯的低能透射电子显微学。首先简要探讨成像、成谱及衍射的基本原理，随后介绍一些常规表征技术的运用实例和应用新技术的研究范例。

5.1.1 低能透射电子显微镜及其成像

由于衍射效应，一个几何质点经过透镜后形成的像不再是一个理想的点，而是具有一定尺寸的中央亮斑及周围明暗相间的圆环组成的艾里斑。瑞利极限指出，两个艾里斑中心间距等于第一个艾里斑半径时的物体间距为透镜能分辨的最小间距，即

$$R = 0.61\lambda / (\mu \sin \beta) \tag{5-1}$$

式中，λ 为光(或电子束等成像束)的波长；μ为折射率；β 为孔径半角；$\mu\sin\beta$ 为透镜的数值孔径。因此，可以通过提高电子束的能量获得更短的德布罗意波长，以实现更高的点分辨率。目前，商用透射电子显微镜点分辨率的世界纪录是东京大学的 Ikuhara 教授课题组在 300 kV 的加速电压下创造的(40.5 pm，JEM - ARM300F GRAND ARM)。

然而，能量越高的入射电子束，往往意味着引起的辐照损伤越大。Suenaga 等[1]通过模拟发现，不同原子排列方式的纳米碳材料具有不同的辐照损伤“安全电压”(图 5 - 1)。石墨烯的辐照损伤“安全电压”为 80 kV，富勒烯甚至只有 35 kV。为避免辐照损伤，实现无损观测低维样品的结构和本征性质，低加速电压(≤80 kV) 成像是透射电子显微镜技术发展的重要方向。

应当指出的是，这里的辐照损伤“安全电压”是只考虑入射电子束对样品原子的敲除作用引起的辐照损伤的计算结果。在实际操作中，长时间辐照引起的声子加热等辐照损伤也会引起样品的损坏。

从图 5 - 2 可以看出，如果在高加速电压下进行成像，只要对低阶球差做矫正就可以使电子束斑直径达到 100 pm 以下[2]。但是在加速电压为 80 kV 及以下时，高阶几何像差及电磁透镜对于不同波长的电子束聚焦能力不同，因而产生色差，成为制约点分辨率进一步提高的主要因素。因此，要在低加速电压下的透镜中实现较高的点分辨率，除矫正球差之外，还需要解决色差矫正的问题。

显然，矫正色差的方法有两种。一种是和矫正球差一样增加一组电磁透镜。2017 年，世界上第一台低电压物镜球差色差校正透射电子显微镜 TitanG3 20 -

图 5-1

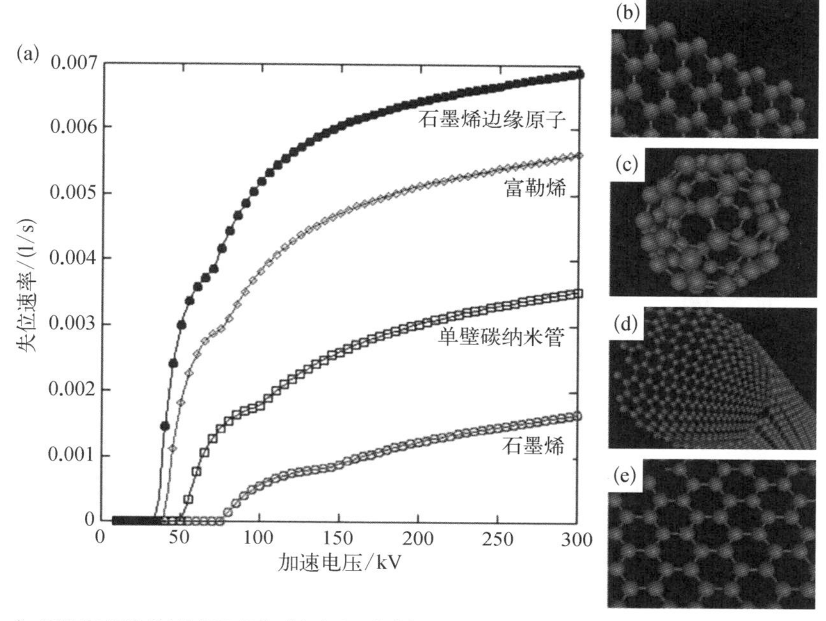

（a）各种纳米碳材料的辐照损伤“安全电压”[1]；（b）～（e）石墨烯边缘原子、富勒烯、单壁碳纳米管和石墨烯的结构示意图，其加速电压应分别小于 35 kV、35 kV、50 kV 和 80 kV

图 5-2 不同加速电压下，具有球差系数 C_S = 0.5 mm 的非校正 STEM 与不同阶矫正的 STEM 中理论探针尺寸对比

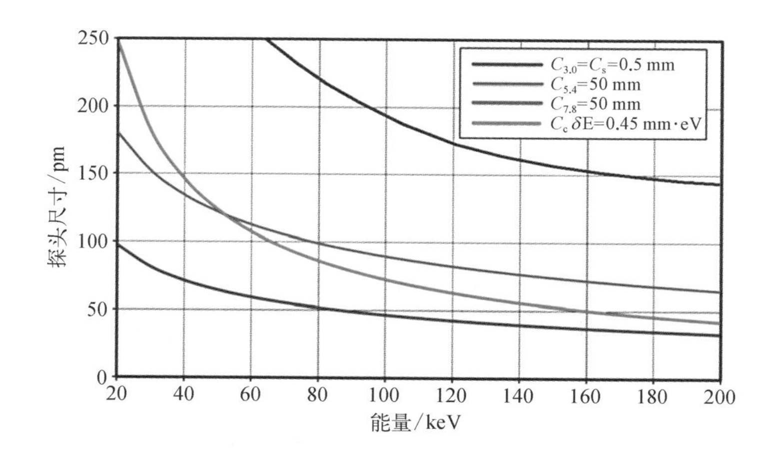

80 SALVE 由 FEI 公司研发，在德国乌尔姆大学组装，其主要使用者是 SALVE 项目主导者——德国乌尔姆大学教授 Ute Kasier 课题组。目前，TitanG3 20－80 SALVE 的工作电压有 20 kV、30 kV、40 kV、60 kV 和 80 kV。在 80 kV 的加速电压下，点分辨率为 76 pm，而在 20 kV 的加速电压下，点分辨率达 139 pm，这样的点分辨率对于石墨烯(碳碳键的键长为 142 pm)的成像已足够。

另外一种解决色差矫正问题的思路是，利用单色仪优秀的能量过滤效果（往往配合使用出射电子束能量色散更低的冷场发射电子枪），获得单色性更好的电子束，同时对现有光路中的球差矫正器进行改进，最终使得高阶几何像差得以矫正。目前而言，这种解决方案更为普适，已被大部分透射电子显微镜公司采用。2008 年，Nion 公司研制了新一代球差矫正透射电子显微镜[3]，其突出优势就在于改进的球差矫正器可以矫正五阶像散。加上单色仪后，最终商品化的产品 Nion UltraSTEM™可以在 60 kV 的加速电压下实现 100 pm 以上的点分辨率。除了 Nion 公司，Thermo Fisher、JEOL 等公司也有出色的解决方案。

借助这些低压透射电子显微镜，可以实现对单层或少层石墨烯[4,5]、六方氮化硼[6]、过渡金属硫化物[7-10]等低维材料的原子级成像（图 5 - 3），对于其中的点缺陷[11]、晶界[12,13]、重构[13-15]等也可以清晰地识别。其具有较小的辐照损伤（在低于敲除电压条件下工作时，主要的辐照损伤源自声子加热），因此可以借助多种原位样品杆对材料进行较长时间的原位观测。特别地，对于后一种单色仪式矫正方案的透射电子显微镜而言，由于电子束本身具有良好的单色性，使得在保证高点分辨率的前提下，还可以用于研究电子能量损失谱（EELS）。EELS 可以表征非常丰富的信息，将在 5.1.3 小节中做简单的介绍。这些耦合了空间、能量及动量信息的表征技术无论是对电子显微学本身的发展，还是对材料更深层次的认知，都有非常重要的作用。

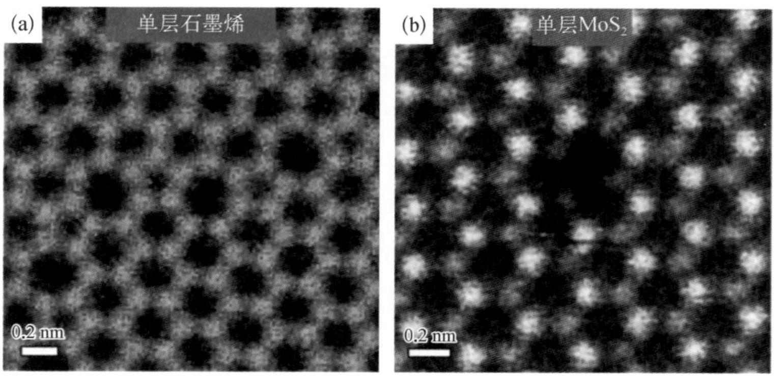

图 5 - 3 使用 Nion UltraSTEM™ 在 60 kV 的加速电压下采集的原子级分辨 HAADF - STEM 像

（a）单层石墨烯 28.5° 晶界，其中包含一系列典型的五元环-七元环；（b）单层 MoS_2，其中含有一个 Mo 原子点缺陷

为了实现透射电子显微镜的原子级分辨，人们已经发展了HRTEM技术，以及基于环形暗场（annular dark field，ADF）像、新颖的微分相位衬度（differential phase contrast，DPC）成像和积分-微分相位衬度（integrated - differential phase contrast，iDPC）成像的STEM技术。其中HRTEM技术在第2章中已经介绍，这里重点介绍环形暗场像、微分相位衬度成像与积分-微分相位衬度成像。

（1）环形暗场像

ADF像是基于会聚束的大散射角的散射电子成像，是现在STEM最主要的成像方式，所得到的是非相干的原子序数衬度像，其衬度正比于 $Z^{1.67}$（Z 为原子序数）。可以根据ADF像直接得到原子序数信息，因此其又被称为“原子像”。以数学角度而言，其每一个像素点的衬度有如下关系：

$$I(\boldsymbol{R}) = O(\boldsymbol{R}) \otimes | P(\boldsymbol{R}) |^2 = \int_0^t \int | \varphi(\boldsymbol{R}, z) |^2 V_{\mathrm{eff}}(\boldsymbol{R}, z) \mathrm{d}\boldsymbol{R} \mathrm{d}z \quad (5-2)$$

式中，$\boldsymbol{R}$ 为像素点对应入射探针的平面坐标；z 为该点的竖轴坐标，$0 \leqslant z \leqslant t$，其中 t 为样品厚度；$O(\boldsymbol{R})$为该点的视场函数，与样品本身的性质有关；$P(\boldsymbol{R})$ 为入射探针函数，反映会聚电子束的性质，与透镜系统的会聚能力有关；$\varphi(\boldsymbol{R}, z)$ 为该点的电子束波函数，这里考虑到样品厚度的影响（严格地说，并不是所有原子都在焦平面上）；$V_{\mathrm{eff}}(\boldsymbol{R}, z)$ 为该点对电子束的有效散射势能。

从式（5-2）中不难看出，最终成像的质量取决于入射探针的会聚程度。因此，电磁透镜的会聚能力是获取高质量透镜成像的关键。应当指出的是，由于电子束对于小分子碎片（如表面残留的少量PMMA解聚产物）有促进聚合的作用[16]，ADF像对于石墨烯的洁净程度十分敏感，在污染物都以碳元素为主的前提下，单原子层的石墨烯的衬度往往无法与污染物相比。因此，在石墨烯等低维碳材料的透射电子显微镜成像与谱学表征之前应保证材料表面的清洁。

（2）微分相位衬度成像与积分-微分相位衬度成像

DPC成像与iDPC成像是近几年人们新发展的相位衬度成像方式。与HRTEM技术等相位成像类似，它的图片衬度同时反映了轻原子与重原子的贡献。

在STEM技术中，若忽略非弹性散射引起的振幅变化，则最终在探测器上得到的电子波就是会聚束电子衍射（convergent beam electron diffraction，CBED）花样。所有的STEM技术本质上都是移动电子束得到一系列CBED花样之后对其进行重构（图5-4）[17]，实际操作中直接对探测器出射电子束强度 I_{D}在 $\boldsymbol{k}$ 空间上积

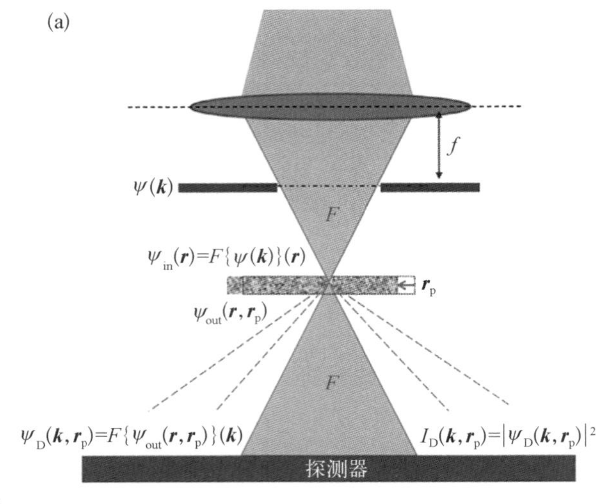

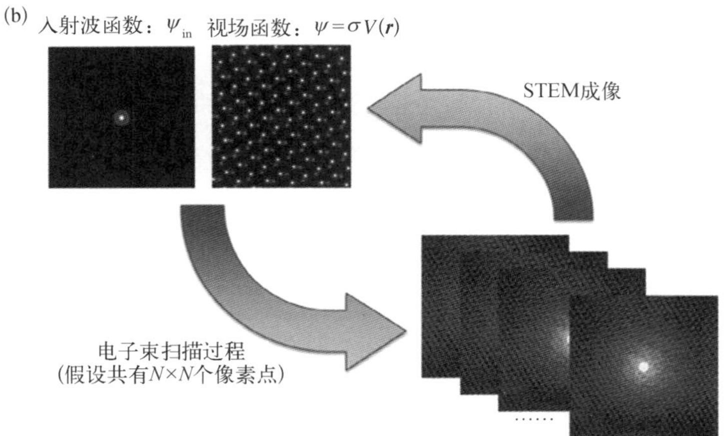

图 5-4 STEM技术的成像原理[17]

（a）STEM的光路，其中电子束扫描过程的位移被等效为样品的位移 $\boldsymbol{r}_p$；（b）STEM扫描过程的示意图，每个扫描位置都会生成相应的CBED花样，而任何STEM技术都可使用CBED花样的特定部分来重构对象

分得到图像，而不用记录每一个位置的CBED花样。特殊地，四维STEM（4D-STEM）技术是直接对CBED花样的记录与重构，极为庞大的数据量解放了人们对球差矫正的苛刻要求，这将在后文提及。

iDPC-STEM技术使用四个分立的四象限探测器直接对样品的带电粒子产生静电势场成像。对于静电势，显然在原子核位置有极大值，因而也可以成原子级分辨的图像。

样品的电场是样品静电势的梯度，会影响通过样品的电子束。如果样品很薄，撞击点的电场会使电子成比例地偏转，这种偏转可以通过在远场探测电子的位置来测量。在探测器平面上，可以得到相应的 CBED 花样，CBED 花样的质心(center of mass, COM)位置与入射位置的局部电场保持线性关系(质心相对于合轴的坐标原点不断地偏移矢量$\boldsymbol{\mu}$)，通过扫描整个样品，可以得到完整的COM矢量场，通过对测量的 COM 矢量场进行积分，就可得到了 iCOM 标量场，这一结果是对样品静电势的线性测量。iDPC - STEM 技术本质上是一种获得 iCOM 标量场的方法。

实际上，由于 COM 位置的位移，CBED 花样在四象限探测器中每个象限的积分强度都不一致，从而导致衬度差异。两个相对的象限的积分强度相减，就可以得到样品电场在一个方向上的分量，根据矢量相加原理，就可以获得 DPC。将其积分，就得到样品的静电势场，且其衬度最终反映出原子核的位置，这就是 iDPC - STEM；若将其微分，则就是 dDPC - STEM。简单地讲，CBED 中心位移是由于样品的静电势场引起的，DPC 成像的衬度唯一与这种移动有关。iDPC - STEM 是样品的原子核电势在 z 方向上的投影，而 dDPC - STEM 则是样品电荷密度在 z 方向的投影。显然，轻重元素原子核对成像都会有贡献，因此 iDPC - STEM 是可以同时反映轻重原子位置的成像技术(图 5 - 5)[17]。

图 5 - 5

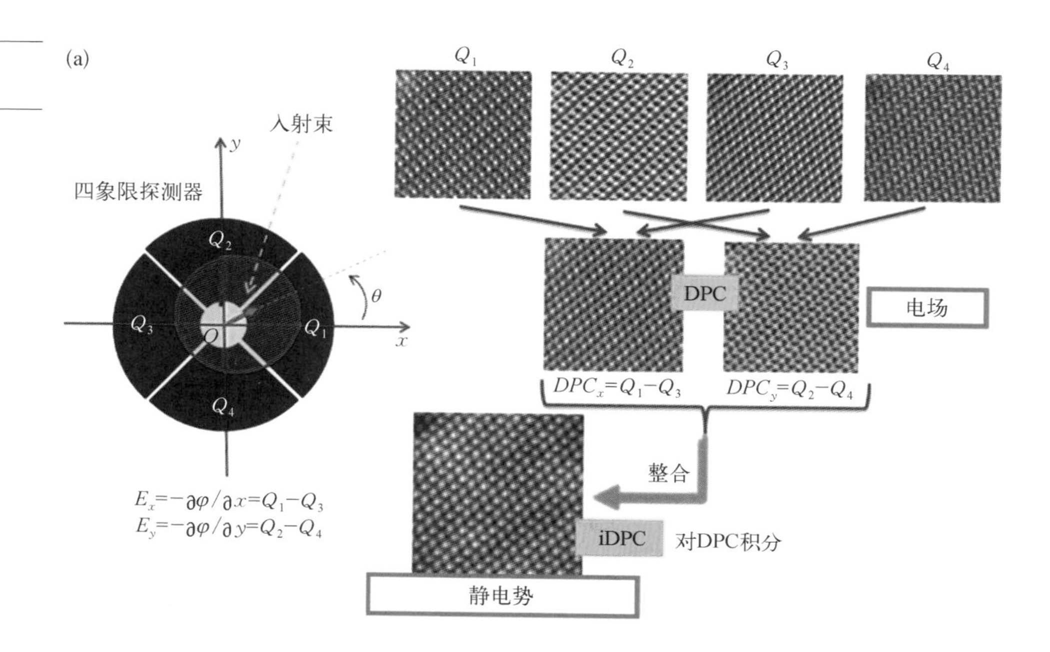

图 5-5 续图

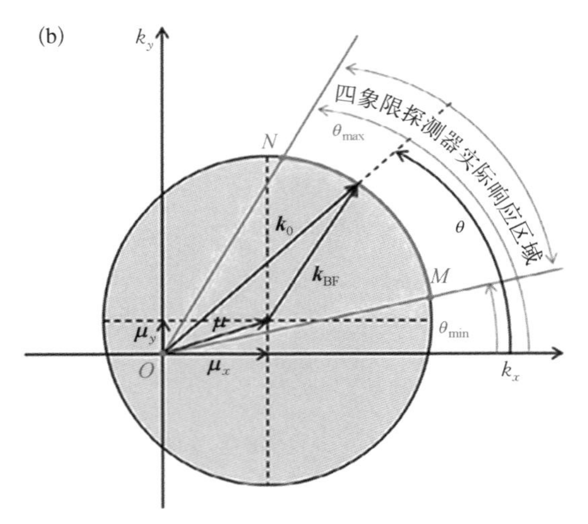

（a）iDPC-STEM 成像原理图；（b）四象限探测器的实际响应区域示意图

如图 5-5(a)所示，iDPC-STEM 成像先由四象限探测器独立获取图像后相互做差得到 DPC，再积分实现。如图 5-5(b)所示，当会聚电子束经过光阑后，只有一部分电子束会通过并照射在样品上。如果没有样品，得到一个明亮均匀的圆盘（称为明场盘），形状取决于光阑的形状，通常为半径为 $|\boldsymbol{k}_{BF}|$（$\boldsymbol{k}$ 空间）的圆形。$\boldsymbol{k}_{BF}$与电子束波矢 $\boldsymbol{k}_0$ 的关系为 $\boldsymbol{k}_{BF} = \alpha\boldsymbol{k}_0$，其中 α 为收集半角。通过样品后，当且仅当 $|\boldsymbol{k}_0 - \boldsymbol{\mu}| \leqslant |\boldsymbol{k}_{BF}|$ 时，CBED 花样在四象限探测器上的强度 $I_D = 1$，否则 $I_D = 0$，由此获得四象限探测器的实际响应区域，即图中类扇形区域 *NOM*。

比较 iDPC-STEM 技术与其他传统的 STEM 技术不难发现，iDPC-STEM 成像可利用的出射电子数量大于其余的成像技术（图 5-6）[17]。因此，当进行 iDPC-STEM 成像时，入射电子束的束流可以进一步降低，因而 iDPC-STEM 技术可用于对电子束敏感材料的成像。

5.1.2 透射电子显微镜中的电子衍射

通过选区光阑，选取一定范围样品的衍射花样，进而分析其晶体学信息，从而实现样品微观形貌与晶体学性质的对应，即为选区电子衍射（SAED）技术。

SAED 技术利用透射电子显微镜物镜像平面的选区光阑，对样品的特定区域

图 5-6 iDPC-STEM 技术与其他传统的 STEM 技术成像模式的对比[17]

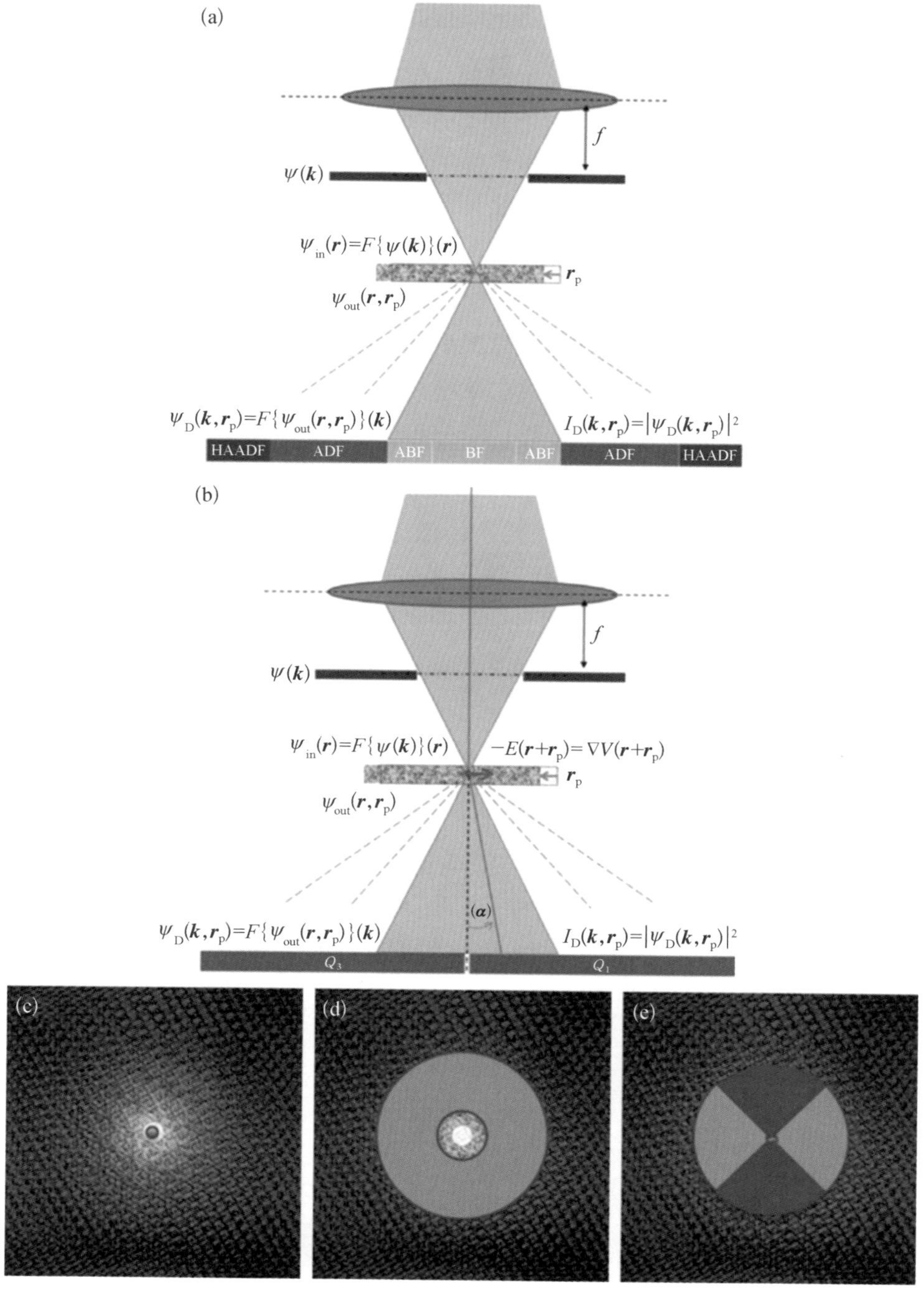

（a）高角环形暗场像（HAADF）、环形暗场像（ADF）、环形明场像（ABF）和明场像（BF）的光路图；（b）iDPC-STEM 的光路图；（c）~（e）BF-STEM、ABF-STEM 与 iDPC-STEM 成像所使用的 CBED 花样范围

进行选择(图 5-7),获得所选区域的电子衍射图案。对于加速电压为 100 kV 的透射电子显微镜,选区电子衍射范围最小约为 0.5 μm;当加速电压为 1000 kV 时,选区电子衍射范围最小可达 0.1 μm。实际上,由于衍射电子强度与透射电子束相当,透射电子束的存在会使得衍射花样的强度分析变得复杂。

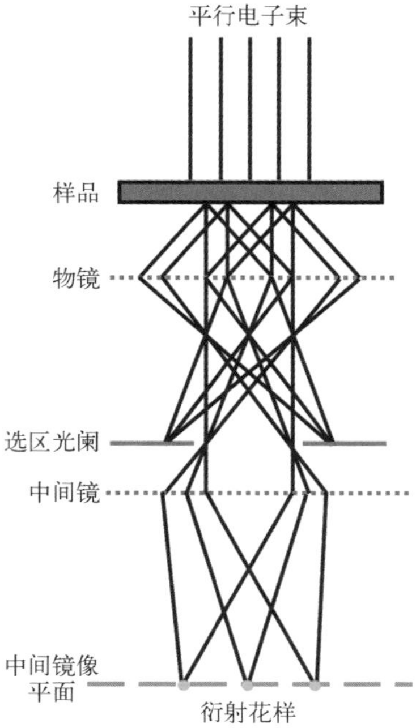

图 5-7 SAED 技术原理示意图

基于衍射的布拉格方程,可以推算出一系列晶格在特定入射方向(称为带轴)下倒易空间中的点阵图样,从而进一步分析实空间中晶格信息。选取特定的衍射点成像,而直接透射电子束不参与成像,则称之为暗场像,通过暗场像还可以得到晶区的分布、位错等信息。

如果将平行入射的电子束改为会聚入射,那么后焦面将得到极为复杂的衍射盘花样,这就是 CBED 技术。CBED 携带了电子束辐照晶体区域的结构信息,但 CBED 衍射盘的信息解读要求对电子束波动力学具有较深的理解。在球差校正的 ADF-STEM 技术成熟之前,CBED 技术曾经被用来做很多复杂的成像分析,以解决复杂的实物结构问题。如今,实空间原子像(ADF-STEM 成像)由于其简洁直观的特性越来越受科研工作者的青睐。但是,对 CBED 衍射盘的解析仍然十分重要。例如,通过对一系列随着电子束位置不同而改变的 CBED 花样的解析,可以快速地获得原子级分辨图像,这就是 4D-STEM 技术[18]。4D-STEM 技术方兴未艾,背后体现的则是“古老”的 CBED 解析技术的回归。显然,4D-STEM 技术也是基于出射电子束相位衬度信息的获取与解读的技术,因此这种技术得到的图像也是相位衬度像。由于对用来成像的出射电子束收集角要求不高(作为对比,ADF-STEM 往往需要收集大散射角的出射电子束),4D-STEM 技术成像效率很高,也就是说,入射电子束的束流可以进一步降低,并且每个像素点的驻留时间也不需要太长。因此,4D-STEM 技术与之前提到的 iDPC-STEM 技术一样,都是通过改变收集角度来提高成像效率的相位衬度成像技术。

在一系列扫描电子束纳米衍射花样(scanning electron nano-diffraction,

SEND)被像素化的电子探测器一一记录后，需要通过每个区域单独的衍射花样对扫描的整个区域进行重构。图 5－8(a)(b)给出了上述过程的示意图，而图 5－8(c)(d)给出了重构的结果。图 5－8(c)是利用 4D－STEM 技术重构得到的双层石墨烯的原子级分辨图像，可以清晰地辨认出碳原子。在对包裹有碘原子与碳纳米结构的双壁碳纳米管样品的 ADF 成像中[图 5－8(d)]，可以明显观察到碘原子的存在，但碳纳米管等碳纳米结构成像效果很差，而使用 Wigner 加权去卷积方法矫正后进行重构，可以同时对碘原子和碳纳米结构清晰地成像[19]。

图 5－8

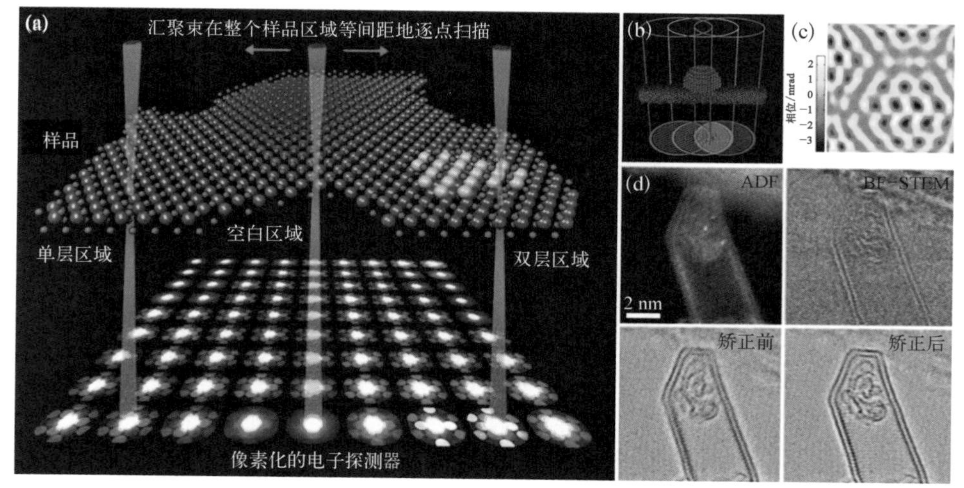

（a）像素化的电子探测器记录的 CBED 花样与被扫描的样品形貌之间的关系示意图；（b）使用互有部分重叠的电子束重构出射波的相位可得到样品信息；（c）利用 4D－STEM 技术重构得到的双层石墨烯原子级分辨图像[18]；（d）不同成像手段获得的包含有碘原子与碳纳米结构的双壁碳纳米管样品的透射电子显微镜图[19]

5.1.3 透射电子显微镜的电子能量损失谱学

EELS 是分析入射电子经过样品的非弹性散射作用后电子的能量分布得到的谱图，实际上是非弹性散射截面对能量的微分($d\sigma/dE$)[20]。电子经过非弹性散射过程后，失去了部分能量，分析这些能量损失过程可以推测样品原子的化学环境和电子结构，从而揭示了它们的元素组成与价态、键合情况、最近邻原子、样品厚度等结构信息，以及它们的介电函数、自由电子密度、能带结构等物理性质的信息。实际上，电子的能量经过非弹性散射过程后有可能增加，这种获取能量的过程也有其物理意义，但是目前相应的研究工作并不多。

在与高空间分辨的透射电子成像技术结合之前，EELS技术主要用来对物质的表面物理化学性质进行研究。其使用的入射电子束能量较低，为100～1000 eV，此时出射电子是样品表面的反射电子。通过这样的反射式EELS技术可以探究表面原子与吸附原子或分子之间的成键作用，表征化学键的振动及这些表面原子的价电子激发。时至今日，这项技术仍广泛应用于研究表面和吸附原子或分子的物理化学性质。

当使用高能电子束辐照较薄(厚度往往小于100 nm)的样品时，由于高能电子束穿透力较强，绝大部分电子将会直接穿过样品，此时电子的能量损失过程不仅仅会发生在样品表面的几个原子层，也发生在样品内部，因此可以得到包括样品表面和内部的整体信息。如果将高空间分辨的成像技术与高能量分辨的电子光谱技术结合在一起，就可对样品的原子结构和电子结构同时进行分析表征。

1. 零损失峰与低能损失区

零损失峰(zero - loss peak，ZLP)是弹性散射电子在EELS上对应的峰。值得注意的是，零能量损失的电子并不完全是弹性散射电子，如果非弹性散射电子的能量改变小于能谱仪的能量分辨率，那么这些电子和弹性散射电子就无法被仪器区分。因此，ZLP除校准谱图零位的功能之外，另一大功能是判断测试时的能量分辨率。ZLP的半峰宽(full width at half maxima, FWHM)被普遍定义为能谱仪的能量分辨率。能量分辨率除了跟电镜本身的单色性调校有关外，也跟采集步长有关。常用的美国Gatan等公司的能谱仪往往可以采集宽度可调的能量损失区间，使用时可以根据所需信号区间灵活选择。Gatan公司还开发过Dual EELS等新设备，可以同时采集不同步长的EELS，这样避免了反复采集对样品造成的损伤。另外，EELS原始数据是直接记录在能谱仪的CCD上的，CCD的革新改进使得辐照电子剂量耐受度不断增强，因此采集信号的积分时间也就可以更长，这对提高信噪比大有助益。

低能损失区往往被认为是能量损失在100 eV以下的区域，这部分能量区间中有一部分信号仍可能是来自原子序数较大的元素的浅能级电离边，其物理性质本质上也是芯能级电离边，这将在后文进行讨论。其他的信号则多种多样，总体规律是大多给出样品的集体行为信息。低能损失区信号的采集往往对能量分辨率要求很高,以避免信号被 ZLP 的拖尾所掩盖。表 5-1 给出了能量分辨率为 300 meV(冷场发射电子枪经加速后出射的电子束的能量)和 60 meV(经单色仪过滤后的能量)时不同能量损失位置的 ZLP 拖尾的信号强度(峰值与 ZLP 值之比)对比,从表中可以清晰地看出高能量分辨率对于信号采集的重要作用[4]。

表 5-1 不同能量损失位置的 ZLP 拖尾的信号强度对比

能量损失位置	300 meV	60 meV	提高倍数
100 meV	77%	1.2%	65
200 meV	44%	0.25%	176
300 meV	23%	0.1%	230
500 meV	5.6%	0.02%	280
1000 meV	0.4%	0.004%	100

下面具体分析一些低能损失区的典型信号。

样品在外界电子束的辐照下会发生极化现象,不同种类的范德瓦耳斯材料会有不同的极化子(图 5-9)[21]。这些极化子的产生要求电子束发生一定的能量改变或动量改变。动量改变的典型例子是声子在动量空间的色散谱,这将在后文进行详细讨论。通过分析出射电子损失的能量,就可以理解这些物理变化的过程,通过分析不同的能量损失区间,还可以得到不同的极化子信息。

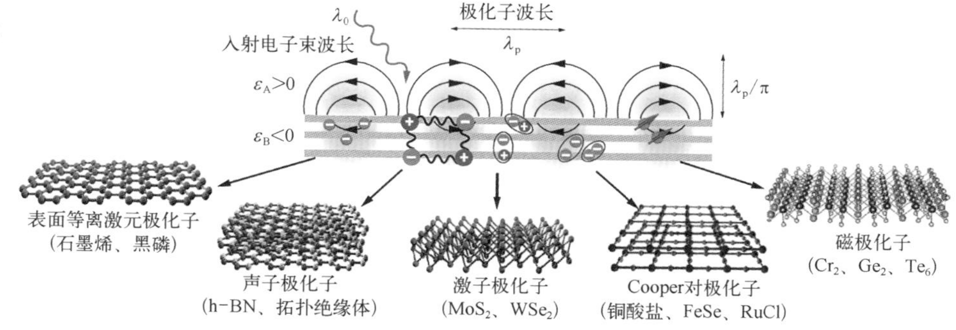

图 5-9 范德瓦耳斯材料中的极化现象[21]。极化现象可以源于不同物质的不同极化子

固体中的价电子可以看成一系列耦合振子,价电子之间、价电子和入射电子之间存在静电力作用。较为简化的模型是将价电子的行为看成自由粒子,遵循 Fermi-Dirac 分布函数,组成自由电子气,而离子芯组成的晶格对其产生微扰,导

致电子的有效质量不再是静止质量。同时，在外界电场作用下，这些价电子发生集体振荡（特征角频率为 ω_p），在晶格的阻尼下衰减，这种振荡称为体等离子体振荡（与表面等离子体振荡对应），可用能量 $E = \hbar\omega_p$ 的准粒子来描述。当样品比较厚时，等离子体峰的强度会随着厚度而变化，等离子体峰的位置基本不变，可以以此来判断样品的相对厚度与绝对厚度（图 5-10）[20]：

$$\frac{t}{\lambda} = \ln \frac{I_t}{I_0} \tag{5-3}$$

式中，t 为样品的相对厚度；λ 为所有非弹性散射过程总的平均自由程，是指电子发生两次非弹性散射过程之间通过的距离；I_0 和 I_t 分别为零损失峰和等离子峰的强度。实际上由于收集光阑有特定的收集角 β，这里的 λ 是受限于 β 的有效平均自由程，与理论计算的值不完全一致。

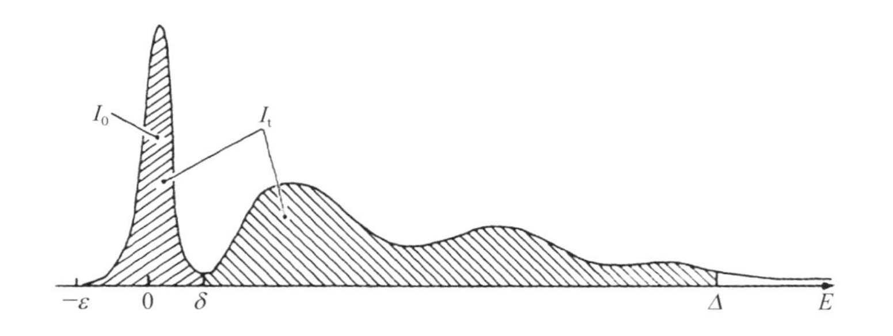

图 5-10 典型的低能损失区的 EELS[20]

以上是利用 EELS 计算样品的相对厚度最常见的方法。如要计算样品的绝对厚度，可使用经验公式（5-4）简单地估算其平均自由程，从而估算其绝对厚度。

$$\lambda(\mathrm{nm}) = 0.8E_0 \tag{5-4}$$

式中，E_0 为入射电子能量，keV。

对于金属材料，因为导带电子的运动不易受晶格影响，上面讨论的等离子体模型可以对价电子激发的 EELS 给出很好的描述。然而在所有材料中，另一种普遍的能量损失机制是，透射电子将一部分能量转移到原子的单电子上，这种单电子激发会让等离子体峰的峰形出现精细结构，也会导致等离子体峰展宽甚至位置移动。单电子激发与集体的等离子体振荡的耦合在半导体和绝缘体中非常常见。

在半导体和绝缘体中，束缚态等离子体的能量为

$$E_{\mathrm{p}}^{i} \approx \sqrt{E_{\mathrm{g}}^{2} + E_{\mathrm{p}}^{2}} \tag{5-5}$$

式中，E_{g} 为带隙；E_{p} 为自由电子模型中等离子体振荡能量。对于所有的半导体和部分带隙较窄的绝缘体，$E_{\mathrm{g}}^{2} \ll E_{\mathrm{p}}^{2}$，此时表现为 $E_{\mathrm{p}}^{i} = E_{\mathrm{p}}$ 。也就是说，此时仍然可以用等离子体模型讨论价电子的激发。特别地，如果价电子的束缚能有明显的差异，比如石墨中每个碳原子的价电子包括一个离域的 π 电子和三个束缚能更高的定域 σ 电子，这两组电子会各自振荡，实际观测中会得到两个分离的峰(分别位于约 7 eV 和 26 eV)，其中引起 σ 电子振荡的能量也一样会引起 π 电子振荡，一般记为(σ + π) 等离子峰。人们发现，悬空石墨烯的(σ + π) 等离子峰的位置还会随层数的增加而向高能区移动，10 层以上时就几乎会与石墨相当，而 π 等离子峰无明显变化；对于在 6H - SiC 上外延生长的石墨烯，两个峰均会在层数增加时向高能区位移(图 5 - 11)[22]。

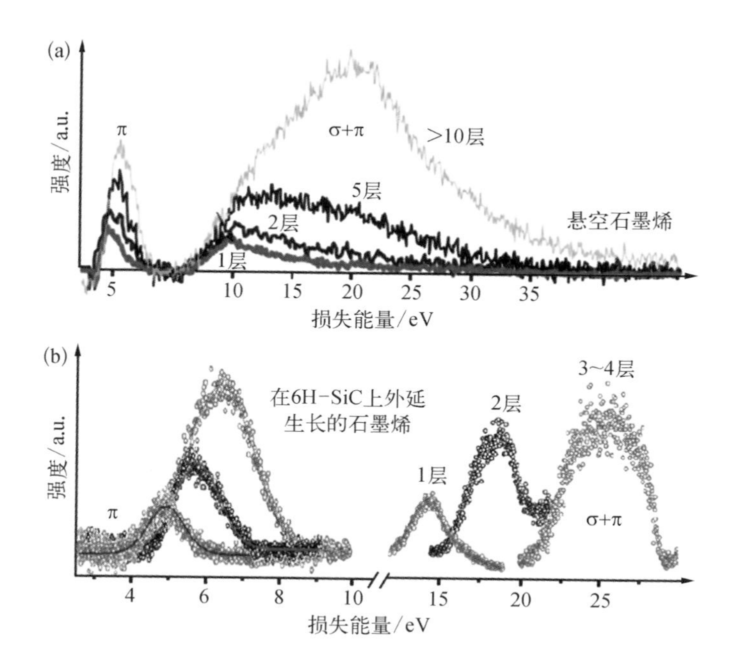

图 5 - 11 悬空石墨烯(a)与在 6H - SiC 上外延生长的石墨烯(b)的测试结果[22]。石墨烯 π 等离子峰与(σ + π)等离子峰是层数依赖的

石墨烯的 π 等离子峰与(σ + π)等离子峰的研究已经非常深入，现在有研究者认为单电子激发也可导致这两个峰的出现[23]。Nelson 等[23]经过 STEM - EELS 测试及 DFT 计算发现，石墨烯的介电函数实部并不经过零点(图 5 - 12)，而这是等离

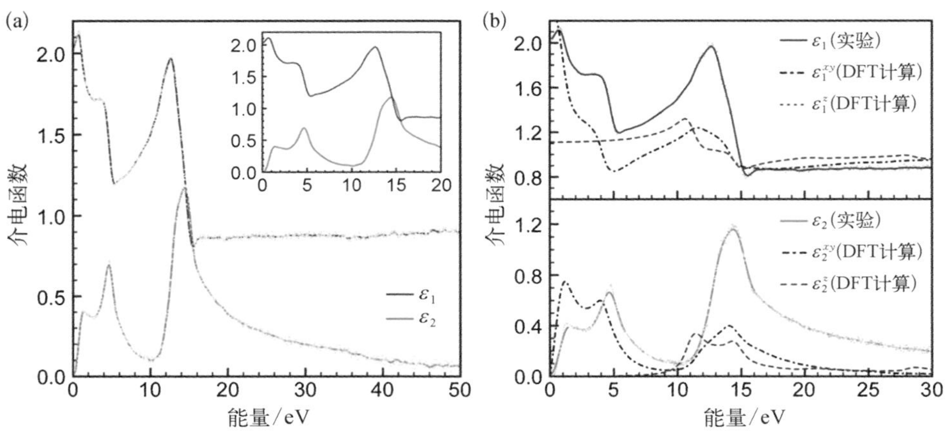

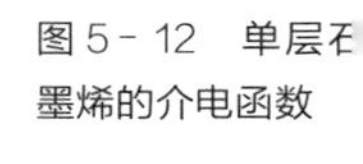

图 5-12 单层石墨烯的介电函数

（a）单层石墨烯介电函数的实部（ε_1，蓝色点）和虚部（ε_2，红色点）的实验数据（从 STEM-EELS 测试结果中分析得到），可以看出 ε_1 始终大于 0，右上角插图给出了平滑的结果；（b）实验数据与 DFT 计算数据的对比，其结果基本一致

子体在金属性的无阻尼系统中存在的必要条件。单电子激发过程为理解这两个峰的动量色散等问题提供了另一种思路。

能带结构是材料重要的基本物理性质，可以通过角分辨光电子能谱等仪器来直接表征。外界电子透射样品后，将价带电子甚至内层电子激发到费米能级以上，达到导带，所需的能量就会被 EELS 记录下来；同时，谱峰的强度正比于激发跃迁的概率，于是谱峰的强度又与费米能级以上的态密度相关。通过研究分析这样的激发跃迁过程引起的能量损失，可以获得样品的能带结构信息。被激发电子成为自由电子，因此会被再次激发振荡，从而呈现一个大的等离子体包峰。往往需要用切线拟合等方法确定等离子体包峰的起点，即为所探测区域的带隙。如果材料并非直接带隙半导体，则需要在动量空间中考虑能量损失过程，否则只激发垂直跃迁得到的就不再是本征带隙的正确结果。M-EELS 将在后面讨论其原理。与带间激发跃迁谱峰类似的还有能量相近的激子峰，激子峰也已经被证明存在动量色散[24]。非直接带隙半导体的带隙测定与激子峰的动量色散过程可以用 M-EELS 研究。

需要强调的是，石墨烯等低维材料在 100 eV 以内的能量损失区间可以发生非常丰富的物理过程，不同材料组成的异质结可能会导致不同物理过程的相互耦合，如激子-激子耦合（涉及电荷转移过程）、等离激元-声子耦合、等离激元-激子耦合等，通过 EELS 表征也可充分分析其物理图像。随着电镜技术的发展，获取高质量的谱图已经不再是我们是否能够获取准确物理信息的决定步骤。

2. 芯能级的电离边

激发内层芯能级电子到费米能级上需要损失较大的能量，这种损失过程称为电子层的电离边。由于电离能对应特定元素的特定电子层，对这一电离过程的表征可用于直接的元素识别。实验所得的电离边包括内壳层损失边、近边精细结构和广延精细结构。

电离边的起点与电离层的能级位置有关，对应元素信息，而近边精细结构和广延精细结构分别可以用多次散射和单次散射模型解释，因而可以得到激发原子周围的配位情况。但是从激发跃迁的角度，EELS 中最终的峰位置与峰强度同未占据态的能级结构有关，态密度大的能级对应较大的能量损失，表现为一个强峰，因此分析电离边的信息可以得到原子的化学环境，并推算价态等化学信息。高能量分辨率的高能损失区能的 EELS 谱对于研究晶界、缺陷等有非常重要的意义（图 5－13）[25]。

图 5－13

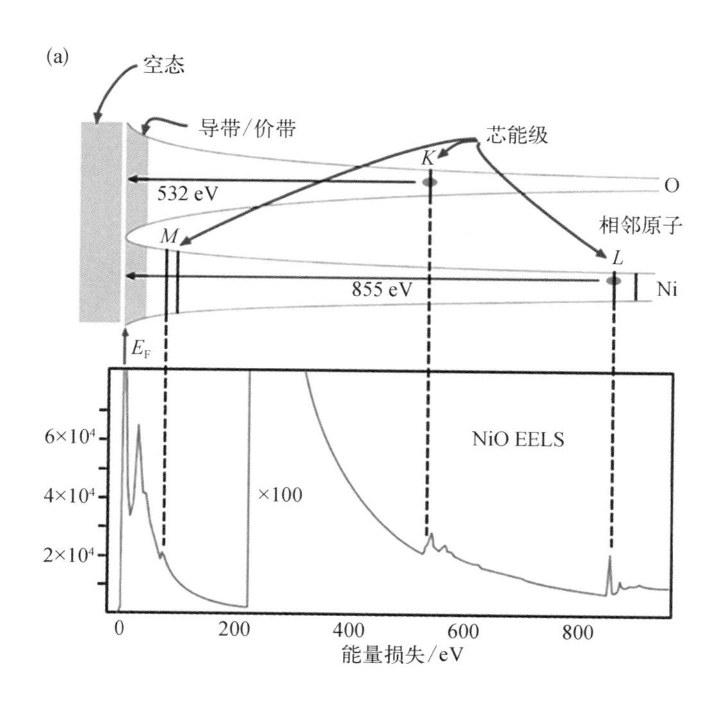

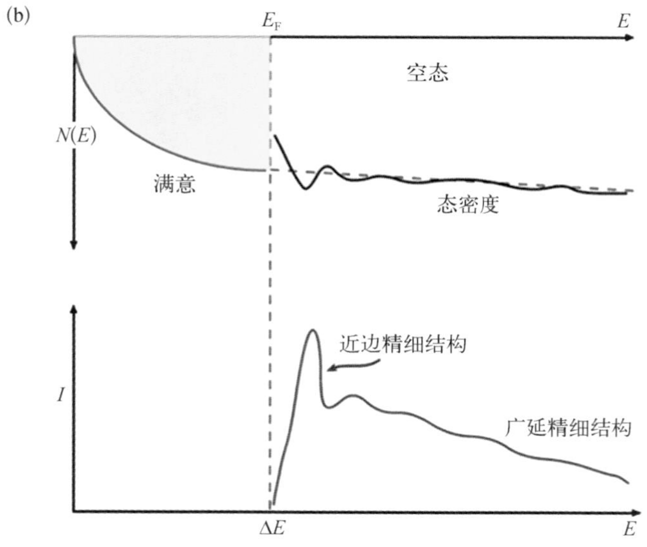

图 5-13 续图

（a）芯能级电离过程与价电子电离过程（以 NiO 为例）；（b）近边精细结构可以反映空态的态密度变化[25]

3. M-EELS

前面讨论了结合空间分辨率和能量分辨率的表征技术，但这一技术不涉及动量转移过程，而动量转移往往在各种激发跃迁过程中起到重要作用。同时，具有空间、动量、能量分辨的 EELS 技术将揭示更深入的物理过程[26]。

图 5-14 给出了散射过程中电子束动量改变的原理。通过简单的矢量相减，可以得出任意一束散射角为 θ 的出射电子束的动量改变值 $\boldsymbol{q}$，其可以矢量分解为垂直和平行入射电子束的分量，即 $\boldsymbol{q}_{\perp}$ 和 $\boldsymbol{q}_{\parallel}$。非弹性散射的散射角 θ 往往不太大，此时 $|\boldsymbol{q}_{\perp}|=|\boldsymbol{k}|\theta$，$|\boldsymbol{q}_{\parallel}|=|\boldsymbol{k}|\dfrac{|E-E'|}{2E}$，其中 E 为入射电子束能量，E' 为出射电子束能量。对于某一特定的能量损失过程，出射电子束损失能量为 $|E-E'|$。不难看出，如果将 EELS 收集光阑偏移 θ，则可以收集特定动量改变的能量损失过程。考虑到收集光阑有一定的收集角 β，此时收集的散射角范围为 $[\theta-\beta,\ \theta+\beta]$。如果 β 太小，则过少的收集电子会产生较低的信噪比；如果 β 过大，则无法准确探究特定动量改变下的物理化学过程。

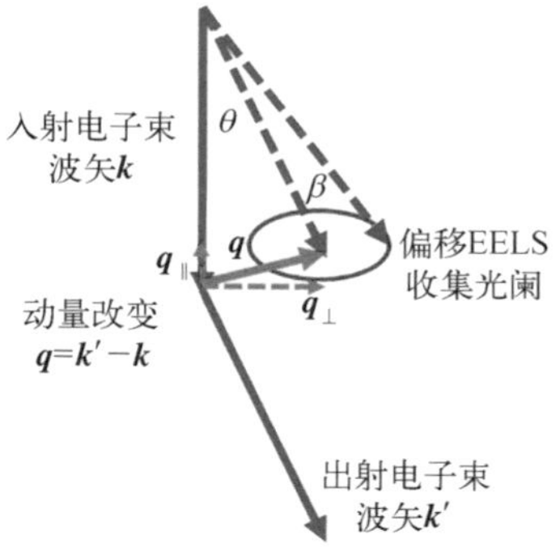

图 5-14 M-EELS 实现原理

除了图 5-14 中最直观的偏移 EELS 收集光阑外，也可通过倾斜入射电子束来实现动量分辨。因为原定的像散矫正是在光路合轴的前提下进行的，偏移 EELS 收集光阑和倾斜入射电子束均会引起较大的像散，因此偏移后应重新进行矫正。

5.1.4 石墨烯的低能透射电子显微学成像与衍射

通过对石墨烯的低能透射电子显微学成像表征，可以实现石墨烯的碳六元环及其晶界、缺陷等局部位置的精确成像。

Kim 等[27]介绍了透射电子显微镜解析石墨烯晶界的几种常规手段。为了细致地对单层石墨烯组成的晶界成像，他们分别使用了 STEM 模式下的电子衍射技术、TEM 模式下暗场成像和球差校正的高分辨 TEM 明场成像三种技术。其中通过球差校正的高分辨 TEM 明场成像技术可以获取石墨烯晶界的原子级分辨图像，并利用反快速傅里叶变换(inverse fast Fourier transform, IFFT)可以区分晶界两侧两个单层石墨烯的晶畴。

Kim 等首先用束斑直径为 45 nm 的平行电子束连续获取了电子衍射图案[图5-15(a)]。平行电子束的移动路径跨过晶界，在 5 个连续的位置分别得到 A 晶畴的衍射斑点[1 号位置，图 5-15(b)]，A、B 晶畴共同贡献衍射斑点[2～4 号位置，贡献不一致，图 5-15(c)]，以及 B 晶畴的衍射斑点[5 号位置，图 5-15(d)]。通过统计 A、B 两套衍射斑点中(0-110) 和(1-210) 两级衍射斑点的亮度，发现对于单层的样品，两级衍射斑点的亮度总是保持一致的[图 5-15(e)]；A 套两级衍射斑点与 B 套两级衍射斑点的亮度随着位置的改变(对总衍射花样的贡献改变)而连续变化，总体高度几乎保持不变[图 5-15(f)]。这说明 A、B 晶畴在同一平面内拼接成一个整体，其中形成了一个晶界，而并非空间叠合。

如果简单地采用 SAED 技术重复上述过程，则可能因为选取做电子衍射的区域太大使得现象不明显，例如，2～4 号位置得到的衍射花样完全一致，而 1、5 号位置需要处在更远的位置才可能得到一套单纯的衍射斑点，或者因其他邻近晶畴参与贡献衍射斑点而造成结果失准。

由于单层石墨烯在 TEM 明场像中的衬度很差，往往接近于真空的衬度，而

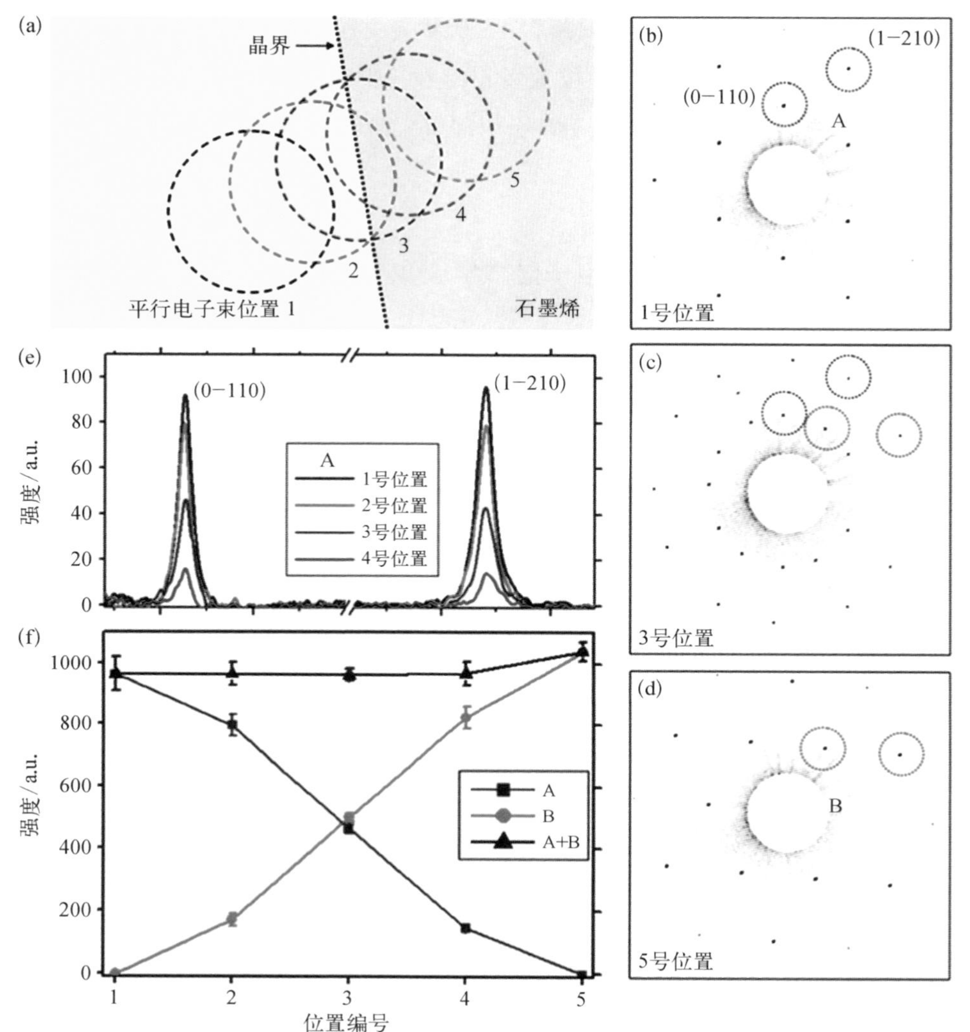

图 5-15 使用平行电子束电子衍射识别晶界的过程

（a）5个衍射斑点采集区域的示意图；（b）~（d）在1、3和5号位置处得到的衍射花样，作为示例，图（b）标示了一组单层石墨烯的衍射花样，而通过图（c）可知两片石墨烯成26°夹角；（e）A套衍射斑点中（0-110）和（1-210）两级衍射斑点的强度变化图，显示出单层的特征；（f）A套两级衍射斑点与B套两级衍射斑点的亮度的变化以及亮度总和，证明A、B晶畴并非空间叠合而是拼接成晶界

碳膜上的石墨烯则几乎无法贡献衬度，因此需要利用暗场成像来分辨石墨烯。在晶界处进行SAED后，将会得到两套衍射斑点。用物镜光阑套取其中任意一个衍射斑点进行TEM暗场成像，根据暗场成像模式的成像原理，贡献该点的晶畴就会“高亮”，因而可以轻松地勾勒出明暗两片晶畴之间的晶界，同时可以再取另一

套衍射斑点中的某个衍射点进行相同的操作,以重复检验是否得到正确的晶界位置(图 5-16)。

图 5-16 TEM暗场成像技术识别晶界的过程

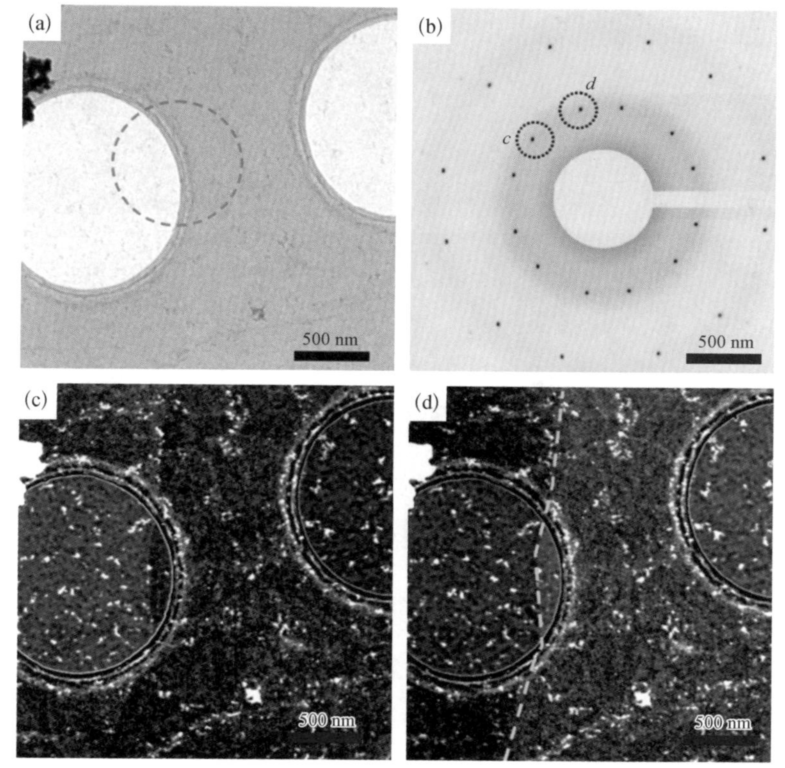

(a)单层石墨烯的 TEM 明场像,其中红色虚线圈出了做 SADE 的区域,该区域跨越了一个晶界;(b)样品的衍射花样,显示出两套单层石墨烯的衍射斑点;(c)(d)分别套取其中的一个衍射斑点进行 TEM 暗场成像,图(d)中黄色虚线标记的是晶界位置,可以看出两图明暗区域恰好互补,而共有的明亮区域为石墨烯表面的污染物

最后,还可以用球差校正的高分辨 TEM(ACTEM)直接进行原子级成像来解析晶界处原子结构(图 5-17)。ACTEM 的原理在第 2 章已经有详细的介绍,这里不做赘述。图 5-17(b)(c)中左下角插图是由图 5-17(a)中左下角插图花样得到的。可以在数据后处理时扣除另一套衍射斑点,然后经 IFFT 得到"屏蔽"了一片晶畴后的晶界附近原子级分辨图像,如图 5-17(b)(c)所示。由图可见,两图互补,说明两套衍射斑点确实分别来自这两片晶畴。图 5-17(d)中分别用红色与蓝色标记了晶界处的五元环和七元环,可见这些碳环交替出

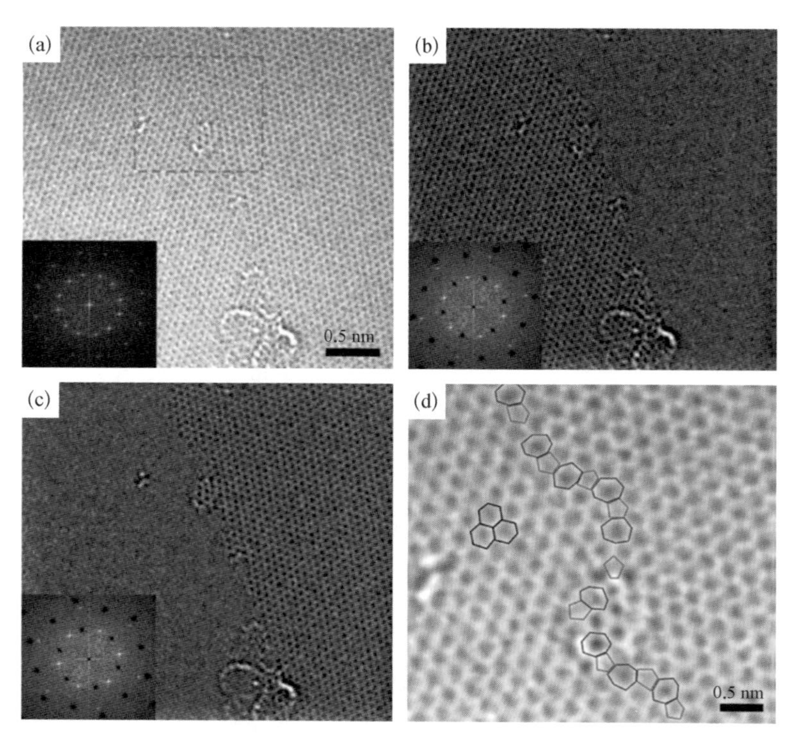

图 5-17 利用球差校正的高分辨 TEM 确定晶界处原子结构的过程

（a）晶界处原子级分辨成像，经 FFT 得到左下角插图，显示出两套点的特征；（b）（c）将图（a）中 FFT 花样分别扣除一套衍射斑点后经 IFFT 得到的结果，显示出两片互补的晶畴；（d）图（a）中红色虚线框标记区域的放大图，显示出清晰的原子结构

现，表示它们是形成能最小的晶界结构。这种缺陷被局限在晶界处，而并不影响邻近单晶区域的原子结构。如图 5-17(d)所示，其单晶区域仍保持六元环(图中用黑色标记)。另外，较之单晶区域，晶界处有更高的表面能，因此更容易吸附污染物。对于常见的聚甲基丙烯酰甲酯(PMMA)辅助转移的石墨烯样品，其表面污染物是在所难免的，往往需要通过退火等步骤进一步清除。

前面介绍的 iDPC-STEM 技术是 STEM 成像的新技术，可很好地用于电子束敏感材料的高分辨成像。与 dDPC-STEM 技术相比，iDPC-STEM 技术可以给出厚度变化的信息[图 5-18(a)(b)]；与 HAADF-STEM 技术相比，iDPC-STEM 技术可以在较低的束流下显示包括氧原子在内的所有原子排布，而且显著提高了信噪比[图 5-18(c)(d)][17]。

图 5-18

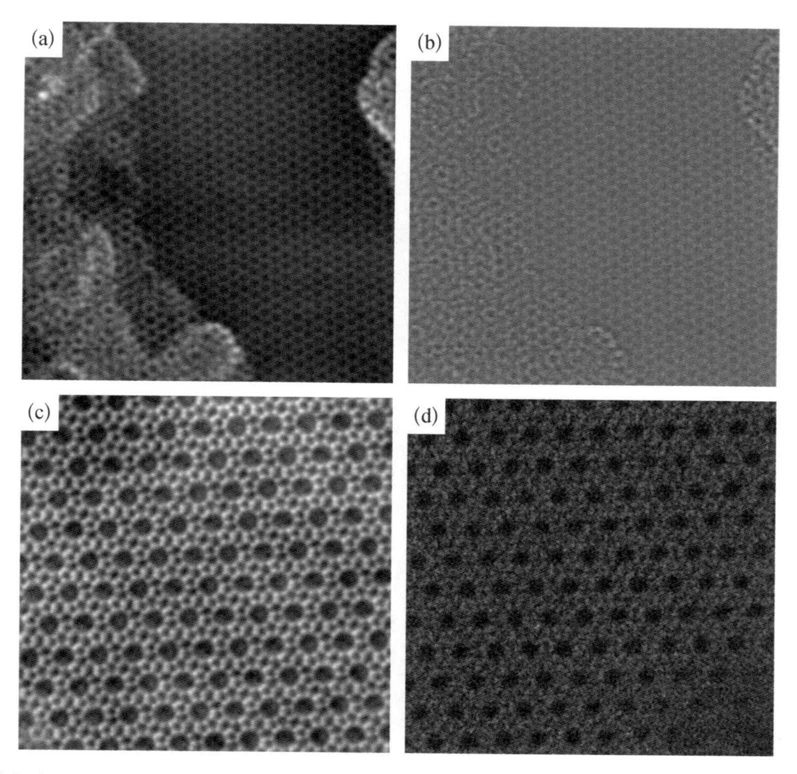

（a）（b）同一块石墨烯样品的 iDPC-STEM 与 dDPC-STEM 成像的结果，iDPC-STEM 像可以显示出不同厚度的明显差异；（c）（d）同一块分子筛样品的 iDPC-STEM 与 HAADF-STEM 成像的结果，iDPC-STEM 像可以给出包括氧原子在内的所有原子排布信息，并且显著提高了信噪比[17]

5.1.5 石墨烯的电子能量损失谱学

随着 STEM-EELS 技术的不断进步，人们已经可以将空间分辨、动量分辨与能量分辨结合起来研究问题。石墨烯作为二维材料，可以作为动量色散、带间跃迁等很多基础物理问题的研究模型，并且作为一种范德瓦耳斯材料，既可以研究单层石墨烯，也可以研究不同扭转角度的多层石墨烯，甚至还可以采用化学手段对其掺杂后观测其变化。因此，基于石墨烯的 STEM-EELS 技术研究近年来备受关注。本小节重点介绍在高空间分辨率基础上使用 STEM-EELS 技术，讨论动量空间中石墨烯的声子色散与前文提及的 π 等离子峰与 $(\sigma+\pi)$ 等离子峰。

1. 声子色散

材料中声子的传播影响着材料的热学、力学甚至电子输运等重要特性。因此，对声子色散（振动能量对动量的依赖性）的研究是理解和优化材料性质的重要手段。

然而，由于振动光谱学的空间分辨率局限性，无法用于二维材料（如石墨烯）的声子色散及层数、掺杂等局部变化对其影响的研究。一方面，非弹性 X 射线散射光谱或反射 EELS 等测量手段的空间分辨率极低。另一方面，尽管 EELS 已经被证明可以探测局部晶格振动，但是合轴的聚焦电子束与收集光阑限制了对动量空间信息的收集。

电子-声子、电子-电子相互作用等可以用相互作用玻色子模型描述，这种非弹性散射具有较高的散射截面，因此声子及等离激元可用 EELS 表征。M – EELS 结合高空间分辨、高能量分辨、高动量分辨，是研究低维材料声子色散的有力手段。

Senga 等[28]通过 M – EELS 测定了石墨、h – BN 及石墨烯的声子色散谱，用密度泛函微扰理论（density functional perturbation theory，DFPT）精确地重复和解释了实验所测得的信号强度（图 5 – 19）。除动量分辨之外，作者还讨论了不同振动模式（LA/ZO 模

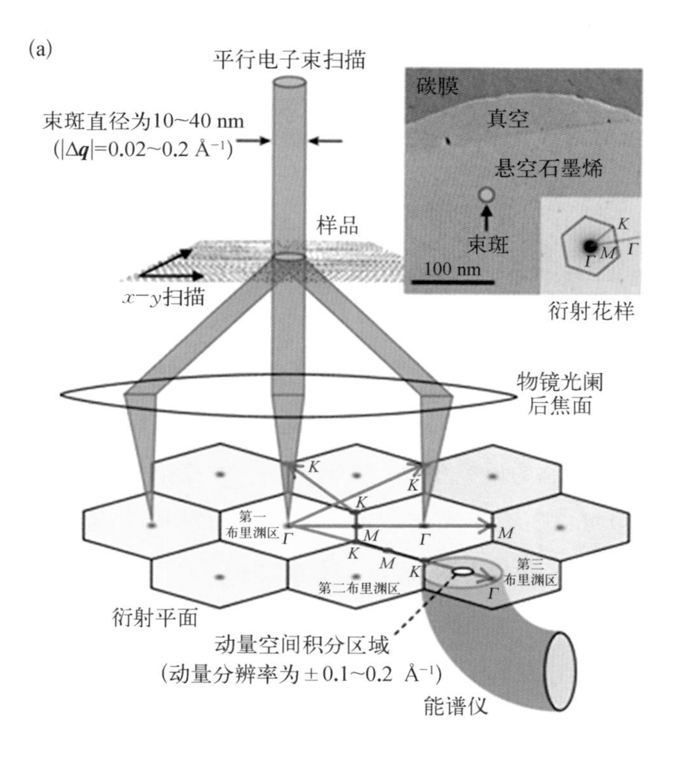

图 5 – 19

图 5-19 续图

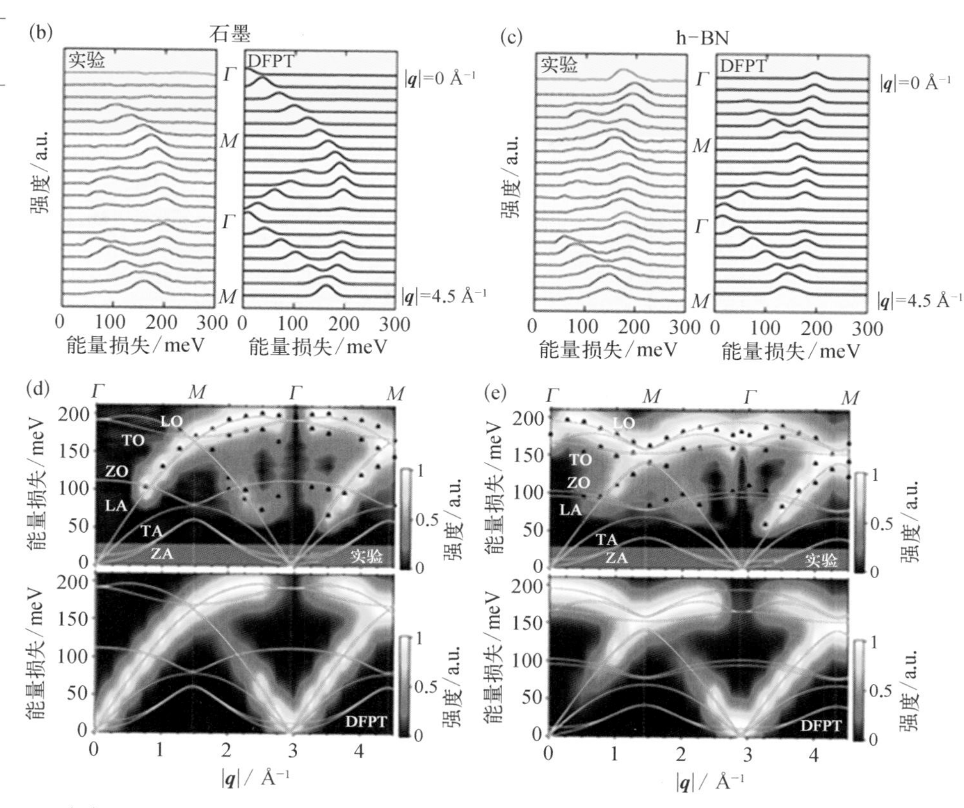

(a) M-EELS 测量方式示意图，插图为电子束辐照位置与该位置下实验得到的衍射花样；(b)(c) 石墨和 h-BN 的 M-EELS，两者均沿着 ΓMΓM 方向(从顶部到底部)采集光谱，动量分辨率均为0.25 $Å^{-1}$，每个 Γ 点用红色标出；(d)(e) 石墨和 h-BN 的动量色散与强度关系图，其中亮度是振动模式强度的标度，理论模拟的声子色散曲线用白色实线标出

与 LO/TO 模)的响应。作者在 $|q|=3.5\ Å^{-1}$ 条件下，对于边缘有台阶的石墨片进行了线扫描，发现能量较低的 LA/ZO 模对台阶有非常敏感的响应，强度变化比 ADF 衬度变化大得多；能量较高的 LO/TO 模则与 ADF 衬度变化几乎保持一致，对于厚度的变化不敏感。这一结果充分体现了M-EELS的高空间分辨、高能量分辨和动量分辨的优势。

2. π 等离子峰与(σ+π)等离子峰的动量色散与调控机制

(1) 石墨烯 π 等离子峰与(σ+π)等离子峰的动量色散

图 5-20(a)为石墨布里渊区的能带色散图，可见石墨烯、石墨的 π 电子和 σ 电子跃迁到 π^* 轨道或 σ^* 轨道的过程均是垂直跃迁，因此在 M-EELS 中，动量 $\boldsymbol{q}$ 越大，激发这些跃迁的可能性越低，表现为峰强度的下降[图 5-20(b)][22]。

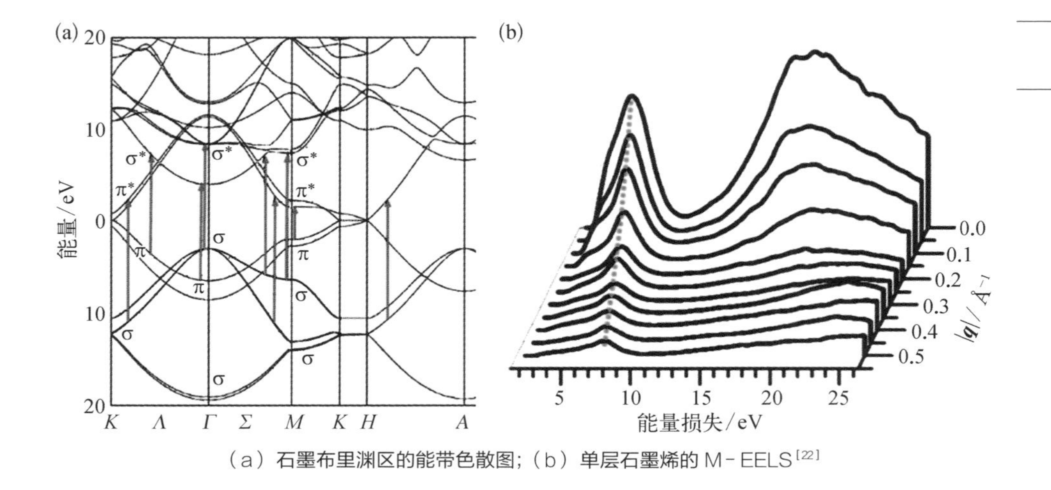

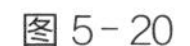

图 5-20

(a) 石墨布里渊区的能带色散图；(b) 单层石墨烯的 M-EELS[22]

在图 5-20(b)中，红色虚线标出的 π 等离子峰(π→π*)强度随着动量的增加而减小，其峰位置也会向高能区移动。考虑到局域场效应(local field effect, LFE)，可以发现，悬空单层石墨烯、单壁碳纳米管及在 6H-SiC 上外延生长的单层石墨烯的峰位置与动量之间呈线性色散关系，而石墨及 Pt(111)面上的单层石墨烯则并不满足线性色散关系[图 5-21(a)]；增加石墨烯的层数，线性色散关系也会被打破，而在高动量点，不同层数的石墨烯与石墨样品的 π 等离子峰位置趋于一致

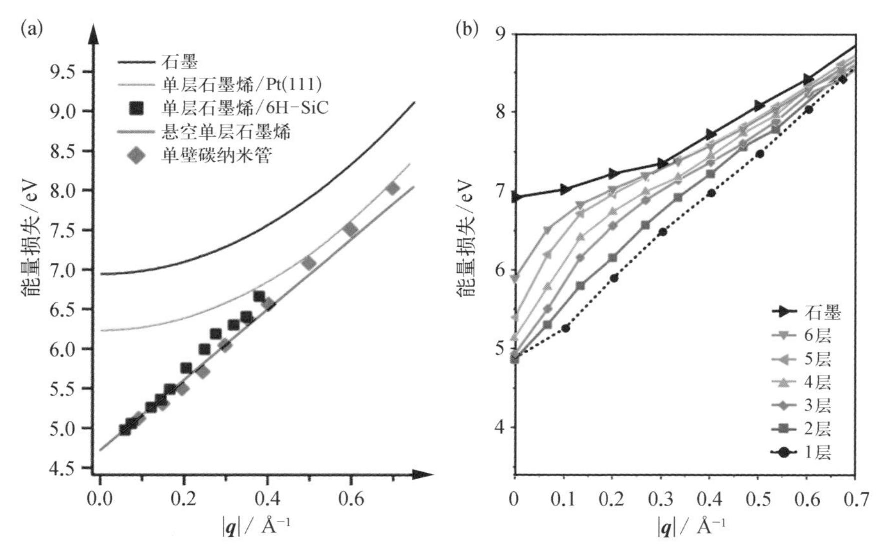

图 5-21

(a) 不同碳材料的 π 等离子峰的动量色散图；(b) 不同层数石墨烯的 π 等离子峰的动量色散图

[图 5－21(b)]。这一现象可以定性地解释为呈平面振荡波型的二维电子气中的静电势场随着距离的增加而呈指数级衰减，其波长反比于$|\boldsymbol{q}|$。在高动量点，电荷振荡波的波长小于层间距($d = 0.34$ nm)，这会导致库仑耦合作用消失，此时多层石墨烯与石墨的介电响应与单层石墨烯趋于一致[22]。

(2) 掺杂石墨烯的π等离子峰与(σ+π)等离子峰

掺杂是调控材料的电子结构的重要手段。Hage 等发现，石墨烯晶格中掺入 B 原子和 N 原子会使得局域探测得到的π等离子峰发生一定的变化，该变化局域在掺杂原子周围 1 nm 左右的区域内。其中，掺杂 N 原子会让π等离子峰向高能区位移，半峰宽变窄，而掺杂 B 原子则正好相反。另外，掺杂均会使得(σ+π)等离子峰展宽(图 5－22)[29]。

图 5－22

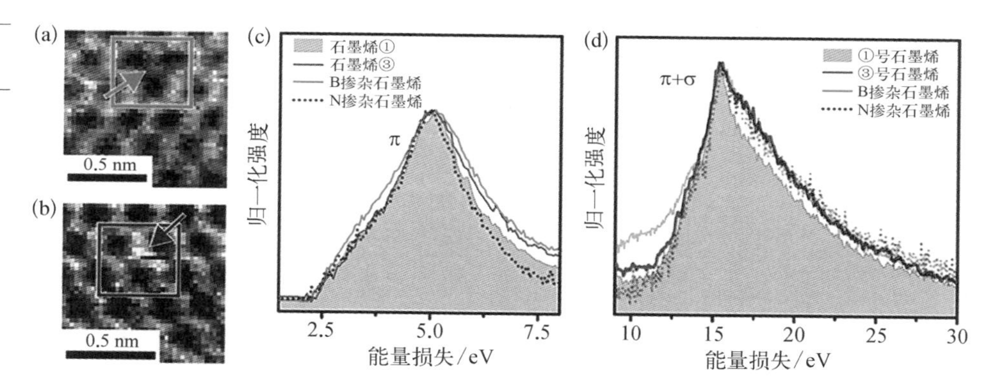

(a)(b) B 原子、N 原子掺杂的单层石墨烯的中角环形暗场像，其中暗衬度为 B 原子，亮衬度为 N 原子；(c)(d) 石墨烯与掺杂石墨烯的π等离子峰与(σ+π)等离子峰对比，其中③号石墨烯表面更接近非晶碳污染，相较于①号石墨烯，两峰均有展宽[29]

(3) 扭角石墨烯的带间跃迁

将两层石墨烯垂直叠合在一起，其性质与单层石墨烯相比会有许多不同之处，且这些性质中部分与扭转角度息息相关。例如研究发现，扭角石墨烯中会有新的带间跃迁过程，其为垂直跃迁，且能级差与扭转角度直接相关。

Basile 等用 STEM－EELS 研究了扭转角度不同的双层石墨烯[图 5－23(a)]的跃迁吸收谱。他们发现，当扭转角度在 14°以上时会出现新的吸收峰[图 5－23(b)(c)]，并且峰位置随着扭转角度的增大而向高能区位移[图 5－23(c)(d)]。这预示着双层石墨烯中有新的跃迁过程[30]。

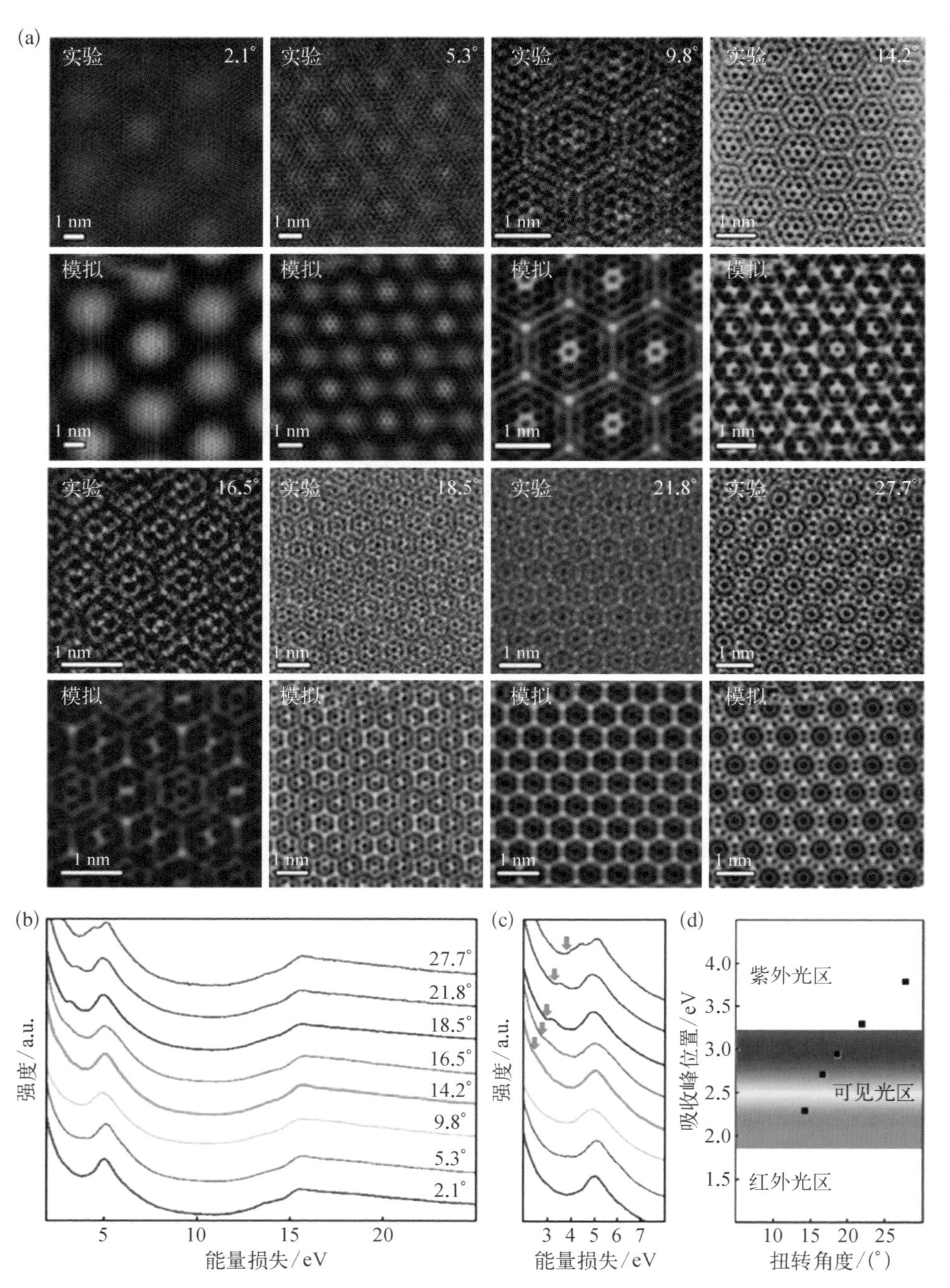

图 5-23 （a）不同扭转角度的双层石墨烯的中角环形暗场像与模拟图（使用 Qstem 模拟软件包），表现出一致的结果；（b）各个样品的 EELS；（c）图（b）中谱线的放大图，扭转角度在 14°以上时有新吸收峰出现（箭头标记处）；（d）吸收峰位置与扭转角度的分布关系图

5.2 扫描隧道谱

5.2.1 扫描隧道谱简介

扫描隧道谱(STS)是扫描隧道显微镜(STM)的一种工作模式,可以用来监测样品表面电子态密度的变化。当样品表面有不同种类的原子时,由于电子态密度的不同,样品的等电子态密度轮廓与样品表面起伏不再一一对应,此时需要通过STS对表面起伏与不同原子的电子态密度进行区分。不仅如此,STS还能给出表面电子结构、功函数及带隙等信息。

当STM针尖与被测样品之间无施加电压时,两者的费米面处于同一水平面。固定STM针尖位置后,施加偏压并记录偏压变化过程中隧穿电流的大小,就可以得到隧穿电流随偏压的变化关系,即 $I-V$ 谱。通过对偏压信号进行调制,也可以获得微分电导谱($dI/dV-V$ 谱)和二次微分谱(d^2I/dV^2-V 谱),分别对应样品表面电子态密度的分布和非弹性隧穿过程的信息。隧穿电流 I 随偏压 V 的变化与针尖和样品的表面电子能态直接相关。在所施加偏压范围内,如果STM针尖或样品的表面能态非单一或存在表面振动吸收,隧道电流 I 将不再随偏压呈 V 线性变化,而是呈非线性关系。此时,$dI/dV-V$ 谱代表局域电子态密度,根据 $dI/dV-V$ 谱中峰的位置及高度可以获取样品表面的能态分布信息。因此,STM是研究石墨烯表面电子结构的重要工具。通过研究不同基底上生长的石墨烯的STS,可以揭示石墨烯的许多本征物理性质。

5.2.2 本征石墨烯的扫描隧道谱表征

借助于STM技术,Gao等[31]对在Cu(111)上生长的石墨烯岛的STS进行了研究。研究发现,石墨烯岛不仅可以被清晰地分辨[图5-24(a)(b)],还可以观察到部分石墨烯岛会延伸到Cu(111)的原子级台阶边缘以外,而绝大多数石墨烯岛会在Cu(111)的原子级台阶边缘处终止。生长结果研究表明,石墨烯岛的表面扩散和Cu(111)原子级台阶的迁移存在较强的相互作用。通过增大隧穿电流,可以获

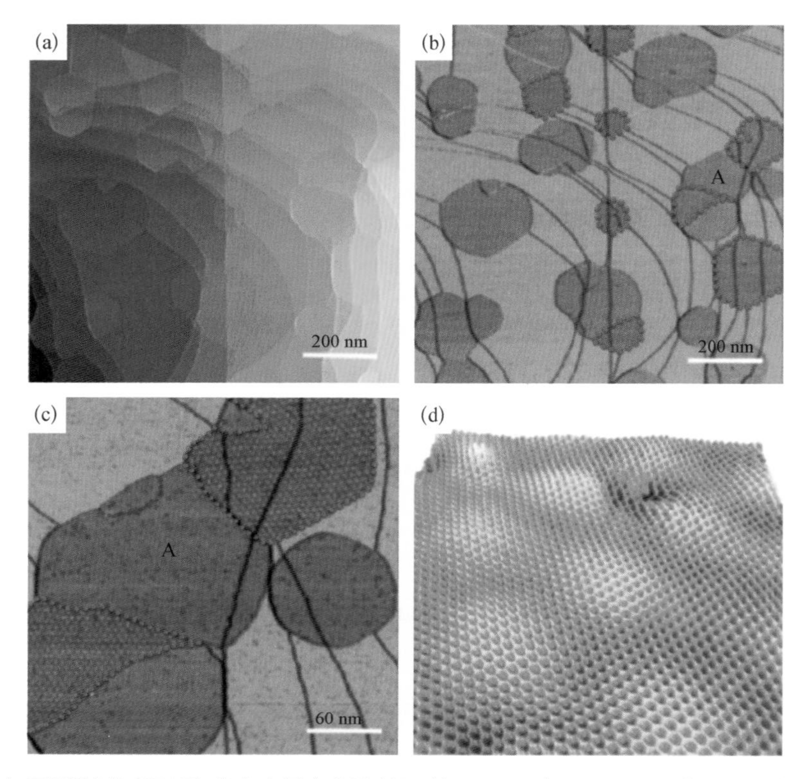

图 5－24　在 Cu（111）上生长的石墨烯岛的 STM 图和 dI/dV 图

（a）石墨烯岛的 STM 图；（b）与图（a）同步记录的 dI/dV 图（V= －200 mV），石墨烯岛更暗，可与 Cu 箔区分；（c）石墨烯岛［对应图（b）中的 A 区域］的 dI/dV 图的局部放大图；（d）呈现莫尔条纹和蜂窝结构的石墨烯的原子级分辨 STM 图

得石墨烯的原子级分辨图像[图 5－24(d)]。进一步对特定区域的 dI/dV 图进行研究则会发现，石墨烯的摩尔条纹并不均匀，存在部分摩尔条纹缺失现象，这表明该区域中存在一些石墨烯多晶结构[图 5－24(c)]。

石墨烯与金属基底具有强相互作用，因此很难测得石墨烯本征的电学性质。基于石墨烯的高导电性，可以尝试对绝缘基底上的石墨烯进行 STM 和 STS 表征。

与早期使用表面较为粗糙的 SiO_2/Si 绝缘基底不同，研究者将石墨烯转移到云母或者 h－BN 等层状绝缘基底上，可以获得平整度较高的石墨烯。研究发现，h－BN 基底上的石墨烯与 h－BN 基底的晶体结构（均为六方对称结构）相符合，可能会导致石墨烯带隙打开[32]（详见后文 5.3.2 小节）。而局部的 STS 表征却得出了与预测不同的结果，即 h－BN 基底上的石墨烯并未出现与预测结果相同的本征带隙，原因是石墨烯相对 h－BN 基底存在旋转位错。图 5－25 给出了石墨烯在

h－BN和 SiO_2/Si 基底上的电子态密度分布[33]。通过对样品的 STS 分析，证明了石墨烯狄拉克点附近的“电荷坑”在两种基底上是截然不同的，具体表现为 SiO_2/Si 基底上涨落起伏较 h－BN 基底更大。狄拉克点能量展宽可以计算出被测区域石墨烯的电荷密度，从而可以观察石墨烯表面电荷的涨落[33]。与相对粗糙的 SiO_2/Si 基底相比，当石墨烯被放置于 h－BN 基底上时，局部电子-空穴电荷密度分布涨落减少了 2 个数量级。事实上，这样的分布涨落与一个悬浮石墨烯中的电荷涨落情况相当，这证明了基底粗糙度对探测结果是有影响的。

图 5－25　石墨烯在 h－BN 和 SiO_2/Si 基底上的电子态密度分布

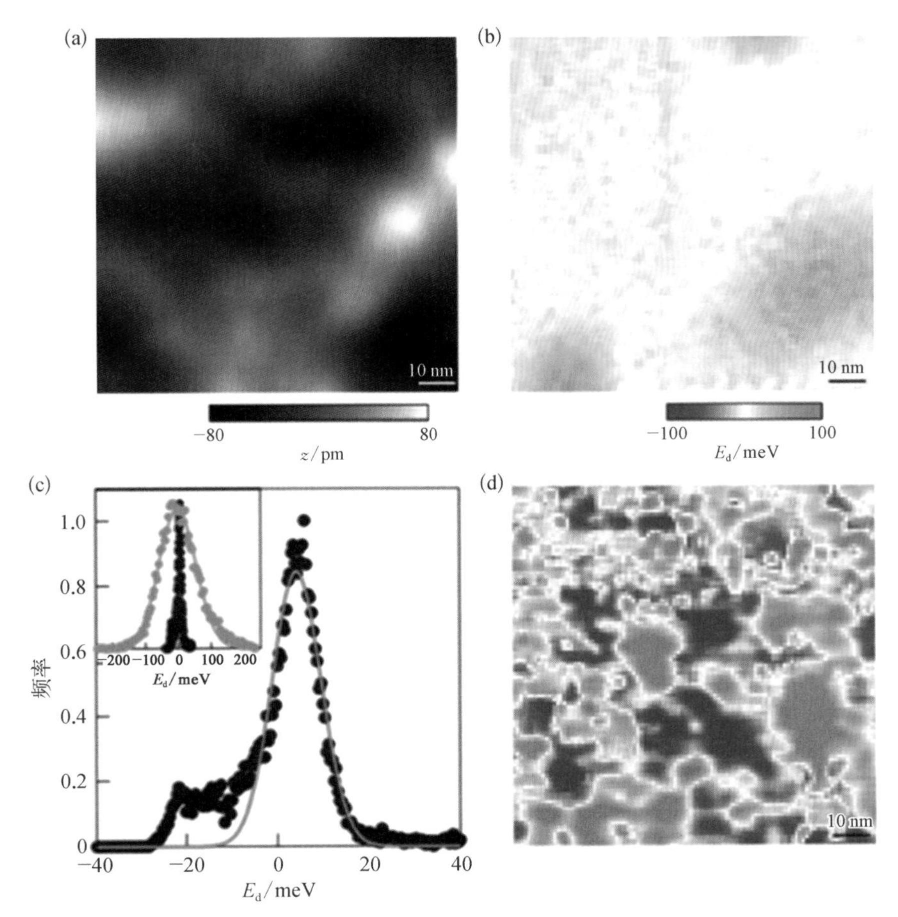

（a）h－BN 基底上石墨烯的 STM 图；（b）h－BN 基底上石墨烯在狄拉克点处的针尖电压与位置的关系图；（c）h－BN 基底上石墨烯狄拉克点的能量分布曲线及其高斯拟合曲线，插图用红色线表示 SiO_2/Si 基底上石墨烯狄拉克点的能量分布曲线，可以看出 SiO_2/Si 基底上石墨烯狄拉克点能量分布更宽；（d）SiO_2/Si 基底上石墨烯在狄拉克点处的针尖电压与位置的关系图

通过 STS 谱，可以有效区分表面起伏与不同原子的电子态密度分布，揭示两者相互组合产生的影响，从而能够准确获得电子结构空间变化的图像，对研究石墨烯岛和石墨烯纳米带的边缘态特征有很大帮助。为避免金属基底对石墨烯表面电子态的干扰，可以使用绝缘基底以降低基底对石墨烯本征电子结构信息的影响。

5.2.3 石墨烯边缘态的扫描隧道谱表征

对于化学合成的石墨烯纳米带，STM 和 STS 可以提供更为直接的研究结果。图 5－26(a)是分散在 Au(111)上的一个(8，1)石墨烯纳米带边缘的 STM 图[34]［测试宽度为(19.5 ± 0.4) nm］，STS 的测量结果表明了一维边缘态的存在。图 5－26(b)是(8，1)石墨烯纳米带边缘拟合的原子结构模型示意图。图 5－26(c)(d)为垂直和平行于石墨烯纳米带方向的 $dI/dV-V$ 谱［测试位点对应于图 5－26(a)中分别用黑色和红色圆点标出的区域］。$dI/dV-V$ 谱结果表明，距离石墨烯纳米带边缘 2.4 nm 处的谱线与大尺寸石墨烯的特征谱线是相似的，然而该特征会随着向石墨烯纳米带边缘的不断趋近而消失；当距离石墨烯纳米带边缘非常近时，可以观察到 $dI/dV-V$ 谱中出现了新的峰，这是因为一维自旋极化的边缘态在石墨烯纳米带的宽度范围内发生了耦合。当沿垂直方向靠近石墨烯纳米带边缘时，该峰强度会逐渐增大，而当越过石墨烯纳米带边缘至 Au(111)表面时，该峰强度突变为 0［图 5－26(c)］。当沿平行于石墨烯纳米带方向移向边缘时，其边缘态的能谱同样发生类似变化［图 5－26(d)］。石墨烯纳米带在结构上类似于碳纳米管，利用 STM 技术可以沿着特定方向进行卷曲折叠，并探测其电学等物理特性。

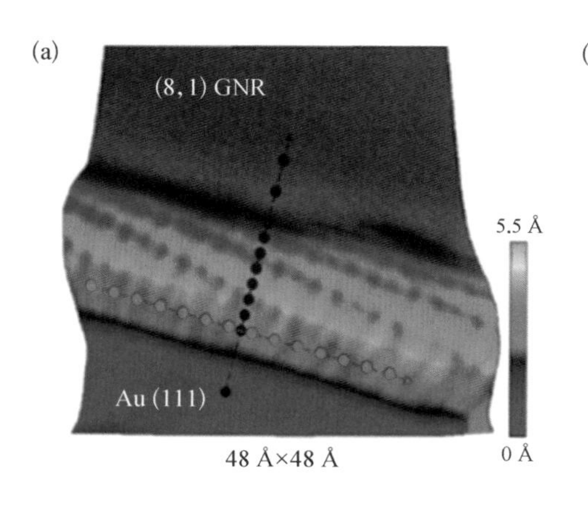

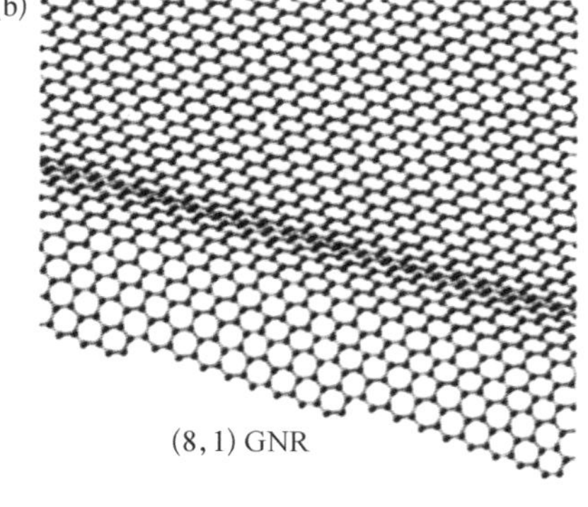

图 5－26 石墨烯纳米带的边缘态表征

图 5-26 续图

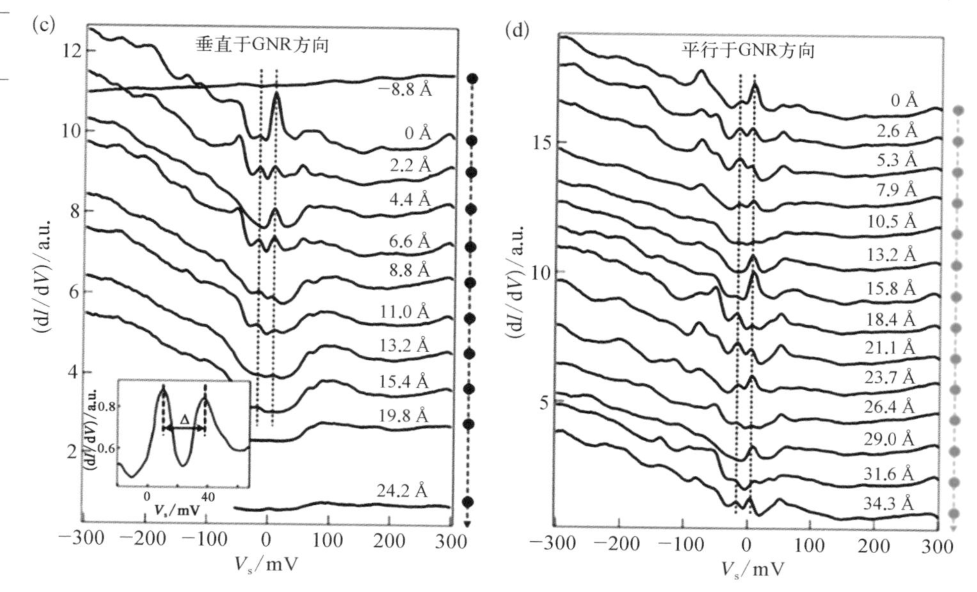

（a）分散在 Au（111）上的一个（8，1）石墨烯纳米带边缘的 STM 图（V_s= 0.3 V，I= 60 pA，T= 7 K），测试宽度为（19.5 ± 0.4）nm；（b）（8，1）石墨烯纳米带边缘的结构模型示意图；（c）（d）石墨烯纳米带的 dI/dV-V 谱，在 T= 7 K 下分别沿着垂直［与图（a）相对应的黑色圆点位置］和平行［与图（a）相对应的红色圆点位置］于石墨烯纳米带方向测量石墨烯在狄拉克点处的针尖电压与位置的函数关系图

5.3 角分辨光电子能谱

5.3.1 角分辨光电子能谱简介

角分辨光电子能谱(ARPES)根据光电效应的原理来测定固体的电子结构。当光入射到固体表面时,若光子的能量高于一定值,电子就会吸收光子能量而脱离固体表面,成为具有一定动能的光电子,这就是光电效应,其由爱因斯坦于 1905 年用光量子概念进行解释。ARPES 就是通过在一定角度内收集出射光电子并测量其动量和能量的关系,从而得到固体内部电子的能带结构。

根据光电效应的原理,光子的能量是量子化的,仅与频率有关,其能量 $E = h\nu$,其中 ν 为光子的频率,h 为普朗克常量。当光子照射到材料表面时,固体中的电子从表面逃逸出来需要一定的能量,而这个最低的逃逸能量被称为功函数(用 φ 表示)。当光子能量大于固体的功函数时,固体内部的电子就会脱离表面而形成光电子。该过程满足能量守恒定律,如果忽略电子逸出表面时原子产生的反冲能 E_r(事实上,只要选择合适的光子能量,总可以使得反冲能小到忽略不计),则光激发过程中的能量变化满足以下关系:

$$E_B = h\nu - E_{K_{sp}} - \varphi_{sp} \tag{5-6}$$

式中,$h\nu$ 为光子能量;$E_{K_{sp}}$ 为 ARPES 仪测得的出射电子的动能;φ_{sp} 为 ARPES 仪自身的功函数;E_B 为电子的束缚能(这里是以费米能级为参考点的,而非真空能级,因为要考虑到样品势场对电子的束缚作用,但对于孤立的原子或分子,束缚能是以真空能级为参考的)。因此,我们只要测得出射电子的动能,就可以知道样品的结合能,其与样品自身的功函数无关,如图 5-27 所示。

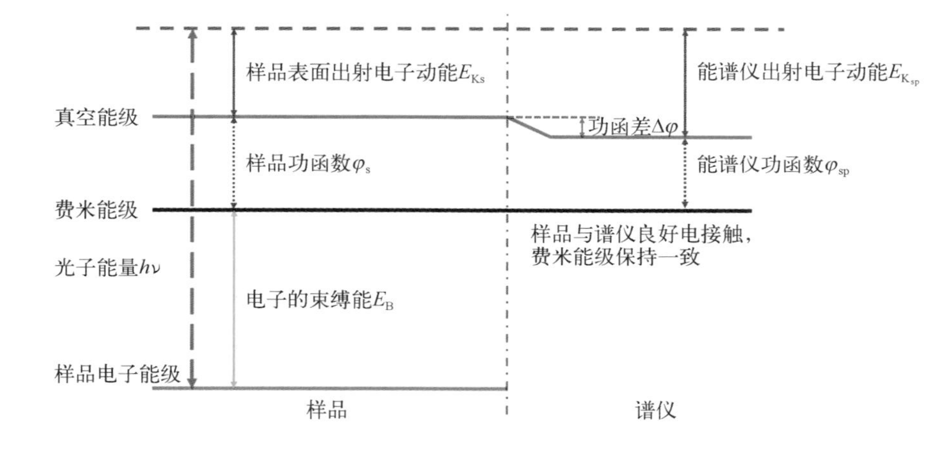

图 5-27 光电子能谱与样品内部能级分布的关系

光电子在固体内部产生到逃逸出表面成为自由电子的两个过程中,其所在的势场以固体表面为界可以分别看作面内周期性的势场和面外各向同性的连续势场,因此在垂直于固体面外方向上,由于对称性破缺,动量守恒无法满足。但在固体面内的方向上,自由运动的光电子仍具有平移对称性,能够保持动量守恒关系,即

$$|\boldsymbol{k}_{\parallel}| + |\boldsymbol{k}_{h\nu}| = \frac{1}{\hbar}|\boldsymbol{P}_{\parallel}| = \frac{1}{\hbar}\sqrt{2m_e E_{K_{sp}}}\sin\theta \tag{5-7}$$

式中,$\boldsymbol{k}_{\parallel}$ 为电子在固体内部的面内波矢分量;$\boldsymbol{k}_{h\nu}$ 为入射光子的面内动量;$\boldsymbol{P}_{\parallel}$ 为被激发后的光电子的面内动量;θ 为法线和电子出射方向的夹角;m_e 为自由电子的质量。低能光子(紫外、软 X 射线等)的动量可以忽略不计。

将式(5-6)代入式(5-7),就可以确定电子(面内)动量、入射光子能量和电子出射角度之间的关系,从而得出 E_B 与 $\boldsymbol{k}_{\parallel}$ 的关系,即电子结构的色散关系。实验中会选择特定能量的光子源,利用角分辨光电子能谱仪来探测得到出射电子角度,就可以对应和区分电子的面内动量。通过改变出射电子角度,可以得到不同动量值下光电子能谱,从而绘制出能带色散关系,同时也可以得到固体功函数等信息。

入射光源和能量及角度分析器是角分辨光电子能谱仪的两个最重要的组成部分(图5-28)。ARPES实验中使用的入射光源一般位于光的紫外波段,以He光源和同步辐射光源最为常用。与He光源相比,同步辐射光源具有方向性好、亮度高的优点,并且波长连续可调(便于检测不同的物质),成为最合适的ARPES入射光源,可以表征固体的能带结构及费米面形状。

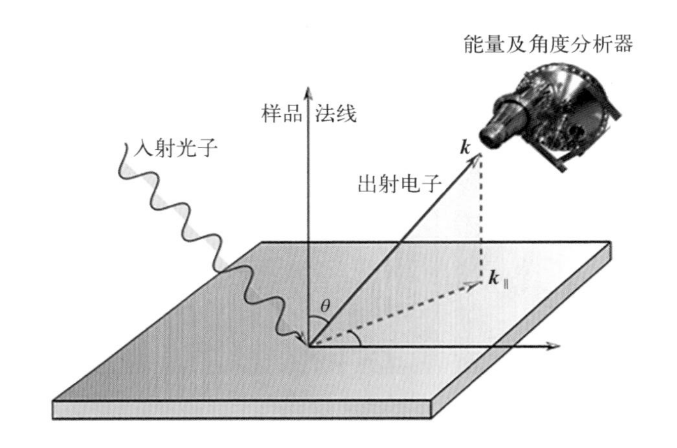

图5-28 角分辨光电子能谱仪原理示意图

另外需要说明的是,与前文介绍的TEM、STM不同,ARPES不直接给出空间原子排布信息,所以实际应用中往往还需要借助STM等仪器表征空间结构。

5.3.2 石墨烯的角分辨光电子能谱表征

ARPES可以用于表征石墨烯晶体的费米面、费米波矢、能带结构及带隙等信息。石墨烯的能带色散关系在费米能级附近是线性的,导带和价带之间形成狄拉克锥形能带结构。石墨烯的基底效应和掺杂都可导致其费米面发生移动或狄拉克锥形状发生变化,这些能带结构的变化都可以通过ARPES表征。

通过ARPES可以对在碳化硅表面外延生长的石墨烯的能带结构进行表征。

Chen 等[35]借助 XPS 和 ARPES,对 Tb 原子插层在碳化硅表面外延生长的石墨烯得到的 n 型石墨烯进行了表征。图 5-29(a)为石墨烯在动量空间能带结构示意图。对于无 Tb 掺杂的石墨烯,通过 ARPES 可以观测到其狄拉克点(E_{D1})比费米能级低

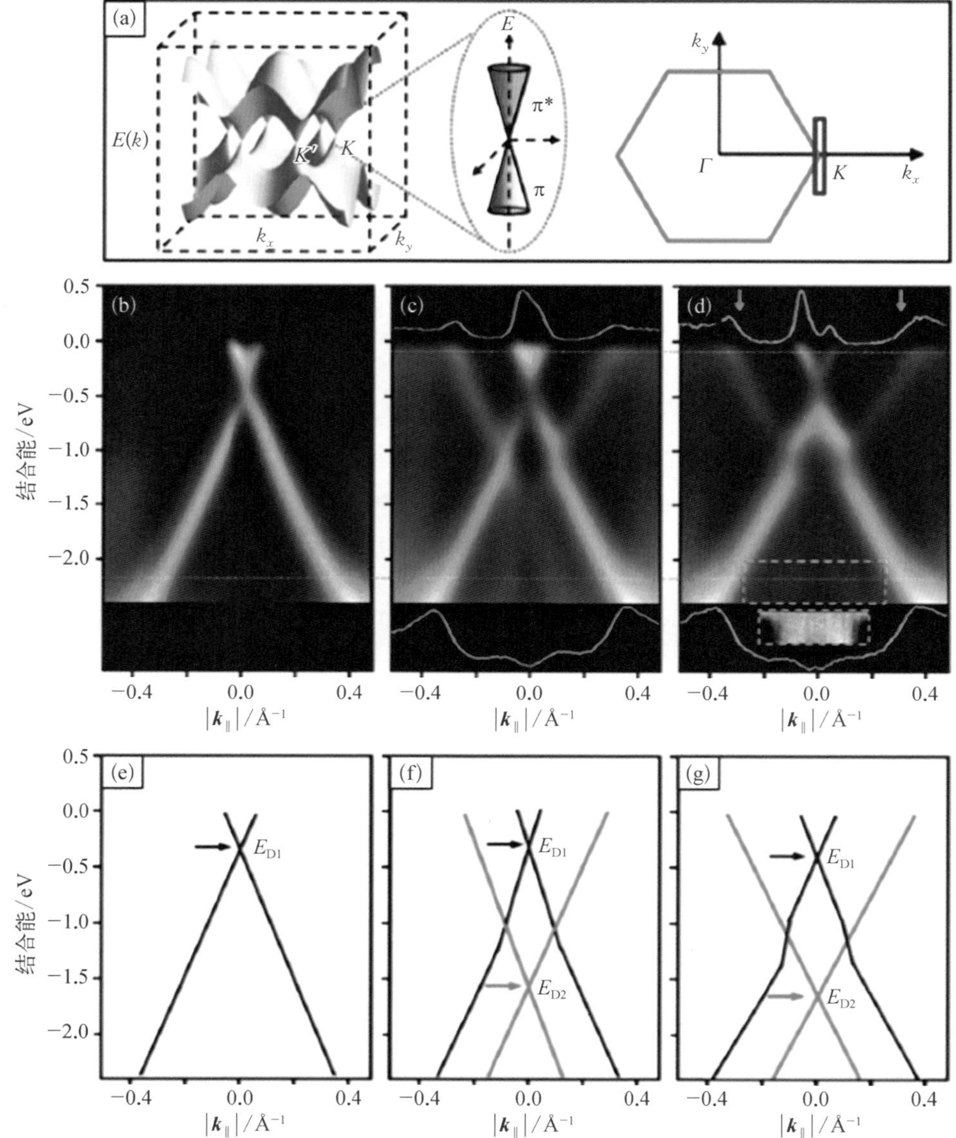

图 5-29 石墨烯的能带及 ARPES 图

(a) 石墨烯在动量空间能带结构示意图,其中 K 点(右侧为局部放大图)存在狄拉克锥结构;(b) 未掺杂石墨烯的 ARPES 图;(c) 掺杂后退火处理 5 min 的石墨烯的 ARPES 图;(d) 掺杂后退火处理 30 min 的石墨烯的 ARPES 图;(e)~(g) 与图(b)~(d)能级结构相对应的 ARPES 图的简化示意图

0.45 eV,主要是源于基底的 p 型掺杂效应[图 5-29(b)]。通过在其表面进行超高真空电子束蒸镀 Tb 原子后,石墨烯的能带在 K 点附近仍保持本征状态。然后经 800℃退火处理,便可以观察到 Tb 掺杂对石墨烯能带结构的影响。当对石墨烯分别进行 800℃退火 5 min[图 5-29(c)]和 30 min[图 5-29(d)]处理时,可以看到其 n 型掺杂程度和新产生能带的费米面均得到提升。该复合能带结构可以被认为是由两个不同石墨烯层的能带色散曲线叠加导致的。图 5-29(e)～(g)为与图 5-29(b)～(d)相对应的 ARPES 图的简化示意图,图中黑色线代表原始石墨烯层的能带色散曲线,而红色线代表掺杂石墨烯的能带色散曲线,可以看出后者有相对较大的费米能级。随着退火时间的延长,其狄拉克点(E_{D2})的位置比本征费米能级降低 1.57 eV。

石墨烯与 h-BN 的晶格参数极为相近,人们经常将这两种性质完全不同的六方对称结构的单层范德瓦耳斯材料堆叠在一起形成垂直异质结。在这样的垂直异质结中,1.8%的晶格失配度产生了一个长约 14 nm 的缓慢变化的周期势,周期势的存在会导致新的第二级狄拉克锥产生,且其位于石墨烯原有的狄拉克锥下方(超晶格布里渊区的 K 点)。这个现象本质上是空间反演对称性的破缺所引起的能带变化,可以用 ARPES 进行直接表征。

Zhou 课题组直接在 h-BN 上外延生长了石墨烯,从而形成了石墨烯/h-BN 垂直异质结[图 5-30(a)]。外延生长的目的是尽可能确保两者的接触面洁净,这样的石墨烯晶格会被 h-BN 拉长约 0.2%以降低晶格失配度,如图 5-30(b)(c)所示。他们利用这种垂直异质结首次直接测得了上述能带结构,并且在狄拉克锥处发现高达 160 meV 和 100 meV 的带隙。该实验结果为后续范德瓦耳斯异质结的量子输运特性的研究工作提供了实验数据基础[32]。

Zhou 等的测试围绕石墨烯的 K 点附近展开。首先在石墨烯的 K 点处可以得到一个狄拉克锥,由于石墨烯的 K 点也是超晶格布里渊区的 $\tilde{\Gamma}$ 点[两者关系如图 5-30(d)所示],根据倒晶格的平移对称性,在超晶格布里渊区邻近的第二布里渊区的 $\tilde{\Gamma}$ 点处也应该能找到石墨烯的狄拉克锥复制品[图 5-30(e)(f)],其间距应该等于超晶格的晶格矢量的倒数,即两个超晶格布里渊区的 $\tilde{\Gamma}$ 点的间距为 0.044 $Å^{-1}$,这也与实验值相符合。而进一步在超晶格布里渊区探测能带色散曲线可以发现另一个狄拉克锥,但并不是石墨烯狄拉克锥的复制品,两者的带隙并不完全一致。作者最终分别在石墨烯的 K 点及邻近的超晶格布里渊区的 $\tilde{\Gamma}$ 点得到了狄拉克锥,并且直接得到了两个狄拉克锥之间的带隙 Δ_1 和 Δ_2,分别为 160 meV 和 100 meV[图 5-30(h)(i)]。

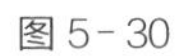
图 5-30

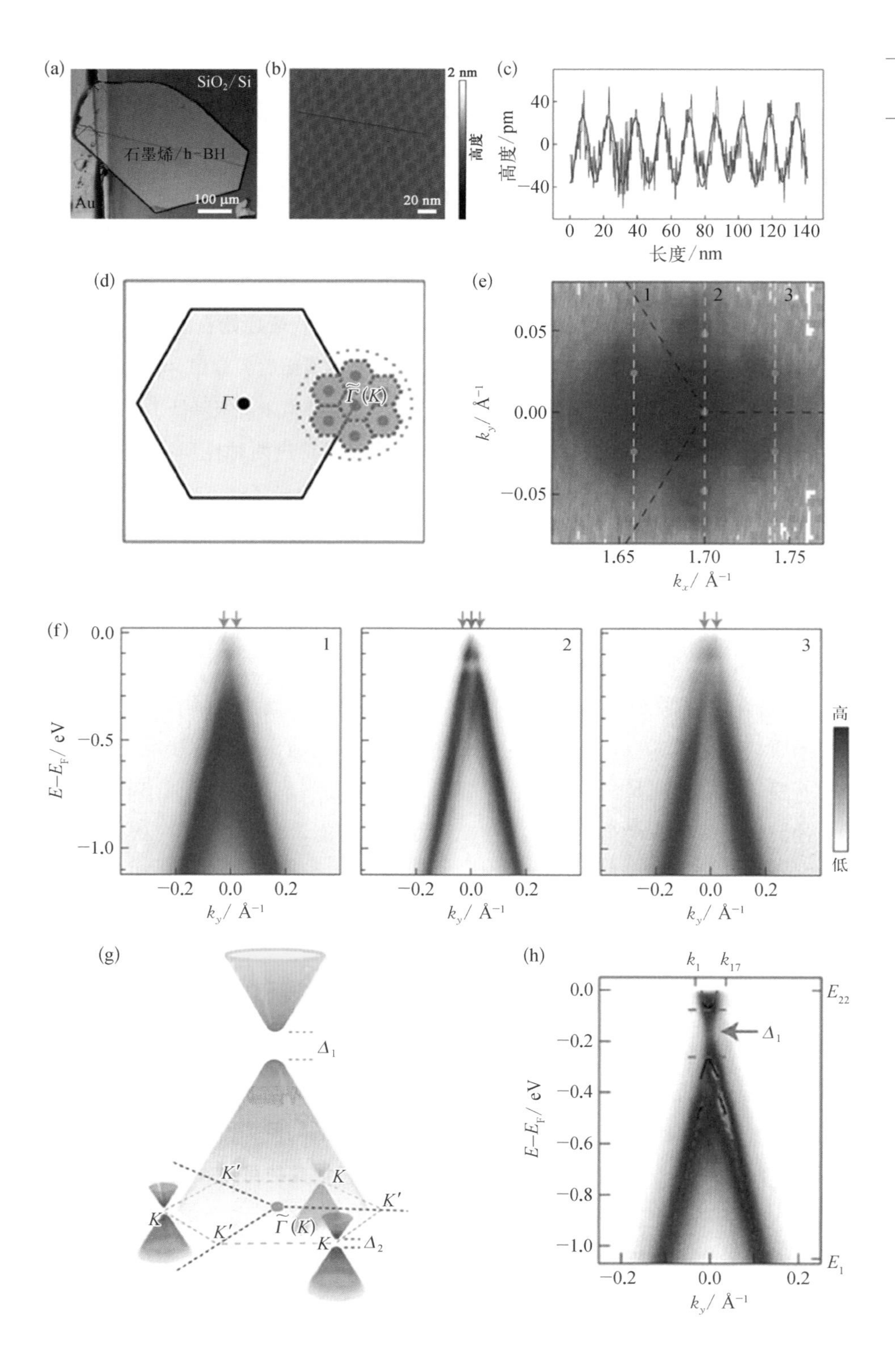

(a)
SiO2/Si
石墨烯/h-BH
Au
100 μm
(b)
2 nm
高度
20 nm
(c)
高度/pm
长度/nm
(d)
Γ
Γ̃(K)
(e)
1
2
3
k_y/ Å⁻¹
k_x/ Å⁻¹
(f)
$E-E_F$/ eV
k_y/ Å⁻¹
高
低
(g)
Δ1
K′
K
Γ̃(K)
Δ2
(h)
k_1
k_{17}
E_{22}
E_1
$E-E_F$/ eV
k_y/ Å⁻¹

图 5-30 续图

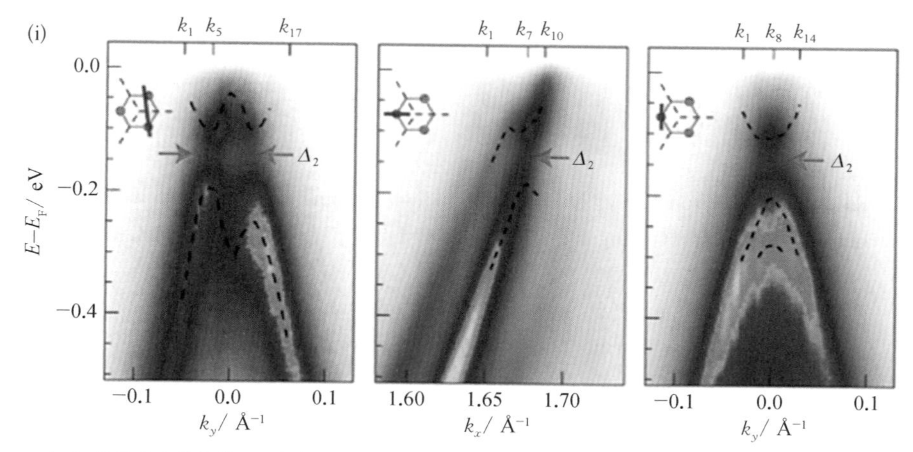

（a）样品的光学显微图；（b）莫尔超晶格的原始 AFM 图；（c）蓝线是沿图（b）中蓝线的高度变化曲线，显示出超晶格周期为（15.6±0.4）nm，红线为原始数据在高通滤波后经 FFT 得到的数据；（d）石墨烯（灰色实线六边形）和莫尔超晶格（红色虚线六边形）的布里渊区示意图，超晶格布里渊区额外显示了六个第二布里渊区，其 $\tilde{\Gamma}$ 点用绿点表示；（e）费米面处的能带色散图，石墨烯和超晶格布里渊区分别由黑色虚线和红色虚线表示；（f）沿图（e）中白色虚线提取的动量空间的能带色散图，其中石墨烯的狄拉克锥用红色箭头标出，超晶格布里渊区的 $\tilde{\Gamma}$ 点处石墨烯的狄拉克锥复制品用绿色箭头标出；（g）超晶格的能带结构示意图，在中心 $\tilde{\Gamma}$ 点与六角倒晶格的三个 K 点处存在狄拉克锥，其六角倒晶格的三个 K 点与三个 K′ 点能带结构不相同，后者并没有狄拉克锥存在；（h）石墨烯狄拉克锥的 ARPES 图，显示了 160 meV 的带隙；（i）超晶格布里渊区狄拉克锥的 ARPES，显示了 100 meV 的带隙，左上角插图是能带色散曲线的探测方向

5.4 本章小结

本章主要围绕石墨烯晶格和电子结构介绍相关的表征技术，以及这些技术在石墨烯晶格与电子结构研究方面的应用进行介绍。ARPES 可以精确测定固体的电子结构，而 STM 与 TEM 均可以在对石墨烯晶格进行原子级表征的基础上对其丰富的物理学性质做更深入的研究。得益于这些表征技术，我们能够从微观上解释石墨烯的表面物理化学现象。然而，这些表征技术的大规模应用受到了一定的限制，因为多数要求超洁净的样品表面和超高真空测试条件，过程较为烦琐，对仪器设备要求极高，样品分析周期相对较长，还需要与其他辅助表征技术相配合，以给出石墨烯材料更加系统全面的信息。

参考文献

[1] Suenaga K, Iizumi Y, Okazaki T. Single atom spectroscopy with reduced delocalization effect using a 30 kV - STEM[J]. The European Physical Journal Applied Physics, 2011, 54(3): 33508.

[2] Pennycook S J, Nellist P D. Scanning transmission electron microscopy: Imaging and analysis[M]. Berlin: Springer Science + Business Media, 2011.

[3] Krivanek O L, Corbin G J, Dellby N, et al. An electron microscope for the aberration-corrected era[J]. Ultramicroscopy, 2008, 108(3): 179 - 195.

[4] Idrobo J C, Zhou W. A short story of imaging and spectroscopy of two-dimensional materials by scanning transmission electron microscopy[J]. Ultramicroscopy, 2017, 180: 156 - 162.

[5] Suenaga K, Koshino M. Atom-by-atom spectroscopy at graphene edge[J]. Nature, 2010, 468(7327): 1088 - 1090.

[6] Krivanek O L, Chisholm M F, Nicolosi V, et al. Atom-by-atom structural and chemical analysis by annular dark-field electron microscopy[J]. Nature, 2010, 464 (7288): 571 - 574.

[7] Zhao X X, Ding Z J, Chen J Y, et al. Strain modulation by van der Waals coupling in bilayer transition metal dichalcogenide[J]. ACS Nano, 2018, 12(2): 1940 - 1948.

[8] Gong Y J, Yuan H T, Wu C L, et al. Spatially controlled doping of two-dimensional SnS_2 through intercalation for electronics[J]. Nature Nanotechnology, 2018, 13(4): 294 - 299.

[9] Zhou W, Zhang Y Y, Chen J Y, et al. Dislocation-driven growth of two-dimensional lateral quantum-well superlattices[J]. Science Advances, 2018, 4(3): eaap9096.

[10] Zhou J D, Lin J H, Huang X W, et al. A library of atomically thin metal chalcogenides[J]. Nature, 2018, 556(7701): 355 - 359.

[11] Su C, Tripathi M, Yan Q B, et al. Engineering single-atom dynamics with electron irradiation[J]. Science Advances, 2019, 5(5): eaav2252.

[12] Han Y M, Li M Y, Jung G S, et al. Sub-nanometre channels embedded in two-dimensional materials[J]. Nature Materials, 2018, 17(2): 129 - 133.

[13] Gong Y J, Lin J H, Wang X L, et al. Vertical and in-plane heterostructures from WS_2/MoS_2 monolayers[J]. Nature Materials, 2014, 13(12): 1135 - 1142.

[14] Lin J H, Zuluaga S, Yu P, et al. Novel Pd_2Se_3 two-dimensional phase driven by interlayer fusion in layered $PdSe_2$ [J]. Physical Review Letters, 2017, 119 (1): 016101.

[15] Oyedele A D, Yang S Z, Liang L B, et al. $PdSe_2$: Pentagonal two-dimensional layers with high air stability for electronics[J]. Journal of the American Chemical Society, 2017, 139(40): 14090 - 14097.

[16] Ahn Y, Kim J, Ganorkar S, et al. Thermal annealing of graphene to remove polymer residues[J]. Materials Express, 2016, 6(1): 69 - 76.

[17] Lazić I, Bosch E G T. Analytical review of direct stem imaging techniques for thin samples[J]. Advances in Imaging and Electron Physics, 2017, 199: 75 - 184.

[18] Pennycook T J, Lupini A R, Yang H, et al. Efficient phase contrast imaging in STEM using a pixelated detector. Part 1: Experimental demonstration at atomic resolution[J]. Ultramicroscopy, 2015, 151: 160 - 167.

[19] Ophus C. Four-dimensional scanning transmission electron microscopy (4D - STEM): From scanning nanodiffraction to ptychography and beyond[J]. Microscopy and Microanalysis, 2019, 25(3): 563 - 582.

[20] Egerton R F. Electron energy-loss spectroscopy in the electron microscope[M]. New York and London: Plenum Press, 1986.

[21] Basov D N, Fogler M M, de Abajo F J G. Polaritons in van der Waals materials[J]. Science, 2016, 354(6309): aag1992.

[22] Politano A, Chiarello G, Spinella C. Plasmon spectroscopy of graphene and other two-dimensional materials with transmission electron microscopy [J]. Materials Science in Semiconductor Processing, 2017, 65: 88 - 99.

[23] Nelson F J, Idrobo J C, Fite J D, et al. Electronic excitations in graphene in the 1 - 50 eV range: The π and $\pi + \sigma$ peaks are not plasmons[J]. Nano Letters, 2014, 14 (7): 3827 - 3831.

[24] Hong J H, Senga R, Pichler T, et al. Probing exciton dispersions of freestanding monolayer WSe_2 by momentum-resolved electron energy-loss spectroscopy [J]. Physical Review Letters, 2020, 124(8): 087401.

[25] Brown P D. Transmission electron microscopy - A textbook for materials science, by David B. Williams and C. Barry Carter[J]. Microscopy and Microanalysis, 1999, 5 (6): 452 - 453.

[26] Hage F S, Nicholls R J, Yates J R, et al. Nanoscale momentum-resolved vibrational spectroscopy[J]. Science Advances, 2018, 4(6): eaar7495.

[27] Kim K, Lee Z, Regan W, et al. Grain boundary mapping in polycrystalline graphene[J]. ACS Nano, 2011, 5(3): 2142 - 2146.

[28] Senga R, Suenaga K, Barone P, et al. Position and momentum mapping of vibrations in graphene nanostructures[J]. Nature, 2019, 573(7773): 247 - 250.

[29] Hage F S, Hardcastle T P, Gjerding M N, et al. Local plasmon engineering in doped graphene[J]. ACS Nano, 2018, 12(2): 1837 - 1848.

[30] Basile L, Zhou W, Salafranca J, et al. Direct observation of the optical response of twisted bilayer graphene by electron energy loss spectroscopy[J]. Microscopy and Microanalysis, 2013, 19(Suppl 2): 1920 - 1921.

[31] Gao L, Guest J R, Guisinger N P. Epitaxial graphene on Cu(111)[J]. Nano Letters, 2010, 10(9): 3512 - 3516.

[32] Wang E, Lu X B, Ding S J, et al. Gaps induced by inversion symmetry breaking and second-generation Dirac cones in graphene/hexagonal boron nitride[J]. Nature Physics, 2016, 12(12): 1111 - 1115.

[33] Xue J M, Sanchez - Yamagishi J, Bulmash D, et al. Scanning tunnelling microscopy and spectroscopy of ultra-flat graphene on hexagonal boron nitride[J]. Nature Materials, 2011, 10(4): 282 - 285.

[34] Tao C G, Jiao L Y, Yazyev O V, et al. Spatially resolving edge states of chiral graphene nanoribbons[J]. Nature Physics, 2011, 7(8): 616 - 620.

[35] Chen C Y, Avila J, Wang S P, et al. Emergence of interfacial polarons from electron-phonon coupling in graphene/h - BN van der Waals heterostructures[J]. Nano Letters, 2018, 18(2): 1082 - 1087.

第 6 章

石墨烯的电学性质测量

石墨烯是一种狄拉克材料，单层石墨烯的导带与价带相交于布里渊区的 K（K'）点，这一点附近的电子运动行为可以用狄拉克方程描述。石墨烯的自由电子有效质量为零，费米速度可达 10^6 m/s，具有超高的电子迁移率，并且具有量子霍尔效应及优良的输运性质，这些特点使其在高速晶体管、太赫兹源产生器、自旋电子器件等纳米电子器件领域具有广阔的应用前景。

本章将重点介绍石墨烯的电学性质及其表征手段。首先，6.1 节将介绍石墨烯的能带结构及输运性质，以及阐述石墨烯衍生物（包括氧化石墨烯、氧化还原石墨烯、杂原子掺杂石墨烯）和石墨烯宏观组装结构的电学性质。随后，6.2 节和 6.3 节将对石墨烯的电学性质测量手段进行重点介绍，包括导电性能、场效应迁移率及霍尔迁移率的测量。石墨烯的导电性能表征主要基于四探针法测量电导（阻）率和方阻等参数，场效应迁移率和霍尔迁移率的测量需要分别制备石墨烯基场效应晶体管和霍尔器件，再借助电学测试平台完成。然后，6.4 节将介绍石墨烯的新奇电学性质的发现与测量，包括基于“魔角石墨烯”的超导性和石墨烯量子流体。最后，将对石墨烯电学性质的表征手段及其发展进行总结和展望。

6.1 石墨烯的电学性质

石墨烯的电学性质在第 1 章中已有简单描述，在本节中，我们将从石墨烯的能带结构出发，介绍石墨烯的输运性质。在能带结构方面，我们将介绍本征单层石墨烯、电场调控下的双层石墨烯和“魔角石墨烯”的能带结构；在输运性质方面，我们将重点介绍石墨烯的量子霍尔效应，以及石墨烯衍生物和宏观聚集体的电学性质。

6.1.1 石墨烯的能带结构

石墨烯是碳原子以 sp^2 杂化方式形成的蜂窝状二维原子晶体。在每个原子层内，碳原子和紧邻的其他三个碳原子形成三个 σ 键；与此同时，每个碳原子分别提供一个 p_z 轨道，肩并肩互连形成离域大 π 键。石墨烯中两个相邻碳原子之间的距离为 1.42 Å，而晶格间距为两个次相邻碳原子之间的距离，即 2.46 Å，层间距为 3.35 Å。

在布里渊区，有两个特殊的点 K 和 K'，被称为狄拉克点。

$$K=\left(\frac{2\pi}{3a},\ \frac{2\pi}{3\sqrt{3}\,a}\right),\ K'=\left(\frac{2\pi}{3a},\ -\frac{2\pi}{3\sqrt{3}\,a}\right) \tag{6-1}$$

式中，a 为键长，$a=0.142\ \text{nm}$。

单层石墨烯的能带结构可以用紧束缚近似的方法予以描述，即将石墨烯的离域 π 电子近似为孤立的电子，而将其他原子形成的周期性势场看作微扰。利用这种模型，可以得到如下能带关系：

$$E_{\pm}(k_x,\ k_y)=\pm\gamma_0\sqrt{1+4\cos\frac{\sqrt{3}k_x a}{2}\cos\frac{k_y a}{2}+4\cos^2\frac{k_y a}{2}} \tag{6-2}$$

式中，γ_0 为最近邻重叠积分，$\gamma_0=2.5\sim3\ \text{eV}$；$k_x$、$k_y$ 分别为波矢 $\boldsymbol{k}$ 在 x 轴和 y 轴上的分量大小。费米面（$E_F=0\ \text{eV}$）处于布里渊区的 K 和 K' 点上，π 轨道的反键态（π^*）和成键态（π）对称地处于费米能级的上方和下方。如图 6-1 所示，石墨烯的电子完全填满价带，而空出导带。处于价带和导带相接位置的这些点被称为狄拉克点。这种在费米能级处呈上下对顶的圆锥形能带结构被称为狄拉克锥，石墨烯

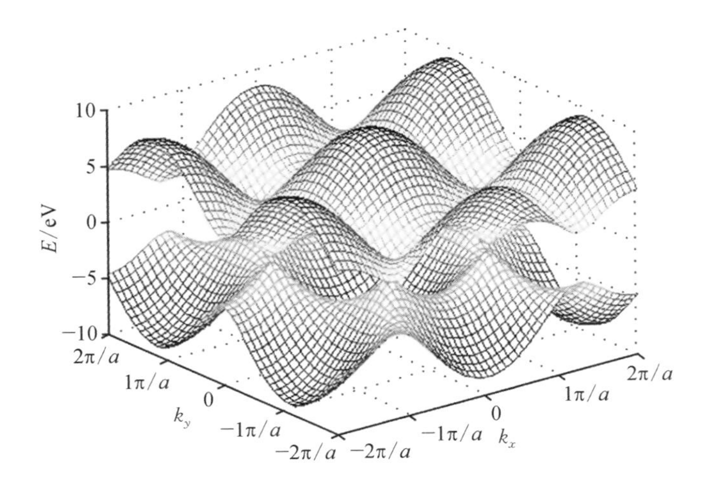

图 6-1 石墨烯的能带结构及狄拉克点（Fathi，2011）

在第一布里渊区有 6 个狄拉克锥[1,2]。石墨烯的带隙为零，在狄拉克点处的能态密度为零，在狄拉克点附近的能带色散关系为

$$E_{\pm}(k)=\hbar v_{\mathrm{F}}\mid k-K\mid \tag{6-3}$$

式中，$k=(k_x,\ k_y)$；$\hbar$ 为约化普朗克常量；v_{F} 为费米速度，$v_{\mathrm{F}}\approx 1\times 10^6\ \mathrm{m/s}$。石墨烯在狄拉克点附近的能带关系是线性的，自由电子为无质量的狄拉克费米子。

石墨烯的电子态密度可用式(6-4)进行描述。

$$\rho(E)=\frac{4}{\pi^2}\times\frac{\mid E\mid}{t^2}\times\frac{1}{\sqrt{Z_0}}\times F\left(\frac{\pi}{2},\ \sqrt{\frac{Z_1}{Z_0}}\right) \tag{6-4}$$

式中，E 为电子能量；t 为近邻原子之间的跃迁能；$F\left(\frac{\pi}{2},\ \sqrt{\frac{Z_1}{Z_0}}\right)$ 为第一类完全椭圆积分函数，其中 Z_0 和 Z_1 分别为

$$Z_0=\begin{cases}\left(1+\frac{\mid E\mid}{t}\right)^2-\frac{\left[\left(\frac{E}{t}\right)^2-1\right]^2}{4},\ -t<E<t\\ 4\frac{\mid E\mid}{t},\ t\leqslant\mid E\mid\leqslant 3t\end{cases} \tag{6-5}$$

$$Z_1=\begin{cases}4\frac{\mid E\mid}{t},\ -t\leqslant E\leqslant t\\ \left(1+\frac{\mid E\mid}{t}\right)^2-\frac{\left[\left(\frac{E}{t}\right)^2-1\right]^2}{4},\ t\leqslant\mid E\mid\leqslant 3t\end{cases} \tag{6-6}$$

在狄拉克点附近，每个元胞的电子态密度为

$$\rho(E)=\frac{2A_{\mathrm{c}}}{\pi}\times\frac{\mid E\mid}{v_{\mathrm{F}}^2} \tag{6-7}$$

式中，A_{c}为每个元胞的面积。

单层石墨烯的电子占据态的价带和空的导带在狄拉克点处相连，狄拉克点处的能态密度为零，因此单层石墨烯是一种零带隙的导体。双层石墨烯及多层石墨烯的能带结构则有所差异。如图 6-2 所示，无电场作用下完美双层石墨烯的带隙

也为零，但在电场作用下，Bernal 堆垛的双层石墨烯产生了一定的带隙，因此石墨烯的电学性质与其层数存在一定程度的依赖关系[3]。在双层石墨烯中，由于 π 轨道耦合，双层石墨烯在电场作用下易于打开带隙而成为半导体。理论与实验结果也表明，在垂直于石墨烯平面施加电场会使得其带隙有 0.1～0.3 eV 的改变，带隙改变的大小与电场大小有关。此外，随着层数的增加，石墨烯的能带结构同样会发生变化。

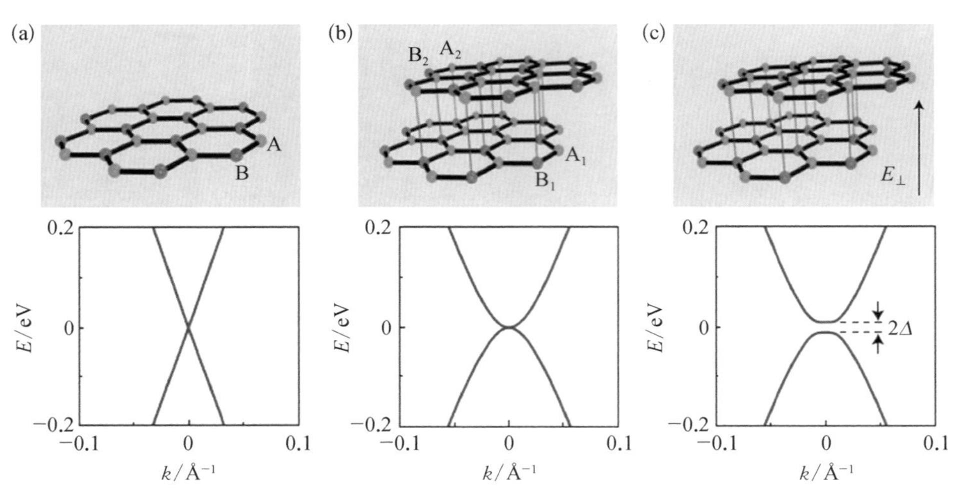

图 6-2 单层石墨烯与双层石墨烯的带隙[3]

（a）单层石墨烯的晶格示意图及能带结构；（b）Bernal 堆垛的双层石墨烯的晶格示意图及能带结构；（c）电场作用下 Bernal 堆垛的双层石墨烯的晶格示意图及能带结构

对于扭转双层石墨烯，扭转角度 θ 决定了双层石墨烯的狄拉克锥的能带杂化效应，这使得单层石墨烯能带中的狄拉克锥被打开了一个能隙，并且狄拉克点上的费米速度被重整化。在一定的扭转角度下，狄拉克点上的费米速度为零，此时的扭转角度被称为“魔角”，对应的双层石墨烯则为“魔角石墨烯”。在这一状态下，体系会产生摩尔纹和拓展元胞（不断重复的最小单元）[图 6-3(a)(b)]。双层石墨烯的电子态微观结构会显示出一种新的状态。图 6-3(c)显示的是当 $\theta=1.08°$ 时，石墨烯的归一化电子态密度随所在区域的变化关系，其电子态密度主要集中在石墨烯 AA 堆垛的区域，而在石墨烯 AB 堆垛或 BA 堆垛的区域则大部分耗尽。研究发现，当 $\theta=1.16°$ 和 $\theta=1.05°$ 时，“魔角石墨烯”出现了超导性，最高的超导温度为 1.7 K[4,5]。

图 6-3

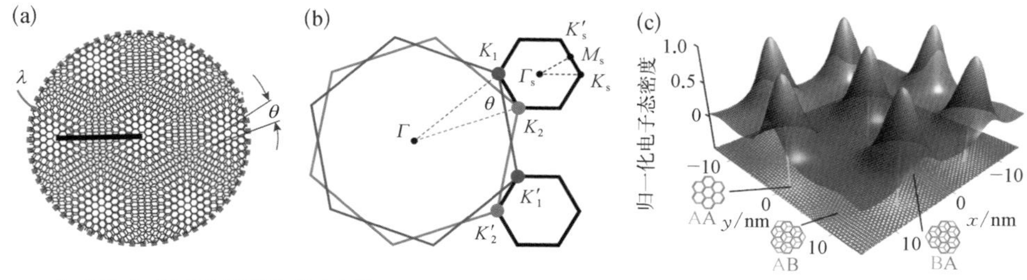

（a）（b）“魔角石墨烯”的摩尔纹和最小的布里渊区；（c）在 $\theta = 1.08°$ 时，石墨烯的归一化电子态密度随所在区域变化关系[4]

6.1.2 石墨烯的输运性质

石墨烯独特的结构使其具有优异的电学性质，载流子迁移率可高达 200000 $cm^2/(V \cdot s)$，同时在室温下电阻率极低（10^{-6} $\Omega \cdot cm$），并且具有量子霍尔效应及自旋传输特性。

石墨烯的费米能级 E_F 和载流子类型可调。通过构筑石墨烯霍尔器件（详见后文 6.3.2 小节），调控栅极电压可以改变 E_F。随着 E_F 趋近于狄拉克点，石墨烯中载流子数目减少、电阻率增加，直至在狄拉克点时的电阻率达到最大。这也说明石墨烯的导电性可调。此外，通过改变栅极电压也可以改变石墨烯中载流子类型，使电子传输改变为空穴传输。理论上，石墨烯在狄拉克点附近的载流子密度为零，但在实验中发现，其在狄拉克点附近仍然有一定的导电性（图 6-4）[6]，这一现象仍有待研究。

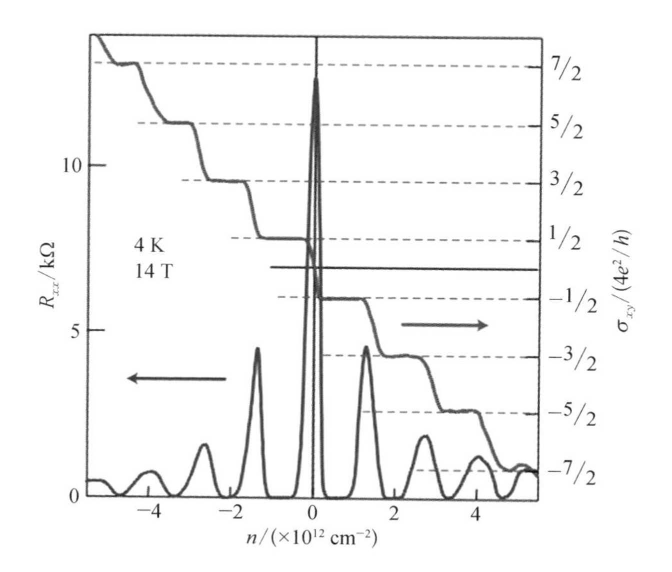

图 6-4 石墨烯的量子霍尔效应[6]

利用量子霍尔效应可以测量石墨烯的霍尔迁移率，计算公式为

$$\mu_H = \frac{1}{ne\rho_{xy}} \tag{6-8}$$

式中，n 为载流子浓度；e 为电子电荷量；ρ_{xy}为横向电阻率。

还可以通过场效应测量石墨烯的场效应迁移率，计算公式为

$$\mu_{FE} = \frac{d\sigma}{dV_g} \times \frac{1}{C_g} \tag{6-9}$$

式中，σ 为电导率，是电阻率的倒数；V_g 为栅极电压；C_g 为栅极电容，$C_g = ne(V_g - V_{gD})$，其中 V_{gD}为狄拉克点处的栅极电压（详见后文 6.3.1 小节）。在 h－BN 基底上测得的石墨烯场效应迁移率已经超过 100000 $cm^2/(V \cdot s)$[7]，并且在悬空石墨烯器件上测得的霍尔迁移率已经超过 200000 $cm^2/(V \cdot s)$[8]。石墨烯的晶格振动对电子散射造成的影响较小，因而石墨烯的载流子迁移率并没有显著的温度依赖性。

石墨烯具有量子霍尔效应[9]。所谓量子霍尔效应，是指均匀的正交磁场作用于二维导体平面后，载流子以特定回旋加速频率进入圆形回旋轨道，导致原来连续的能谱分裂为分立的量子能级的效应，这些分立的量子能级被称为朗道能级。单层石墨烯中的载流子为无质量的狄拉克费米子，在狄拉克点附近存在朗道能级峰，并且横向电阻率表现出振荡，被称为 Shubnikov-de Hass 振荡，其在电导平台 ±1/2、±3/2、±5/2 等处表现为半整数量子霍尔效应。双层石墨烯中的载流子为有质量的狄拉克费米子，电导平台出现在 ±1、±2、±3 等处，其表现为整数量子霍尔效应。

石墨烯的朗道能级本征能量可以由式(6－10)给出。

$$E_n = \sqrt{2eB\hbar v_F^2 |l|}, \quad l = 0, \pm 1, \pm 2, \cdots \tag{6-10}$$

式中，B 为磁场强度；l 为角量子数。

常规二维体系的朗道能级本征能量为

$$E_n = \hbar\omega_c\left(l + \frac{1}{2}\right) \tag{6-11}$$

式中，ω_c 为载流子的回旋加速频率。

因此，石墨烯的朗道能级本征能量与常规二维体系不同，并且石墨烯在初始能量处存在一个朗道能级峰，这是其与常规二维体系的量子霍尔效应之间最显著的差异。不仅如此，石墨烯的量化规则 $\sigma_{xy}=g\left(l+\frac{1}{2}\right)e^2/h$ 与常规二维体系的量化规则$\sigma_{xy}=gle^2/h$ 也不相同，其中 h 为普朗克常量。由于石墨烯中狄拉克费米子发生线性色散，石墨烯量子电导率在半整数处会出现电导平台，朗道能级分离与 $\sqrt{l}$ 成比例，并在低能量时的能级间距较大。石墨烯是目前为止唯一可以在室温条件下观察到量子霍尔效应的材料。

石墨烯中的狄拉克电子遇到势垒时，将以空穴形式穿过，在另一侧重新以电子状态出现，这被称为克莱因隧穿，是石墨烯具有较高载流子速率的原因。此外，最近的研究也发现，石墨烯中存在二维电子流体。早在几十年前，科学家就假定存在一种由于导电材料中电子彼此之间的强相互作用而引起的电子流动形成的量子流体，直到最近人们才在石墨烯中观测到。Berdyugin 等[10]构建了石墨烯基器件，通过在垂直于石墨烯层方向施加磁场，发现了磁场在石墨烯电子流体中引起霍尔黏度的现象。

氧化石墨烯（GO）是一类带有官能团和缺陷的石墨烯，官能团和缺陷的数目和种类与制备工艺有关。通过对 GO 进行还原，可以消除表面大部分官能团，得到还原氧化石墨烯（rGO）。GO 和 rGO 的性质与其化学结构和原子结构相关，通过调节还原参数，可以将其从绝缘体到半导体再到半金属进行连续调节。

对石墨烯进行功能化也会显著改变石墨烯的电学性质。例如氟化石墨烯，将其转移至含有氧化层的硅片表面进行测量，发现其展现出与高导电的石墨烯完全不同的性质，显示为高绝缘性，室温下电阻大于 10^{12} Ω，光学带隙高达 3 eV（Nair，2010）。

掺杂也能改变石墨烯的电学性质，主要是 N 掺杂。与本征石墨烯相比，掺杂可以提高石墨烯的载流子浓度，增大电导率，但通常掺杂后石墨烯的稳定性较差、迁移率较低。除了平面的二维石墨烯，三维石墨烯（包括石墨烯组装体）如石墨烯纸、石墨烯纤维的电学性质，主要是电导率，也得到了人们的关注，这将在后文6.2.2小节进行详细描述。

6.2 石墨烯导电性能的测量

电阻率、电导率和方阻是描述薄膜类石墨烯导电性能的基本参数。薄膜类石墨烯不仅限于平面二维石墨烯薄膜，也包括石墨烯粉体或者石墨烯衍生物等通过组装获得的薄膜石墨烯。对于电阻率和电导率，通常采用四探针法进行测量。在本节中，将首先介绍一些基本参数的物理意义，然后介绍测量这些物理参数的基本方法和原理，最后从平面二维石墨烯薄膜及石墨烯组装结构两方面阐述具体的实例。

6.2.1 石墨烯导电性能测量的基本方法和原理

电阻率 ρ 是用来描述待测物质电阻特性的物理量，单位为 Ω·m。在一定的温度下，待测物质的电阻 R 与其电阻率 ρ、材料的长度 l 和横截面积 S 之间存在如下关系：

$$R=\rho\frac{l}{S} \tag{6-12}$$

因此，材料的电阻率的定义为

$$\rho=\frac{RS}{l} \tag{6-13}$$

电导率 σ 是用来描述待测物质中电荷流动难易程度的参数，与电阻率 ρ 之间的关系是互为倒数，单位为 S/m。材料的电导率的计算公式为

$$\sigma=\frac{1}{\rho} \tag{6-14}$$

方阻 $R_{\square}$，顾名思义是方块电阻，指的是正方形薄膜导电材料边到边之间的电阻，单位为 Ω/□。材料的方阻可通过电阻率 ρ 和材料的厚度 h 的比值进行计算，即

$$R_{\square}=\frac{\rho}{h} \tag{6-15}$$

考虑到材料的横截面积 S 与其宽度 w 和厚度 h 之间满足 $S = wh$ 的关系，结合式(6－13)和式(6－15)，可以得到材料的方阻为

$$R_{\square} = \frac{Rw}{l} \tag{6-16}$$

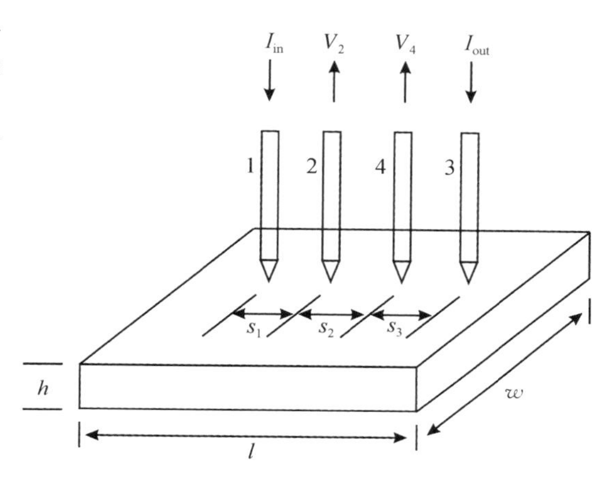

图 6-5 直排四探针法测量电阻率

利用四探针法可以测量材料的电阻率、电导率和方阻。通常采用如图 6－5 所示的直排四探针法进行测量，被测样品长度、宽度、高度分别为 l、w、h。探针 1 与探针 2、探针 2 与探针 4、探针 4 与探针 3 之间的距离分别为 s_1、s_2、s_3。恒定电流从探针 1 流入，经过样品区域，从探针 3 流出。探针 2 与探针 4 间的电压差是样品中被测量部分的电压。

当被测样品上有正负点状电流源时，某一点电位 φ 满足

$$\varphi = \frac{RI}{2\pi}\ln\frac{r_1}{r_2} \tag{6-17}$$

式中，R 为被测样品电阻；I 为电流；r_1、r_2 分别为该点到负、正点状电流源的距离。当四探针处于同一直线上时，探针间距分别为 s_1、s_2、s_3，并且被测样品无限大时，探针 2 与探针 4 间的电压差 $V = |V_2 - V_4|$，可以推导出

$$V = \frac{RI}{2\pi}\ln\frac{(s_1 + s_2)(s_2 + s_3)}{s_1 s_3} \tag{6-18}$$

因此，被测样品的电阻为

$$R = \frac{2\pi V}{I\ln\frac{(s_1 + s_2)(s_2 + s_3)}{s_1 s_3}} \tag{6-19}$$

被测样品的电阻率为

$$\rho = \frac{2\pi whV}{lI\ln\frac{(s_1 + s_2)(s_2 + s_3)}{s_1 s_3}} \tag{6-20}$$

对于四探针法测量被测样品的电阻率，关键在于将四个探针排成直线放入矩形样品的中线上。值得说明的是，利用这种方法可以获得被测样品的电阻率，由于电阻率与电导率互为倒数，可以换算得到被测样品的电导率，还可以根据被测样品的相关尺寸信息得到其方阻。

四探针法在测量样品基本导电性能方面较为常见，是较为通用的方法。在实验过程中，定性地测量物体的电阻还可以使用欧姆表，需要注意的是，利用欧姆表所测量物体的电阻只是点到点之间的电阻，而这个点到点之间的电阻并不代表物质的任何物理参数。欧姆表测量物体的电阻依据的是欧姆定律。给欧姆表的两表笔之间接上待测电阻 R_x，则电池组 U、电流表 I、变阻器 R_c 及待测电阻 R_x 构成闭合电路，电路中的电流随被测电阻的变化而变化，将电流表的电流刻度值改为对应的外电阻刻度值，即可从欧姆表上直接读得待测电阻的阻值。在利用欧姆表测量待测样品的电阻率的过程中，由于存在表笔与待测样品间接触电阻的问题，通常很难获得样品的实际信息，因此测量结果仅仅具有一定的参考意义。

方阻的测量还可以在电学测试平台上进行。测量之前需要先在待测样品上制作电极，通常采用蒸镀法制作电极。经过旋涂光刻胶、曝光、显影后，在待测样品上蒸镀两条相对平行的金属电极（要求金属的电阻率远小于待测样品的电阻率），在除去残留的光刻胶后，可以通过测量两条平行金属电极之间的电阻，并根据金属电极之间的距离及金属电极的宽度可以计算得到待测材料的方阻。

还可以采用铜棒法来测量材料的方阻（图 6-6）。在待测样品上放置两个电阻比其电阻小得多的圆铜棒，须保证圆铜棒光洁度高、与待测样品接触良好。利用欧姆表测试两个圆铜棒之间的电阻，从而可以得到待测材料的方阻。

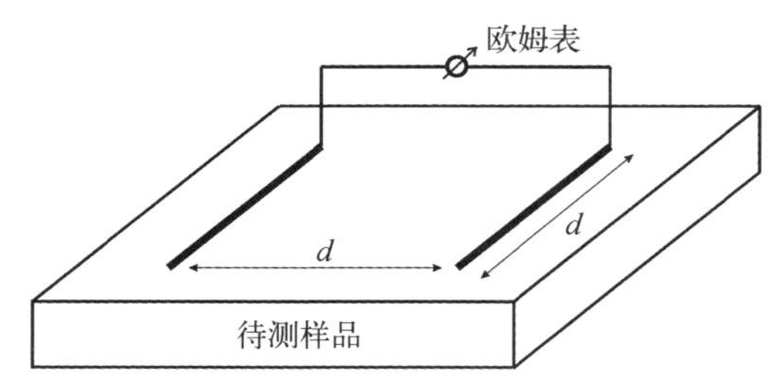

图 6-6　铜棒法测量待测材料的方阻

6.2.2　石墨烯导电性能测量的实例

电阻率、电导率和方阻是表征石墨烯及其衍生物导电性能的重要参数。对于本征单层石墨烯，其室温电阻率极小，约为 10^{-6} Ω·cm。而由于制备本身带来的问题，或者转移、复合过程中带来的破损等缺陷，实际得到的石墨烯的导电性能下降。因此，对于石墨烯及其衍生物，其导电性能的表征在一定程度上可以反映出制备的质量及工艺的水准。对于平面二维石墨烯薄膜，可以按照上文 6.2.1 小节中所述方法直接测量其电阻率、电导率和方阻。而对于石墨烯粉体，需要将其组装成宏观聚集体，例如将 GO 通过抽滤的办法制备成石墨烯纸，或者通过喷墨打印、印刷的办法制备成石墨烯薄膜等，之后再进行相关测量。下文将针对平面二维石墨烯薄膜及石墨烯粉体组装薄膜的电阻率、电导率和方阻测量实例分别进行阐述。

1. 石墨烯薄膜导电性能的测量

在本部分中，石墨烯薄膜指的是平面二维石墨烯薄膜，通常采用 CVD 法获得。Bae 等[11]采用金属 Cu 为基底，利用 CVD 法实现了石墨烯的大面积生长[图 6-7(a)(b)]。在实验过程中，利用卷对卷工艺实现了尺寸近 30 in① 的石墨烯薄膜的制备，并且石墨烯薄膜的透过率为 97.4%、方阻为 125 Ω/□，适用于工业级规模化透明电极的制备。而对转移后的石墨烯薄膜进行 HNO_3 处理会使其方阻明显变小。对四层石墨烯薄膜进行 p 型掺杂后，在 90%的透过率下，其方阻低至 30 Ω/□，优于常见的 ITO 透明电极。

Kim 等[12]通过 CVD 法在绝缘基底上生长了石墨烯薄膜[图 6-7(c)(d)]。首先在 300 nm 厚的氧化层的 SiO_2/Si 表面蒸镀约 300 nm 厚的 Ni 层，之后以 CH_4 为

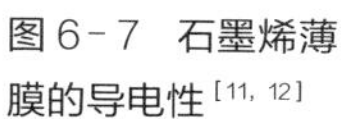

图 6-7 石墨烯薄膜的导电性[11, 12]

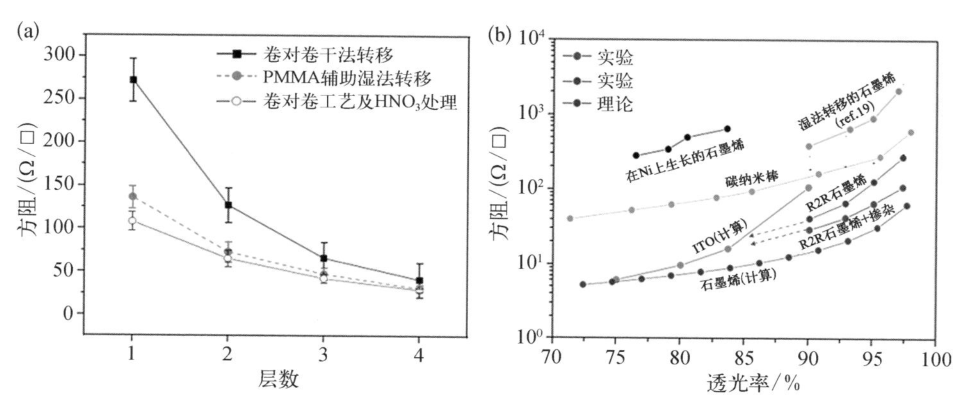

① 1 in=2.54 cm。

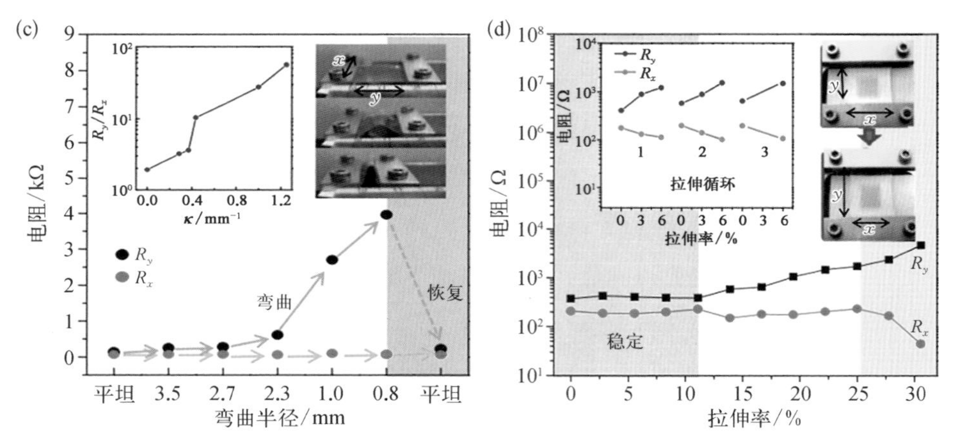

图 6-7 续图

（a）卷对卷干法转移与 PMMA 辅助转移得到的石墨烯薄膜的方阻与层数关系；（b）不同方法得到的石墨烯薄膜的方阻与透过率关系；（c）将石墨烯薄膜转移至约 0.3 mm 厚的 PDMS/PET 基底上得到的电阻，左插图表明四探针电阻的各向异性，右插图表明弯曲过程；（d）将石墨烯薄膜转移至 PDMS 基底上测得的电阻与拉伸率关系，左插图是将石墨烯薄膜转移至未拉伸 PDMS 基底表面时情况，右插图是支撑台移动路径

碳源生长出大面积石墨烯薄膜。为了将石墨烯薄膜转移至任意基底，他们采用了两种方法：一种方法是通过在石墨烯表面包覆 PDMS 将其进行封装，之后将 Ni 层刻蚀得到 PDMS-石墨烯复合物，以此可以将石墨烯薄膜转移至任意基底；另一种方法是先用 HF 刻蚀 SiO_2 层，之后用 $FeCl_3$ 刻蚀 Ni 层，可以得到石墨烯薄膜并可以直接转移至任意基底。通过四探针法测量发现，在透过率约为 80%的条件下，石墨烯薄膜的方阻约为 280 Ω/□，显示出优异的导电性能。基于此，Kim 等将石墨烯薄膜转移至约 0.3 mm 厚的 PDMS/PET 基底上得到了柔性器件，在弯曲或拉伸状态下分别测量了石墨烯薄膜的电阻变化，定义弯曲或者拉伸方向为 y 方向，与之垂直的另一个方向为 x 方向，对应的石墨烯薄膜的电阻分别为 R_y、R_x。此时发现随着弯曲半径的增大，R_x 变化不大，而 R_y 会逐渐增大，当恢复到初始状态时，R_y 也会恢复到初始状态。而在拉伸测试中发现在一定的拉伸强度内，R_x、R_y 并未有明显变化，只有当拉伸强度进一步提高时，石墨烯薄膜的电阻才会发生变化，表现为 R_x 减小、R_y 增大。

石墨烯薄膜的洁净程度也会影响其方阻。Sun 等（2019）利用活性炭对污染物的吸附作用，有效去除了石墨烯薄膜表面的本征污染物，制备了大面积超洁净石墨烯薄膜，洁净区域大于 99%。相比于未做处理的石墨烯薄膜，其方阻由（879.8 ±

173.7) Ω/□降低至(618.0 ± 19.6) Ω/□。利用 CO_2 对石墨烯薄膜表面无定形碳污染物的高选择性刻蚀的办法也可以获得超洁净石墨烯薄膜，其方阻降低至约 390 Ω/□(Zhang, 2019)。不仅如此，还可利用含铜碳源直接生长超洁净石墨烯，由于醋酸铜碳源中同时含有铜和碳，可以保证反应过程中铜蒸气的持续稳定供应和碳氢化合物的充分裂解，对于制备无定形碳污染物更少的超洁净石墨烯具有独特的优势。利用这一方法可获得方阻低至约 270 Ω/□、洁净区域大于 99%的超洁净石墨烯薄膜(Jia, 2019)。

除此以外，石墨烯薄膜的晶界也会影响其导电性能，详见后文 6.3.1 小节。

2. 石墨烯组装结构导电性能的测量

对于 CVD 法生长的石墨烯、液相剥离法制备的石墨烯、氧化石墨烯、还原氧化石墨烯及各类粉体石墨烯的导电性能的测量，通常需要先将其制备成宏观组装结构，如导电薄膜或者纤维等，之后再对其导电性能进行测量。

Chen 等[13]在三维 Ni 泡沫基底上，采用 CH_4 为碳源，利用 CVD 法生长了三维石墨烯，通过刻蚀基底得到了具有自支撑结构的三维石墨烯泡沫[图 6-8(a)(b)]。这种石墨烯泡沫具有相互交联的网络结构，将其与 PDMS 复合即可得到 PDMS-石墨烯泡沫复合物。为了测量其导电性能，他们采用两探针法，分别用导电铜线在其两端用导电银胶封装，使其与三维石墨烯泡沫相互接触。研究发现，当复合物中石墨烯泡沫质量分数仅约为 0.5%时，其电导率仍能到达 10 S/cm。研究还发现，随着石墨烯泡沫平均层数的增大，复合物的电导率先增大后减少，当石墨烯泡沫平均层数在 5 层左右时，其电导率达到最大值(约 10 S/cm)。

Chen 等[14]利用常见的硅藻土作为基底，采用常用的 CVD 法生长了石墨烯薄膜。通过控制碳源的浓度可以在基底上生长层数可控的石墨烯薄膜。利用涂膜的方法可以在各种基底上制备透明导电薄膜，随着石墨烯薄膜层数的增加，获得的石墨烯薄膜的透过率由 91%降低至 58%，利用四探针法测量方阻，发现其方阻由约 8.6 kΩ/□ 降低至约 0.39 kΩ/□(对应的电导率由约 10400 S/m 增加至约 55000 S/m)。而采用 HNO_3 掺杂后，当石墨烯薄膜的透过率为 80%时，其方阻降低至约 0.36 kΩ/□，对应的电导率为 110～700 S/m，这是因为 HNO_3 掺杂可以极大提高载流子浓度。不仅如此，他们采用喷墨打印的方法制备了石墨烯线条，在打印 30 次后，其方阻降低至约 5 kΩ/□，这表明这种石墨烯线条具有优异的导电

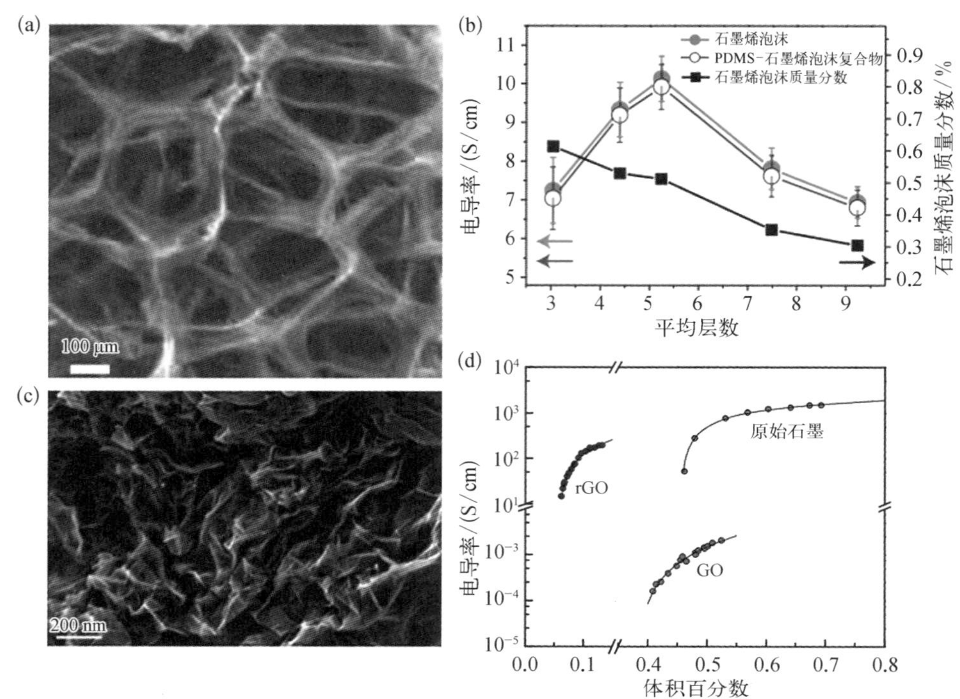

图6-8 石墨烯组装结构的导电性能[13]

（a）利用三维 Ni 泡沫生长的三维石墨烯的 SEM 图；（b）石墨烯泡沫及 PDMS-石墨烯泡沫复合物的电导率与石墨烯泡沫平均层数之间的关系曲线（对应着复合物中石墨烯泡沫质量分数），其中电导率是基于每个样本 5 个区域计算得出的；（c）聚集的 rGO 片的 SEM 图；（d）原始石墨、GO 及 rGO 的电导率与体积百分数之间的关系曲线

性能。

Paton 等[15]采用液相剥离法制备了石墨烯粉体，在 *N*-甲基吡咯烷酮中通过高速旋转的方法使天然石墨在剪切力的作用下被剥离至单层及少层。研究发现，将天然石墨进行剥离得到石墨烯需要满足转速不低于 10^4 r/s，剥离得到的石墨烯尺寸为 0.3～0.8 μm。为了测量石墨烯粉体的导电性能，他们采用真空抽滤的方法获得石墨烯薄膜，测得其电导率为 400 S/cm。

Becerril 等(2008)采用传统的 Hummers 法制备了 GO。高速离心去掉大部分的多层石墨烯或未剥离石墨后，将剩下的 GO 通过旋涂的方法制备 GO 薄膜。通过对 GO 进行 1100℃ 真空高温退火以除去大部分官能团，可以获得 rGO 薄膜。之后，在 rGO 薄膜上通过掩膜版蒸镀 40 nm 厚的 Au 电极以进行电学性质的测量，发现在 80%透过率时，其方阻为 100～1000 Ω/□，电导率约为 1000 S/cm。Wang 等

(2012)采用涂覆的方法在室温下的PET基底上制备了大面积石墨烯薄膜。通过调节GO悬浮液浓度,可以在PET基底上可控制备1~10层石墨烯薄膜。将$PdCl_2$添加进GO悬浮液中,采用相同的方法可以得到rGO薄膜。通过对其导电性能进行测量发现,当GO浓度由0.5 mg/mL增加至2.5 mg/mL时,制备得到的rGO薄膜的透光度由92.6%降低至64.6%,并且方阻由20.1 kΩ/□降低至1.68 kΩ/□,显示出较为优异的透过率与导电性。另外,采用四探针法对大面积的rGO薄膜进行测量,发现当透光度为64.6%时,其方阻在1.55~1.85 kΩ/□,分布较为均一。

Stankovich等(2007)通过化学法制备了GO,之后通过水合肼对其进行还原制备rGO,发现rGO的电导率约为2×10^2 S/m,是GO电导率的5倍,并且接近原始石墨[图6-8(c)(d)]。这是因为GO的表面官能团会极大地增加电子散射,影响电子传导,降低导电性能。Chen等(2008)也通过控制水合肼还原GO制备了rGO,采用真空抽滤的方法得到了石墨烯纸,这种石墨烯纸在截面上呈现层状结构。通过调控温度以调控还原程度,在220℃和500℃的条件下,得到的rGO纸的电导率分别为0.8 S/cm和59 S/cm,而利用水合肼还原后得到的rGO纸的电导率分别为118 S/cm和351 S/cm,这表明rGO由于表面官能团比GO更少,更接近本征石墨烯,并且石墨烯的还原程度对于其导电性能也有极大的影响。

其他的石墨烯组装结构(如石墨烯纤维)的电学性质也是研究的重点。Gao课题组早在2011年利用GO液晶通过纺丝技术制备了具有良好电学性质的GO纤维,其电导率为250 S/cm(Xu, 2011)。为了提高GO纤维的导电性能,他们采用离子交联的方式增加石墨烯间的接触,发现利用KOH和Cu^{2+}交联的GO纤维的电导率可分别达到390 S/cm和380 S/cm,而用Ca^{2+}交联时的电导率最高为410 S/cm(Xu, 2013)。为了增加界面相互作用,可以通过在GO液晶纺丝过程中添加多巴胺并退火的方式获得rGO纤维,此时的电导率为660 S/cm(Ma, 2018)。除此之外,Gao课题组也发展了高温还原法制备石墨烯纤维。与之前不同的是,增加了对GO纤维进行3000℃高温石墨化处理的步骤,制备的rGO纤维的电导率高达8000 S/cm(Xu, 2018)。通过对制备的石墨烯纤维进行后处理,掺杂电子给体或者受体,可以进一步有效调控石墨烯纤维的导电性能(Liu, 2016)。用$FeCl_3$和Br_2掺杂时石墨烯纤维的电导率可分别提升至77000 S/cm和150000 S/cm,而用K掺杂时石墨烯纤维的电导率可高达220000 S/cm(图6-9)[16]。

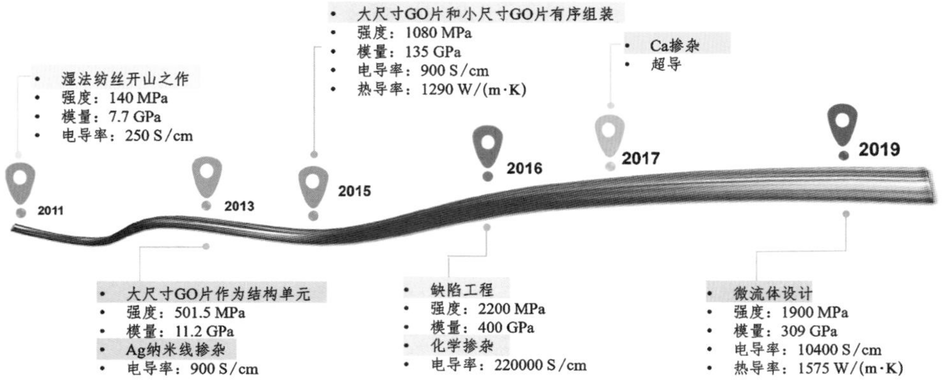

- 湿法纺丝开山之作
- 强度：140 MPa
- 模量：7.7 GPa
- 电导率：250 S/cm

2011

- 大尺寸GO片作为结构单元
- 强度：501.5 MPa
- 模量：11.2 GPa
- Ag纳米线掺杂
- 电导率：900 S/cm

2013

- 大尺寸GO片和小尺寸GO片有序组装
- 强度：1080 MPa
- 模量：135 GPa
- 电导率：900 S/cm
- 热导率：1290 W/(m·K)

2015

- 缺陷工程
- 强度：2200 MPa
- 模量：400 GPa
- 化学掺杂
- 电导率：220000 S/cm

2016

- Ca掺杂
- 超导

2017

- 微流体设计
- 强度：1900 MPa
- 模量：309 GPa
- 电导率：10400 S/cm
- 热导率：1575 W/(m·K)

2019

图 6-9　自 2011 年来石墨烯纤维的发展[16]

6.3　石墨烯载流子迁移率的测量

载流子迁移率是反映半导体中载流子导电能力的重要参数，可以用来度量电场作用下载流子的运动速率。石墨烯具有独特的载流子输运特性，使其有望应用于下一代集成电路。对于石墨烯载流子迁移率的测量，通常是先将石墨烯制备成器件，例如场效应晶体管或霍尔器件，得到相应的场效应迁移率或霍尔迁移率。石墨烯的场效应迁移率更多的是表征器件的性能，其大小与石墨烯和器件之间的界面接触、载流子之间的相互作用以及晶格对载流子的散射等有关。石墨烯的霍尔迁移率则更多地反映石墨烯的本征特性。石墨烯载流子迁移率的测量均是基于薄膜石墨烯，同时氧化石墨烯或者石墨烯宏观聚集体的测量也有部分报道。本节将着重介绍石墨烯载流子迁移率(包括场效应迁移率和霍尔迁移率)的测量。

6.3.1　石墨烯场效应迁移率的测量

石墨烯的场效应迁移率是通过构筑石墨烯基场效应晶体管进行测量得到的。本小节首先对场效应晶体管进行介绍，其次介绍石墨烯场效应迁移率测量的基本原理，最后对相关的测量实例进行介绍。

1. 场效应晶体管简介

场效应晶体管(field effect transistor, FET)主要包含栅极、连接源极和漏极的沟道，以及将栅极和沟道隔开的阻挡层。传统的 FET 器件的工作模式主要是通过改变漏极电流，即通过改变栅极和源极电压 V_{gs} 以改变沟道的电导率。对于高速响应的器件，FET 应该具备对不同 V_{gs} 都保持快速响应的能力，因此需要短的栅极及沟道中快速迁移的载流子。石墨烯仅有单原子层厚度，并且石墨烯中载流子迁移速率极快，有利于其在纳米电学器件中的应用。

石墨烯中的电子为狄拉克费米子，当费米面处于狄拉克点时，其电阻率会达到最大值。石墨烯中载流子类型可通过栅极电压加以调控，实现由电子传输向空穴传输的改变。当栅极电压为正时，石墨烯器件中载流子类型为电子，反之则为空穴。所加栅极电压与石墨烯中载流子浓度呈正相关，其电子浓度 n_e、空穴浓度 n_h 与栅极电压 V_g 间关系为 $n_{e,h}=\alpha V_g$，其中比例系数 α 代表栅极的电荷注入率。因此，双极性的栅极电压可以使石墨烯中载流子浓度和类型发生变化，从而极大地改变器件的电阻率。

石墨烯场效应晶体管主要有三种结构，分别是背栅石墨烯 FET[图 6-10(a)]、顶栅石墨烯 FET[图 6-10(b)]及 SiC 基底的顶栅石墨烯 FET[图 6-10(c)]，这与传统的 FET 器件结构不同，主要表现在石墨烯 FET 直接用石墨烯作为导电沟道，在其两端分别加以源极和漏极[17]。

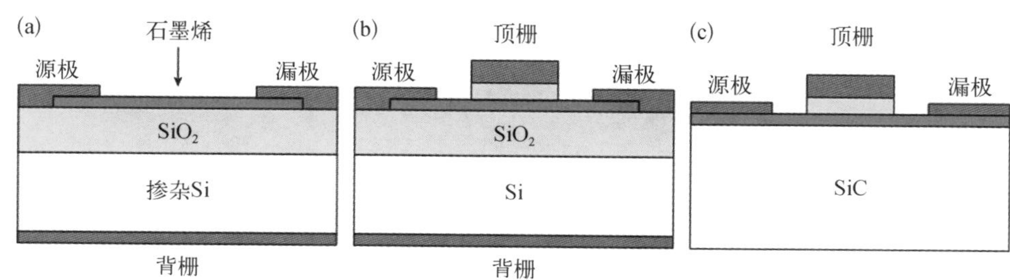

图 6-10 石墨烯场效应晶体管结构示意图[17]

背栅石墨烯 FET 最早是由 Novoselov 等[18]在 2004 年报道的。他们以高定向热解石墨为原材料，通过机械剥离法剥离制备出石墨烯，并以此制备了背栅石墨烯 FET。背栅石墨烯 FET 通常以 300 nm 厚的 SiO_2 的高掺 Si 作为基底，之后在基底上通过生长或者转移的方式制备石墨烯薄膜，然后蒸镀上金属电极作为源极和漏极（Ti/Au 或 Cr/Au 等）。

顶栅石墨烯 FET 中由于顶栅介质（SiO_2、Al_2O_3、HfO_2 和 SiN 等）的存在，会引入更多散射源，难以保持石墨烯层的完整性，导致石墨烯的场效应迁移率降低。

Kim 等(2009)利用 Al_2O_3 作为栅极介质,并在 Al_2O_3 与石墨烯之间引入薄层金属作为阻挡层,有效保持了石墨烯的高场效应迁移率,其数值可达 8000 $cm^2/(V \cdot s)$。

在背栅石墨烯 FET 或顶栅石墨烯 FET 中,基底的带电杂质和表面极性声子散射作用会使得石墨烯的场效应迁移率降低。为了尽可能降低基底对石墨烯场效应迁移率测量的影响,通过构造悬浮石墨烯 FET 可以测量石墨烯的本征场效应迁移率。制造过程较为简单,将背栅石墨烯 FET 进行部分 SiO_2 基底的刻蚀,从而使得沟道处的石墨烯得以悬浮,利用这种方式即可以获取悬浮石墨烯 FET。

2. 石墨烯场效应迁移率测量的基本原理

量子电容最早是在研究二维电子气系统时提出的,它来源于体系费米能级的变化。随着电子浓度变化,费米面发生移动,产生量子电容。当体系态密度越小时,电子浓度变化造成的费米面变化更为明显,因而量子电容变大。量子电容 C_q 与石墨烯中电荷 Q、材料的静电势 V_q 之间关系为

$$C_q = -\frac{\partial Q}{\partial V_q} = -e\frac{\partial Q}{\partial E_F} \tag{6-21}$$

石墨烯在费米能级 E_F 处的电荷密度可由 Fermi - Dirac 分布得到,石墨烯的电子浓度 n_e 和空穴浓度 n_h 分别为

$$n_e = \frac{2}{\pi(\hbar v_F)^2}\int_0^{\infty}\frac{E}{\exp\left(\frac{E-E_F}{k_B T}\right)+1}dE \tag{6-22}$$

$$n_h = \frac{2}{\pi(\hbar v_F)^2}\int_0^{\infty}\frac{E}{\exp\left(\frac{E+E_F}{k_B T}\right)+1}dE \tag{6-23}$$

式中,k_B 为玻耳兹曼常数;T 为温度。因此,石墨烯中电荷 Q 为

$$Q = e(n_h - n_e) = \frac{2e}{\pi(\hbar v_F)^2}\int_0^{\infty}\left[\frac{E}{\exp\left(\frac{E+E_F}{k_B T}\right)} - \frac{E}{\exp\left(\frac{E-E_F}{k_B T}\right)}\right]dE \tag{6-24}$$

式中,e 为元电荷电量。故而得到量子电容为

$$C_q = \frac{2e^2 k_B T}{\pi(\hbar v_F)^2} \ln\left[2\left(1 + \cosh \frac{E_F}{k_B T}\right)\right] \approx \frac{2e^2 E_F}{\pi(\hbar v_F)^2} \tag{6-25}$$

在石墨烯 FET 中，量子电容与几何电容共同决定某一栅极电压下石墨烯的载流子浓度。在背栅石墨烯 FET 中，可以忽略量子电容的影响，而在顶栅石墨烯 FET 中，由于顶栅介质的相对介电常数较大，量子电容的影响不可忽略。

石墨烯中载流子浓度 n 与栅极电压 V_g 之间，有如下关系：

$$ne = V_g C_{tot} \tag{6-26}$$

式中，C_{tot}为总电容。总电容与几何电容和量子电容之间满足如下关系：

$$\frac{1}{C_{tot}} = \frac{1}{C_{ox}} + \frac{1}{C_q} \tag{6-27}$$

式中，C_{ox}为栅极单位面积上的几何电容，$C_{ox} = \varepsilon_0 \varepsilon / d$，其中 ε_0 为真空介电常数，ε 为绝缘层相对介电常数，d 为绝缘层厚度。由此有

$$V_g - V_{Dirac} = \frac{ne}{C_{ox}} + \text{sgn}(n) \frac{\hbar v_F \sqrt{\pi |n|}}{2e} \tag{6-28}$$

式中，V_{Dirac}为在无栅极电压情况下石墨烯被掺杂时的栅极电势。根据 Drude 模型，可得电导率与场效应迁移率之间关系为

$$\sigma = ne\mu \tag{6-29}$$

通过施加栅极电压来测量样品电导率的变化，即可得到场效应迁移率为

$$\mu = \frac{1}{C_{ox}} \times \frac{d\sigma}{dV_g} \tag{6-30}$$

3. 石墨烯场效应迁移率的测量实例

目前为止，利用机械剥离法制备的石墨烯测得的场效应迁移率最高，这是因为实际测得的场效应迁移率与样品制备及器件制备工艺有关。CVD 法制备的石墨烯器件由于加工所需的必要步骤更多，因此石墨烯的场效应迁移率有所降低。在石墨烯场效应迁移率的测量过程中，水分子等多种因素都会对其造成影响。Lafkioti 等(2010)为了降低石墨烯与基底之间分子的影响，同时减少对石墨烯样品的掺杂，在基底表面覆盖一层疏水性的六甲基二硅氨烷(HMDS)[图 6-11(a)～(c)]。通常石墨烯 FET 的测量过程须对器件预先进行真空退火以降低器件

表面吸附的杂质分子,而这层 HMDS 的存在就可大幅度降低器件表面水分子等的吸附,使得在大气压下即可进行测量。利用这种方法测量机械剥离法制备的石墨烯的场效应迁移率高达 12000 $cm^2/(V \cdot s)$,而在未采用 HMDS 修饰的纯 SiO_2/Si 基底上测量时,其场效应迁移率仅为 4000 $cm^2/(V \cdot s)$。

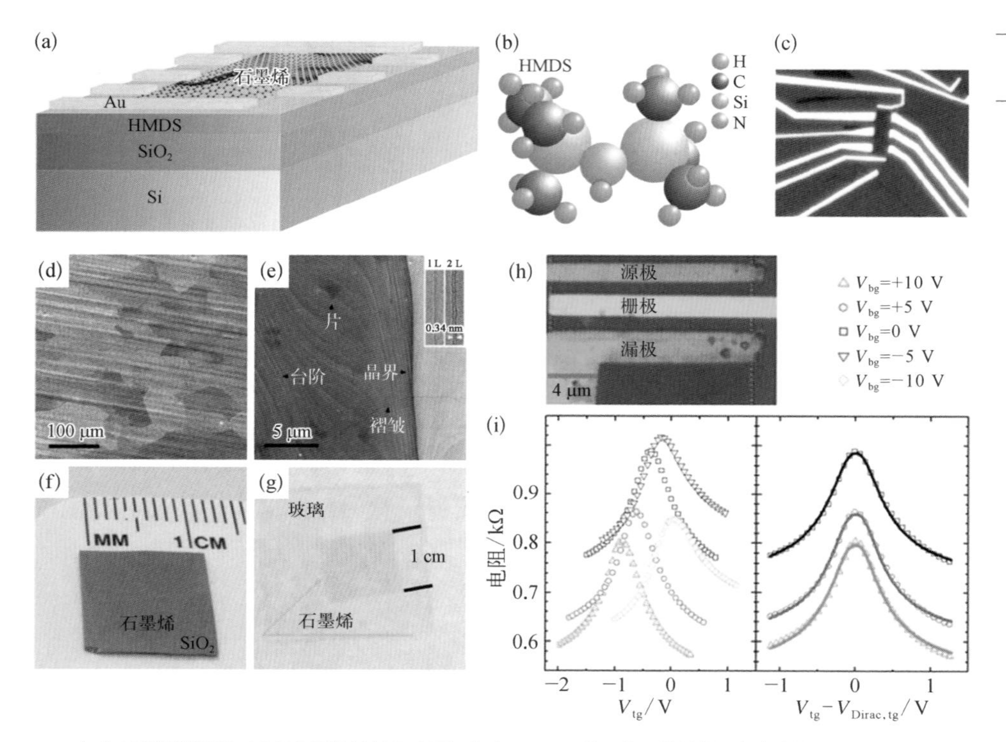

图 6-11 (a) 石墨烯样品与 HMDS 层的接触示意图;(b) HMDS 分子的三维结构;(c) 接触 HMDS 层的石墨烯光学成像;(d) 在 Cu 箔表面生长 30 min 的石墨烯的 SEM 图;(e) 高分辨 SEM 展示出 Cu 晶界和台阶,以及双层、三层石墨烯片和石墨烯褶皱,内嵌图显示的是折叠的石墨烯边缘(1L 表示单层石墨烯,2L 表示双层石墨烯);(f)(g) 将石墨烯转移至 SiO_2/Si 基底和玻璃基底表面的光学图;(h) 石墨烯 FET 的光学图;(i) 左边为器件电阻与顶栅电压(V_{tg})的关系曲线图,右边为器件电阻与 $V_{tg}-V_{Dirac,tg}$(狄拉克点时的 V_{tg})的关系曲线图[19]

Li 等[19]通过 CVD 法在 Cu 箔表面合成了大面积高质量石墨烯薄膜。在进行 GFET 测量时,他们采用 Al_2O_3 作为顶栅介质制备双栅 FET,室温下测量得到石墨烯的场效应迁移率约为 4050 $cm^2/(V \cdot s)$,并且当费米能级处于狄拉克点时,测得其残留载流子浓度为 3.2×10^{11} cm^{-2}。进一步地,他们也通过低压 CVD 法,以 CH_4 为碳源,在 Cu 箔表面合成出大面积石墨烯单晶。将其转移到覆盖约 300 nm 厚的 SiO_2 的重掺杂

Si表面，蒸镀 Ni 作为源极和漏极，测得石墨烯单晶的场效应迁移率大于 4000 $cm^2/(V \cdot s)$，显示出该方法制备的石墨烯具有较高的质量[图 6－11(d)～(i)]。

h－BN 与石墨烯的晶格常数相似，表面无悬挂键且为绝缘体，因而 h－BN 可成为承载石墨烯的绝佳基底。Petrone 等[20]采用 PMMA 辅助转移技术，将 CVD 法生长的石墨烯转移至含有 h－BN 的 SiO_2/Si 表面。在测量之前，预先在 345℃时进行退火以除去残留的 PMMA，在高载流子浓度时的场效应迁移率约为 30000 $cm^2/(V \cdot s)$，并且当载流子浓度低于 5×10^{11} cm^{-2}时，其场效应迁移率大于 50000 $cm^2/(V \cdot s)$，显示出 h－BN 基底的优越性[图 6－12(a)～(g)]。

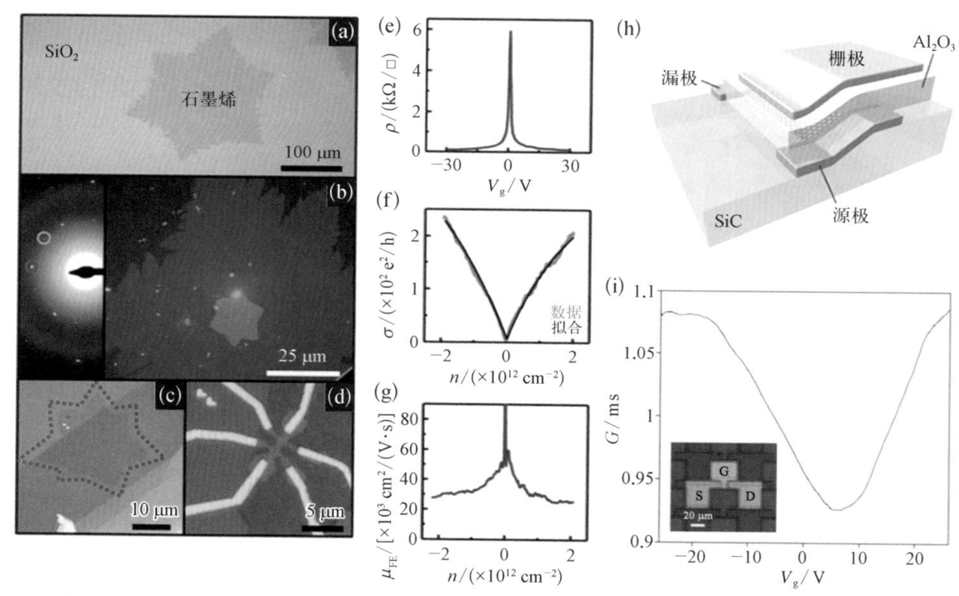

图 6－12 石墨烯器件表征及测量[20, 21]

（a）CVD 法生长的大尺寸石墨烯转移至 SiO_2/Si 基底的光学图；（b）CVD 法生长的大尺寸石墨烯的伪彩色暗场 TEM 图，紫色中间区域有一个大的石墨烯单晶（蓝色），内嵌图是对应区域的电子衍射图（外圈的不同彩色环点对应不同的晶界取向），表明图（b）中两层石墨烯都是单晶并且取向错位；（c）使用 PMMA 辅助转移技术将 CVD 法生长的大尺寸石墨烯转移至 h－BN 基底上（外圈用虚线以清晰说明石墨烯位置）；（d）在 h－BN 基底上制备的完整霍尔器件；（e）～（g）在 h－BN 基底上转移石墨烯制备的器件在 1.6 K 时测得的电子传输性质，其中（e）电阻率与栅极电压关系，（f）电导率与载流子浓度关系（电导率用红色线标出，采用玻耳兹曼分布进行拟合后用黑线标出），（g）场效应迁移率与载流子浓度关系；（h）完整的含有源极、漏极、石墨烯纳米带沟道、Al_2O_3 栅极介质及金属顶栅的器件；（i）室温情况下双极性曲线：电导与栅极电压关系，内嵌图是单个 FET 器件，包括源极（S）、漏极（D）、石墨烯沟道及栅极（G），沟道长度为 7 μm

石墨烯纳米带也可以制备成 FET。为了制备石墨烯纳米带，Sprinkle 等[21]将部分 4H－SiC 进行刻蚀，之后在 1200～1300℃退火以在台阶处形成($1\bar{1}0n$)晶面，随后在约 1450℃时退火，即可以在台阶处形成石墨烯纳米带[图 6－12(h)]。他们通过蒸镀 5 nm 厚的 Pd 和 60 nm 厚的 Au 作为电极，并采用原子层沉积技术沉积 39 nm 厚的 Al_2O_3 作为栅极介质，实现了 FET 器件的构筑，测得 FET 器件的开关比为 10，场效应迁移率为 900～2700 $cm^2/(V\cdot s)$[图 6 - 12(i)]。利用这种方法可以在 0.24 cm^2 的 SiC 芯片上制备出 10000 个顶栅石墨烯 FET。Llinas 等(2017)报道了基于石墨烯纳米带的短沟道 FET。利用宽度仅为 9 个原子(0.95 nm)的扶手椅型石墨烯纳米带，制备出了沟道约为 20 nm 的 FET 器件，发现室温下其具有高的开态电流(当 $V_d = -1$ V 时，$I_{ON} > 1\ \mu A$)，并且开关比约为 10^5。

晶界也会极大影响石墨烯的场效应迁移率。对于多晶石墨烯，晶界的微观结构主要由一些扭曲的六元环及非六元环组成，因而石墨烯的载流子在通过这些缺陷时会引入额外的散射，使得电导率和场效应迁移率降低。Ma 等[22]合成了含有单一晶界的双晶石墨烯，并将其转移至常见的 SiO_2/Si 基底上，利用 STM 的四个探针作为点接触电极，测量栅级和探针之间的电容，探测晶界处的电学性质(图 6 - 13)。他们发现晶界处的电阻率为 1～100 kΩ · μm，晶界处场效应迁移率为本征石墨烯的 0.4‰～5.9‰，褶皱处场效应迁移率为本征石墨烯的 1/6～1/5。

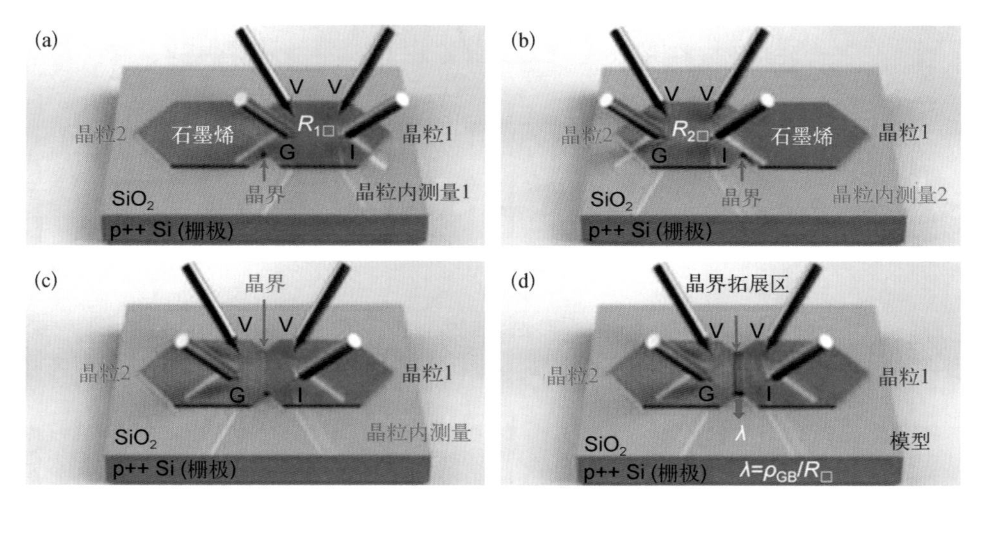

图 6 - 13 利用 STM 探测双晶石墨烯晶界处电学性质[22]

对石墨烯进行掺杂能够改变其场效应迁移率。常见的掺杂形式有 N 掺杂、S 掺杂、B 掺杂等，研究较多的为 N 掺杂。为了合成 N 掺杂石墨烯，Wei 等(2009)以 NH_3 作为 N 源，利用 CVD 法合成了单层 N 掺杂石墨烯，X 射线光电子能谱表明其中的 N 含量为 8.9%。他们在 500 nm 厚的氧化层硅片表面制备底栅 N 掺杂石墨烯 FET,由于在常温大气环境下,空气中的氧气和水分子等会被石墨烯表面吸附,使得石墨烯表现出 p 型掺杂。而利用吡啶合成出的 N 掺杂石墨烯,则表现出 n 型掺杂。通过测试场效应迁移率发现,N 掺杂后石墨烯的场效应迁移率由 300～1200 $cm^2/(V\cdot s)$降低至 200～450 $cm^2/(V\cdot s)$。类似的情况也被 James 课题组(Jin, 2011)所报道。他们利用吡啶为 N 源合成了 N 含量为 2.4%的单层 N 掺杂石墨烯,场效应迁移率的测量结果也表明,其场效应迁移率仅仅为5 $cm^2/(V\cdot s)$,与原始石墨烯的场效应迁移率相比降低了 2 个数量级。当石墨烯骨架被杂原子掺杂后,载流子浓度增加,使得石墨烯具有较高的场效应迁移率,同时其导电性能得以提高,但掺杂后的石墨烯稳定性较差、场效应迁移率较低。而 Lin 等[23]发展了氧气选择性刻蚀非骨架掺杂(吡啶 N、吡咯 N 掺杂)的方法,首次实现了完美骨架 N 掺杂(石墨 N 掺杂)毫米级单晶石墨烯的制备,并且具有较好的高温稳定性。这一全石墨 N 掺杂石墨烯(N 含量为 1.4%)的场效应迁移率在室温时为 8600 $cm^2/(V\cdot s)$,在 1.9 K 时高达 13000 $cm^2/(V\cdot s)$,并且方阻也降低到 130 Ω/□。与本征石墨烯相比,这一全石墨 N 掺杂石墨烯在室温时的场效应迁移率降低[相同条件下本征石墨烯在室温时的场效应迁移率为11600 $cm^2/(V\cdot s)$],但电导率提升(相同条件下本征石墨烯的电导率为7290 S/cm; N 掺杂石墨烯的电导率为 162000 S/cm)。进一步研究发现,掺杂的 N 原子在石墨烯的晶格中以团簇形式存在,并且在低温和磁场下观察到了 N 团簇形成的较强的库仑电势导致的振荡。

石墨烯的官能团或者缺陷会显著降低其场效应迁移率。Gomez - Navarro 等(2007)首先将 GO 片沉积到含有 200 nm 厚的 SiO_2 层的重掺杂 Si 片上,之后通过化学还原得到 rGO,并通过电子束光刻技术沉积 Au/Pt 电极,室温下测得空穴迁移率为 2～200 $cm^2/(V\cdot s)$,电子迁移率为 0.5～30 $cm^2/(V\cdot s)$,这与 CVD 法生长的石墨烯相比都要小 2 个数量级,可以归因于 rGO 本身具有较高的缺陷。

6.3.2 石墨烯霍尔迁移率的测量

石墨烯具有量子霍尔效应,其霍尔迁移率是基于霍尔效应进行测量的,通常是对石墨烯薄膜样品进行测量。本小节将阐述霍尔效应及石墨烯霍尔迁移率的测量原理和相关实例。

1. 霍尔效应与霍尔迁移率测量原理

如图 6－14(a)所示，带电粒子在磁场中运动会受到洛伦兹力 F，当电流密度为 j_x 的电子沿图所示方向以速度 v 进行运动时，在垂直方向上施加磁场强度为 B_z 的磁场，此时由于洛伦兹力的作用会使导线两端产生电势差。当达到平衡时，电子所受的电场力与洛伦兹力平衡，电场强度 E_H 可以被描述为

$$E_H = R_H B_z j_x \tag{6-31}$$

式中，R_H 为霍尔系数，$R_H = 1/ne$。由此可见，霍尔系数只与载流子浓度相关。

p 型和 n 型半导体中载流子浓度 n_p 和 n_n 与霍尔系数之间的关系分别为

$$\text{p 型：} R_H = \frac{1}{en_p} \tag{6-32}$$

$$\text{n 型：} R_H = -\frac{1}{en_n} \tag{6-33}$$

如果考虑载流子速度的统计分布，关系式变为

$$\text{p 型：} R_H = \left(\frac{\mu_H}{\mu}\right)_p \frac{1}{en_p} \tag{6-34}$$

$$\text{n 型：} R_H = -\left(\frac{\mu_H}{\mu}\right)_n \frac{1}{en_n} \tag{6-35}$$

式中，μ_H为霍尔迁移率；$\left(\frac{\mu_H}{\mu}\right)_p$ 与 $\left(\frac{\mu_H}{\mu}\right)_n$ 均为霍尔因子，与能带结构和散射机制有关。

当同时考虑两种载流子时，有

$$R_H = \frac{3\pi}{8e} \times \frac{(n_p - n_n b^2)}{(n_p + n_n b^2)} \tag{6-36}$$

式中，b 为电子迁移率μ_n和空穴迁移率μ_p的比值，即 $b = \mu_n / \mu_p$。

对于石墨烯霍尔迁移率的测量，通常是将其制备成霍尔器件[图 6－14(b)]。当电子在 1－4 间运动时，载流子密度 $j_x = I_x / wt$，平衡时电场强度 $E_H = V_y w$，其中 w 和 t 分别为样品的宽度和厚度，那么此时霍尔系数为

$$R_H = \frac{1}{ne} = \frac{V_y t}{I_x B_z} \tag{6-37}$$

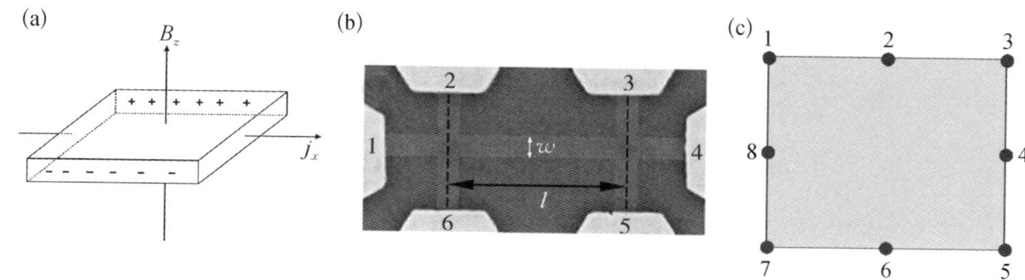

图 6-14 霍尔效应示意图、霍尔器件及范德堡法所测器件示意图

式中，t 为载流子运动时间；I_x 为平行于载流子运动方向的电流；V_y 为垂直于载流子运动方向的电压，其可通过测量 2-6 或者 3-5 间的电压获得。对于石墨烯薄膜等薄层材料而言，通常忽略样品厚度 t，此时载流子浓度为

$$n=\frac{I_xB_z}{V_ye}=\frac{B_z}{R_{xy}e}=\frac{\rho_{xy}B_z}{e} \tag{6-38}$$

式中，R_{xy} 为霍尔电阻，$R_{xy}=V_y/I_x$；ρ_{xy} 为霍尔电阻率，$\rho_{xy}=I_x/V_y$。

在零磁场条件下，可由四探针法测得样品的电导率 σ，即

$$\sigma^{-1}=\rho=\frac{w}{l}\times\frac{V_{23}}{I_{14}} \tag{6-39}$$

式中，ρ 为样品的电导率；w 为样品宽度；l 为样品长度；V_{23} 为 2-3 间电压；I_{14} 为 1-4 间电流。根据 Drude 模型，可得样品的霍尔迁移率 $\mu_{\mathrm{H}}=\sigma/ne$。

除此之外，对于无法制备成霍尔器件的样品，还可以通过范德堡法测量石墨烯样品的霍尔迁移率。范德堡法适于厚度均匀的任意形状的连续片状样品。通常可用 4 或者 8 个电极构筑图 6-14(c)所示器件，如果是 4 个电极，为 1-3-5-7 电极，如果为 8 个电极，则为 1～8 电极。

当利用 4 个电极测量时，对一对相邻电极通入电流 I，在另一对电极之间测量电压 V，选用不同对的电极分别测量两次，则有 $R_{13,57}=|V_{57}|/I_{13}$ 和 $R_{17,53}=|V_{53}|/I_{17}$，因此可以得到样品的电阻率 ρ，即

$$\rho=\frac{\pi d}{\ln 2}\times\frac{R_{13,57}+R_{17,53}}{2}\times f \tag{6-40}$$

式中，d 为样品厚度；f 由式(6-41)给出。

$$\cosh\left[\frac{\left(\frac{R_{13,57}}{R_{17,53}}\right)-1}{\left(\frac{R_{13,57}}{R_{17,53}}\right)+1}\times\frac{\ln 2}{f}\right]=\frac{1}{2}\exp\left(\frac{\ln 2}{f}\right) \tag{6-41}$$

在引入磁场 B_z 产生霍尔效应的情况下，可选用一对相对的电极测量电压和另一对相对的电极测量电流，计算得到霍尔系数 R_H 如式(6-42)所示，进而得到样品的霍尔迁移率。

$$|R_H|=\frac{d}{B_z}\times\frac{|V_{37}|}{I_{15}} \tag{6-42}$$

当利用 8 个电极测量时，有横向电阻平均值 $R_a=(V_{13}/I_{75}+V_{31}/I_{57}+V_{75}/I_{13}+V_{57}/I_{31})/4$ 和纵向电阻平均值 $R_b=(V_{17}/I_{35}+V_{71}/I_{53}+V_{35}/I_{17}+V_{53}/I_{71})/4$，那么根据式(6-43)计算样品的电阻率 ρ。

$$\exp\left(-\frac{\pi R_a}{\rho}\right)+\exp\left(-\frac{\pi R_b}{\rho}\right)=1 \tag{6-43}$$

通过测量电极 2-6 之间的电压为 V_y、电极 8-4 之间的电流为 I_x，那么根据式(6-38)可以计算载流子浓度 n，进而得到样品的霍尔迁移率 $\mu_H=1/ne\rho$。

2. 石墨烯霍尔迁移率的测量实例

石墨烯霍尔迁移率的测量通常是基于石墨烯薄膜。对于霍尔迁移率的测量，通常要将石墨烯样品制备成霍尔器件。如图 6-15 所示，该器件含有两个末端接触体，同时在侧边有 4 个或 6 个侧接触体，这是在 2004 年时由 Novoselov 等[18]首次报道的。他们将剥离的少层石墨烯转移至含有 300 nm 厚的 SiO_2 的重掺杂 Si 基底上，之后构筑霍尔器件，发现霍尔系数 R_H 呈现出类似于半导体的双极性性质，但是在费米能级附近并没有零电导区域。当 $V_g=100$ V 时，其载流子浓度 $n=7.2\times10^{12}\ cm^{-2}$，显示出电场掺杂效应。而当无电场掺杂时，即 $V_g=0$，少层石墨烯则显现出纯金属性质。通过霍尔器件测量得到少层石墨烯的霍尔迁移率为 3000～10000 $cm^2/(V\cdot s)$。

常规 SiO_2/Si 基底上的掺杂效应会影响石墨烯霍尔迁移率的测量。为了获得更加准确的石墨烯霍尔迁移率，研究者发展了适合石墨烯霍尔迁移率测量的其

图 6-15 六探针石墨烯霍尔器件[8]

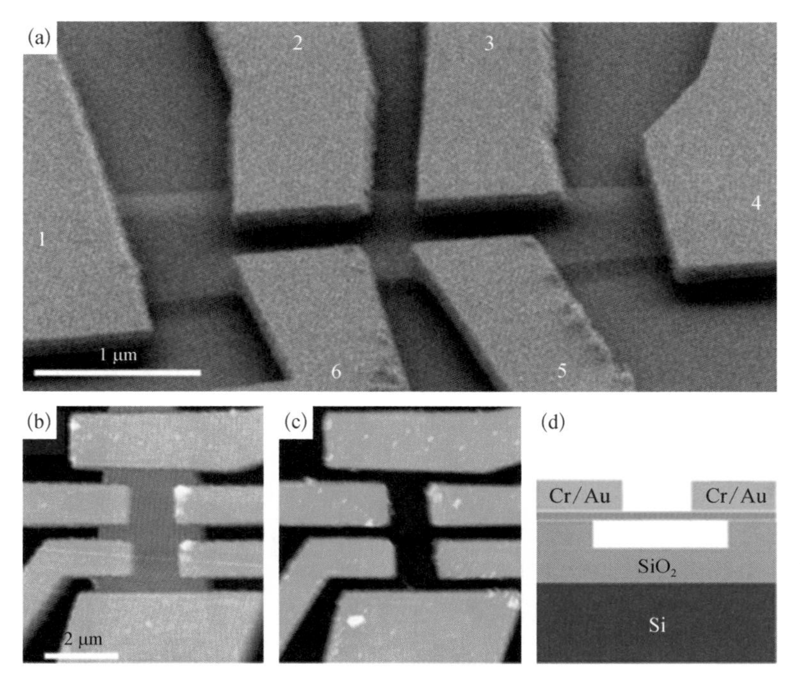

(a) 六探针石墨烯霍尔器件的 SEM 图，采集时与样品平面成 15° 夹角；(b) 测量前悬浮石墨烯霍尔器件的 AFM 图；(c) 测量后并经过短时间氧等离子体清洗后石墨烯霍尔器件的 AFM 图（z 轴规格相同）；(d) 石墨烯霍尔器件截面模型图，其中蓝色表示重掺杂 Si 的栅极，绿色表示部分刻蚀的 SiO_2，粉红色表示悬浮石墨烯，橙色表示 Cr/Au 电极

他基底。Dean 等[7]首次报道了用 h-BN 作为石墨烯的基底。首先利用机械剥离法从 h-BN 单晶上预先剥离出 h-BN 薄层，之后通过 PMMA 辅助剥离的方法将单层石墨烯转移到 h-BN 薄层上。AFM 成像结果表明，剥离出来的 h-BN 的厚度约为 14 nm。为了获得更加准确的石墨烯霍尔迁移率，他们预先在 340℃ 的 Ar/H_2 氛围中将霍尔器件退火 3.5 h 以除去可能残留的 PMMA，测得石墨烯的霍尔迁移率高达 25000 $cm^2/(V \cdot s)$。此外，将双层石墨烯转移至 h-BN 基底上，在 2 K 时测得的霍尔迁移率约为 80000 $cm^2/(V \cdot s)$，而在室温时测得的霍尔迁移率为 40000 $cm^2/(V \cdot s)$。

为了减少基底的影响，Bolotin 等[8]采用悬浮石墨烯进行了测试（图 6-15）。首先通过机械剥离法将单层石墨烯置于含有 300 nm 厚的 SiO_2 的重掺杂 Si 基底表面，之后利用电子束光刻技术对金属电极图案化，并采用真空热蒸镀法沉积3 nm厚的 Cr 和 100 nm 厚的 Au 以构筑霍尔器件。为了获得悬浮石墨烯，他们将该器件浸入刻蚀缓冲液中将表面 150 nm 厚的 SiO_2 刻蚀，洗涤干燥后进行真空退火。在低温(约 5 K)下，测量得到石墨烯的霍尔迁移率在载流子浓度为 2×10^{11} cm^{-2}时达到 230000 $cm^2/(V\cdot s)$，显示出极大的优势。

石墨烯的本征污染也会影响石墨烯的霍尔迁移率。通常在 CVD 法制备石墨烯薄膜的过程中，生长过程和转移过程带来的污染物会影响石墨烯的霍尔迁移率。Lin 等[24]利用泡沫铜辅助催化法，解决了高温下碳源裂解的副产物导致石墨烯表面形成无定形碳污染物的问题，获得了洁净度高达 99% 的超洁净石墨烯(图 6-16)。他们在 SiO_2/Si 基底上构筑了 FET，发现该超洁净石墨烯的接触电阻为 $(115\pm19)\Omega\cdot\mu m$，在室温时的场效应迁移率高达 14900 $cm^2/(V\cdot s)$，而在1.9 K时

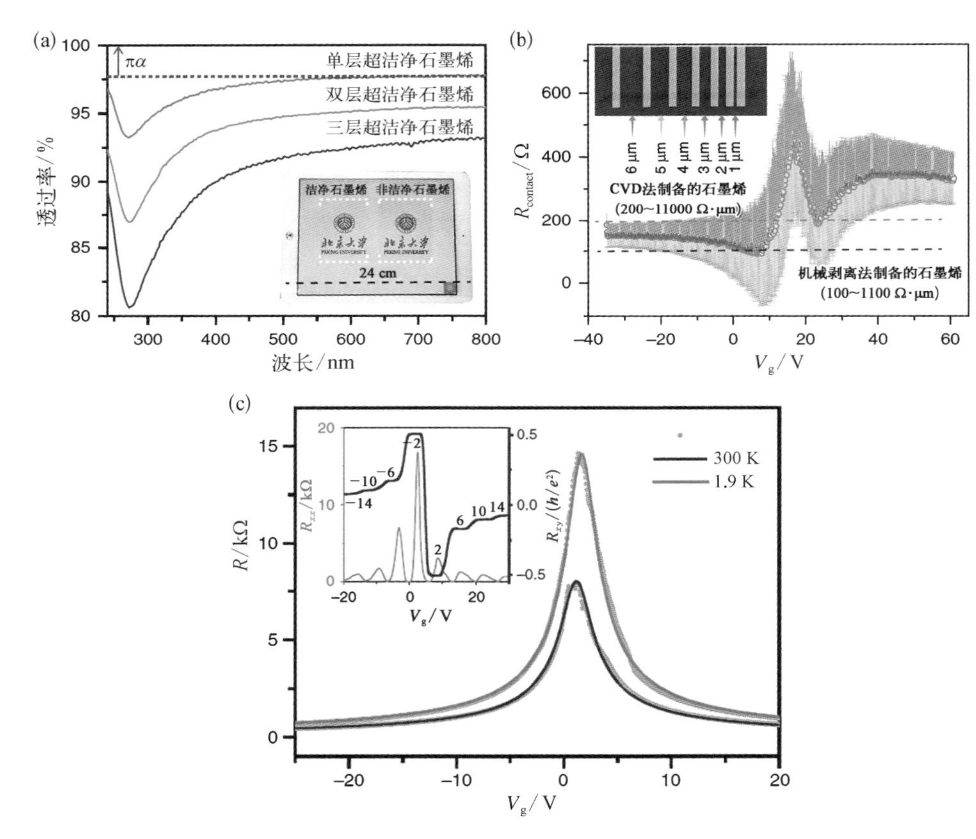

图 6-16 超洁净石墨烯的光学和电学性质[24]

(a) SiO_2/Si 基底表面单层、双层、三层超洁净石墨烯薄膜的紫外-可见吸收光谱，内嵌图是转移至 PET 基底表面的洁净石墨烯和非洁净石墨烯薄膜对比；(b) 测量的接触电阻随 V_g 变化曲线图，内嵌图是制备的器件的伪彩色 SEM 图；(c) 300 K 和 1.9 K 时石墨烯的电阻与 V_g 之间的关系，内嵌图是 R_{xx} 和 R_{xy} 与 V_g 在 1.9 K、5 T 时的曲线，电极为 Pd/Au (10 nm/80 nm)

的场效应迁移率高达 31000 $cm^2/(V \cdot s)$。通过构筑 h－BN 基霍尔器件，发现在 1.9 K 时的霍尔迁移率高达 1083000 $cm^2/(V \cdot s)$。此外，他们还发展了基于界面力调控的后处理表面清洁方法，制备出大面积超洁净石墨烯，在1.7 K时的场效应迁移率高达 400000 $cm^2/(V \cdot s)$，霍尔迁移率高达500000 $cm^2/(V \cdot s)$（Sun，2019）。

掺杂也会影响石墨烯的霍尔迁移率。Urban 等(2014)利用 CVD 法，以氮气为氮源、丙烷为碳源，在 4H－SiC(0001)上合成了 N 掺杂石墨烯。为了研究生长过程中氮气对于石墨烯载流子浓度及载流子迁移率的影响，他们通过控制生长过程中不同的氮气含量 x_N 发现，当 $x_N = 7.1 \times 10^{-2}$ 时，载流子浓度为$(9 \pm 3) \times 10^{12}$ cm^{-2}，当氮气含量降低至 $x_N = 7.1 \times 10^{-3}$ 时，载流子浓度为$(6 \pm 2) \times 10^{12}$ cm^{-2}，这表明载流子浓度与生长过程中氮气含量无明显依赖关系。但是，他们发现其霍尔迁移率随氮气含量变化有较大差别，当 $x_N = 7.1 \times 10^{-2}$ 时，霍尔迁移率为$(160 \pm 16) cm^2/(V \cdot s)$，当 $x_N = 2.4 \times 10^{-3}$ 时，霍尔迁移率为$(1380 \pm 140) cm^2/(V \cdot s)$，这表明随着生长过程中氮气含量的提高，其霍尔迁移率会有所降低。

有少部分工作研究了石墨烯宏观聚集体的霍尔迁移率，将其作为一种辅助表征手段。Gao 课题组通过抽滤的方法获得了 GO 纸，之后通过 3000℃ 的高温对其进行还原和碳化，随后采用气相输运的方式获得了 Br_2、$FeCl_3$ 和 K 掺杂的 rGO 纸。利用范德堡法通过 4 个电极测试发现，原始 rGO 纸和 K 掺杂 rGO 纸的电子迁移率分别约为 283 $cm^2/(V \cdot s)$和 150.9 $cm^2/(V \cdot s)$，而 Br_2 掺杂 rGO 纸和 $FeCl_3$ 掺杂 rGO 纸的空穴迁移率分别约为 464.4 $cm^2/(V \cdot s)$和 437.4 $cm^2/(V \cdot s)$。尽管在 K 掺杂后的载流子迁移率变低，但是载流子浓度得到了极大的提高，由3.959×10^{19} cm^{-3} 提高至 2.068×10^{21} cm^{-3}，这表明 K 可以作为电子给体大幅增加原始 rGO 纸中的载流子浓度。

6.4　石墨烯的新奇电学性质的发现与测量

近年来，石墨烯的一些新奇的电学性质也逐渐被挖掘。本节将简要阐述近期发现的“魔角石墨烯”的相关性质及石墨烯量子流体现象。

“魔角石墨烯”由于独特的电子结构而具有特殊的电学性质。6.1.1 小节对于双层石墨烯的扭转角度与其狄拉克锥的杂化效应之间的关系进行了简要的描述，而对于特定扭转角度的“魔角石墨烯”的电学性质则主要是 Herrero 课题组于 2018 年报道的[4,5]。他们通过提拉技术成功构造了“魔角石墨烯”，之后构筑了相关电子器件。通过改变载流子浓度可实现“魔角石墨烯”导电性的调控，发现在某些半填充状态（$n_s/2=\pm1.4\times10^{12}\ \mathrm{cm^{-2}}$）存在电导率为零的平台，这与高温超导母体材料中的莫特绝缘体行为类似。进一步的研究发现，当“魔角”为 1.16°和 1.05°时，“魔角石墨烯”出现了超导性，而且最高的超导温度为 1.7 K[图 6－17(a)～(d)]。Lu 等[25]报道了具有高度均一扭转角度的“魔角石墨烯”器件的制备[图6－17(e)(f)]，并且发现当摩尔能带填充因子 $\nu=0$、$\nu=\pm1$、$\nu=\pm2$、$\nu=\pm3$ 时，存在绝缘态，而当 $\nu\approx-2$ 时，在临界温度为 3 K 时可观测到超导现象。Sharpe 等[26]通过改变施加于平面外的磁场发现“魔角石墨烯”的异常霍尔效应，电阻会极大增加，而且两者具有强烈依赖关系，此外，这一异常霍尔信号与“魔角石墨烯”和 h－BN 之间的取向也有依赖关系。研究发现，填充 3/4 的单位晶胞的绝缘相是一种铁磁绝缘相，并且在其边界上存在导电态。

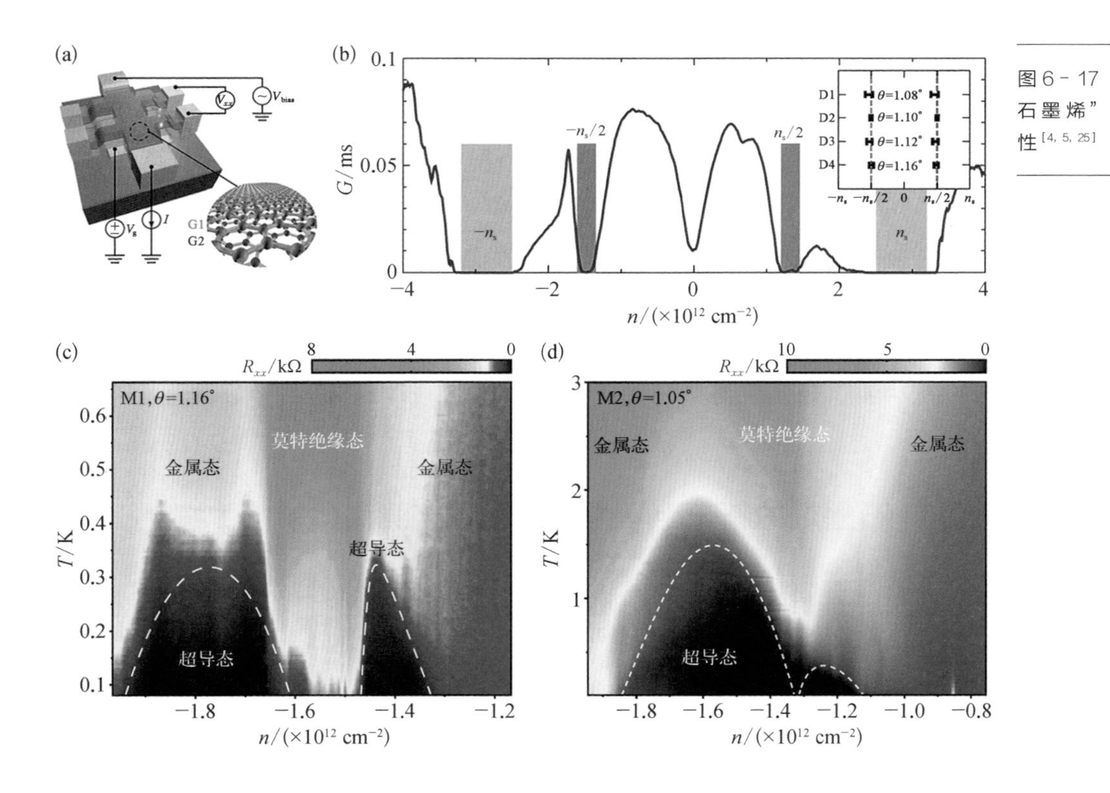

图 6－17 “魔角石墨烯”的超导性[4, 5, 25]

图 6-17 续图

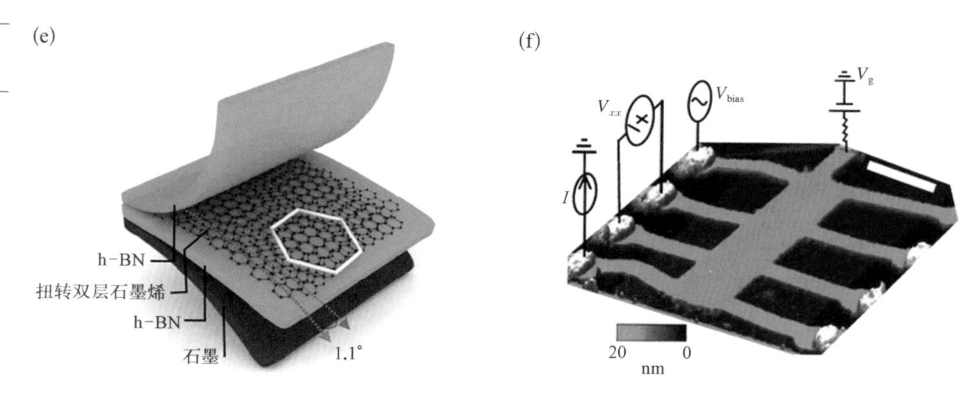

(a) 扭转双层石墨烯器件，叠层结构为 h-BN/石墨烯 G1/石墨烯 G2/h-BN；(b) 当扭转双层石墨烯的扭转角度为 1.08°、温度为 0.3 K 时，测量的电导和载流子浓度间关系，插图为不同器件在半填充态时的密度位置；(c)(d) 四探针电阻 R_{xx} 与温度、载流子浓度间关系；(e)(f) 扭转双层石墨烯器件的示意图和 AFM 图

除此以外，Geim 课题组[10] 和 Wang 课题组[27] 分别于 2019 年独立发现了石墨烯中存在量子流体的现象。在普通的金属中，由于电子-晶格散射很强，电子极易失去动量，导致电子流动无法实现。而在石墨烯中，由于移动的电子彼此能够较快地散射，因而有利于形成量子流体。Berdyugin 等[10] 在垂直于石墨烯平面的磁场中研究了电子流体，发现由于磁场倾向于以相同的方式旋转所有移动的带电电子，破坏了奇偶对称性，因此引起霍尔黏度。霍尔黏度有别于传统的黏度，普通剪切黏度是沿着流体流动拉动表面，而霍尔黏度则是试图拉动表面流入或流出。另外，在石墨烯中，电子和空穴形成的等离子体遵循与热夸克和胶子的相对论等离子体相似的方程式。Gallagher 等[27] 通过研究电子和空穴形成的等离子体与光的相互作用，利用太赫兹光谱仪在 77～300 K 的电子温度下测量了洁净微米级石墨烯的光导率(图 6-18)。当石墨烯电荷为中性时，观察到了狄拉克流体的量子临界散射速

图 6-18 利用太赫兹光谱仪测量洁净微米级石墨烯的光导率[27]

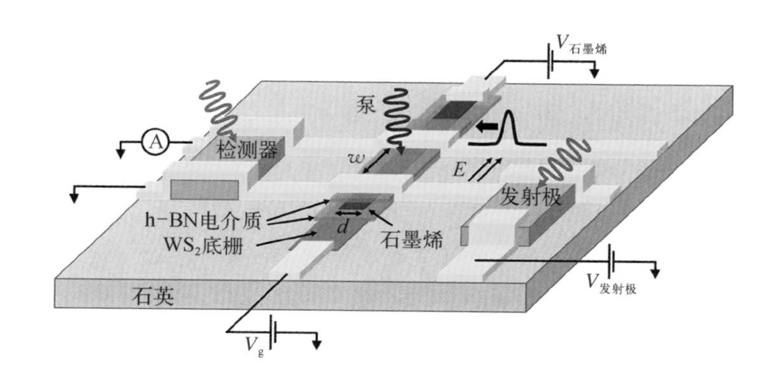

率特征。他们还发现，电子散射相对于电子-晶格散射有所增强，电子散射率遵循量子临界行为。

由激光脉冲触发的光电导开关（“发射极”和“检测器”）发射并检测波导内的太赫兹脉冲（电场强度为 E）。通过测量由前置放大器（“A”）收集的电流来重构发射的脉冲，该电流是照亮发射器和检测器的激光脉冲序列之间的延迟函数。石墨烯由单独的脉冲束（“泵”）激发以加热电子。

6.5 本章小结

在本章中，我们首先介绍了石墨烯独特的能带结构和电学性质，由于单层石墨烯的导带与价带相交于狄拉克点，电子在这一点附近呈现线性的能带关系，使得石墨烯展现出优异的输运性质，包括量子霍尔效应等。之后着重介绍了石墨烯的导电性能（包括电导率、电阻率和方阻）以及载流子迁移率（包括场效应迁移率和霍尔迁移率）的相关测试原理和表征手段。最后介绍了石墨烯的新奇电学性质的测量和发现，主要包括“魔角石墨烯”的超导性和石墨烯中的量子流体等现象。

石墨烯的电学性质的表征手段是本章的重点。对于电阻率和电导率等基本参数，可以通过四探针法进行测量。这类测量方法通常针对薄膜状石墨烯，可以是平面的二维石墨烯薄膜，也可以是石墨烯纸和石墨烯纤维等石墨烯宏观聚集体。二维石墨烯薄膜在导电性能方面优于石墨烯宏观聚集体，主要是因为在二维石墨烯薄膜中，p 轨道中的 π 电子更易于导通。对于场效应迁移率或霍尔迁移率等深层次电学参数，需要通过构筑场效应晶体管或者霍尔器件进行表征。这类测量方法主要针对的是二维石墨烯薄膜。场效应迁移率更多地用来评判器件的整体性能，而霍尔迁移率则更能反映石墨烯的本征特性，因此，霍尔迁移率的大小可以用来评判石墨烯的质量，霍尔的迁移率越高代表石墨烯的质量越高。我们也可以看到，不同的测量方法可以获得不同的样品信息，同时其难易程度也有所差别。四探针法可以较为简单快速地获取石墨烯的一些基本电学参数，但是对于迁移率的表征则无能为力。而构筑电学器件等则对工艺精度等要求较高，并且过程较为复杂，但是可以更精确地获取更多的电学参数。

在石墨烯的电学性质表征方面，也需要发展新型的表征手段，以追求更快速、更简便、更高效和更准确地测量。近年来，“魔角石墨烯”等的发现打开了石墨烯蕴含的新奇物性研究的大门，众多的科研工作者仍然热衷于石墨烯的更多新性质和新效应的探索与发现，而这正与新的表征手段的发展密不可分。

参考文献

[1] Weiss N O, Zhou H L, Liao L, et al. Graphene: An emerging electronic material [J]. Advanced Materials, 2012, 24(43): 5782 - 5825.

[2] Neto A H C, Guinea F, Peres N M R, et al. The electronic properties of graphene [J]. Reviews of Modern Physics, 2009, 81(1): 109 - 162.

[3] Oostinga J B, Heersche H B, Liu X L, et al. Gate-induced insulating state in bilayer graphene devices[J]. Nature Materials, 2008, 7(2): 151 - 157.

[4] Cao Y, Fatemi V, Demir A, et al. Correlated insulator behaviour at half-filling in magic-angle graphene superlattices[J]. Nature, 2018, 556(7699): 80 - 84.

[5] Cao Y, Fatemi V, Fang S A, et al. Unconventional superconductivity in magic-angle graphene superlattices[J]. Nature, 2018, 556(7699): 43 - 50.

[6] Geim A K, Novoselov K S. The rise of graphene[J]. Nature Materials, 2007, 6(3): 183 - 191.

[7] Dean C R, Young A F, Meric I, et al. Boron nitride substrates for high-quality graphene electronics[J]. Nature Nanotechnology, 2010, 5(10): 722 - 726.

[8] Bolotin K I, Sikes K J, Jiang Z, et al. Ultrahigh electron mobility in suspended graphene[J]. Solid State Communications, 2008, 146(9 - 10): 351 - 355.

[9] Zhang Y B, Tan Y W, Stormer H L, et al. Experimental observation of the quantum Hall effect and Berry's phase in graphene[J]. Nature, 2005, 438(7065): 201 - 204.

[10] Berdyugin A I, Xu S G, Pellegrino F M D, et al. Measuring Hall viscosity of graphene's electron fluid[J]. Science, 2019, 364(6436): 162 - 165.

[11] Bae S, Kim H, Lee Y, et al. Roll-to-roll production of 30-inch graphene films for transparent electrodes[J]. Nature Nanotechnology, 2010, 5(8): 574 - 578.

[12] Kim K S, Zhao Y, Jang H, et al. Large-scale pattern growth of graphene films for stretchable transparent electrodes[J]. Nature, 2009, 457(7230): 706 - 710.

[13] Chen Z P, Ren W C, Gao L B, et al. Three-dimensional flexible and conductive interconnected graphene networks grown by chemical vapour deposition[J]. Nature Materials, 2011, 10(6): 424 - 428.

[14] Chen K, Li C, Shi L R, et al. Growing three-dimensional biomorphic graphene powders using naturally abundant diatomite templates towards high solution

processability[J]. Nature Communications, 2016, 7: 13440.

[15] Paton K R, Varrla E, Backes C, et al. Scalable production of large quantities of defect-free few-layer graphene by shear exfoliation in liquids[J]. Nature Materials, 2014, 13(6): 624 - 630.

[16] Fang B, Chang D, Xu Z, et al. A review on graphene fibers: Expectations, advances, and prospects[J]. Advanced Materials, 2020, 32(5): 1902664.

[17] Schwierz F. Graphene transistors[J]. Nature Nanotechnology, 2010, 5(7): 487 - 496.

[18] Novoselov K S, Geim A K, Morozov S V, et al. Electric field effect in atomically thin carbon films[J]. Science, 2004, 306(5696): 666 - 669.

[19] Li X S, Cai W W, An J, et al. Large-area synthesis of high-quality and uniform graphene films on copper foils[J]. Science, 2009, 324(5932): 1312 - 1314.

[20] Petrone N, Dean C R, Meric I, et al. Chemical vapor deposition-derived graphene with electrical performance of exfoliated graphene[J]. Nano Letters, 2012, 12(6): 2751 - 2756.

[21] Sprinkle M, Ruan M, Hu Y, et al. Scalable templated growth of graphene nanoribbons on SiC[J]. Nature Nanotechnology, 2010, 5(10): 727 - 731.

[22] Ma R S, Huan Q, Wu L M, et al. Direct four-probe measurement of grain-boundary resistivity and mobility in millimeter-sized graphene[J]. Nano Letters, 2017, 17(9): 5291 - 5296.

[23] Lin L, Li J Y, Yuan Q H, et al. Nitrogen cluster doping for high-mobility/conductivity graphene films with millimeter-sized domains[J]. Science Advances, 2019, 5(8): eaaw8337.

[24] Lin L, Zhang J C, Su H S, et al. Towards super-clean graphene[J]. Nature Communications, 2019, 10(1): 1912.

[25] Lu X B, Stepanov P, Yang W, et al. Superconductors, orbital magnets and correlated states in magic-angle bilayer graphene[J]. Nature, 2019, 574(7780): 653 - 657.

[26] Sharpe A L, Fox E J, Barnard A W, et al. Emergent ferromagnetism near three-quarters filling in twisted bilayer graphene[J]. Science, 2019, 365(6453): 605 - 608.

[27] Gallagher P, Yang C S, Lyu T, et al. Quantum-critical conductivity of the Dirac fluid in graphene[J]. Science, 2019, 364(6436): 158 - 162.

第7章

石墨烯的热学性质测量

石墨烯是由 sp^2 碳键合的二维单层碳原子晶体，碳原子之间存在强共价键，这使得石墨烯具有特殊的晶格振动模式。石墨烯的热传导主要通过声子散射来实现，包括高温下的扩散传导和低温下的弹道传导。热导率又称导热系数，反映物质的热传导能力，用来评价材料的导热性质。单层石墨烯在室温下的热导率为 5300 W/(m·K)，比目前已知的热导率最高的材料——金刚石还要高 1.5 倍。石墨烯超高的热导率及良好的热稳定性使其在电子元器件的热管理领域具有广阔的应用前景。

本章首先在 7.1 节中介绍石墨烯的导热机理，然后在 7.2 节和 7.3 节中从理论模拟和实验测试两方面介绍石墨烯热学性质的测试方法与原理，包括热膨胀系数、材料与界面的接触热阻、热导率等的测量。随后在 7.4 节和 7.5 节重点介绍热导率的测量，首先介绍了单层石墨烯、少层石墨烯的热导率测量方法及研究进展，然后系统讨论了石墨烯宏观组装体导热性质的研究进展，包括面内热导和竖直热导。从制备方法到性能测试，石墨烯导热性质的研究逐渐系统和成熟，这也意味着石墨烯材料在热管理领域将发挥不可取代的重要作用。

7.1　石墨烯中声子散射与导热机理

固体材料中传导热量的载体主要有电子、声子和光子，不同材料具有不同的导热机理。金属材料热传导的载体是电子，其热导率和电导率之间符合Wiedemann-Franz 定律，即热导率与电导率之比与温度呈线性关系。介电材料一般是通过晶格振动即声子来传递热量，而在高温下光子导热将会起到更为重要的作用。由于石墨烯中碳原子之间强共价键的存在，石墨烯的导热性质中声子导热起着决定性作用。在晶体结构中存在三种形式的格波散射：第一种是声子与声子碰撞，即格波与格波之间的散射；第二种是声子与样品中杂质缺陷的碰撞，即格波遇到样品中杂质缺陷时的散射；第三种是声子与样品边界的碰撞，即格波在样品边界处的散射。在完美的石墨烯晶体结构中，以声子与声子碰撞为主。由于制备方法的限制，石墨烯中往往不可避免存在一定数量的缺陷，因而石墨烯材料的热学性质与这几个散射过程都密切相关，即声子间碰撞引起的声子-声子散射，以及声子与边界、晶界、杂质和缺陷等作用引起的缺陷散射。

对于声子导热介质，其存在三种声学支声子碰撞过程，即沿波传播方向的纵向声学支（iLA）、垂直于传播方向的横向声学支（iTA）和垂直于平面的面外声学（oTA）。在二维单层石墨烯中，在垂直于二维平面的方向不存在声子散射，声子仅仅在面内传播。然而石墨烯片的尺寸是有限的，因此存在石墨烯片边缘的边界散射。由于石墨烯的声子平均自由程较大且大部分热量由低能量声子所传递，石墨烯的热导率随石墨烯面内尺寸的增大而提高。对于大尺寸单层石墨烯，其热导率可根据式（7-1）进行估算。

$$k = \frac{1}{3} C v \Lambda \tag{7-1}$$

式中，k 为热导率；C 为声子热容；v 为声子声速；Λ 为声子平均自由程。石墨烯具有高热导率的主要原因是其碳碳共价键的键能较高，且碳原子质量较小，因而声子具有较高的声速。温度和尺寸是影响声子热容和声子平均自由程的两大因素，声子热容随温度的升高而增大。声子热传导模式和散射机制对石墨烯的热导率具有重要的影响。

2001年，Klemens等研究了石墨的热传导机制，指出石墨基面上的热传导是近似二维的，当声子频率低于下界截止频率时，会出现高频的横穿石墨基面的声子模式，低能声子模式对基面内的热传导的贡献被削弱，甚至可以忽略不计。而石墨烯的热传导是纯二维的，不存在截止频率，然而计其零频率又会导致热导率无限增大，所以必须引入其他散射机制。

关于声子模式对于热传导的贡献，采用不同的研究方法得出的结论是不同的。单层石墨烯的声子色散曲线如图7-1所示。由于单层石墨烯具有二维平面结构，传统理论认为iLA声子模式和iTA声子模式的声速较大，并在热传导中起主要作用，而oTA声子模式的声速趋向于零，因而对热传导过程的贡献较小（Osman，2005）。Falkovsk等（2008）考虑到晶格的对称性约束对石墨烯中声子散射的影响，利用Born-von Karman模型计算出石墨烯中iLA声子、iTA声子和oTA声子的群速度分别为19.5 km/s、12.2 km/s和1.59 km/s。

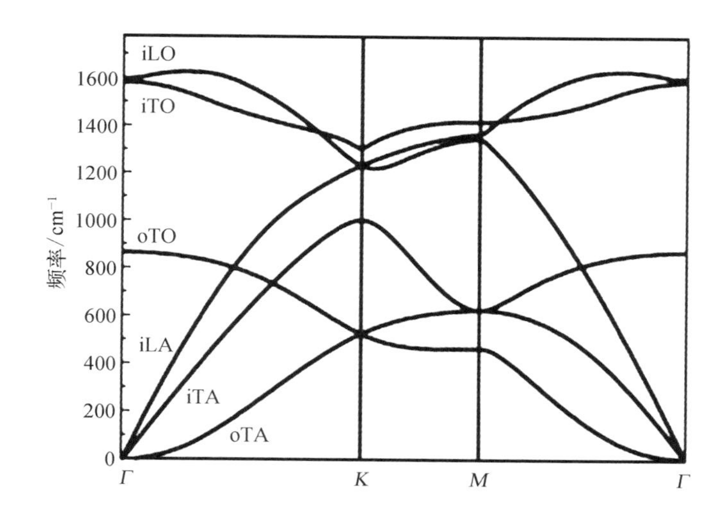

图 7-1 单层石墨烯的声子色散曲线

2009 年，Nika 等在“Klemens 近似”的框架下提出了一种简单的模型来计算石墨烯的热导率。他们采用第一性原理的计算方法研究了石墨烯的边界散射和三种声子过程散射，提出声子的平均自由程不能超过系统尺寸长度，从而可以计算出截止频率和石墨烯的热导率。Klemens 提出了二维石墨烯的热传导模式，而 Nika 在此基础上推导了热导率的计算公式，为掌握石墨烯导热机理和传热特性奠定了基础。基于 iLA 声子模式和 iTA 声子模式，利用弛豫时间和长波近似方法，Nika 推导出单层石墨烯热导率的计算公式为

$$k=\frac{1}{4\pi k_{\mathrm{B}}T^{2}h}\sum_{s=1}^{6}\int_{0}^{q_{\max}}\left\{\hbar\omega_{\mathrm{s}}(q)\,v_{\mathrm{s}}(q)^{2}\,\tau_{\mathrm{tot}}(s,\ q)\times\frac{\exp[\hbar\omega_{\mathrm{s}}(q)/k_{\mathrm{B}}T]}{\{\exp[\hbar\omega_{\mathrm{s}}(q)/k_{\mathrm{B}}T]-1\}^{2}}q\right\}\mathrm{d}q \tag{7-2}$$

式中，k_{B} 为玻耳兹曼常数；T 为温度；h 为普朗克常量；$\hbar$ 为约化普朗克常量；ω_{s} 为频率；v_{s} 为声子速率；τ_{tot} 为声子寿命。

2010 年，Lindsay 和 Seol 得出了与 Nika 等相反的结论。Seol 通过玻耳兹曼运输方程计算发现，oTA 声子模式对热导率的贡献在 300 K 和 700 K 时分别为 77% 和 86%。Lindsay 认为，oTA 声子模式对热导率的贡献大于 iLA 声子模式和 iTA 声子模式的和，其对石墨烯热导率的贡献大约能占到 75%。他严格求解了声子玻耳兹曼运输方程，得到了尺寸为 10 μm 的扶手椅型石墨烯纳米带的热导率，其数值约为

3000 W/(m·K)，而高频率下 oTA 声子模式、iTA 声子模式和 iLA 声子模式的饱和热导率分别为 2600 W/(m·K)、520 W/(m·K)和 315 W/(m·K)。Lindsay 认为，严格求解玻耳兹曼运输方程比利用弛豫时间和长波近似方法得到的热导率更为准确。

石墨烯材料种类繁多且结构复杂，除了石墨烯的结构和品质会影响石墨烯中的声子散射，石墨烯中的缺陷、边缘结构等都会影响石墨烯的导热性质，同时会受到基底材料、温度等多方面因素的影响，采用不同的实验手段或数值模拟方法探究石墨烯的导热机理也会得到不同的结论。这也使得对于主导石墨烯热传导的根本原因莫衷一是，因此，对石墨烯的导热机理尚待进一步更深入的探究及挖掘。

7.2 石墨烯热学性质的理论模拟

在石墨烯被实验发现之前，单层石墨烯的热学性质的理论研究已经得到了广泛的关注，研究者利用各种计算方法对石墨烯的热学性质进行了模拟与解释。Berber 等[1]利用平衡和非平衡分子动力学方法进行数值模拟。他们发现，200～400 K 时单层石墨烯的热导率随温度升高而降低，室温下单层石墨烯的最大热导率为 6600 W/(m·K)(图 7-2)。同时他们还发现，随着石墨烯层数的增加，声子散射将增强，石墨烯层与层之间的相互作用会使热导率降低一个数量级，最终降

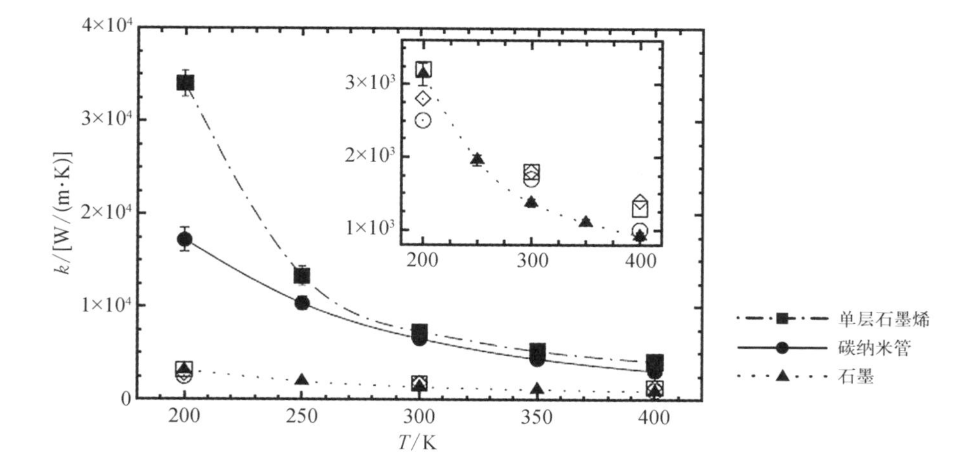

图 7-2 单层石墨烯、碳纳米管、石墨的热导率与温度的关系，插图为石墨的结果

低到石墨热导率的量级。

为了探究 sp^2 碳材料的热导率与温度之间的关系，Kim 等[2]探究多壁碳纳米管的热导率随温度的变化规律，结果表明在 320 K 时出现热导率的峰值，该温度为声子-声子碰撞散射的起始温度。Osman 等[3]采用分子动力学方法模拟单层石墨烯的热导率，结果表明 400 K 时单层石墨烯的热导率出现峰值(图 7-3)。由此可见，无论是在碳纳米管还是在单层石墨烯中，随着温度的升高，声子-声子碰撞散射加剧，导致声子的平均自由程降低，从而造成热导率下降。在低温下，主要的声子散射机制为缺陷散射，不依赖于温度。Nika 等(2009)的理论研究发现，单层石墨烯的热导率受石墨烯片层尺寸、缺陷浓度和边缘粗糙度的影响，其取值为 2000～5000 W/(m·K)。他们还发现，当温度为 400 K 时，热量传递贡献中 iTA 声子模式占 49%，iLA 声子模式占 50%，其余的 1%为 oTA 声子模式和其他声子模式。

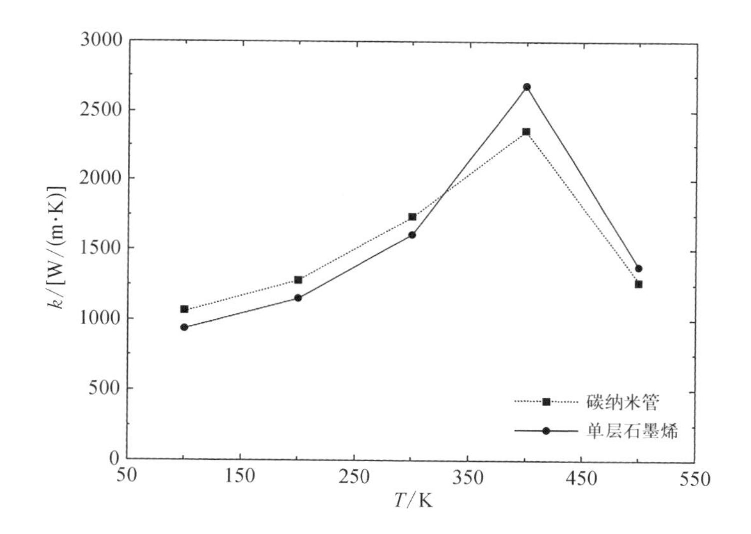

图 7-3 单层石墨烯和碳纳米管的热导率与温度的关系[3]

此外，Wei 等[4]采用非平衡分子动力学模拟方法研究了多层石墨烯的面外热导率。研究表明，多层石墨烯的接触热阻和面外热导率都强烈依赖于层数。接触热阻随着层数的增加而减小，当层数足够大时达到极限，而面外热导率随层数的增加而增大。与超晶体结构相比，石墨和多层石墨烯的接触热阻与温度存在反常关系。当温度高于室温时，接触热阻随温度的升高而增大，这是由声子隧穿效应导致的。随着温度升高，声子波长减小，声子隧穿概率由于声子波长的减小而减小，从而引起接触热阻增大。

Hao 等[5]利用分子动力学模拟方法研究了 Stone－Wales 位错对于石墨烯热学性质的影响。研究发现，缺陷的含量严重影响了石墨烯的热导率，当缺陷含量较低时，石墨烯的热导率随着缺陷增多而急剧降低。这是因为声子在缺陷处发生散射，降低了声子平均自由程，从而导致石墨烯热导率的下降。Xu 等[6]利用分子动力学模拟方法研究了石墨烯与 6H－SiC 形成的界面的热传导问题。他们发现，界面热传导主要经过初期几百皮秒时间的热耗散和随后的热稳定这两个过程。热耗散过程取决于产生热的功率密度大小和界面材料的热导率。热稳定过程会使界面处的温度差趋于平衡。通过双电阻模型，他们解释了界面上的声子散射是干扰热传导和导致热扩散的原因。

进一步地，Wang 等[7]通过在石墨烯层间插入分子，利用非平衡分子动力学模拟方法研究了由单层和多层石墨烯组成的硅碳化物界面间的热传导。他们将石墨烯片层看作一个界面相，发现热导率随石墨烯片层厚度及热流量的增加而降低，而随环境温度的增加而升高。这一结果可以用于理解弱成键作用的界面热传导问题，还可以用于指导多功能热界面材料和复合材料的界面设计。Serov 等[8]采用非平衡格林函数方法模拟计算了石墨烯晶体中晶界和线缺陷对于热导率的影响。他们发现，室温下石墨烯的弹道热导率高达 4.2 GW/(m・K)，而晶界或线缺陷的贡献占 50%～80%。从图 7－4 可以发现，附着在 SiO_2 基底上的单晶石墨烯的热导率在温度为 60 K 时为 50 W/(m・K)，当温度上升至 300 K 时，热导率上升至约

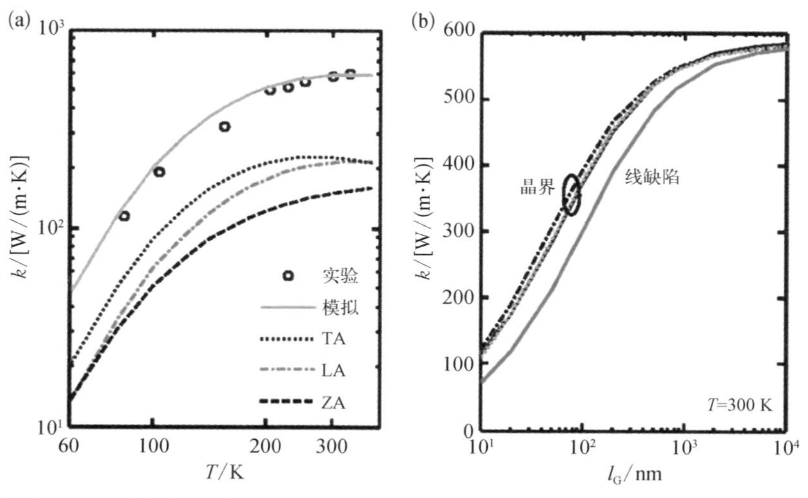

图 7－4 石墨烯的热导率

（a）单晶石墨烯的模拟计算结果和实验测试结果；（b）多晶石墨烯的热导率与平均片层尺寸的关系

600 W/(m·K)。此外，随多晶石墨烯平均片层尺寸的增加，其热导率也快速增加，并且当多晶石墨烯平均片层尺寸达到 1000 nm 时，其热导率逐渐趋于稳定值[约 550 W/(m·K)]。

除了热导率的理论计算，石墨烯的热膨胀系数的理论计算也同等重要。Jiang 等(2009)采用非平衡格林函数方法模拟计算出单层石墨烯的热膨胀系数。如图 7-5 所示，当 $T < 300$ K 时，单层石墨烯的热膨胀系数随温度呈现先下降后上升的趋势；当 $T > 300$ K，单层石墨烯的热膨胀系数随温度升高且逐渐从负值变成正值；当 $T = 300$ K 时，单层石墨烯的热膨胀系数为 -6×10^{-6} K^{-1}。此外，他们发现石墨烯的热膨胀系数绝对值随其与基底的相互作用力的增加而降低，饱和值趋近于 2×10^{-5} K^{-1}。

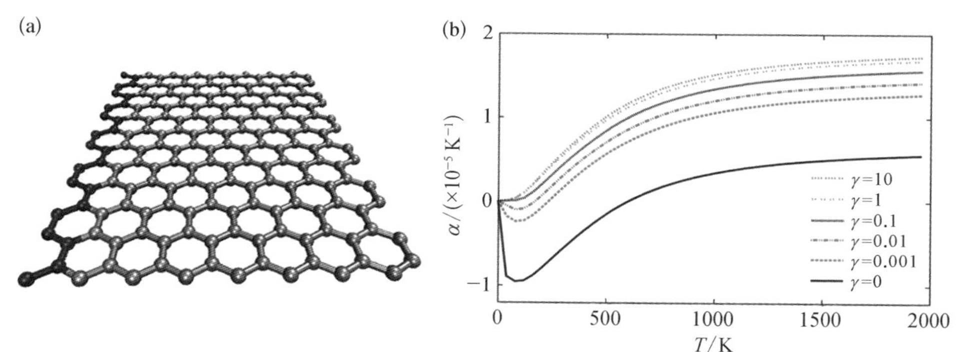

图 7-5 单层石墨烯热膨胀系数的模拟计算

(a) 单层石墨烯的计算模型，左端固定，右端自由；(b) 单层石墨烯的热膨胀系数随温度的变化关系

7.3 石墨烯热学性质的实验测量

石墨烯的热导率、热阻和热膨胀系数是衡量石墨烯热学性质的三个重要参数。理论上，根据物质的导热机理，确定导热模型，通过一定的数学分析和计算可获取材料的热学参数。然而，由于影响材料热导率、热阻及热膨胀系数的因素很多，所有的理论计算方程几乎都有一定的局限性。因此，目前只有少数物质的热导率及热膨胀系数可以从理论计算中得到结果，绝大多数材料的热学参数主要依靠实验测量获得。

7.3.1 石墨烯的热膨胀系数及其测量方法

热膨胀系数是材料的基本物理特性，它是物质由于温度改变而产生的一种膨胀或收缩现象。随着物质温度的升高，材料内部原子的热振动加剧，促使相邻原子的平均间距发生变化，大多数情况下会造成相邻原子的平均间距增大，导致材料的宏观膨胀。热膨胀系数 α 是温度升高 1℃时对应材料的伸展程度，即

$$\alpha = \frac{\Delta L}{L_0 \Delta T} \tag{7-3}$$

式中，ΔL 为材料在测量方向的长度变化；L_0 为材料在测量方向的初始总长度；ΔT 为长度变化 ΔL 时的温度变化。

Mounet 等(2005)利用第一性原理和准谐近似的方法从理论上计算了单层石墨烯的晶格参数和热膨胀系数。他们发现，单层石墨烯的晶格参数随温度的升高而降低，热膨胀系数随温度的升高先降低，直到约 300 K 时再逐渐升高，且在 0～2500 K 内一直保持为负值，如图 7-6 所示。因此在特定的温度范围内，石墨烯的热膨胀系数为负值，即随着温度的升高，石墨烯会产生热收缩。由于热膨胀系数具有可加性，石墨烯具有的负热膨胀系数有利于它与其他材料制成可控热膨胀甚至零膨胀的材料，因此，对石墨烯热膨胀系数的测量与研究具有重要的意义。

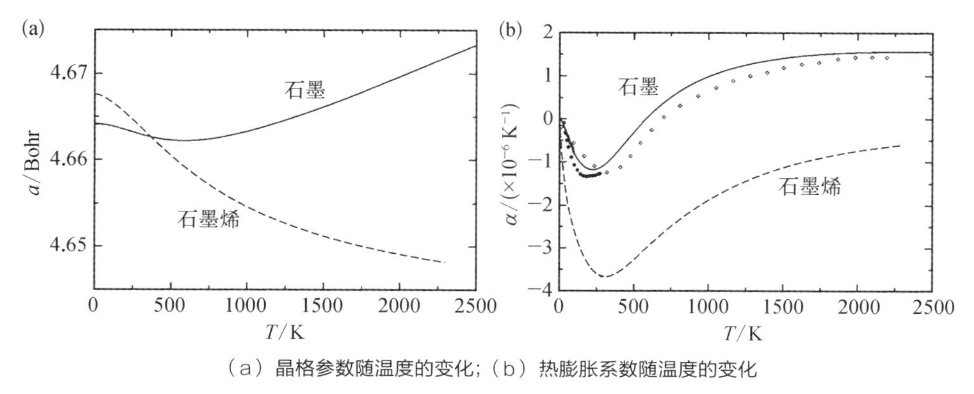

（a）晶格参数随温度的变化；（b）热膨胀系数随温度的变化

图 7-6 石墨烯与石墨的晶格参数和热膨胀系数与温度的关系

目前，石墨烯热膨胀系数的研究在理论、模拟和实验等方面都取得了一定的进展。然而由于石墨烯的热膨胀系数非常小，很难用常规的手段进行测量，通常需要在实验室中自行搭建测量装置。例如将石墨烯加热到一定温度，然后将其放入电

子显微镜腔体内，并对降温过程中石墨烯的形态变化进行成像，从而得到其形变与温度的变化曲线，进而计算出石墨烯的热膨胀系数。Bao 等(2009)将单层石墨烯悬空在带有沟槽的 SiO_2/Si 基底上，放入扫描电子显微镜腔体内加温至 450 K，然后缓慢冷却 2 h 至 300 K，在这个过程中，拍摄了一系列单层石墨烯下沉的图像，并从图像中测量了单层石墨烯的长度[图 7-7(a)]。单层石墨烯/沟槽系统的等效热膨胀系数 $\alpha_{eff} = dT/dL = \alpha + \alpha_t$，其中 α 是单层石墨烯的热膨胀系数；α_t是沟槽材料的热膨胀系数，假设等于硅的热膨胀系数的 120%。将实验数据外推，当温度为 300 K 时，单层石墨烯的热膨胀系数为 $-7\times10^{-6}\ K^{-1}$。等效热膨胀系数、单层石墨烯和沟槽材料的热膨胀系数随温度的变化关系如图 7-7(b)所示。

图 7-7 单层石墨烯热膨胀系数的测量结果

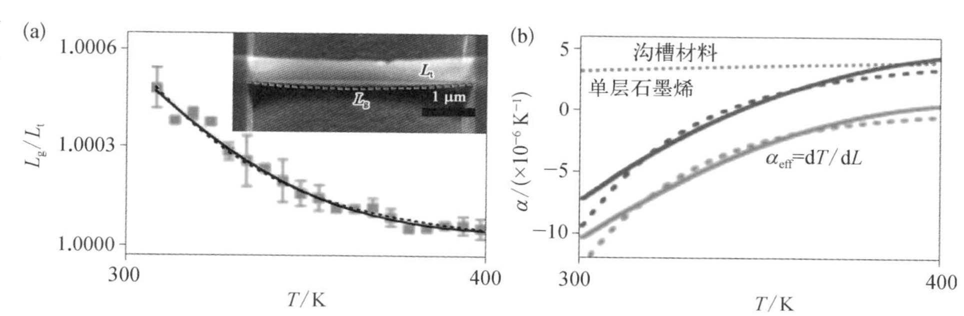

(a) 单层石墨烯的长度随温度的变化关系；(b) 等效热膨胀系数、单层石墨烯和沟槽材料的热膨胀系数随温度的变化关系

Singh 等(2010)将单层石墨烯悬空在 SiO_2 基底上，并将两端覆盖上 Au 电极，制成一个机电振荡器[图 7-8(a)]。在交变电压作用下，机电振荡器发生振动，可

图 7-8 非平衡格林函数方法计算出单层石墨烯的热膨胀系数

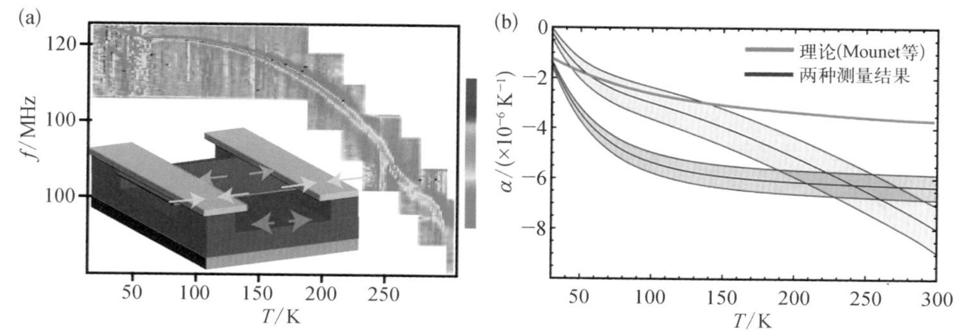

(a) 共振频率随温度的变化(橙色、黄色和蓝色箭头分别代表石墨烯、Au 电极和 SiO_2 基底的应变方向)；(b) 热膨胀系数与温度的关系

以测定温度从 300 K 降至 30 K 过程中石墨烯的共振频率。已知石墨烯的弹性模量，利用胡克定律就可以求出石墨烯的应变。该应变来自石墨烯的膨胀，利用石墨烯的应变可以进一步计算出石墨烯的热膨胀系数。如图 7－8(b)中测量结果显示，当温度低于 300 K 时，石墨烯的热膨胀系数为负数，其绝对值随温度降低而减小；在室温下，石墨烯的热膨胀系数为 $-7\times10^{-6}\ K^{-1}$。实验与理论结果的差异可能是来自石墨烯自身的结构缺陷或者杂质缺陷。

Yoon 等(2011)利用拉曼技术测定了单层石墨烯的热膨胀系数。首先将机械剥离法制备的单层石墨烯放置在厚度为 300 nm 的 SiO_2 基底上，然后置于一个显微制冷器中，通过控制温度的升降测定拉曼光谱频率随温度的变化。拉曼光谱频率的红移来自石墨烯的晶格膨胀和非协调效应以及石墨烯与 SiO_2 基底的错配。考虑 SiO_2 的热膨胀系数、热膨胀错配应变等，可以获得单层石墨烯的热膨胀系数与温度的关系。在室温下，单层石墨烯的热膨胀系数为$(-8.0\pm0.7)\times10^{-6}\ K^{-1}$。

由于仪器种类及石墨烯种类的不同，不同测试方法和测试环境得到的石墨烯的热膨胀系数之间会有误差，但可以确定的是，石墨烯的热膨胀系数随温度存在先减小后增大的变化趋势，且在 0～2500 K 内是负值。

7.3.2 石墨烯的接触热阻及其测量方法

接触热阻的定义是材料上下两个界面温度差与流经单位面积的热流量的比值。由此可以看出，接触热阻与界面温度差成正比，与穿过界面的热流量成反比。当然，接触热阻还受温度、压力、表面粗糙度及材料的导热性能等因素的影响。研究人员相继建立了不同的接触热阻理论模型，但是由于这些理论模型都只考虑了某一种接触热阻，使得其理论模型预测结果不具有普适性，因此大量的研究还是以实验测试为主。

目前，针对于两个固体界面之间接触热阻主要的测试方法有稳态测量法与瞬态测量法。稳态测量法是指将热源和冷源分别固定在材料两端，并固定热源输入的热流，当热流流经两种接触材料时，接触面之间产生恒定的温度差，在温度差稳定的状态下采集材料的温度。稳态测量法的优点是准确性可靠，缺点是采集数据所需要的时间较长。瞬态测量法是对处于初始热平衡状态下的待测样品在瞬间施加热脉冲，且记录热脉冲引起的热传导过程中的温度信息。虽然采集时间较短，但是测量过程易受到各种因素的影响，测量精度难以保证，误差一般大于30%，这比稳态测量法高很多。根据热流方向，可分为单向热流和双向热流。与单向热流不同的是，双向热流是在中间位置布置高温加热体，提供上下两部分的双向热流，热量分别沿上下两个方向依次传递给热流计和待测样品，通过测量热流量和界面温差即可计算出接触热阻。这样避免了单向热流引起的误差和测量精度不确定的问题，可以更精确地测量材料的接触热阻。

对于石墨烯材料，通常选用的是测量精度更高的稳态测量法。Zhang等(2020)利用稳态热对流的方法对CVD法制备得到的竖直石墨烯阵列进行了接触热阻测量。由于竖直石墨烯阵列不能完全自支撑，需要在Cu基底上生长的石墨烯上层再覆盖一层Cu箔。测量时在热源板和冷源板之间放置Cu箔-竖直石墨烯阵列-Cu箔的"三明治"结构，通过向热源-冷源单向通入热量以加热待测样品，分段采集待测样品表面的温度，进而计算出"三明治"结构的总接触热阻。同时以两块相接触的Cu箔的热阻测量为对照实验，计算出两块Cu箔的接触热阻。扣除Cu箔的接触热阻后，即可得到石墨烯的接触热阻。实验测得竖直石墨烯阵列的接触热阻为11.77 $K \cdot mm^2/W$。实验结果显示，接触热阻除了和材料本身性质有关外，还与测量过程中施加的作用力有关。当施加作用力的大小为50 N时，接触热阻为43.14 $K \cdot mm^2/W$；当施加100 N的作用力时，接触热阻为11.77 $K \cdot mm^2/W$。作用力越大，竖直石墨烯阵列和界面接触越紧密，石墨烯片层间的空隙减小，这样会大大减少竖直石墨烯阵列整体的接触热阻。由此可见，在不破坏石墨烯结构的前提下，作用力越大，总接触热阻越小。

利用该方法，Dai等[9]测得挤压法制备的石墨烯块体材料的接触热阻为26.9 $K \cdot mm^2/W$，当石墨烯块体材料发生30%形变时的接触热阻变为11.8 $K \cdot mm^2/W$。由于竖直排列的石墨烯和界面的接触面积有限，他们在石墨烯块体材料顶部覆盖石墨烯水平薄膜，其接触热阻可以降低至5.8 $K \cdot mm^2/W$。

此外，为降低基底和石墨烯材料间的声子散射，Liu等(2015)提出用氨丙基三乙氧基硅烷分子修饰石墨烯薄膜材料的方法，以增加基底和石墨烯间的作用力。固定在石墨烯薄膜平面表面的分子与SiO_2表面的硅氧基团形成共价键，使得热量除了可以从平面内扩散外，还可以通过形成的共价键传递。同时，石墨烯薄膜表面官能化修饰的分子，充当了石墨烯薄膜与基底间的界面材料，填补了界面间的空隙，因而可以降低界面间的接触热阻。

接触热阻反映了散热材料与散热界面的接触程度，接触热阻越小，材料散热能力越强。大部分实验都是通过测量热导率的方式间接计算石墨烯材料自身的热阻，专门测量石墨烯材料接触热阻的工作很少。而对于一个实用的石墨烯散热材料，除了通过测量热导率来评价材料本身的热阻外，还应该利用特定的方法准确测量材料的接触热阻，这对评价材料的散热本领和实用价值都具有非常重要的参考意义。

7.3.3 石墨烯的热导率及其测量方法

热导率为当单位截面、单位长度的材料的温度相差 1℃时，单位时间内通过的热量，是评价物质传热能力的一个基本物理参数，单位为 W/(m·K)。经典的热导率可以通过式(7－4)进行计算。

$$\frac{A\mathrm{d}Q}{\mathrm{d}t} = -(1/k)\mathrm{d}T/\mathrm{d}l \tag{7-4}$$

式中，A 为截面积；Q 为传递的热量；t 为时间；T 为温度；l 为长度；k 为热导率。所有固体材料的热导率又可以表示成 $k \propto Cv\Lambda$，其中 C、v 和 Λ 分别是导热载体的热容、声子或电子的平均速度、声子或电子的平均自由程。对于石墨烯这种二维材料，测量石墨烯热导率的方法主要包括 3ω 法、拉曼法、激光闪点法、飞秒激光泵浦探测热反射法。本小节主要介绍石墨烯材料常用的几种测量热导率的方法，更多的测量过程和测量结果将在 7.4 节和 7.5 节中详细讲解。

1. 3ω 法

3ω 法最早用于各向同性低热导率材料或者绝缘体材料的热导率的测量，后来这种方法成功地应用于热导体基底上薄膜的热导率的测量。在热导体基底(如 Si)上生长一层厚度为 d 的绝缘待测薄膜(如 SiO_2)，薄膜上面制成金属桥，其长度为 l，宽度为 b 且满足 $b \gg d$。金属桥同时作为热源和测温装置。图 7－9 为 3ω 法测量热导率的器件结构示意图。

当在 I_1、I_2 正负电极上通交流电 $I(t) = I_0 \cos \omega t$ 时，金属桥上产生的焦耳热功率为

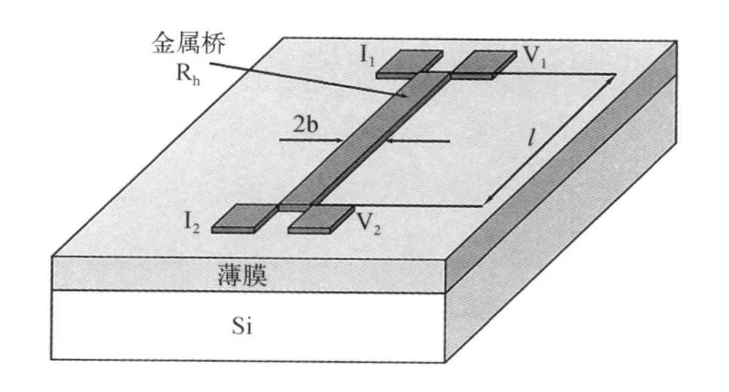

图7-9 3ω 法测量热导率的器件结构示意图

$$P(t)=\frac{1}{2}I_0^2R(1+\cos 2\omega t) \tag{7-5}$$

式中，I_0 为室温下器件电极两端的电流；R 为器件阻值。则有频率为 2ω 的热辐射波会向下扩散，其波长 $|q^{-1}|=(D/2\omega)^{1/2}$，其中 D 为基底的热扩散率。当用 3ω 法测量热导率时，一般取波长 $|q^{-1}|$ 的值为 $10^{-5}\sim10^{-3}$。只有当薄膜的厚度 $d\ll|q^{-1}|$ 时，薄膜才能被忽略，可以认为热辐射波完全扩散到基底中。

器件阻值与温度成正比且满足：

$$R(t)=R_0[1+a\Delta T\cos(2\omega t-\phi)] \tag{7-6}$$

式中，R_0 为室温下器件电极两端的电阻；a 为温度系数，$a=\frac{1}{R}\times\frac{\mathrm{d}R}{\mathrm{d}T}$；$\Delta T$ 为金属桥上温度变化；ϕ 为相位角。

那么电极 V_1、V_2 两端的电压为

$$V=I(t)R(t)=I_0R_0\cos\omega t+\frac{1}{2}I_0R_0a\Delta T\cos(\omega t-\phi)+\frac{1}{2}I_0R_0a\Delta T\cos(3\omega t-\phi) \tag{7-7}$$

可见，金属桥两端电压由频率为 ω 和 3ω 的分量组成，ΔT 与 3ω 频率的电压 $V_{3\omega}$ 的关系为

$$\Delta T=\frac{2V_{3\omega}}{I_0R_0a} \tag{7-8}$$

因为 $b\gg d$，而且厚度 d 很小，热流在薄膜中的热传导可视为一维传热，薄膜上下表面的温度差 ΔT_d 与频率无关，即

$$\Delta T_d = \frac{Pd}{klb} \tag{7-9}$$

式中，P 为器件功率；k 为热导率。

基底与薄膜交界处的温度为

$$\Delta T_{\mathrm{m}} = \frac{P}{l\pi k_{\mathrm{m}}}\left[\frac{1}{2}\ln\frac{k_{\mathrm{m}}}{C_{\mathrm{m}}\left(\frac{b}{2}\right)^2} + \eta - \frac{1}{2}\ln(2\omega)\right] = \Delta T - \Delta T_d \tag{7-10}$$

式中，η 为与材料有关的常数；k_{m}和 C_{m}分别为基底材料的热导率和热容。最后，用锁相放大的方法将频率为 3ω 的电压 $V_{3\omega}$ 提取出来，由式(7－9)可求出待测薄膜的热导率 k。

3ω 法是测量纵向热导率有效的方法之一，当待测薄膜厚度小于 10 μm 时，3ω 法测量薄膜纵向热导率较为准确，甚至厚度为 100 Å 数量级的薄膜的热导率也能通过这种方法来测量。其特点是由于它对辐射损失不敏感，能有效地降低黑体辐射引起的误差，而且测量所用的时间短，适用温度范围宽，可在室温或更高的温度下进行测量。但这种方法要求热辐射的穿透深度 dQ 小于薄膜厚度 d，而 dQ 与频率 ω 成反比，故薄膜厚度很小时需要很高的频率。这是一种准稳态方法，可用来测量厚度大于 10 μm 的薄膜或块状固体材料。目前，3ω 法已经发展成为一种常用的膜材料热物性测量方法，因此也可用于测量石墨烯的宏观薄膜材料。

Jaganandham 等(2014)在 Si(001)表面上制备了 Ti－石墨烯复合薄膜，并利用 3ω 法测量了该复合薄膜的热导率。结果表明，该复合薄膜的热导率是各向同性的，且由于 Ti 的加入，复合薄膜的热导率从 21 W/(m·K)提高到 40 W/(m·K)。Liu 等(2016)利用液相剥离法制备了石墨烯纳米片的分散液，通过在高电阻性 Si 基底表面沉积一层 200 nm 厚的 Au 层和 5 nm 厚的 Cr 层，在 Si 基底的背面涂约 30 mm 厚的石墨烯薄膜，形成 Si/石墨烯双层结构。利用 3ω 法测量石墨烯薄膜的面内热导和竖直热导，结果表明，面内热导率为110 W/(m·K)、竖直热导率为 0.25 W/(m·K)。

2. 拉曼法

如图 7－10 所示，在石墨烯的拉曼光谱研究中，激光通过光学显微镜的物镜聚焦到石墨烯表面，会产生一定的热效应，进而会对石墨烯的拉曼光谱峰位产生影响。因此，通过测量不同激光功率下石墨烯拉曼光谱G峰的位移，利用其对温度的依赖性可以得知样品表面局部区域的温度变化，从而计算其热导率[10]。

图7-10　拉曼激光实验装置示意图

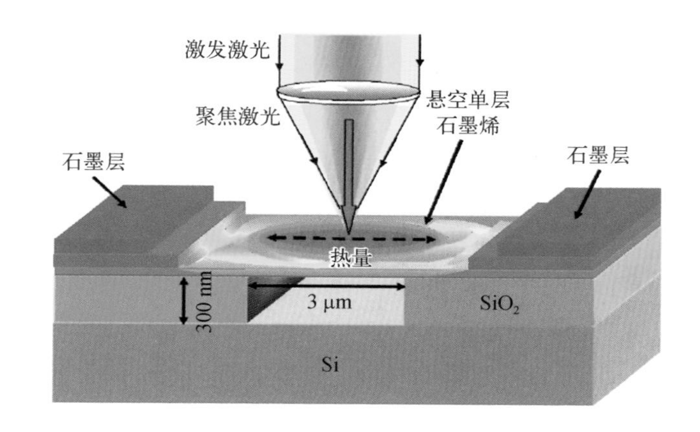

在对机械剥离法制备的悬空单层石墨烯的热导率进行计算时，当激光聚焦在悬空单层石墨烯表面时，产生的热量可以在二维平面内横向传播。悬空单层石墨烯会吸收微小的激光功率，也会因为局部区域的温度变化而影响拉曼光谱G峰。通过截面 S 的热导率 k 可以表示为

$$\frac{\partial Q}{\partial t} = -k\int \nabla T \mathrm{d}S \tag{7-11}$$

式中，Q 为时间 t 内转移的总热量；T 为绝对温度。在对石墨烯热导率进行计算时，基于以下两个假设：① 激光诱发的热点的尺寸远小于悬空单层石墨烯尺寸；② 这一热点的尺寸与悬空单层石墨烯的宽度在同一个数量级。基于上述假设，热导率可以表示为

$$k = (L/2S)(\Delta P/\Delta T) \tag{7-12}$$

式中，L 为悬空单层石墨烯中心点至热沉边缘的距离；S 为悬空单层石墨烯的截面积，即 $S = hW$，其中 h 和 W 分别为悬空单层石墨烯的厚度和宽度；ΔP 为激光功率变化；ΔT 为由 ΔP 引起的温度变化。

激光功率相对较低，因此在这种情况下，拉曼光谱G峰的位移与温度变化呈线性关系(Calizo, 2007)。单层石墨烯热导率的计算公式为

$$k = \chi_G (L/2hW)(\delta_\omega / \delta_P)^{-1} \quad (7-13)$$

式中，χ_G为温度系数；δ_ω 为拉曼光谱 G 峰的位移量；δ_P 为单层石墨烯吸收激光功率的变化量。图 7－11 给出了单层石墨烯拉曼光谱 G 峰位移与激光功率的关系。根据图中数据可以计算得到，室温下悬空单层石墨烯的平均热导率可达到 5300 W/(m·K)。

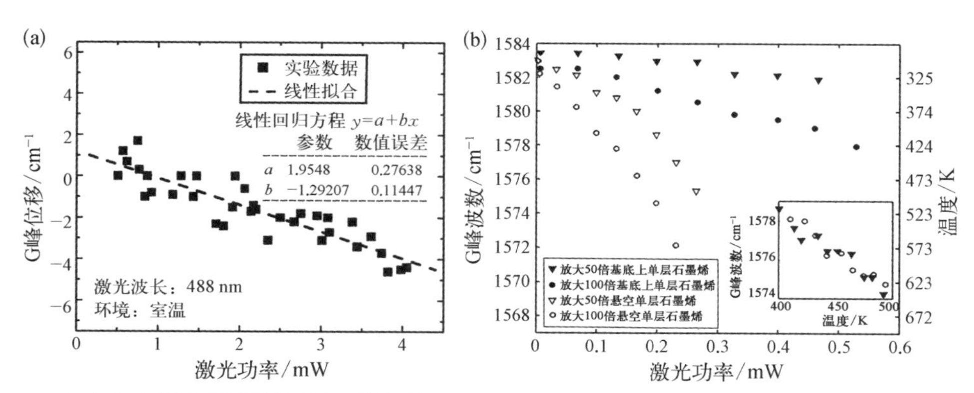

图 7－11 单层石墨烯拉曼光谱 G 峰位移与激光功率的关系

（a）悬空单层石墨烯拉曼光谱 G 峰位移与激光功率的关系；（b）不同存在形式的单层石墨烯拉曼光谱 G 峰位移随激光功率的变化关系

作为最早被用来测量石墨烯热导率的方法，拉曼法除了可以测量单层石墨烯的热导率外，还可以测量少层石墨烯的热导率，更多内容将在 7.4 节中详细讨论。

3. 激光闪点法

激光闪点法是测量材料导热性能的常用方法之一。在一定的设定温度（恒温条件）下，由激光源（或氙气闪光灯）在瞬间发射一束光脉冲，均匀照射在样品下表面，使其下表面在吸收光脉冲能量后温度瞬时升高，并作为热端将能量以一维热传导方式向冷端上表面传递，同时使用红外检测器连续测量样品上表面中心部位的相应升温过程。其中温度升高到稳定温度的一半时所需要的时间为半升温时间。若光脉冲宽度接近于无限小或相对于样品半升温时间近似可忽略，热量在样品内部的热传导过程为理想的一维传热，由下表面传至上表面且不存在横向热流，样品在吸收光脉冲能量后温度均匀上升，且没有任何热损耗。在此理想情况下，通过式（7－14）即可得到样品在设定温度 T 下的热扩散系数 α。

$$\alpha = 0.1388 \times d^2 / t_{50} \quad (7-14)$$

式中，d 为样品的厚度；t_{50}为半升温时间，又称 $t_{1/2}$。对于实际测量过程中任何对理想条件的偏离(如由边界热传导、气氛对流、热辐射等因素引起的热损耗，由样品透明或半透明引起的内部辐射热传导，t_{50}很小而导致光脉冲宽度不可忽略等)，须使用适当的数学模型进行计算修正。

热导率与热扩散系数存在如下的换算关系：

$$k(T) = \alpha(T) C_p(T) \rho(T) \tag{7-15}$$

式中，C_p 为等压比热容；ρ 为密度。

根据式(7－15)，在已知设定温度下的热扩散系数、等压热容与密度的情况下，便可计算得到对应的热导率。这里所用的密度是表观密度(又称体积密度，即质量与表观体积之比)。等压热容可使用文献值，也可使用差示扫描量热法(differential scanning calorimetry，DSC)进行测量，在样品形状规则且表面光滑的情况下，还可通过激光闪点法与热扩散系数同时测量得到。

激光闪点法是测量石墨烯材料热导率最为成熟的方法，已逐渐成为测量石墨烯材料热导率的最常用方法。在 7.4 节和 7.5 节的石墨烯材料热导率研究中，除特殊强调以外，均是采用激光闪点法测量石墨烯材料的热导率。

4. 飞秒激光泵浦探测热反射法

上述热导率的测量方法主要适用于测量石墨烯材料的面内热导率。对于竖直石墨烯结构，需要利用无接触的手段来测量其热导率，以防止竖直片层在测量过程中被破坏。飞秒激光泵浦探测热反射法是通过调节泵浦激光脉冲与探测激光脉冲到达样品表面的时间差，观察样品在被激光脉冲加热后其表面光学性质随时间变化情况的瞬态热反射方法。

如图 7－12 所示，飞秒激光泵浦探测热反射法测量可分为两个过程。第一个过程是使用一束激光脉冲照射待测样品，通过将光能转换为热能来加热待测样品，这个过程被称为泵浦过程。热能沿着竖直方向逐渐向待测样品内部传递，受材料热物理性质的影响，不同样品的热输运过程不同，导致样品内部的温度分布不同，从而对样品光学性质(如反射率)的影响不同。第二个过程是使用另一束激光脉冲照射样品来观察待测样品光学性质的变化，该过程被称为探测过程。图 7－13 为飞秒激光泵浦探测热反射法系统原理图。测量系统使用锁相放大器采

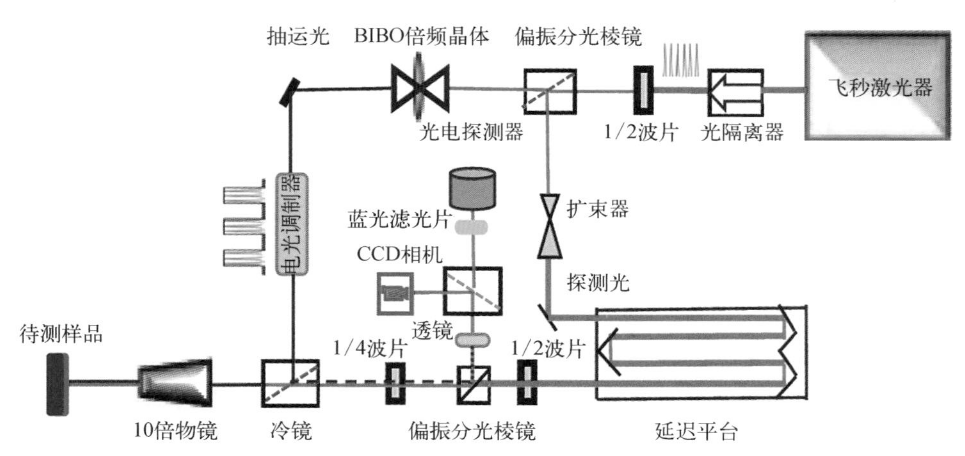

图 7－12 飞秒激光泵浦探测热反射法系统原理图

集实验测量信号，该信号为一个具有幅值和相位差两个分量的复数信号。幅值和相位差信号中均包含待测样品的全部热物理性质信息，因此，可以通过拟合锁相放大器所采集实验测量信号的任何一个分量得到未知热物理性质参数。对飞秒激光泵浦探测热反射法系统的样品台进行部分改进，可以实现在极端条件下对待测样品的测量。

Zhang 等（2020）就是利用该方法测量了生长在基底上的竖直石墨烯阵列的竖直热导率。他们利用电子束蒸发法在竖直石墨烯阵列表面沉积了一层 100 nm 厚的 Al 膜。Al 膜作为传感器层，既能吸收激光脉冲的光能，又可以将其转化为热能，并通过热反射率来反映待测样品表面的温度。利用上述方法进行模拟计算，测得竖直石墨烯阵列的竖直热导率为 53.5 W/(m · K)。

7.4 石墨烯薄膜材料的热导率研究

本节主要讨论的是单层石墨烯或者少层石墨烯的热学性质。对于少层石墨烯，面内声子起到热传导的作用，因此只讨论少层石墨烯的面内热导率。单层石墨烯或者少层石墨烯的热学性质测量体系大体分为两类（图 7－13）：一类是非接触式的，即悬空石墨烯薄膜的测量；另一类是接触式的，即基底上石墨烯薄膜的测量。由于基底对于石墨烯薄膜热学性质的影响非常大，所以不同测量环境下获得的石墨烯薄膜热学性质差异很大。同时，由于石墨烯薄膜可以从天然石墨中剥离得到，

图 7-13　不同状态下的单层石墨烯

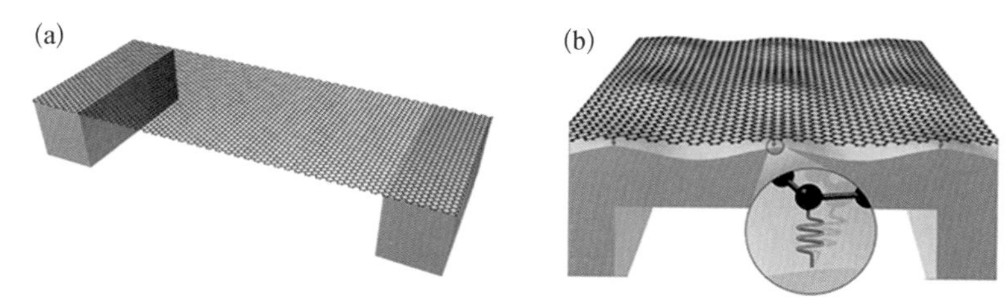

（a）悬空单层石墨烯薄膜；（b）基底上单层石墨烯薄膜

也可以通过 CVD 法直接制备得到，不同方法制备的石墨烯薄膜热学性质也会有区别。

7.4.1　单层石墨烯的热导率研究

Calizo 等发现，石墨烯拉曼光谱 G 峰的位移随温度呈线性变化。这一变化规律引起了众多科学家的关注，并使得拉曼光谱法成为表征石墨烯热导率的通用方法。Balandin 等[10]已用拉曼法来测量石墨烯的热学性质。他们利用机械剥离法从天然石墨中剥离出单层石墨烯，然后将其悬空放置在 SiO_2/Si 基底上，通过激光共聚焦显微拉曼光谱仪照射悬空的单层石墨烯，研究了拉曼光谱 G 峰位移随激光功率的变化规律。他们进一步测量了该单层石墨烯拉曼光谱 G 峰的一阶温度系数，再通过测量单层石墨烯吸收的激光功率，计算出室温下单层石墨烯的热导率为 $(4.84\pm0.44)\times10^3\sim(5.30\pm0.48)\times10^3$ W/(m·K)。

Ghosh 等(2008)同样采用机械剥离法从高定向热解石墨中剥离制备得到单层石墨烯，然后利用上述的测量方法和计算公式，测得室温下石墨烯的热导率为 3080～5150 W/(m·K)。

Freitag 等(2009)在 2 个 Pd/Cu 电极之间搭接机械剥离法制得的单层石墨烯，并制备成 FET 器件。他们发现，随着通电功率的增加，石墨烯的温度逐渐升高，石墨烯拉曼光谱 2D 峰位移也随之发生变化。他们利用公式计算出当温度从 300 K 升高至 800 K 时，单层石墨烯的热导率从 5000 W/(m·K)降低为 850 W/(m·K)。

Murali 等(2009)利用显微测量技术在电极上搭接宽度为 16～52 nm、1～5 层的石墨烯纳米带。通过给电极通电以加热石墨烯纳米带，使其逐渐变形直至断裂，测量石墨烯纳米带断裂时的电压和电流，以及石墨烯纳米带的温度，推算出石墨烯纳米带的热导率。最终测得石墨烯纳米带的热导率为 1000～1400 W/(m·K)。

Cai 等(2009)利用 CVD 法在 Cu 基底上制备了单层石墨烯，并转移到带有小孔的 SiN_x 基底上，使部分单层石墨烯横跨在小孔上，其他单层石墨烯直接贴附在 Cu 基底上。利用激光共聚焦显微拉曼光谱仪分别照射悬空和基底上的单层石墨烯。由于石墨烯拉曼光谱 G 峰位移和温度相关，通过调整激光功率大小以获得不同的加热温度而测得不同的拉曼光谱 G 峰位移。因此，通过测得拉曼光谱 G 峰位移就可以计算出单层石墨烯的温度。他们测得悬空单层石墨烯的热导率在 350 K 时为 1450～3600 W/(m·K)，在 500 K 时为 920～1900 W/(m·K)，室温下基底上单层石墨烯的热导率为 50～1020 W/(m·K)。

Faugeras 等(2010)将大尺寸单层石墨烯放置在带孔的 Cu 基底上，然后将单层石墨烯的四周与 Cu 基底粘连在一起，利用激光共聚焦显微拉曼光谱仪照射悬空单层石墨烯的中心部位，从拉曼光谱的斯托克斯峰位移和反斯托克斯峰位移的比值可以计算出单层石墨烯的温度。如果已知单层石墨烯吸收的激光功率 P，利用公式 $\Delta T \propto P/(kd)$，其中 d 是单层石墨烯的厚度，计算出悬空单层石墨烯的热导率为 632 W/(m·K)。这个数值远远低于 Balandin 等(2008)获得的数值。

Li 等[11]在厚度为 300 nm 的 SiO_2 上放置机械剥离法得到的单层石墨烯，在 SiO_2 两端接上 4 个 Au/Cr 电阻温度计。通电后通过测量温度的变化来计算单层石墨烯与 SiO_2 的界面接触热阻 R_s，并通过测量接触热阻的方式测量热导 G，$G = 1/R_s$。然后将单层石墨烯刻蚀后再次测量热导 G。两次测量结果的差值就是单层石墨烯的热导 G_G。再通过 $k = G_G l/(wd)$，其中 l、w、d 分别是单层石墨烯的长度、宽度和厚度，就可以计算出单层石墨烯的热导率 k。计算得到单层石墨烯的热导率大约为 600 W/(m·K)。基底上单层石墨烯的热导率低于悬空单层石墨烯，这是因为存在石墨烯与界面间的声子散射，以及弯曲模式的声子界面散射。

7.4.2 少层石墨烯的热导率研究

Ghosh 等(2010)采用 2008 年发明的显微拉曼技术测量了多层石墨烯的热导

率。他们将多层石墨烯悬空放置在带孔的 SiO_2/Si 基底上，在多层石墨烯的两端蒸镀金属热沉以保证多层石墨烯和 SiO_2/Si 基底之间的接触良好，同时在测量过程中提供持续的温度变化。研究发现，拉曼光谱 G 峰强度随激光功率的增加而增强[图 7-14(a)]。最终他们在室温下测得双层石墨烯和 4 层石墨烯的热导率分别为 2800 W/(m·K) 和 1300 W/(m·K)[图 7-14(b)]。

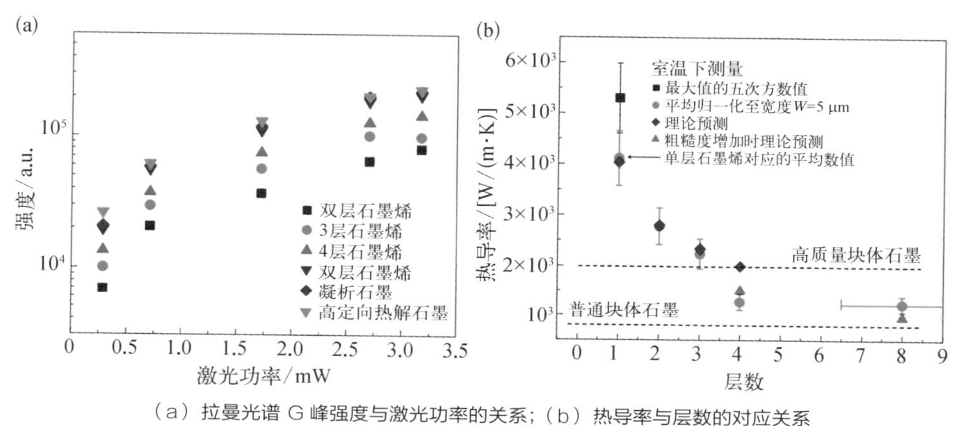

图 7-14 拉曼法测量多层石墨烯的热学性质

（a）拉曼光谱 G 峰强度与激光功率的关系；（b）热导率与层数的对应关系

Pettes 等(2011)利用显微热分析仪测量了两个悬浮在微电阻温度计之间双层石墨烯样品的热导率。他们先将双层石墨烯样品平放在 PMMA 表面，然后借助异丙醇将显微热分析仪贴在双层石墨烯样品的表面，最后选择性地刻蚀掉 PMMA，直接测量悬空在 Si 基底上的双层石墨烯样品。最终测得两个双层石墨烯样品在室温下的热导率分别为(620±80)W/(m·K)和(560±70)W/(m·K)。该结果明显低于理论值，主要原因是残存的 PMMA 杂质会引起双层石墨烯内部的声子散射。

Wang 等(2011)测量了基底上 3 层石墨烯和悬空 5 层石墨烯的热导率(图 7-15)。由于声子平均自由程受到尺寸限制，长波长的声子只有在大尺寸石墨烯中才能传播，因此，大尺寸石墨烯的热导率远高于小尺寸石墨烯。当石墨烯尺寸增加至 5 μm×5 μm 时，室温下的热导率高达 1250 W/(m·K)，远远高于基底上单层石墨烯的热导率[600 W/(m·K)]。为避免受到基底的影响，在测量多层石墨烯时，实际测量的都是来自最上层的石墨烯，其受基底的热阻作用影响较小。

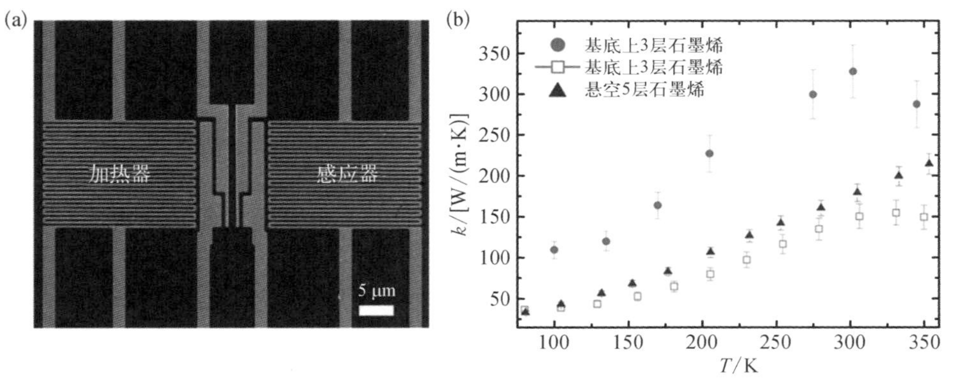

图 7-15 显微热分析法测量多层石墨烯的热导率

（a）石墨烯横跨在加热器和感应器之间的装置；（b）热导率随温度的变化

7.5 石墨烯宏观材料的热导率研究

随着 5G 通信、物联网、新能源汽车、可穿戴设备等领域的兴起，相关电子器件朝着小型化、高功率密度、多功能化等方向发展。电子器件面临的过热风险将持续提升，开发高性能散热材料逐渐成为其中至关重要的核心环节，也成为学术界和电子器件应用产业界面临的巨大挑战。石墨烯超高的本征热导率引起了科学界的广泛关注，由此开发了一系列与石墨烯相关的散热/导热材料。按照热传导的方向不同，可以将石墨烯导热材料分为面内导热材料和竖直导热材料。热导率是衡量材料导热性能最重要的考量指标。面内热导率指的是材料水平方向上的热导率。为实现石墨烯材料具有较高的面内热导率，通常是将石墨烯材料制备成层状薄膜材料。竖直热导率指的是材料沿着竖直方向的热导率。为实现石墨烯材料具有较高的竖直热导率，不同于水平导热的石墨烯层状薄膜材料，需要将石墨烯材料设计成具有竖直结构的材料。在本节中，主要讨论石墨烯宏观薄膜材料的面内热导率及具有竖直结构的石墨烯宏观材料的竖直热导率的研究进展。

7.5.1 石墨烯宏观材料的面内热导率研究

石墨烯具有极高的面内热导率，本征热导率高达 5000 W/(m·K)，所以充分发挥石墨烯自身的导热优势，制备石墨烯导热材料，可以解决实际应用中的导热散热问题。制备导热石墨烯薄膜材料的常规做法是以 GO 为原料，利用抽滤成膜或者涂布成膜的方式获得 GO 薄膜，再通过高温还原获得 rGO 薄膜。还原温度越高，rGO 薄膜的缺陷越少、边缘官能团越少，rGO 薄膜材料的热导率越高。还可以在 rGO 薄膜上施加一定的压力，赶走片层间残存的气泡，增加片层网络之间的作用力，使得 rGO 薄膜材料的热导率进一步提高。为提高石墨烯薄膜材料的面内热导率，科学家在石墨烯薄膜的制备方法方面进行了大量的深入研究。

2011 年，Wong 课题组在室温条件下利用真空抽滤的方法制备获得了排布整齐的多层石墨烯薄膜，如图 7－16 所示。这是由纯 GO 为原料制备的石墨烯宏观材料，未经过任何后处理的多层石墨烯薄膜具有各向异性的热导率，其横向热导率达到 1.6 W/(m·K)。2014 年，Zheng 课题组提出了蒸发成膜的方法制备石墨烯薄膜[11]。他们以 GO 为原料，对 GO 悬浮液进行温和加热以使溶剂蒸发，从而直接制备 GO 薄

图 7－16 排布整齐的多层石墨烯薄膜

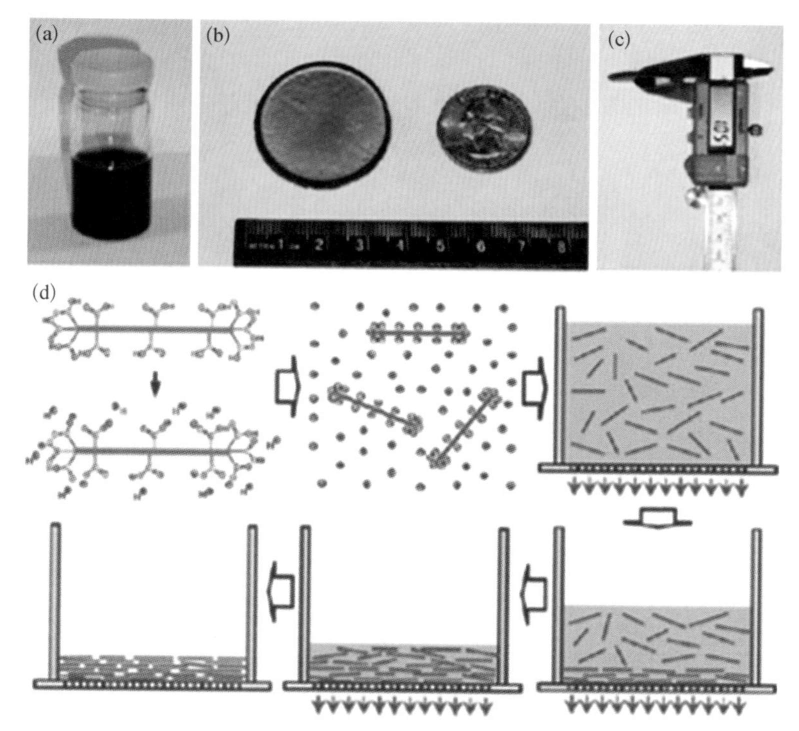

（a）石墨烯分散液；（b）真空抽滤制得的多层石墨烯薄膜；（c）多层石墨烯薄膜的厚度测试；（d）真空抽滤成膜的过程示意图

膜，再在 2000℃的热还原条件下制备 rGO 薄膜，测得其热导率高达 1100 W/(m·K)。Xin 等[12]通过电喷雾的方法在基底上沉积石墨烯聚集体，将基底上附着石墨烯聚集体的材料放置于静水中，直接在疏水基底表面剥离获得自支撑石墨烯纸，再经过 2200℃高温处理后，其面内热导率可以高达1434 W/(m·K)。

2014 年，Cai 课题组通过在碳纤维前驱体中加入分散均匀的 GO，再经过碳化，制备了具有一维二维共混结构的石墨烯-碳纤维复合纸[13]。该石墨烯复合薄膜具有较高的机械强度，同时，其横向热导率仍可达到 977 W/(m·K)。2015 年，Balandin 课题组深入研究了高温(1000℃)处理对自支撑 rGO 薄膜的导热性能的影响[14]。结果表明，高温处理会显著提升 rGO 薄膜材料的面内热导率，但是也会显著降低其竖直热导率，1000℃时两个方向热导率的比值达到 675，显示出极大的热导率各向异性。

2017 年，Gao 课题组研发出一种高导热超柔性的石墨烯组装膜[15]，如图 7-17 所示。他们以大片层 GO 形成的液晶相为原料，静铸成膜后在 3000℃高温下处理，石墨烯组装膜的缺陷结构逐步修复、含氧官能团在高温下分解并释放出气体，气体被阻隔在石墨烯组装膜内部，因膨胀形成微气囊，再进一步通过机械辊压成膜，在

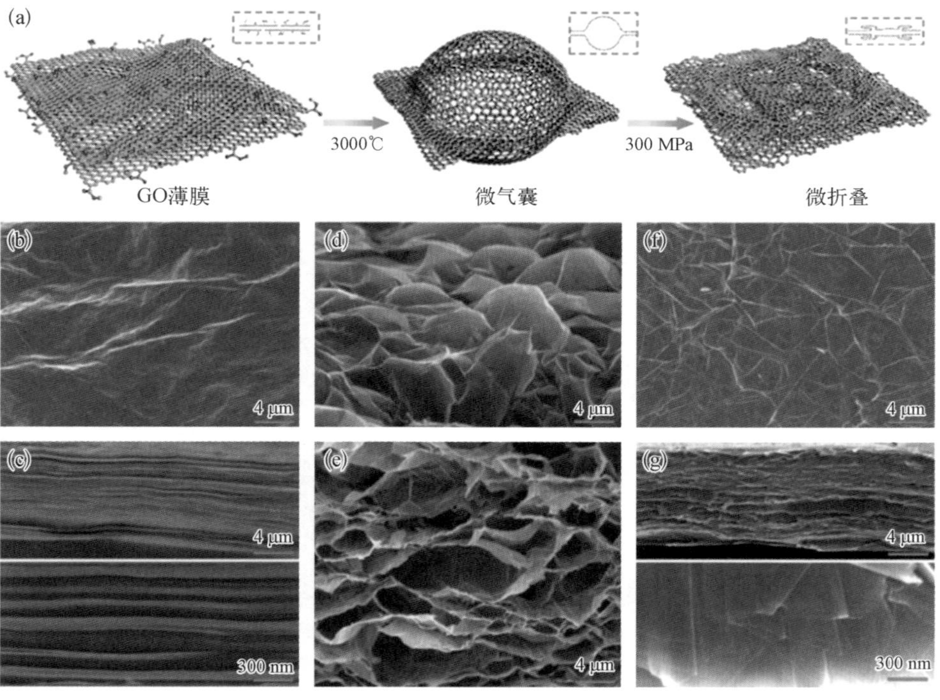

图 7-17 高导热超柔性石墨烯组装膜的制备及表征

(a) 石墨烯组装膜的制备示意图；(b)(c) GO 薄膜的形貌表征；(d)~(g) 石墨烯组装膜的形貌表征

外加压力作用下将微气囊的气体排出。最后测得石墨烯组装膜的横向热导率高达2000 W/(m·K)，且其可反复折叠6000次、弯曲10万次，有望应用于新一代电子元件、柔性电子器件的散热领域。

2018年，Liu课题组通过调控GO原材料的畴区大小、薄膜厚度、薄膜排列形式及层间作用力，利用大片层的GO制备了微观结构排布整齐的石墨烯薄膜[16]。并通过3123 K的高温退火处理，使其面内热导率高达3200 W/(m·K)，这是目前为止报道的石墨烯材料面内热导率的最高值，但距离石墨烯薄膜材料的本征热导率仍有一定距离。石墨烯导热性能的突破不仅停留在实验室的探索阶段，近期，国内某知名手机制造商发布了一款新型手机，其中最突出的科技之一是石墨烯散热技术，该手机的降温性能优于其他手机，这得益于采用了石墨烯薄膜进行传热和散热。由此可见，石墨烯散热技术在实际应用中逐渐趋于成熟。

7.5.2 石墨烯宏观材料的竖直热导率研究

近几年，由于微小型器件的散热/导热需求，散热已经成为整个产品的技术瓶颈问题。虽然面内导热性能优异的材料能解决平面内的热量传送问题，但如何将热量在两个接触界面间进行传递，确保发热电子元器件所产生的热量能够及时地散出，已经成为微电子产品系统组装的一个重要研究课题。石墨烯材料在竖直方向上的热传导引起了进一步关注。

根据石墨烯材料的内部排布方式，用于竖直导热的石墨烯材料大致可以分为三种：第一种为水平取向的石墨烯薄膜，即常规石墨烯材料通过抽滤成膜或者涂布成膜获得；第二种为杂乱取向的石墨烯复合材料，是研究最多也是最常见的一类材料，而根据复合的材料类型，又可以分为石墨烯-高分子树脂复合物和石墨烯-无机导热添加剂复合物；第三种为完全垂直取向的竖直石墨烯结构，根据制备方法又可以分为两类，一类是通过自上而下法(如定向冷冻法)构筑的竖直石墨烯结构，另一类是通过CVD法直接制备的竖直石墨烯阵列。

第一种石墨烯薄膜可以直接用于竖直导热。Drzal等(2011)通过真空抽滤石墨烯溶液的方式，将剥离得到的石墨烯片抽滤成排列整齐的石墨烯薄膜，其竖直热导率达到1.28 W/(m·K)。2017年，Li课题组通过将纳米纤化纤维素与石墨烯纳米片结合，成功地制备了一种轻质柔性复合纸，该石墨烯复合薄膜兼具面内导热和竖直导热的性能，其竖直热导率为 0.64 W/(m·K)。这种方法制备过程简单，无须特定的结构设计，可直接用于竖直导热材料，但是因其缺乏竖直取向结构的设计，竖直热导率相对较低，难以满足应用需求。

第二种石墨烯复合材料以石墨烯粉体为原材料，通过溶液相混合而成。这是最常用的一种构筑石墨烯导热材料的方法，已经得到了广泛研究。对于石墨烯-高分子树脂复合物，是通过将石墨烯作为导热填充材料添加到高分子树脂中而制备的具有竖直导热性能的材料。2014 年，Lian 课题组将高温处理后无缺陷的石墨烯纳米片作为添加剂加入到有机相变材料中[17]。结果表明，当石墨烯纳米片的体积分数为 10%时，该复合材料的竖直热导率可以达到 3.55 W/(m·K)。2015 年，Yang 课题组先将质量分数为 2%的 GO 和质量分数为 4%的石墨烯纳米片超声分散形成溶液，再将聚乙烯溶液与其混合搅拌形成宏观材料，其竖直热导率达到 1.72 W/(m·K)。2020 年，Balandin 课题组通过对石墨烯填料的厚度、横向尺寸、纵横比、浓度等参数的精细调节，制备了具有双功能的石墨烯-高分子树脂复合材料，其竖直热导率能够达到 8 W/(m·K)[18]。对于石墨烯-无机导热添加剂复合物，是石墨烯和高导热的无机添加剂共同构筑的具有高竖直热导率的导热复合物。2013 年，Lin 课题组提出了一种利用常压 CVD 法在多孔 Al_2O_3 陶瓷上生长三维石墨烯新结构的方法，其竖直热导率能达到 8.28 W/(m·K)，这种高导热多孔复合材料可以容纳相变材料用于能量存储。2016 年，Yu 课题组将 GO 和高质量石墨烯纳米片通过水热自组装方式，采用方便且经济有效的空气干燥工艺，制备出具有增强导热性能和压缩性能的高密度石墨烯混合气凝胶，其竖直热导率能达到 5.92 W/(m·K)。2019 年，Balandin 课题组研究了过量的石墨烯和 h-BN 填料分别与环氧树脂形成的复合材料的热导率和热扩散系数。结果表明，无论是环氧树脂-石墨烯复合材料还是环氧树脂-(h-BN)复合材料，当导热添加剂的体积分数高于 20%时，均表现出明显的热渗流阈值。此外，2019 年，Balandin 课题组提出了“协同导热添加剂”的概念[19]。他们将石墨烯和 Cu 纳米颗粒同时作为导热添加剂，共同添加到环氧树脂中，该复合材料的竖直导热性能有了显著提高，其竖直热导率达到 13.5 W/(m·K)，这表明这种混合环氧树脂复合材料在热界面材料中具备实际应用价值。

第三种为直接构筑的竖直石墨烯结构。按照结构的制备方法，可以分为自上而下法和自下而上法。自上而下法多以 GO 为原料，通过定向设计或者定向作用力实现竖直石墨烯结构。2015 年，Bai 课题组将 GO 成膜后进一步和聚乙烯醇混合，将复合膜切成 3 mm 宽的条带状后卷压形成盘状，经过热还原后，再将其和环氧树脂混合，得到了石墨烯与环氧树脂的复合材料，该复合材料可直接作为导热材料，其竖直热导率为 2.645 W/(m·K)。2016 年，Wong 课题组利用定向冷冻法制备了超低树脂含量的导热材料。他们先制备 GO 液晶，再通过冷冻干燥法获得 GO 泡沫，经过热还原后浸渍在环氧树脂溶液中，经过一系列后处理获得体积分数为0.92% 的环氧树脂-石墨烯复合导热材料，其竖直热导率为 2.13 W/(m·K)。2016 年，Yu 课题组利用定向冷冻法定向制备了 GO 和石墨烯纳米片混合的气凝胶，将该气凝胶再经过定向冷冻干燥制备得到具有各向异性的复合导热材料，其竖直热导率达 6.57 W/(m·K)。2017 年，他们将 GO 片和 h-BN 片经水热反应后得到 rGO 气凝胶，h-BN 片均匀分布在其中，整个体系变为长程有序结构且导热性能具有各向异性的气凝胶，经过 2000℃退火以除去多余的含氧官能团，同时修补结构中的缺陷，再经过进一步浸渍环氧树脂溶液中，整个材料的竖直热导率达到 11.01 W/(m·K)。2018 年，他们采用同样的方法，将 h-BN 换成导热性能更好的石墨烯纳米片，退火温度由 2000℃调整为 2800℃，所获得材料的竖直热导率增大至 35.5 W/(m·K)[20]。2019 年，Lin 等通过机械法在传统石墨烯纸的堆叠结构上构筑了以竖直石墨烯为主的石墨烯结构，并在顶部和底部两侧分别构筑了一层水平石墨烯薄层，如图 7-18 所示。这种以竖直石墨烯为主体的材料除了具有一定的机械强度，还具有优异的热学性质[9]，其竖直热导率达到 143 W/(m·K)。

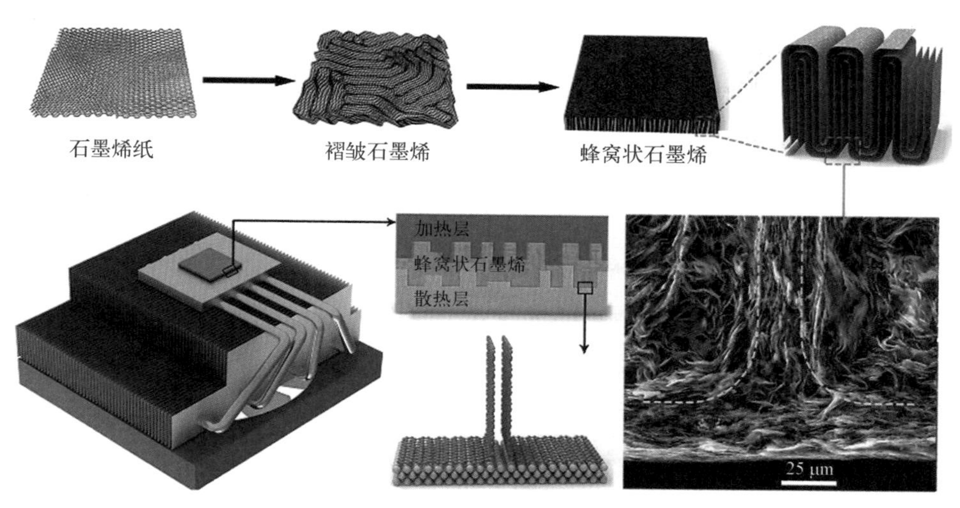

图 7-18 机械法制备竖直石墨烯结构的流程图及其形貌表征

除了自上而下法，自下而上法也可以快速制备竖直石墨烯结构。自下而上法是指通过 CVD 法直接生长竖直石墨烯阵列，以用于竖直导热。2019 年，Liu 课题组利用等离子体增强化学气相沉积(plasma enhanced chemical vapor deposition, PECVD)法生长的竖直石墨烯阵列作为缓冲层，在蓝宝石基底上生长高质量单晶 AlN。除了起到缓冲层的效果，竖直石墨烯阵列也起到优异的散热效果，通过拉曼法测得其竖直热导率达到 680 W/(m·K)。Zhang 等(2020)采用电场辅助 PECVD 法，通过精细调控竖直石墨烯阵列的生长速率和形貌，制备出完全垂直于基底的竖直石墨烯阵列，其竖直热导率达到 53.5 W/(m·K)，该材料在热界面材料中具有明显的散热效果(图 7-19)。这些结果表明，通过 CVD 法直接制备高导热的竖直石墨烯材料是一个值得持续探索的方向。

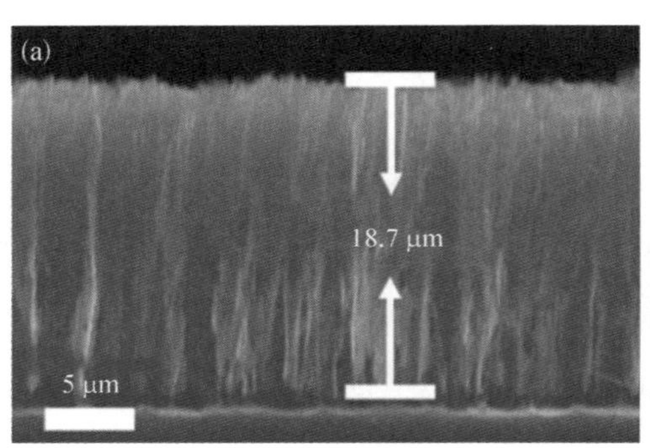

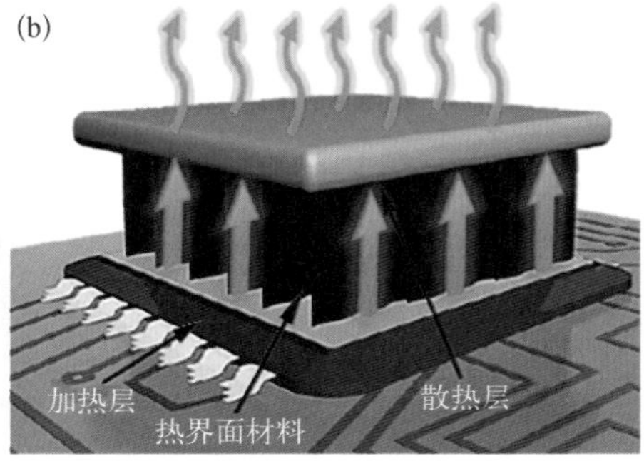

图 7-19 竖直石墨烯阵列的导热应用

(a) 竖直石墨烯阵列的形貌；(b) 竖直石墨烯阵列在热界面材料中的应用

7.6 本章小结

本章对石墨烯的导热机理及热学性质的重要参数(主要包括热膨胀系数、接触热阻及热导率)的理论模拟和实验测量进行了介绍，较全面地总结了石墨烯热学性质的测量方法和相关研究进展。以石墨烯的热导率为重点讨论对象，系统地介绍了单层石墨烯、少层石墨烯及石墨烯宏观材料的热导率研究进展。石墨烯宏观材料的面内热导率目前已经能够达到 3200 W/(m·K)，这显现出石墨烯材料在散热领域的巨大潜力。此外，以石墨烯为原材料的竖直导热材料也被逐步研究开发，并被广泛用作热界面材料。

石墨烯材料热学性质的研究不断取得突破,同时仍旧存在一些亟待解决的问题。从本章内容可以看出,石墨烯材料的热导率数值变化范围很大,即使对于具有相同结构的宏观材料,石墨烯原材料不同,测量方法不同,得到的热导率会有所差别。一方面,大多是通过光学或电学方法对石墨烯进行测量,然后通过理论模拟的公式计算出热导率。这对光路或电路设计的要求极高,对于待测样品表面感光层的沉积方式和沉积量的要求也极为严格,测量操作的误差将导致巨大的实验数据偏差。由此可见,发展一种对材料依赖性不大且操作可控的通用型测量技术,对于表征石墨烯材料的热学性质十分关键。

另一方面,石墨烯的种类对于石墨烯宏观材料的热学性质也有显著的影响。构筑宏观导热材料的石墨烯主要通过CVD法、机械剥离法、电化学剥离法制备得到。机械剥离法制备石墨烯的原料是块体石墨,而块体石墨本身也存在一定的结构和性能差异,因此,不同原料剥离出的石墨烯在形貌结构和质量上存在差异。此外,石墨烯的微观结构,包括杂质含量、缺陷的成分和浓度,以及石墨烯的尺寸和厚度等都会影响石墨烯的导热性能。因此,为了获得更加可靠和更具代表性的结果,首先,需要对石墨烯进行明确的分类和指认,准确将原材料种类和石墨烯宏观材料的热学性质关联起来;其次,需要对不同种类石墨烯原料的结构信息进行定量,将石墨烯原料的结构信息和石墨烯宏观材料的热学性质关联起来;最后,为避免测量方法带来的误差,应采取多种测量方法平行测样,并进行平行比较以得到更为准确可靠的热学性质。

石墨烯优异的热学性质使其在热管理领域极具发展潜力,大片层石墨烯组装成的石墨烯薄膜适用于水平导热,利用CVD法直接生长的竖直石墨烯阵列适用于竖直导热,这都有望解决当今电子器件所面临的散热问题。不管哪种导热形式,在石墨烯片组装形成宏观薄膜或块体材料的过程中,如何保持石墨烯本征的优异热学性质,是石墨烯在热管理领域规模化应用面临的核心问题。只有经过制备策略优化和工艺优化,石墨烯材料才有望成为可以被广泛使用的实用型散热/导热材料。

参考文献

[1] Berber S, Kwon Y K, Tománek D. Unusually high thermal conductivity of carbon

nanotubes[J]. Physical Review Letters, 2000, 84(20): 4613 - 4616.
[2] Kim P, Shi L, Majumdar A, et al. Thermal transport measurements of individual multiwalled nanotubes[J]. Physical Review Letters, 2001, 87(21): 215502.
[3] Osman M A, Srivastava D. Temperature dependence of the thermal conductivity of single-wall carbon nanotubes[J]. Nanotechnology, 2001, 12(1): 21 - 24.
[4] Wei Z Y, Ni Z H, Bi K D, et al. Interfacial thermal resistance in multilayer graphene structures[J]. Physics Letters A, 2011, 375(8): 1195 - 1199.
[5] Hao F, Fang D N, Xu Z P. Mechanical and thermal transport properties of graphene with defects[J]. Applied Physics Letters, 2011, 99(4): 041901.
[6] Xu Z P, Buehler M J. Heat dissipation at a graphene-substrate interface[J]. Journal of Physics: Condensed Matter, 2012, 24(47): 475305.
[7] Wang H X, Gong J X, Pei Y M, et al. Thermal transfer in graphene-interfaced materials: Contact resistance and interface engineering[J]. ACS Applied Materials & Interfaces, 2013, 5(7): 2599 - 2603.
[8] Serov A Y, Ong Z Y, Pop E. Effect of grain boundaries on thermal transport in graphene[J]. Applied Physics Letters, 2013, 102(3): 033104.
[9] Dai W, Ma T F, Yan Q W, et al. Metal-level thermally conductive yet soft graphene thermal interface materials[J]. ACS Nano, 2019, 13(10): 11561 - 11571.
[10] Balandin A A, Ghosh S, Bao W Z, et al. Superior thermal conductivity of single-layer graphene[J]. Nano Letters, 2008, 8(3): 902 - 907.
[11] Li Q, Guo Y F, Li W W, et al. Ultrahigh thermal conductivity of assembled aligned multilayer graphene/epoxy composite[J]. Chemistry of Materials, 2014, 26(15): 4459 - 4465.
[12] Xin G Q, Sun H T, Hu T, et al. Large-area freestanding graphene paper for superior thermal management[J]. Advanced Materials, 2014, 26(26): 4521 - 4526.
[13] Kong Q Q, Liu Z, Gao J G, et al. Hierarchical graphene-carbon fiber composite paper as a flexible lateral heat spreader[J]. Advanced Functional Materials, 2014, 24(27): 4222 - 4228.
[14] Renteria J D, Ramirez S, Malekpour H, et al. Strongly anisotropic thermal conductivity of free-standing reduced graphene oxide films annealed at high temperature[J]. Advanced Functional Materials, 2015, 25(29): 4664 - 4672.
[15] Peng L, Xu Z, Liu Z, et al. Ultrahigh thermal conductive yet superflexible graphene films[J]. Advanced Materials, 2017, 29(27): 1700589.
[16] Wang N, Samani M K, Li H, et al. Tailoring the thermal and mechanical properties of graphene film by structural engineering[J]. Small, 2018, 14(29): 1801346.
[17] Xin G Q, Sun H T, Scott S M, et al. Advanced phase change composite by thermally annealed defect-free graphene for thermal energy storage[J]. ACS Applied Materials & Interfaces, 2014, 6(17): 15262 - 15271.
[18] Barani Z, Mohammadzadeh A, Geremew A, et al. Thermal properties of the binary-filler hybrid composites with graphene and copper nanoparticles[J].

Advanced Functional Materials, 2020, 30(8): 1904008.

[19] Kargar F, Barani Z, Balinskiy M, et al. Dual-functional graphene composites for electromagnetic shielding and thermal management [J]. Advanced Electronic Materials, 2019, 5(1): 1800558.

[20] An F, Li X F, Min P, et al. Vertically aligned high-quality graphene foams for anisotropically conductive polymer composites with ultrahigh through-plane thermal conductivities[J]. ACS Applied Materials & Interfaces, 2018, 10(20): 17383-17392.

第 8 章

石墨烯的力学性质表征

石墨烯中碳原子通过σ键与相邻的3个碳原子形成稳定的六边形平面结构，其具有非常高的抗压和抗拉能力。目前，实验测得石墨烯的本征强度为125 GPa，是钢的100多倍，其杨氏模量可达1 TPa，泊松比大约为0.2。石墨烯优异的力学性质使其成为复合材料中完美的增强材料，并在复合材料领域具有广阔的应用前景。

材料力学性质的表征包括杨氏模量、泊松比和抗拉强度等参数的测量。杨氏模量是描述固体材料抵抗形变能力的物理量，又称拉伸模量，定义为在胡克定律适用的范围内，单轴应力和单轴形变之比，反映了固体材料在外力作用下产生的应力与伸长或压缩弹性形变之间的关系。杨氏模量决定了材料的强度、变形、断裂等性能，是材料的重要力学参数之一。杨氏模量的实验测量方法一般分为静态法和动态法，静态法包括直接拉伸法（又称静荷重法）、电阻应变法、弯曲挠度法、柔度修正法等，动态法包括脉冲激振法、声频共振法、声速法等。泊松比是指材料在单向受拉或受压时，横向正应变与轴向正应变的绝对值的比值，又称横向变形系数，是反映材料横向变形的弹性常数。根据测量基本原理的不同，泊松比的实验测量方法可分为机械法、声学法、光学法和电测法等[1-3]。抗拉强度是在外力作用下，材料抵抗永久变形和破坏的能力。

由于石墨烯具有特殊的二维结构，很难用传统宏观材料的表征手段来获得力学参数，往往需要通过扫描探针显微镜等微观载荷施加方式，结合光谱学、电学等微观表征技术来间接表征。

8.1 石墨烯力学性质的理论分析

石墨烯的力学性质可以采用第一性原理从头计算、分子动力学、分子结构力学等方法计算得到。第一性原理从头计算是狭义的第一性原理计算，它指不使用经验参数，只用电子质量、光速、质子和中子质量等少数实验数据进行量子计算，常用来计算石墨烯的弹性模量。但是这种方法难以模拟石墨烯厚度对其力学性质的影响，模型过于简单，适用范围小。分子动力学方法以原子、分子等作为模拟对象，通过计算微观尺度的运动行为来获得宏观尺度的规律。通过分子动力学模拟石墨烯的热振动，可以得到石墨烯的应力和应变，进而计算得出石墨烯的杨氏模量。这种方法可以模拟石墨烯尺寸、厚度、缺陷等因素对石墨烯力学性质的影响。在分子结构力学方法中，石墨烯可以看成由很多碳原子组成的大分子结构，每个碳原子的位移都受到C—C共价键的限制，石墨烯的总变形是C—C共价键之间相互作用的结果，并认为石墨烯所有碳原子存在于由电子、原子核及原子核之间复杂相互作用形成的力场中。与分子动力学方法一样，分子结构力学方法也可以模拟石墨烯尺寸、厚度、缺陷等对力学性质的影响。

van Lier 等[4]利用第一性原理从头计算模拟计算了石墨烯的弹性模量。他们假定单层石墨烯的厚度为0.34 nm，得出石墨烯的弹性模量约为1.24 TPa。同时，Kudin 等[5]也采用相同的方法进一步模拟计算了石墨烯的弹性模量和泊松比，得出石墨烯的弹性模量和泊松比分别为 1.02 TPa 和 0.149，但其计算过程回避了石墨烯的厚度。第一性原理从头计算结果表明，石墨烯的弹性模量和泊松比的理论计算值分别约为 1 TPa 和 0.15。但如前所述，第一性原理从头计算没有考虑石墨烯厚度、尺寸、缺陷等因素的影响。

为了模拟不同条件下石墨烯的力学参数，研究人员进一步利用分子动力学和分子结构力学方法进行计算。Jiang 等[6]利用分子动力学方法研究了不同尺寸、不同缺陷程度及不同温度下石墨烯的杨氏模量，如图 8－1 所示。计算结果表明，当石墨烯的长度较小时，其杨氏模量随长度的增加而增大，当长度大于 30 Å 时，其杨氏模量稳定在 1.05 TPa 左右[图 8－1(b)]。他们还计算了长度为 40 Å 的石墨烯在温度为 300 K 时引入缺陷后的杨氏模量，当缺陷浓度小于 5%时，其杨氏模量仍保持在 1.05 TPa 左右，但当缺陷浓度大于 5%时，其杨氏模量随缺陷浓度的增加而减小[图 8－1(c)]。计算结果还表明，石墨烯的杨氏模量会随温度发生变化，如图 8－1(d)所示。当温度为 100 K 时，长度为 40 Å 的石墨烯的杨氏模量为 0.93 TPa，当温度升高到 300 K 时，其杨氏模量增大至 1.05 TPa，并在 500 K 时达到最大值(1.1 TPa)，随后开始随着温度的增加而减小。

理论计算结果表明，在一定的条件下，石墨烯具有负的泊松比，即在拉伸的条件下，石墨烯会发生膨胀。Jiang 等[7]利用分子动力学方法对石墨烯的负泊松比行为进行了解释。他们的模拟计算结果表明，小尺寸石墨烯的泊松比都为正值，且随

图 8-1 石墨烯的结构及在不同条件下的杨氏模量[6]

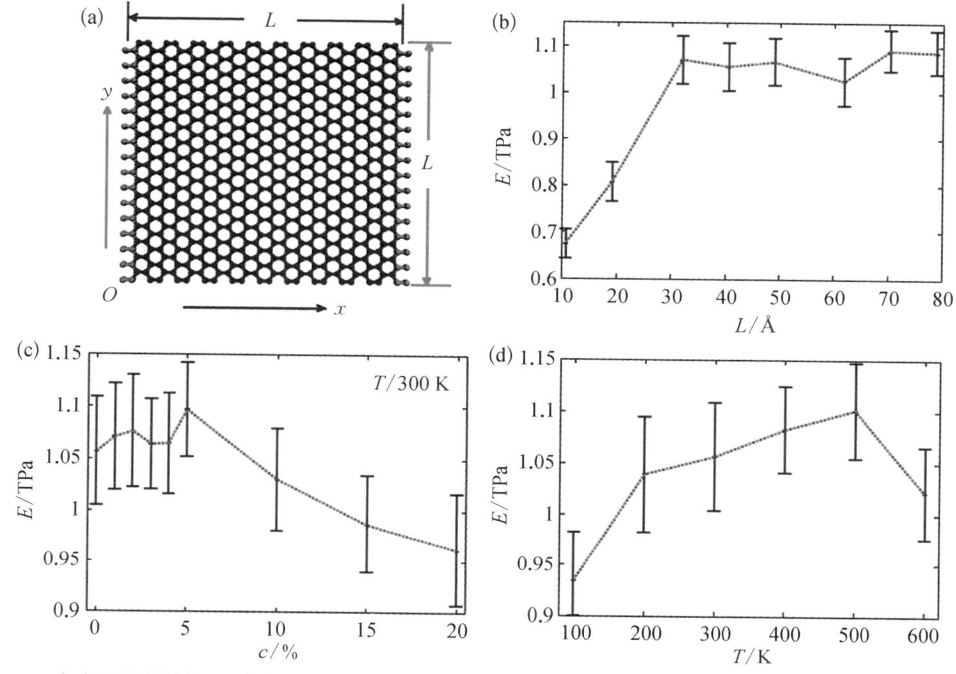

（a）石墨烯结构图；（b）不同尺寸石墨烯的杨氏模量；（c）长度为 40 Å 的石墨烯在温度为 300 K 时的杨氏模量与缺陷浓度的关系；（d）长度为 40 Å 的石墨烯的杨氏模量与温度的关系

着拉伸应变的增加而降低，这与连续介质力学和第一性原理的结果相一致；当处于小应变区域时，泊松比为 0.34。图 8-2 给出了长度为 195.96 Å 的石墨烯的泊松比随拉伸应变的变化示意图。从图中可知，该石墨烯存在一个临界应变值 ε_c（ε_c = 0.005）。当拉伸应变低于 ε_c时，石墨烯会在拉伸条件下膨胀，即表现出负的泊松比，这主要是长度引起的体积效应和边缘的翘曲两者综合作用导致的。

王少培[8]采用基于有限元的分子结构力学方法，分别研究了无缺陷及含 Stone-Wales 缺陷的单层石墨烯的力学性质及变形机理，并建立了沿锯齿型方向和扶手椅型方向拉伸的两种模型，计算了两种单层石墨烯在不同宽度下的杨氏模量和泊松比（图 8-3）。模拟计算结果表明，单层石墨烯的杨氏模量和泊松比是尺寸相关的，同一尺寸的扶手椅型单层石墨烯的杨氏模量和泊松比都比锯齿型单层石墨烯的相应值大，这证实单层石墨烯的力学性质也是与边缘结构相关的。因此，理想单层石墨烯纳米带的弹性模量和泊松比被证实具有明显的尺寸效应和边缘结构效应，而这一规律与文献中发现的理想单层石墨烯力学性质的变化规律一致。

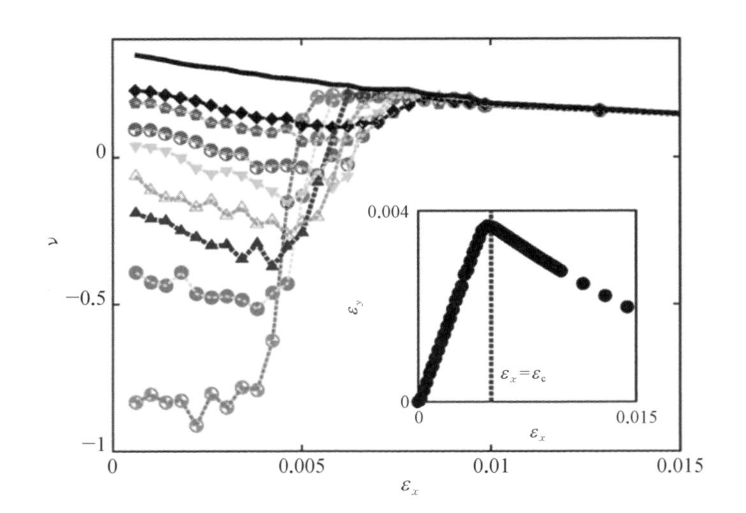

图 8-2　长度为 195.96 Å 的石墨烯的泊松比随拉伸应变的变化示意图[7]

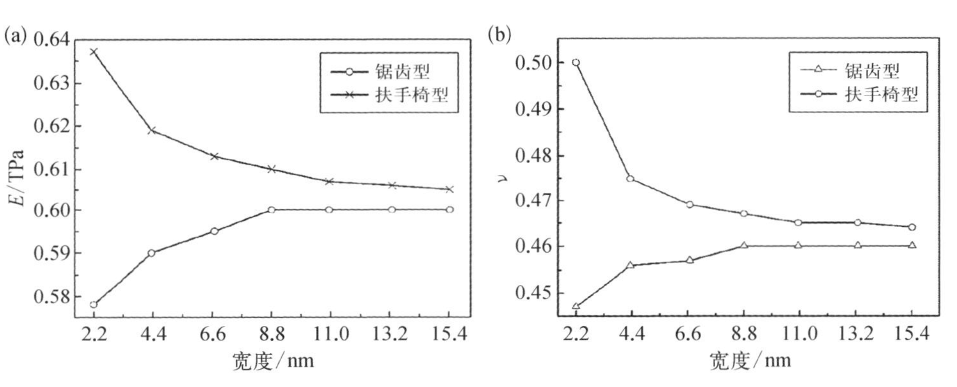

图 8-3　两种不同构型的单层石墨烯在不同宽度下的杨氏模量（a）和泊松比（b）[8]

此外，上述模拟计算结果还表明，含 Stone-Wales 缺陷的单层石墨烯的杨氏模量低于 0.65 TPa，明显低于理想单层石墨烯的杨氏模量。

综上所述，石墨烯的力学性质模拟方法主要有分子动力学方法和分子结构力学方法，两者均能够较好地模拟计算石墨烯的弹性模量及泊松比，并能够考虑到石墨烯尺寸、厚度、缺陷等因素的影响。模拟计算结果表明，理想石墨烯材料的弹性模量为 1.1 TPa 左右，泊松比为 0.34 左右，随着引入石墨烯表面缺陷，其弹性模量显著降低。

8.2　石墨烯主要力学性质的实验表征

石墨烯具有优异的力学性质，其断裂强度优于碳纳米管，杨氏模量可达 1 TPa。

目前,虽然已经发展了纳米材料力学性质测量的实验方法,但是石墨烯独特的二维原子层状结构使得难以获得用于直接力学性质测量的高品质石墨烯材料。同时,单原子层石墨烯的载荷与变形量的测量精度难以保证。因此,石墨烯力学性质的直接实验测量面临很大的挑战,往往通过间接的手段来获得石墨烯的力学参数。

8.2.1 原子力显微镜纳米压痕法

目前,原子力显微镜纳米压痕法能够较为有效地测量石墨烯的力学性质。利用原子力显微镜测量石墨烯外加载荷与位移的关系,通过统计分析的方法表征石墨烯的相关力学性质。

纳米压痕实验是采用压头(包括球体、锥体等类型)对被测样品施加载荷,产生压痕,通过测量加载—卸载过程中压头所受作用力和相应的位移,获得与被测样品的弹性模量、强度等相关的力学参数。这种方法常应用于测量微/纳米量级材料的力学性质。

利用原子力显微镜,结合纳米压痕实验测量石墨烯的相关力学性质是由 Lee 等[9]首次提出并使用的。采用原子力显微镜的探针作为纳米压痕实验的压头,通过原子力显微镜的力检测部分检测施加在石墨烯上的载荷,位移检测部分则是检测石墨烯的位移引起激光斑的变化情况,最后通过纳米压痕实验原理计算得到石墨烯的弹性模量等力学参数。具体操作如下,如图 8-4 所示,利用 SiO_2 在 Si 基底

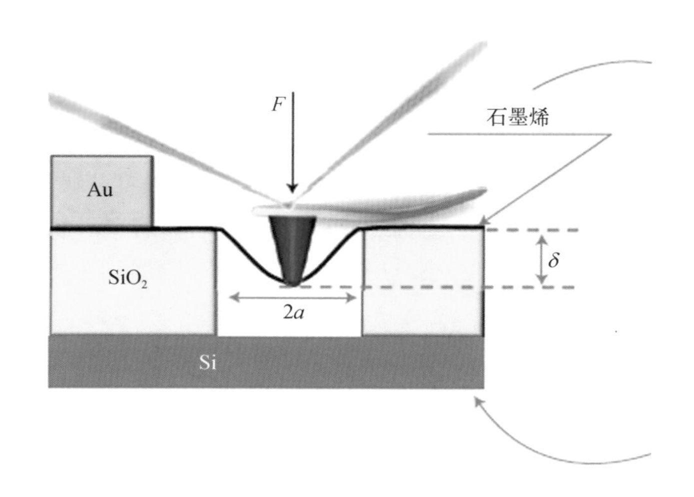

图 8-4 原子力显微镜纳米压痕法测量石墨烯力学性质的装置示意图[9]

上通过纳米压痕和离子刻蚀得到直径分别为 1.5 μm 和 1 μm、深度为 500 nm 的圆柱井阵列，再将石墨烯片沉积在 SiO_2/Si 基底上，通过 AFM 测量悬臂梁对石墨烯压痕前后施加载荷和其位置变化的情况。

各向同性的弹性材料在单向拉伸条件下的应力应变关系为

$$\sigma = E\varepsilon + D\varepsilon^2 \tag{8-1}$$

式中，σ 为 Kirchhoff 应力；ε 为单向拉格朗日应变；E 为杨氏模量；D 为三阶弹性模量，D 为负数。当拉伸应变较大时，弹性模量会有所降低；当压缩应变较大时，弹性模量则会增加。

在测量过程中，即使石墨烯被弯曲至最大曲率，石墨烯的弯曲能依然远小于面内应变能，所以可忽略不计。因此，石墨烯可被建模为二维材料，即其具有零弯曲强度。基于式(8－1)，通过有限元分析可得，非线性弹性建模的应力-应变曲线完全不同于线性弹性建模，同时，线性弹性建模的应力-应变曲线与压头直径、压头位置和片层直径无太大关系。根据以上建模分析，石墨烯在纳米压痕实验中的应力应变关系可用式(8－2)大致表示。

$$F = {\sigma_0}^{2D}(\pi a)\left(\frac{\delta}{a}\right) + E^{2D}(q^3 a)\left(\frac{\delta}{a}\right)^3 \tag{8-2}$$

式中，F 为施加载荷；δ 为中心点的压痕深度；${\sigma_0}^{2D}$ 为对石墨烯的预施加力；a 为夹在基底之间的石墨烯半径；q 为一个无量纲常数，$q = 1/(1.05 - 0.15\nu - 0.16\nu^2)$，其中 ν 为泊松比；E^{2D} 为杨氏模量。

Lee 等通过连续介质力学分析，假设石墨烯的厚度为 0.335 nm，通过对多组石墨烯上不同点的力学性质测量，得到了压痕深度和施加载荷的关系曲线(图 8－5)。从图中可知，E^{2D} 平均值为 342 N 左右，经过换算得到石墨烯的弹性模量为(1.0 ± 0.1)TPa。

López-Polín 等[10] 采取类似的装置研究了石墨烯弹性模量与缺陷密度的关系，得出采取控制缺陷密度来改变石墨烯弹性模量的结论，当石墨烯的缺陷密度降低时，石墨烯的弹性模量和断裂强度等都会有明显提高。

8.2.2 拉曼光谱法

材料在应力作用下会产生晶格变形，进而导致晶格振动能量变化，这些变化可

图 8-5　弹性模量的柱状图（虚线为数据的高斯拟合曲线）[9]

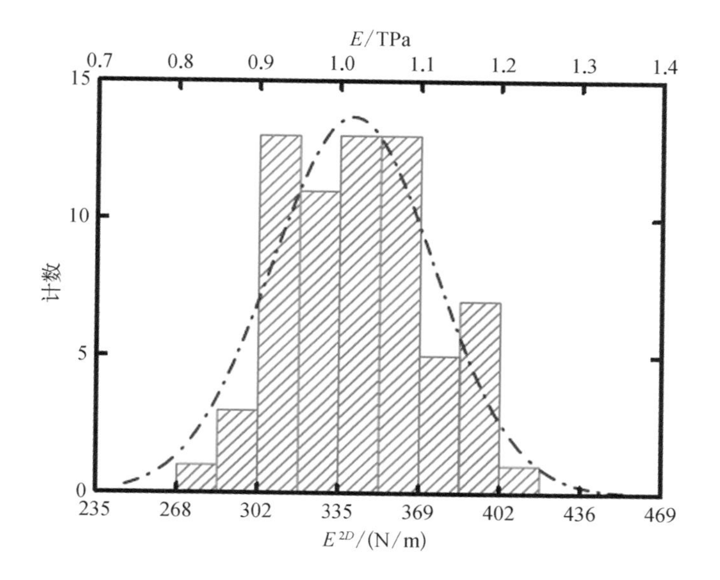

以通过具有拉曼活性的声子特征峰位移体现出来。拉曼光谱法通过测量不同载荷作用下石墨烯材料的拉曼光谱特征峰位移，可以表征石墨烯材料的应变，结合有限元模拟，则可以分析计算出石墨烯材料的弹性模量等力学参数。拉曼光谱法的特点是需要针对特定的材料建立拉曼光谱力学测量理论，确定位移应力参数。其建立方法如下：在晶格动力学基础上，建立拉曼光谱特征峰位移与材料被测点的晶格变形信息之间的联系，通过固体力学的弹性理论，利用广义胡克定律建立应力和应变线性关系，将两者相结合得出位移与应力之间的量化关系，因此得到具体材料的位移应力参数。

Lee 等[11]在 SiO_2/Si 基底上制备了石墨烯薄膜样品。如图 8-6 所示，首先在 SiO_2/Si 基底上刻蚀圆孔图案，圆孔的深度为 5 μm，直径分别为 2.0 μm、3.1 μm、4.2 μm、5.3 μm、6.4 μm 和 7.3 μm，然后在圆孔 SiO_2/Si 基底上转移石墨烯薄膜样品，再将制备好的样品放入真空室中，使石墨烯薄膜上的不同部位形成不同的应力状态。利用拉曼光谱对样品进行表征，得到图 8-7 所示的光谱图像。在样品中石墨烯悬浮区域会出现不均匀的情况下，不同应力状态区域的石墨烯薄膜的拉曼光谱 2D 峰与 G 峰均会出现不同程度的红移，通过测量圆孔中心内部和外部不同直径区域的石墨烯薄膜的拉曼光谱 2D 峰与 G 峰的红移波数，可以估算出各区域的石墨烯应变量，然后通过有限元模拟计算得到石墨烯的弹性模量等参数。Lee 等利用拉曼光谱法测量了石墨烯的弹性模量，得到单层石墨烯与双层石墨烯的弹性

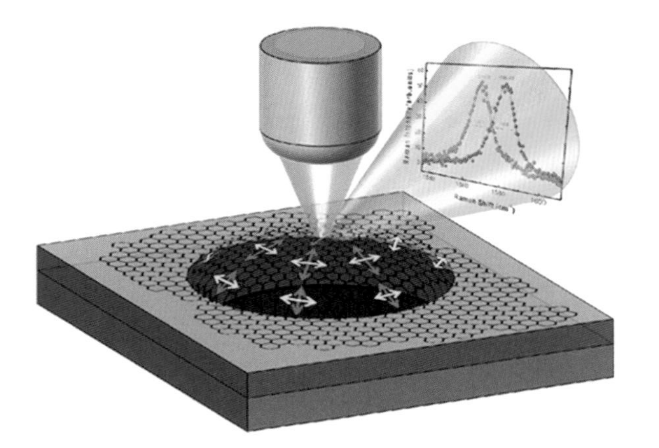

图8-6 拉曼光谱法测量石墨烯薄膜样品的装置示意图[11]

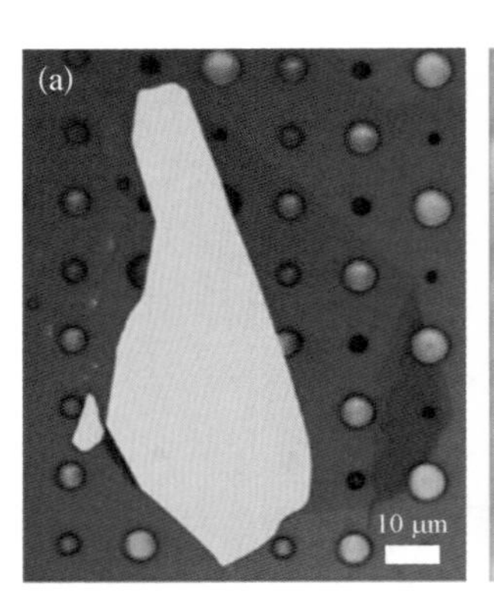

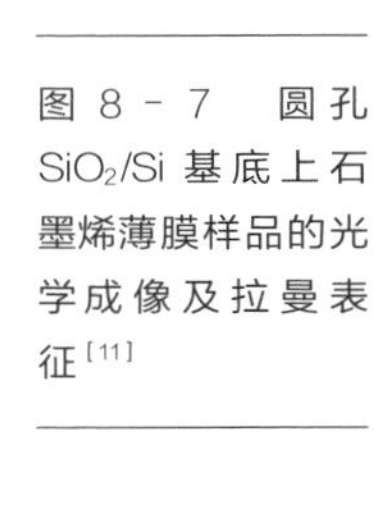

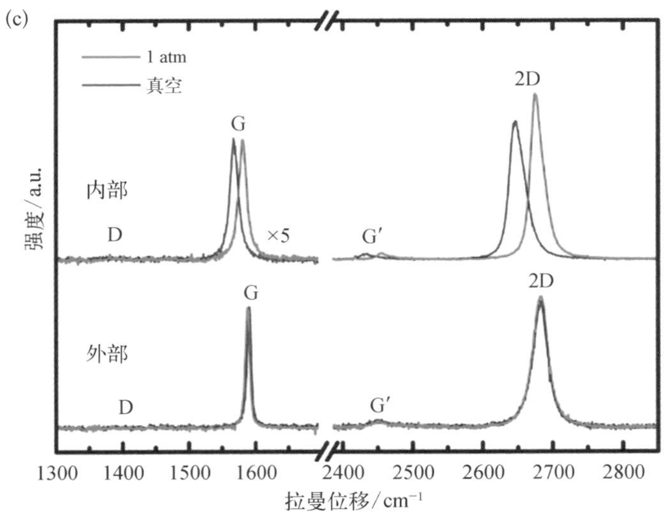

（a）样品光学成像图；（b）拉曼光谱面扫描成像图；（c）相应的拉曼光谱图

图8-7 圆孔 SiO_2/Si 基底上石墨烯薄膜样品的光学成像及拉曼表征[11]

模量分别为2.4 TPa和2.0 TPa左右。

8.2.3 微桥法

微桥法是测量石墨烯薄膜材料力学性质的有效方法，能够简洁地测量出石墨烯薄膜的强度、杨氏模量等参数。

微桥法通过实验得到薄膜的应力-应变曲线，结合微桥模型，可以拟合得到杨氏模量和残余应力等相关力学参数。测量石墨烯薄膜力学性质的微桥模型主要分为两种：一种是Zhang等[12]和Su等[13]基于板壳理论提出的微桥大挠度模型和微桥小挠度模型，大挠度变形的形式包括弯曲变形和拉伸变形，小挠度变形的形式为弯曲变形，同时将基底变形对石墨烯薄膜的影响考虑在内；另一种是Espinosa等[14]和Herbert等[15]提出的微桥模型，他们将基底变形忽略不计，认为微桥变形的形式只有拉伸变形。

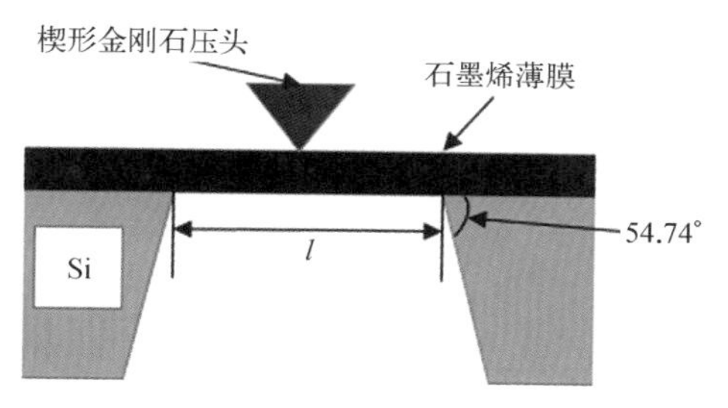

图8-8 微桥法测量石墨烯薄膜力学性质的模型示意图[12]

Zhang等提出的微桥法测量石墨烯薄膜力学性质的模型示意图如图8-8所示，其中微桥部分是石墨烯薄膜，两侧桥支撑部分采用Si基底，其是从背面湿法刻蚀形成的，支持角度为54.74°。在实验过程中，采用楔形金刚石压头的纳米压痕仪对石墨烯薄膜施加载荷。一般来说，微桥宽度小于压头长度，因此石墨烯薄膜作为一维材料来进行变形处理。记录载荷和挠度数据，绘制载荷和挠度曲线，将得到的实验数据利用力学模型进行回归，从而求出石墨烯薄膜的杨氏模量、残余应力和其他力学参数。Su等则将微桥法扩展应用至双层石墨烯薄膜的测量，通过假设单层和双层石墨烯薄膜的杨氏模量和残余应力不变来估计双层石墨烯薄膜的力学参数。采用这种连续测量的方法，当$n-1$层石墨烯薄膜的力学参数已知时，可以获取到第n层石墨烯薄膜的力学参数。

Espinosa等则是结合纳米压痕仪和干涉显微镜来研究石墨烯薄膜的力学性质。他们利用图8-9所示的模型来测量石墨烯薄膜的力学性质，利用纳米压痕仪对石墨烯薄膜施加载荷，通过干涉显微镜来记录不同载荷作用下石墨烯薄膜的干涉图样，测量干涉条纹的间距来计算变形的应变值，进而通过载荷与应变的关系计算出石墨烯薄膜的杨氏模量等力学参数。Herbert 等同样基于忽略弯曲变形和不考虑基底变形的假设，得到了一种柔性薄膜变形的理论模型，利用此模型可以预测石墨烯薄膜的力学性质。

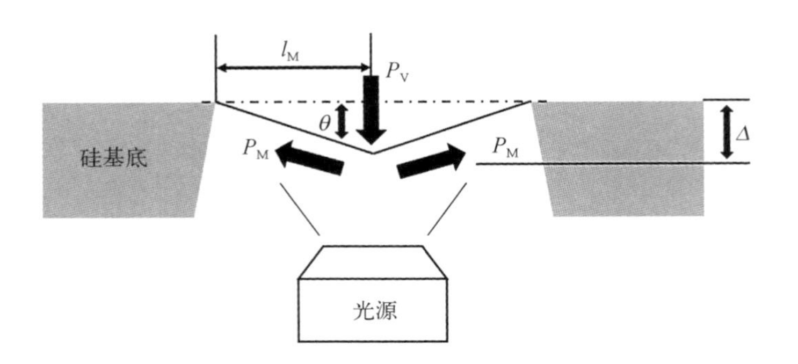

图 8-9 微桥法测量石墨烯薄膜力学性质的模型示意图[14]

Wu 等[16]在上述微桥法基础上进行了修正，测量了氧化石墨烯薄膜的力学性质，考虑了基底变形及残余应变对氧化石墨烯杨氏模量的影响。实验中给定微桥长度为 102.3 μm、厚度为 0.17 μm、残余应力为 5.95 MPa，分别利用考虑基底变形、残余应力和不考虑上述因素的微桥法测量了不同加载次数下氧化石墨烯薄膜的载荷-挠度曲线，得到杨氏模量随加载次数的变化，如图 8-10 所示。实验结果表明，

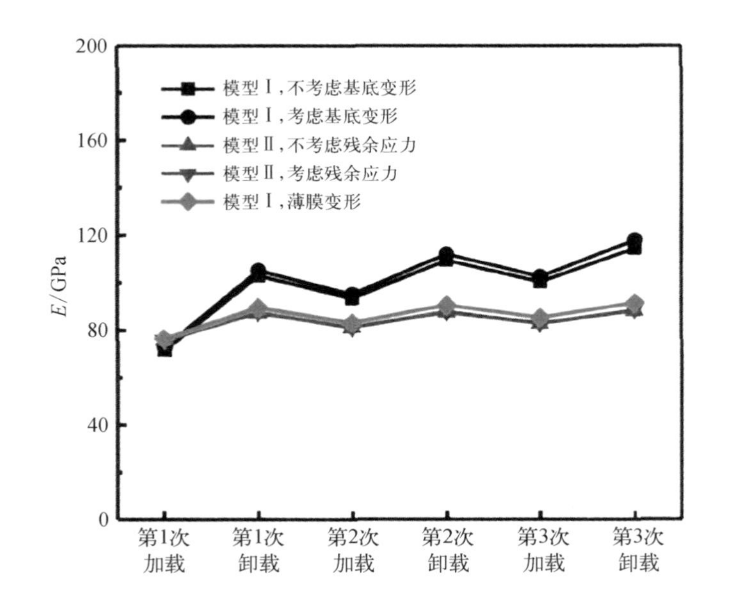

图 8-10 不同模型得到的氧化石墨烯薄膜的杨氏模量随加载次数的变化[16]

在该测量环境下，基底变形及残余应力对氧化石墨烯薄膜力学性质的影响很小，测量得到氧化石墨烯薄膜的杨氏模量为 83 GPa，这表明氧化石墨烯薄膜的杨氏模量显著低于石墨烯薄膜的杨氏模量。

综上所述，就现阶段实验条件而言，对纳米尺度石墨烯材料直接加载应力难以准确控制，同时也难以直接测量纳米尺度石墨烯材料的应变。因此，利用实验方法仍难以直接测量石墨烯材料的力学性质，各实验测量方法普遍通过微观观察或表征方法测量与石墨烯材料变形相关的某一个物理量，进而间接地计算出石墨烯材料的力学性质参数。

8.3 石墨烯的其他力学性质

除杨氏模量、泊松比及拉伸强度以外，剪切性能、弯曲性能及摩擦性能等也是石墨烯综合力学性质的重要参数，其为石墨烯基柔性可穿戴器件、石墨烯基固体润滑和超滑系统设计等提供了理论依据。

8.3.1 剪切性能

石墨烯的剪切变形过程为在自由载荷平衡结构下固定石墨烯的一个边界，在相对的边界上施加恒定的作用力，力的方向与石墨烯边界相平行。石墨烯锯齿型边界与扶手椅型边界的剪切力加载模型如图 8－11 所示(Cao, 2018)。

图 8－11 石墨烯锯齿型边界与扶手椅型边界的剪切力加载模型

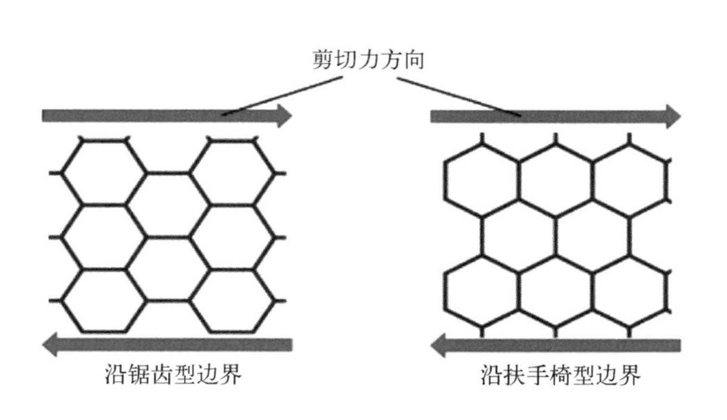

石墨烯的剪切模量已经通过不同的模拟方法进行了计算。利用分子结构力学方法，Sakhaee - Pour(2009)计算出石墨烯沿扶手椅型边界方向的剪切模量为0.228 TPa，沿锯齿型边界方向的剪切模量为0.213 TPa。利用Monte Carlo模拟，Zakharchenko等(2009)探究了剪切模量与温度的依赖关系。假设石墨烯的厚度为0.34 nm，则其剪切模量在0.47 TPa附近变化，并在700 K附近达到最高值(0.483 TPa)。利用分子动力学方法，Tsai等(2010)通过使用AMBER力场模拟出石墨烯在0 K下的剪切模量为0.358 TPa。而通过使用AIREBO力场，可模拟出在0～2000 K下，石墨烯沿扶手椅型边界方向的剪切模量为0.34～0.37 TPa，沿锯齿型边界方向的剪切模量为0.43～0.47 TPa(Min, 2011)。对于扶手椅型边界和锯齿型边界方向，石墨烯的剪切模量首先随温度的增加而增大，在超过800 K时剪切模量开始随温度的增加而减小。通常，石墨烯沿扶手椅型边界方向的剪切模量小于沿锯齿型边界方向的剪切模量，但这种现象的机理尚不清楚，有待进一步研究。与大量的理论研究相反，很少有研究人员能够利用实验来实际测量石墨烯的剪切模量，这就令理论研究的结果很难被验证，同时也使得对石墨烯剪切强度的研究广度偏小。

测量石墨烯剪切模量的可能实验方法可以类似于原位微尺度拉伸实验，如图8-12所示。石墨烯被转移到类似于图中的微器件上，但是与石墨烯接触部分的形状不同。从样品台的两侧伸出的固定条分别用来固定石墨烯的相对边。当纳米压头推动顶部梭子时，石墨烯由于样品台的剪切力而变形。样品台的位移和几何形变、石墨烯的宽度和长度可以通过透射电子显微镜进行检测，并且纳米压头的位移和相关变力数据也可以被直接记录。压头压缩数值与加载到石墨烯上的剪切力之间的关系可以通过微型设备的设计来关联。通过此实验，石墨烯的剪切模量和剪

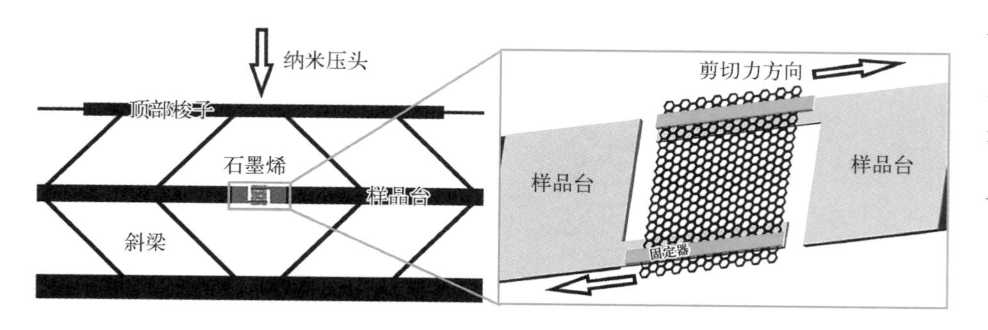

图8-12　一种可能的石墨烯剪切模量测量的实验方法(Cao，2018)

切强度就可以根据其定义被间接计算出来。

8.3.2 弯曲性能

弯曲是指石墨烯片的两端均处于石墨烯片所在平面以外的位置。相比于抗拉强度，对石墨烯弯曲刚度（又称法向弯曲刚度）的研究相对较少，人们也很少注意到石墨烯的高斯弯曲刚度。Wei 等[17]通过密度泛函理论计算了单层石墨烯的弯曲刚度为 1.44 eV，非常接近于细胞的脂质双分子层（1～2 eV），这从力学性质兼容性的角度证明了石墨烯的生物学应用可能性。此外，石墨烯的高斯弯曲刚度为 1.52 eV。

弯曲行为具有许多非凡的功能，例如在负载荷下控制石墨烯的形态，影响石墨烯的电学性能、热学性能和磁学性能。双层石墨烯弯曲翘曲类似于三明治层压结构，弯曲翘曲可以通过一阶变形理论进行估算（Scarpa，2010）。多层石墨烯的弯曲性能主要取决于层间相互作用，可以使用分子动力学方法进行理论研究。模拟结果表明，其面内杨氏模量比层间剪切模量高出 3 个数量级（Shen，2012）。

8.3.3 摩擦性能

Zhang 等[18]通过使用石墨烯-弹簧模型（图 8 - 13），获得了在矩形弹簧支撑石墨烯基底上滑动六方石墨烯纳米片的摩擦行为，并验证了摩擦力会随着硬度的降低而呈指数增长。另外，通过摩擦力与石墨烯基底变形量之间的关系就可以利用压痕深度来推算石墨烯基底的摩擦力。此外，与刚度相关的摩擦力和与刚度相关的石墨烯基底变形量也有密切关系。基底较软且变形量较大，摩擦力更大。这为石墨烯的刚度依赖性摩擦行为研究奠定了基础。

除石墨烯摩擦性能的实验研究之外，大量理论研究也阐述了影响石墨烯摩擦性能的各种因素。Cheng 等（2018）应用分子动力学方法研究了石墨烯摩擦性能在原子尺度的基本机理，通过建立模型，发现与块状晶粒区域相比，晶界区域对石墨烯摩擦性能具有更大的贡献。而 Li 等（2018）使用大规模原子分子并行模拟器（large-scale atomic/molecular massively parallel sim，LAMMPS）研究了外部面内应变对多层石墨烯摩擦性能的影响，发现其引起的摩擦系数变化归因于原子尺度接触面积变化。

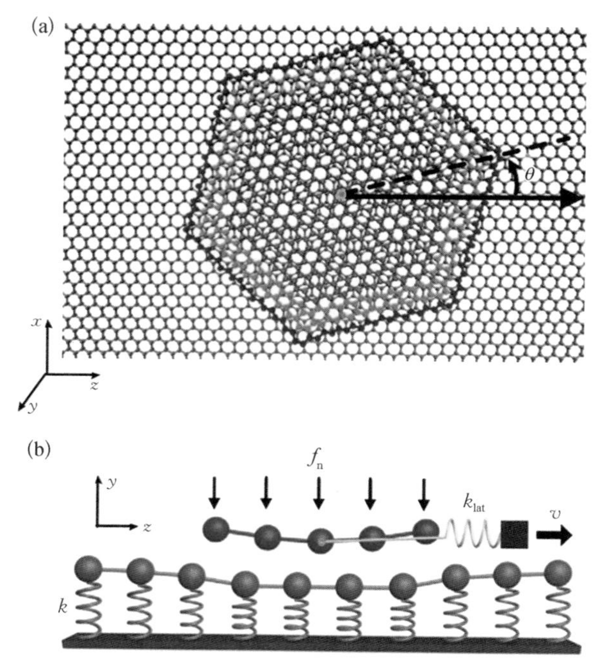

图 8-13 石墨烯-弹簧模型[18]

（a）在矩形弹簧支撑石墨烯基底上放置的六方石墨烯纳米片；（b）基底石墨烯原子在 y 方向上与线性弹簧 k 相连接，对每个六方石墨烯纳米片原子施加一个正常载荷 f_n，则与六方石墨烯纳米片的质心相连接的切向弹簧 k_{lat} 会发生相应位移

8.4 缺陷对石墨烯力学性质的影响

尽管石墨烯的力学性质如此优异，但在实际应用场景中很难获得单层石墨烯的本征力学特性。由于材料中广泛存在的缺陷极易导致材料宏观特性失效，不仅仅是力学性质，材料的热学性质与电学性质往往也会受材料中缺陷的影响。本节主要就石墨烯中的缺陷类型及其对石墨烯力学性质的影响机制进行阐述。

8.4.1 石墨烯中缺陷类型

晶体缺陷是指晶体结构的周期性排列规则被打破。一般来说，石墨烯中存在多种类型的缺陷，包括点缺陷（如 Stone－Wales 缺陷、空位、原子、取代杂质、拓扑缺陷)及一维缺陷(如位错、晶界、边缘缺陷)(Banhart, 2011)。缺陷对石墨烯的机械性能有重要影响,通过在石墨烯中引入缺陷,可以调控甚至改善石墨烯的机械性能。

石墨烯具有 sp^2 杂化特性,可以连接不同数量的近邻碳,因此碳原子本身可以形成不同的多边形(除了六边形,还有五边形、七边形和八边形)结构。石墨烯的这一特性导致碳的非六边形结构的形成,即最简单的点缺陷——Stone - Wales 缺陷(Stone, 1986)。Stone - Wales 缺陷是由碳碳键旋转引起的,它允许碳多边形在五边形、六边形和七边形之间转换,因此在 Stone - Wales 缺陷的形成过程中,没有碳原子被移除或添加,仅仅是由石墨烯晶格的重建造成的[图 8 - 14(a)]。另一种简单的点缺陷是空位,即石墨烯晶格中缺失碳原子位点,如图 8 - 14(b)(c)所示。当考虑稳定的石墨烯与完美的石墨烯晶格时,每个碳原子与其他三个碳原子相连。如果在完美的石墨烯晶格中缺少许多碳原子,缺陷构型可能变得更加复杂,石墨烯在能量上就会不稳定。如果缺失的碳原子数量是偶数,那么余下碳原子可以完全重建,从而不会留下悬空键。相比之下,如果缺失奇数个碳原子,就会出现悬空键,石墨烯变得不稳定,从而产生活性(Lu, 2004)。这些悬空键可以作为杂质的掺杂位点,或作为不同原子或分子的功能化位点。石墨烯中的单空位和双空位排列可能形成一维缺陷[图 8 - 14(d)],即线缺陷。这些线缺陷是分隔不同晶格取向的两个独立区域的边界[图 8 - 14(e)],由于其在不同位置同时成核,这种现象经常出现在金属表面生长的石墨烯中(Coraux, 2008)。具有对称性的六边形金属通常用于 CVD 法生长石墨烯,金属和石墨烯之间的对称性失配可能导致不同晶粒的晶格取向不同(Dahal, 2014)。因此,当取向不同的两个晶粒聚结时,石墨烯中可能会出现与生长边界相对应的线缺陷。

通常,CVD 法生长石墨烯的成核区域会生长成不同的形状,这在很大程度上取决于生长条件,并且难以预测。因此,在某些情况下,在金属表面生长的石墨烯很难以大单晶的成核方式在金属表面覆盖,而是形成许多具有重叠和间隙的生长区域[图 8 - 14(f)]。此外,石墨烯薄膜在转移过程中很容易受到损坏和撕裂,从而造成宏观缺陷(Banhart, 2011)[图 8 - 14(g)]。毫无疑问,所有缺陷对于多晶材料的性能至关重要,在石墨烯中,即使只存在线缺陷,也会使薄膜晶体发生断裂。石墨烯材料,尤其是 CVD 法制备的石墨烯单晶,是柔性电子器件领域具有极大潜力的关键材料,其机械性能在很大程度上代表了实际使用中的耐久

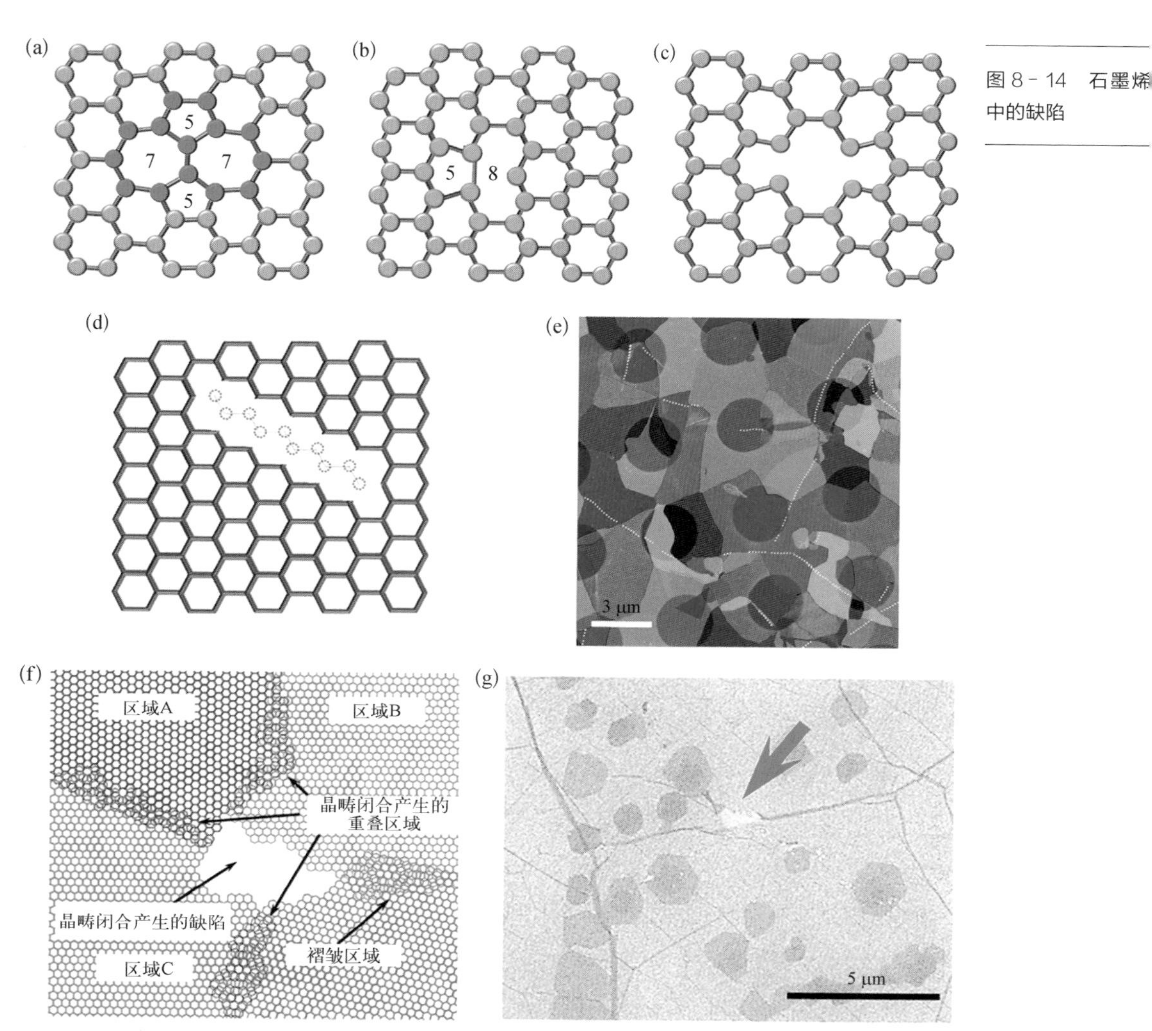

图 8-14 石墨烯中的缺陷

（a）Stone-Wales 缺陷（5577）；（b）单空位；（c）多空位；（d）多空位排列形成的线缺陷；（e）多晶石墨烯的边界；（f）CVD 法所生长石墨烯的生长边界覆盖堆叠产生的缺陷；（g）转移过程中造成的宏观缺陷

性和可靠性。显然，在生长阶段产生的特定微观缺陷会极大地影响石墨烯的机械性能及其在各个领域的应用。

8.4.2 石墨烯的裂纹失效机制

目前，对石墨烯力学性质的研究主要集中在弹性模量和强度方面。在实际工程应用中，识别石墨烯中缺陷的存在或缺陷导致的一般断裂行为至关重要。实验观察石墨烯样品的断裂行为极其困难，因此相关的实验研究十分少见。Hwangbo 等[19]首次报道了 CVD 法生长的石墨烯薄膜的实时压裂过程。在多孔 Si 基底上制备悬空石墨烯薄膜，将其安装在膨胀试验装置上，该装置配有同步高速摄像机[图 8-15(a)]，其可以直接利用光学显微镜内置软件测量裂纹长度[图 8-15(b)]。随着压力差 ΔP(室温下)逐渐增大，石墨烯薄膜的裂纹以不连续且复杂的方式开始扩展[图 8-15(c)]，随后在不到 2 ms 的时间内发生

图 8-15 石墨烯薄膜在静态载荷下的断裂行为[19]

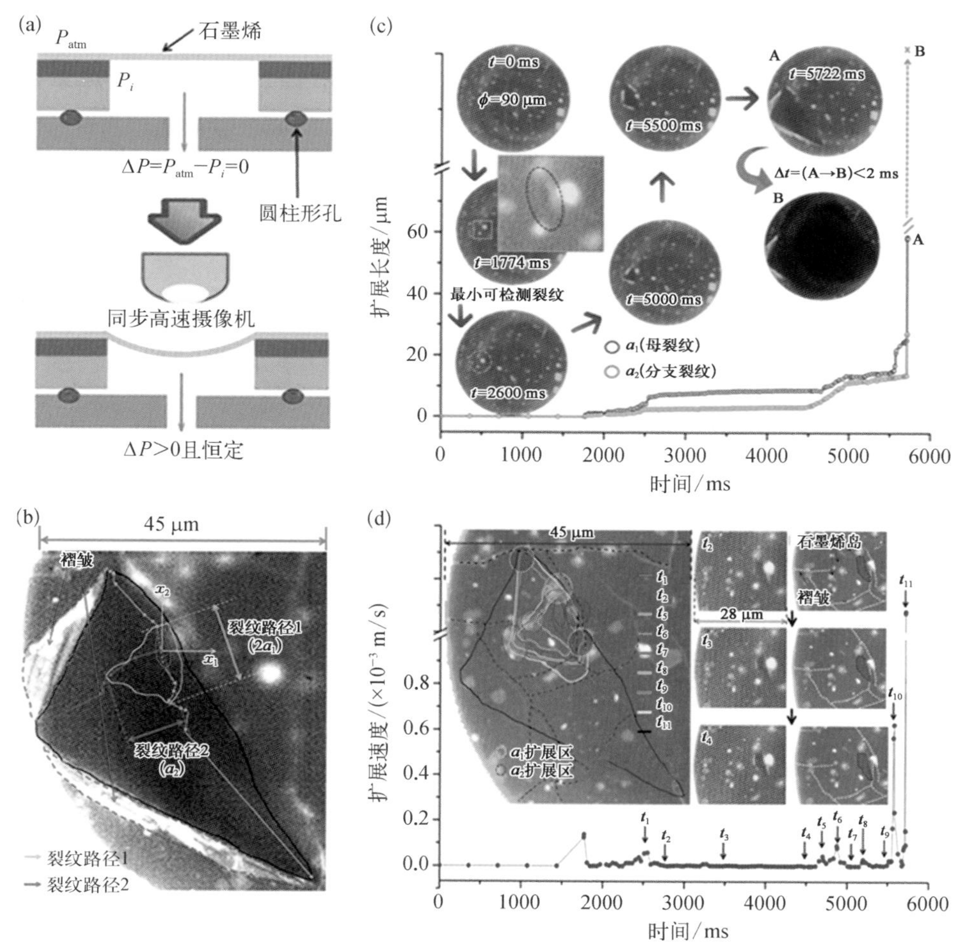

(a) 带有圆柱形孔的 Si 基底上悬空石墨烯的实验示意图；(b) 精确测量母裂纹的裂纹扩展长度的示例图；(c) 母/分支裂纹的裂纹扩展历史与裂纹演变；(d) 母裂纹的扩展速度图和由厚度差异引起的裂纹止动行为

彻底断裂（A→B）。值得注意的是，裂纹停止和重新初始化过程是重复发生的，这可以从裂纹扩展速度曲线中看出[图 8-15(d)]。例如，从 t_2 到 t_4，裂纹不传播，从捕获的相应图像中几乎观察不到裂纹长度扩展的迹象。这是由于石墨烯是均匀的碳基二维单层结构，鲜有生长抑制剂可以对裂纹的扩展与传播产生延迟效应。然而，在 CVD 法生长石墨烯薄膜的过程中，产生的厚层石墨烯岛和褶皱成为了主要的裂纹生长抑制剂，从而阻止了裂纹的突然扩展并延长了石墨烯薄膜的寿命。

尽管石墨烯的断裂强度与金刚石相当，但一旦受到拉伸应力和腐蚀环境的综合影响，石墨烯极易遭到破坏。如上所述，由点缺陷、线缺陷和面缺陷形成所引起的悬空键必定使得碳碳键与环境分子（例如 H_2O、H_2、CO_2、NH_3、O_2 等）之间发生反应（Salehi-Khojin，2012；Schedin，2007；Leenaerts，2008）。这些吸附物对石墨烯的物理或化学特性产生影响，甚至产生新的物理或化学特性，更重要的是，会导致由轨道杂化引起的电子构型变化，即从 sp^2 杂化的几何结构变为通过电荷转移变形的 sp^3 杂化的几何结构。典型的例子是石墨烯的氢化（sp^3 悬挂键⟶C—H）和石墨烯中形成氧化诱导的环氧基（—O—），其使石墨烯产生折叠或解压缩效应（Topsakal，2010）。一旦外部载荷施加到石墨烯上并产生形变，石墨烯中存在的裂纹就会开始扩散，从而在石墨烯上产生带有许多悬空键的线缺陷。在悬空键上，氢和氧容易形成新键，从而导致其构型进一步变化。在完全断裂失效发生前，由外部载荷触发的裂纹萌生和传播过程会持续发生。除了很少的特定应用，大多数基于石墨烯材料的应用场景都需要石墨烯具有相对的环境适应性。尽管石墨烯具有优异的综合力学性质，但其缺陷引起的断裂特性使得石墨烯微观力学性质向宏观传递过程不尽如人意。

8.5 三维石墨烯的力学性质

石墨烯的三维结构已经被广泛研究，通过将二维石墨烯进行有效组装可形成具有三维结构的石墨烯。三维石墨烯具有极低的密度及相互连接的多级孔结构，可以有效保持石墨烯的高比表面积，使其不因石墨烯片层间的强 π-π 作用和范德瓦耳斯力产生聚集与重叠。当然，以三维结构为主的石墨烯聚集体在保持石墨烯自身特殊的电学性能的同时，也赋予了三维石墨烯特殊的力学特性，比如超弹性，通过改变三维石墨烯的聚集方式，还可以实现石墨烯的优异微观力学性质向宏观高强度的传递。

8.5.1 三维石墨烯的超弹性

超弹性是指材料存在一个弹性势能函数，该函数是应变张量的标量函数，其对应变分量的导数是对应的应力分量，在卸载时应变可自动恢复的现象。应力和应变不再是线性对应的关系，而是以弹性势能函数的形式一一对应。三维石墨烯特有的多孔结构、可压缩性与强度赋予了其在低密度、可压缩、耐疲劳结构材料领域的应用潜力。通过合理的孔结构设计，可以实现石墨烯材料的可压缩性、超弹性及超强耐疲劳性。

Gao 等[20]设计了一种新型的双向冷冻技术[图 8－16(a)]，将壳聚糖-氧化石墨烯(CS－GO)溶液双向冷冻并干燥，从而获得具有层状结构的 CS－GO 宏观组装体，再将其通过高温碳化处理，依靠碳化过程中 CS 和 GO 收缩程度的不同，使原本较为平坦的薄层结构皱缩成所需的层状连拱结构。通过双向冷冻技术获得了取向一致的层状连拱结构，保证了最终材料中所有微拱单元的取向一致性，从而保证了所有微拱单元在材料整体受压变形时同时发挥弹性功能[图 8－16(b)]，并且所制备材料拥有与其他已有报道超弹性三维石墨烯相比更快的回弹速度及更小的能量损耗系数[图 8－16(c)(d)]。

Zhao 等[21]利用自制的原位应力应变分析系统对三维石墨烯泡沫的力学性质进行了系统的定量研究(图 8－17)。该系统同时实现了从 4 K 的深低温持续到 1273 K的高温下对材料变形的实时记录，无须重制待测样品并且在很宽的温度范围内保持真空状态。

他们通过实验发现，即使在液氦温度下，三维石墨烯泡沫(随机取向的石墨烯片)主要通过边缘处的共价键进行化学交联，如图 8－18 所示。其具有与室温下相同的力学性质，包括高达 90%的应变、几乎完全可逆的超压缩弹性、相同的杨氏模量、接近零的泊松比及极好的循环稳定性。此外，这些力学性质在深低温(4 K) 到 1273 K 的宽温度范围内皆得以保持。这些独特的力学行为是由单个石墨烯的弹性和柔韧性及与基底材料之间的共价键导致的。石墨烯弹性和柔韧性的非

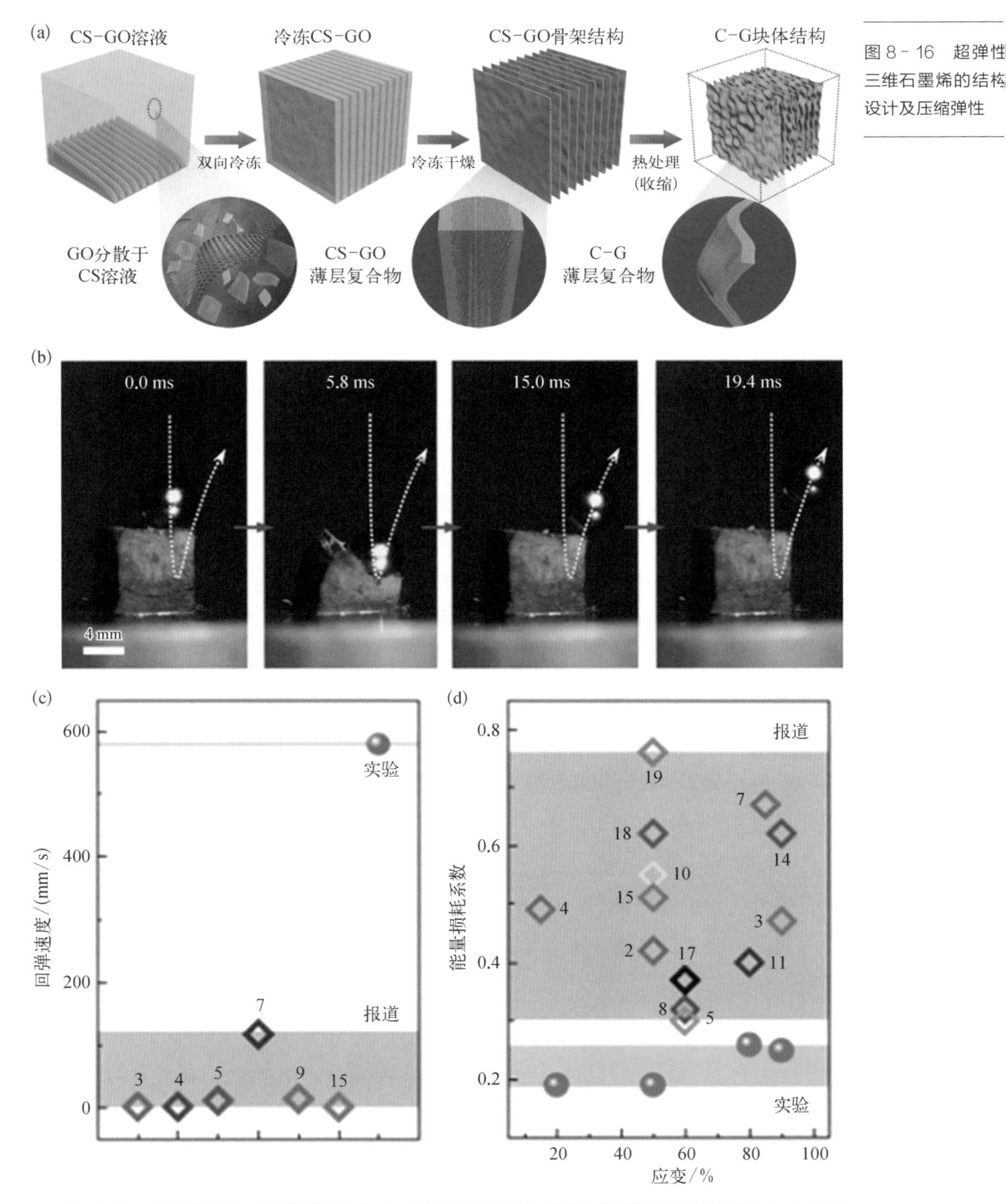

图 8-16 超弹性三维石墨烯的结构设计及压缩弹性

（a）碳-石墨烯结构制备过程示意图；（b）高速相机捕捉的该材料快速弹起金属球的过程；（c）与其他相关材料比较下的回弹速度；（d）与其他相关材料比较下的能量损耗系数

图 8-17　原位应力应变分析系统的装置原理图[21]

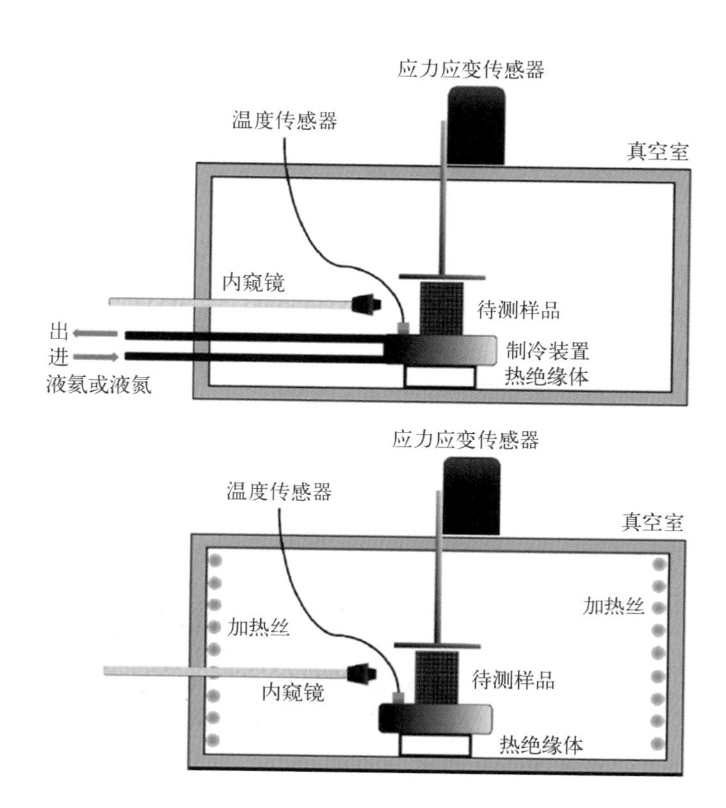

图 8-18　三维石墨烯泡沫的形成和结构示意图[21]

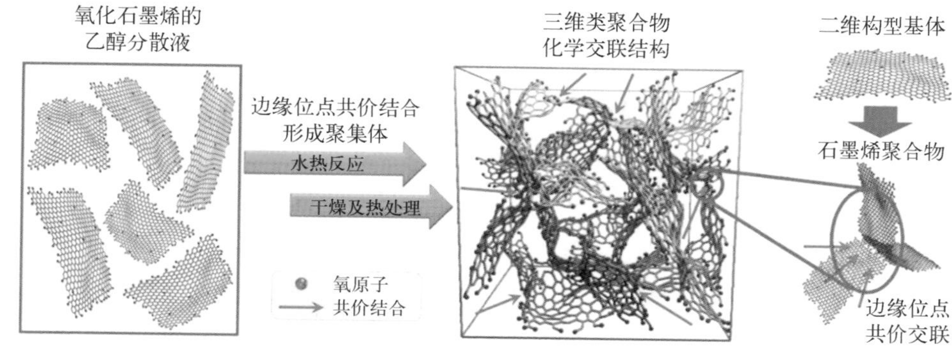

温度依赖性是 sp^2 杂化碳的独特键合结果，具有软的面外弯曲模式和强的面内拉伸模式，并且具有很高的缺陷形成能(Zakharchenko，2009；Zhang，2013)。石墨烯非温度依赖性的本征力学性质与三维石墨烯独特的交联结构和高孔隙率相结合，使得基底材料在低至液氦温度下具有充分的回弹性和与其他温度下一致的力学性质。

深低温下三维石墨烯泡沫的超压缩弹性可以通过原位光学图像直接观察

到。结果表明，该状态下的三维石墨烯泡沫既具有高达90%的应变又具有优异的可逆超压缩弹性(图8-19)。室温(298 K)和深低温(4 K)下的单周期应力-应变曲线几乎完全重叠[图8-20(a)]。这两种应力-应变曲线都从线性弹性行为开始，并趋向于具有接近平台应力的变形，然后迅速增加到高达90%的应变。卸载后应力下降的幅度比压缩时稍大，并伴有轻微的滞后现象。迟滞的主要机制可能包括石墨烯层内与层间的范德瓦耳斯力以及在变形过程中产生的黏附和摩擦，卸载时石墨烯层相互脱黏以恢复其几乎原始的结构。对于这种三维石墨烯泡沫，在压缩过程中，孔壁的某些局部位置会逐步靠近，并且可能彼此接触，然后在释放时可逆地分离。石墨烯层之间会发生滑动，相互接触的石墨烯因层间的范德瓦耳斯力而发生黏附或摩擦，该过程将消耗能量。但是，

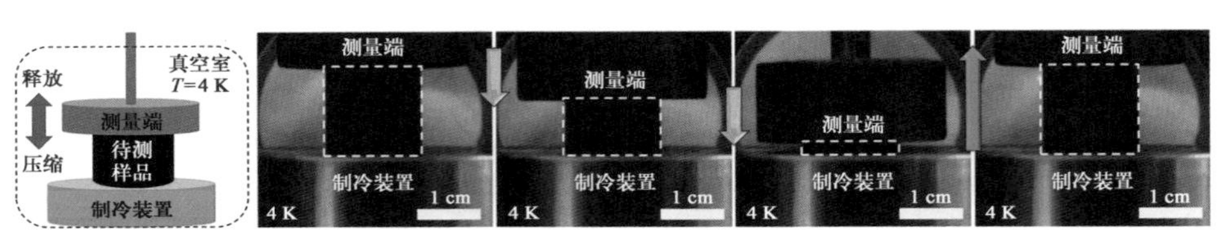

图8-19 力学性质测量过程的原位光学图像，显示三维石墨烯泡沫在4 K时的可逆超压缩弹性[21]

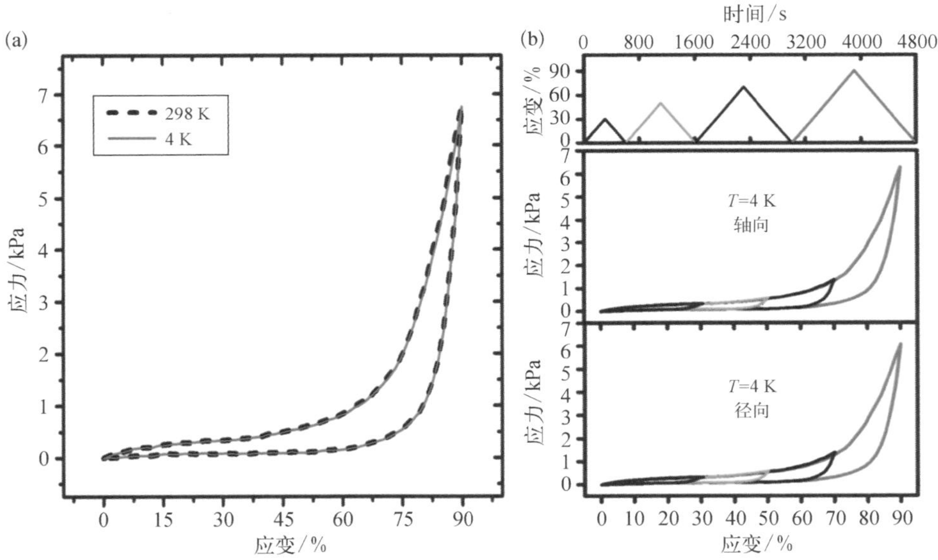

图8-20 三维石墨烯泡沫的相关力学性质[21]

(a) 4 K下的单周期应力-应变曲线与室温下几乎完全相同(均沿轴向，应变率为0.1%)；(b) 具有最大应变(30%、50%、70%和90%)但应变率(0.1%)恒定的逐步压缩释放测量的应变随时间的变化曲线，以及在轴向和径向的应力-应变曲线

如果共价键和单层石墨烯表现出完全弹性的变形而没有内部摩擦或阻尼，那么屈曲过程将不会消耗能量。

此外，这种三维石墨烯泡沫中的孔壁主要由单层石墨烯组成，在屈曲过程中少有层间剪切与摩擦。这与大多数传统材料不同，在这些材料的压缩与释放过程中，内部摩擦或阻尼会消耗大量能量（Gibson, 1999；Schaedler, 2011）。因此，三维石墨烯泡沫在这种单轴压缩释放测量中显示出较高的可回收性（4 K 时约为其原始高度的 99.4%），并且，仅在首次测量中观察到了约 0.6%的残余应变，而在后续测量中未发现该残余应变。在第一个循环中，较小的残余应变（约 0.6%）主要是由于一些微小的缺陷，例如样品和测量头之间的表面接触，以及石墨烯中的局部缺陷导致了初始循环时结构的不可逆变化。从室温到深低温，三维石墨烯泡沫均具有出色的弹性。在 4 K 时，随着最大应变（30%、50%、70%和 90%）的增加，还沿三维石墨烯泡沫的轴向和径向进行了压缩释放循环。结果之间的差异可以忽略不计，其证明了三维石墨烯泡沫在深低温下弹性行为的各向同性和应变无关性[图 8 - 20(b)]。

8.5.2 三维石墨烯的超强力学

三维石墨烯可以通过组装方式设计成具有高孔隙率、高比表面积的超轻泡沫结构。具有三维结构的石墨烯固体材料可能具备足够的强度以在极端条件下使用。然而，目前所知的三维结构石墨烯材料在强度上还是无法体现出石墨烯的本征力学性质。多孔三维石墨烯组装体的结构如何决定弹性模量和强度尚不清楚，妨碍了对其可行性的评估。

Qin 等[22]利用自下而上的计算模型与基于 3D 打印模型的实验相结合，研究了多孔三维石墨烯材料的力学性质。结果表明，尽管多孔三维石墨烯材料在相对较高的密度下具有极高的强度（其密度为软钢的 4.6%，强度为软钢的 10 倍），但它的力学性质随密度的降低速度远远快于聚合物泡沫。通过计算，他们提供了一个临界密度，当低于该临界密度时，与大多数聚合物多孔材料相比，多孔三维石墨烯材料开始失去力学性质优势。通过模拟多孔材料的合成，利用分子动力学方法建立了三维石墨烯结构的完整原子模型。

也有研究者基于反作用力场进行了大规模模拟，包括将石墨烯薄膜融合到三维组装体的过程(Plimpton，1995；Stuart，2000；Brenner，2002)。通过模拟单轴拉伸和压缩实验来估算这种材料的力学性质。图 8-21(a)给出了实验中材料原子结构的模拟快照，图 8-21(b)给出了材料完整的应力-应变曲线。该材料的杨氏模量为 2.8 GPa(由零应变点处应力-应变曲线的斜率确定)，拉伸强度为2.7 GPa(应力-应变曲线中的峰值应力)，比软钢高 1 个数量级。材料在拉伸载荷下的应变刚度行为受石墨烯壁的弯曲控制，在断裂前，石墨烯壁在大变形时朝向载荷方向对齐[图 8-21(a)中③]。测得该材料的抗压强度为 0.6 GPa，对应于应力出现更大幅度增加之前的点(在平均应力对应的应变为 10%～30%内进行测量)，并且发现该值受屈曲过程的控制。他们发现，对于较小的变形(小于 0.02 应变)，测得材料在拉伸和压缩载荷下的泊松比均为 0.3

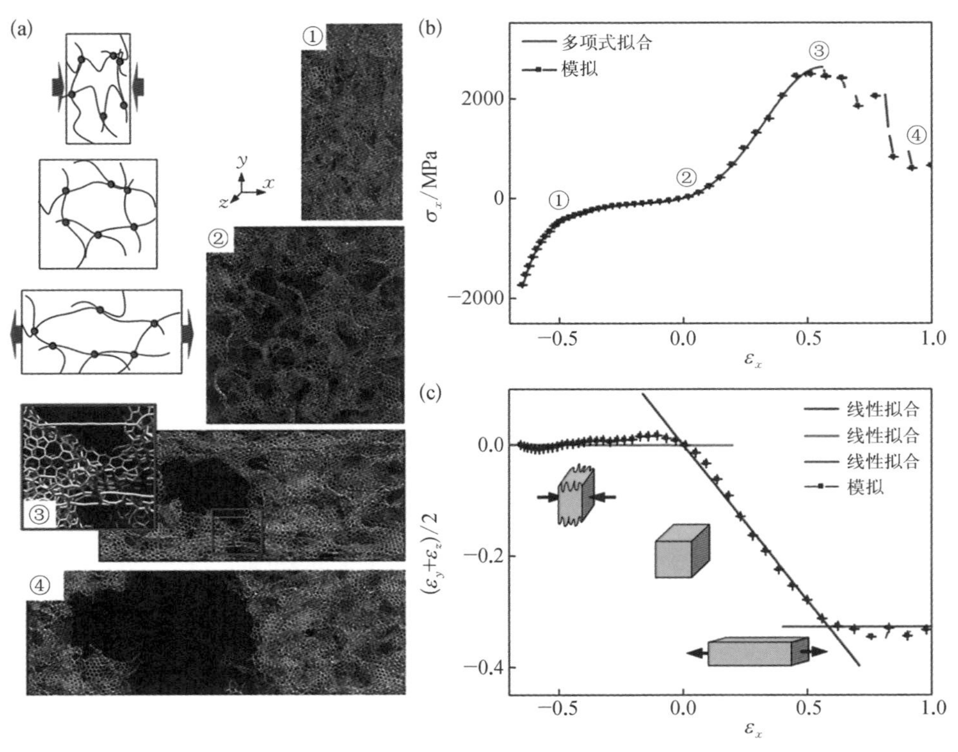

图 8-21 三维石墨烯材料的力学性质测量[22]

(a) 在①至④ (ε_x = −0.5、0、0.6 和 1.0) 的单轴拉伸和压缩实验中，材料原子结构的模拟快照，材料在变形下会发生很大的弯曲，插图显示了在压缩和拉伸载荷下材料行为的不同机理的示意图；(b) 材料完整的应力-应变曲线；(c) 除载荷方向外，其他两个方向上的平均应变是ε_x的函数，对于$|\varepsilon_x| < 0.02$，曲线斜率为−0.3，对于较大的变形，曲线斜率从曲线的左到右分别是 0.03、−0.6 和 0.04

[图 8－21(c)]。对于大的压缩变形，一旦发生屈曲，则在垂直于载荷方向上几乎为零应变。此处考虑的模型是基于 CVD 法生长的石墨烯薄膜构建的，因此并未考虑当前三维石墨烯结构中的官能团。可以预期，其他化学官能团会影响两个片层之间的非键合相互作用及石墨烯本身的强度，这些可能会影响石墨烯的力学性质。

模拟结果显示，三维石墨烯整体几何结构近似于回旋结构，具有如图 8－22(a)所示的几何形状。在模拟的基础上，可以设计和构建具有不同长度的三维石墨烯的原子结构，如图 8－22(b)所示。需要注意的是，在确定最终结构之前，必须确保整体模型坐标数和势能的收敛性，因此石墨烯晶体结构是整体连续的，没有大的空穴，并且所有碳原子主要形成五边形、六边形或七边形的环，不会影响三维石墨烯的断裂韧性(Jung，2015)。通过对原子模型施加拉伸和压缩载荷并记录材料中的应力来研究回旋石墨烯结构的力学性质，它们的变形和破坏机制在很大程度上可以代表三维石墨烯组装体的变形和破坏机制。

图 8－22　不同的原子结构和 3D 打印模型及其力学性质测量[22]

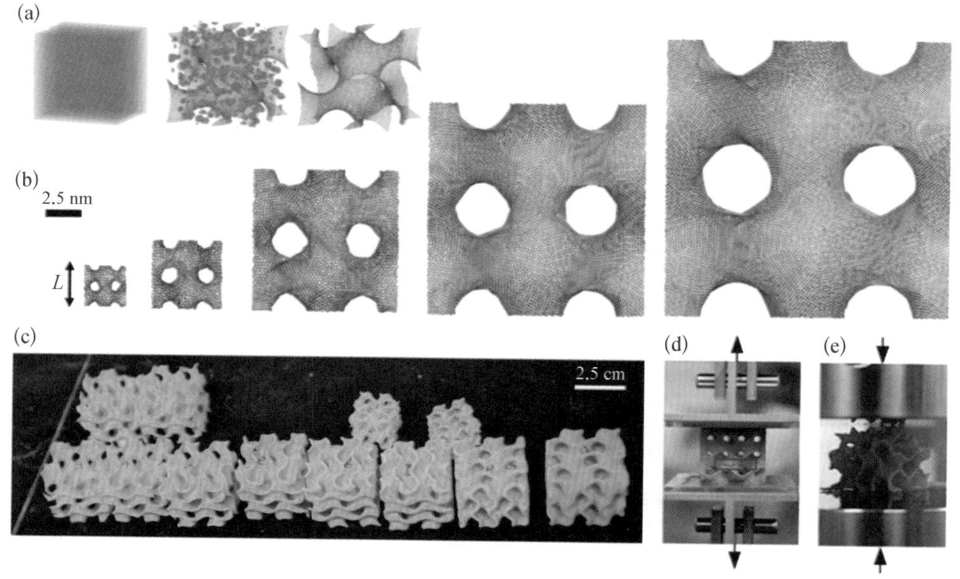

(a) 在对具有回旋几何形状的三维石墨烯原子结构进行建模，代表关键过程包括根据面心立方结构生成均匀分布的碳原子坐标、生成具有三角形的回旋结构晶格特征及将修改后的几何形状从具有三角形晶格的螺旋体细化为具有六角形晶格的几何体；(b) 从左到右长度分别为 3 nm、5 nm、10 nm、15 nm 和 20 nm 的五种类型的回旋石墨烯模型；(c) 3D 打印的不同长度和壁厚的回旋结构样品；(d)(e) 对 3D 打印模型的拉伸和压缩实验

Jung 等通过使用高分辨率 3D 打印机构建了大型 3D 陀螺模型。利用长度和壁厚的不同组合，设计出了具有回旋结构且材料密度为 92.2～401.6 mg/cm^3 的不同 3D 多孔计算模型。如图 8－22(c)所示，该模型提供了比相同陀螺结构的完整原子模型长 107 倍的样品，以进行拉伸和压缩实验[图 8－22(d)(e)]。在完整原子模型中，也可以观察到材料失效行为，包括裂纹在拉伸载荷下的产生和扩展，以及壁面在压缩载荷下的屈曲和断裂。用 3D 打印模型的块状材料特性对结果进行归一化后，发现其与三维石墨烯组装体所确定的缩放规律一致。该缩放规律一致性表明三维石墨烯组装体的力学性质主要受其几何形状决定。三维石墨烯和由光反应性聚合物制成的 3D 打印模型之间的力学性质大不相同，但这种缩放规律一致性表明，从这项研究中得出的比例定律指数仍适用于其他多种二维材料，只要它们可以在微观卷圈成类似于三维石墨烯的回旋结构，都可以在三维尺度空间获得优异的强度。

8.6 石墨烯基纳米复合材料的力学性质

石墨烯基纳米复合材料是石墨烯材料重要的应用场景，通过添加石墨烯作为无机填充物可以有效改善基体材料的本征性能，研究人员希望能够将石墨烯本身的高刚性、高强度与基体材料相“融合”。石墨烯的弹性模量达到 1 TPa，拉伸强度高达 130 GPa，人们期待可以将石墨烯这种超常力学性质在复合材料中得以表达。但是许多因素影响了最终复合材料的力学性质，例如石墨烯片层的大小，石墨烯在基体材料中的聚集、堆积等造成缺陷引起基体材料的早期破坏行为。另外，石墨烯片层与基体材料的界面作用类型(共价、非共价等)，以及片层本征的褶皱、波纹等的存在，都是影响石墨烯基纳米复合材料最终力学性质的重要因素。虽然目前石墨烯基纳米复合材料的力学性质还是远远低于石墨烯本征力学性质，但石墨烯作为性能优异的新型碳基材料，仍然是复合材料优良的增强增韧填充物。

8.6.1 石墨烯基纳米复合材料的力学表征方法

对于石墨烯基纳米复合材料，主要利用拉伸力学性质来表征其最基本的力学性质，应力-应变曲线是评价石墨烯对基体材料增强作用的最简单方法。

通常利用拉伸仪来测定复合材料在拉伸载荷下的应力-应变曲线，可以直接测得载荷与位移之间的关系，随后可以根据试样的几何尺寸转换为应力-应变曲线。静态拉伸试样通常按照 ASTM D638 标准制成经典的狗骨形。图 8－23 展示了狗骨形拉伸试样的一个实例(Lin, 2017)。测量时应该注意夹具对试样可能造成的损伤，应尽量保证断裂发生在中间区域，若在夹具附近发生断裂，则该数据应该弃用。

图 8－23 狗骨形拉伸试样（单位：mm）

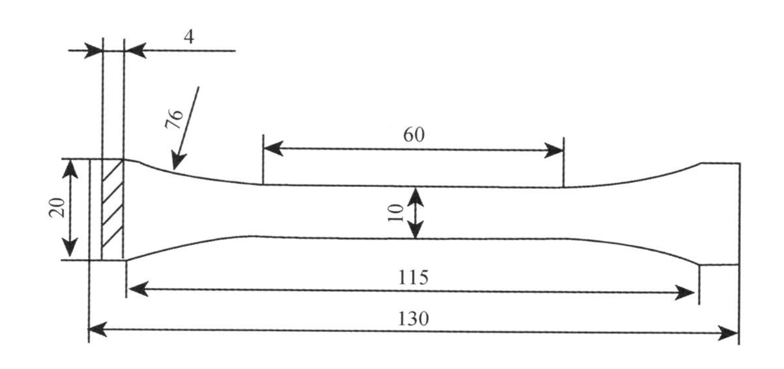

以弹性聚合物聚氨酯(PU)为基体材料，可利用石墨烯作为增强填充物制备石墨烯基纳米复合材料。由液相剥离法制备石墨烯，使用溶液共混法将石墨烯与 PU 进行混合以制得复合材料。图 8－24 显示了石墨烯- PU 纳米复合材料中不同石墨烯含量对应的应力-应变曲线[23]。拉伸仪选用 100 N 的负载传感器，应变速率为 50 mm/min。由图可看出，随着石墨烯含量的增加，曲线斜率有显著增大。

图 8－24 石墨烯-PU 纳米复合材料中不同石墨烯含量对应的应力-应变曲线[23]

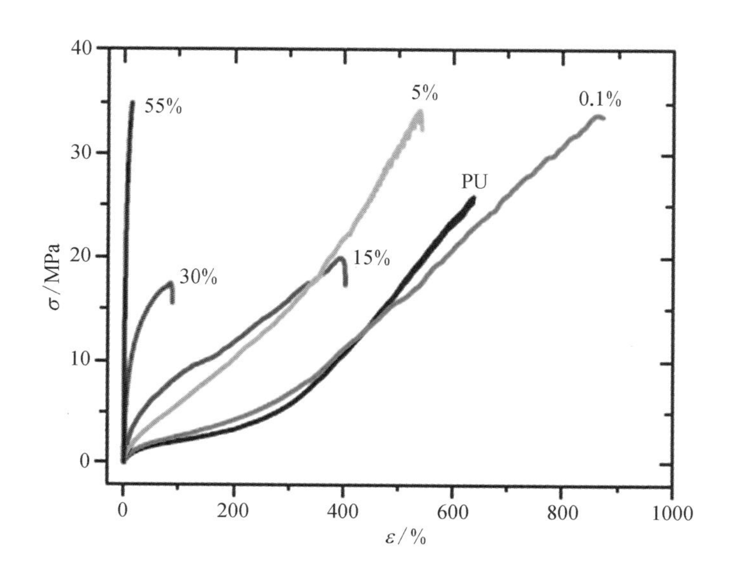

8.6.2 石墨烯尺寸对纳米复合材料力学性质的影响

对于复合材料中具有特定含量的石墨烯，当石墨烯的尺寸减小时，石墨烯的增强作用随之减弱，即大尺寸石墨烯对应更强的增强效果。通过使用拉曼光谱测量石墨烯-聚合物纳米复合材料在拉伸载荷下石墨烯延拉伸轴向的应变分布，可得出开始具有增强效果时石墨烯的临界尺寸为 3 μm。对石墨烯与聚合物之间的界面应力传递效果进行优化，则要求石墨烯片的尺寸大于临界尺寸的 10 倍（Gong，2010）。图 8－25 为使用大小不同的氧化石墨烯制备了氧化石墨烯-聚氨酯纳米复合纤维在单轴拉伸载荷下的应力-应变曲线，以及从该曲线获得的各项力学参数

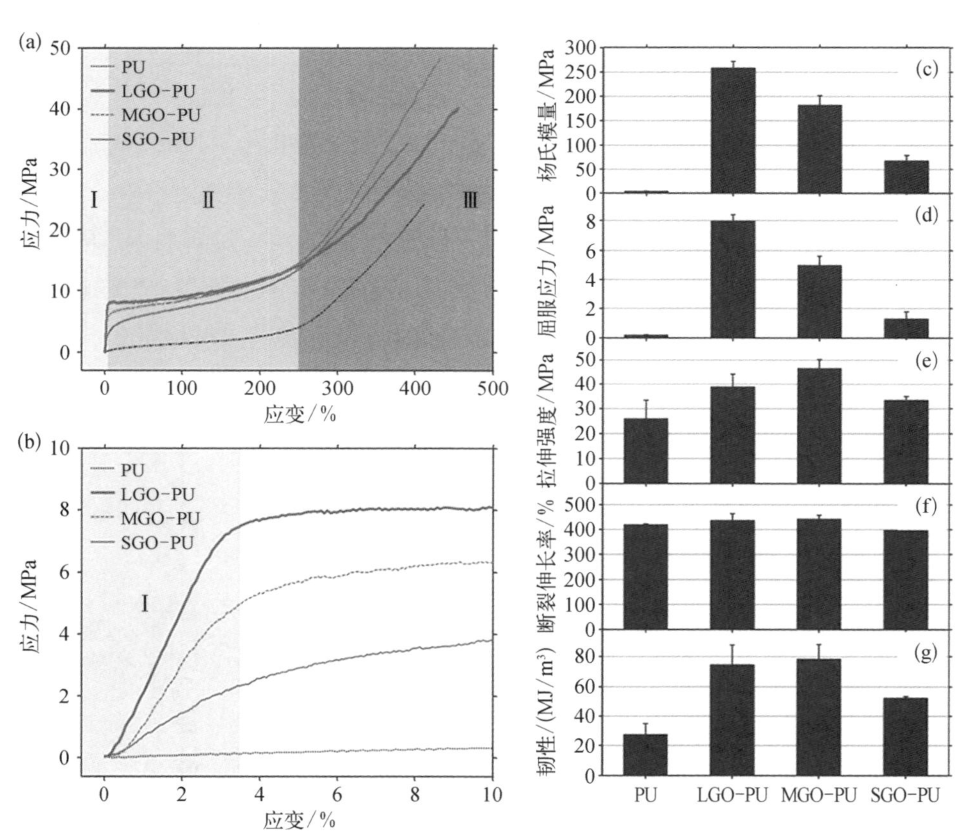

图 8－25 聚氨酯和氧化石墨烯-聚氨酯纳米复合纤维的单轴拉伸力学性质

（a）应力-应变曲线；（b）低应变下应力-应变曲线；（c）杨氏模量；（d）屈服应力；（e）拉伸强度；（f）断裂伸长率；（g）韧性

(弹性模量、屈服应力、拉伸强度、断裂伸长率与韧性)。图中 LGO、MGO 与 SGO 分别表示大、中和小尺寸的氧化石墨烯,相应的平均尺寸为 12.2 μm、2.5 μm 和 0.3 μm。图 8-25(a)(b)显示了此复合纤维的典型单轴拉伸热塑性弹性体的力学行为。此力学行为可以分为三个阶段:阶段 Ⅰ 的低应变区域显示了起始阶段材料的刚性与屈服行为;阶段 Ⅱ 为平台区,可以对应于由于应变引起的材料软化行为;区域Ⅲ对应于材料的结晶阶段,主要是由于应变引起的材料硬化行为。从图 8-25(c)可以看出,对于氧化石墨烯-聚氨酯纳米复合纤维在低应变下的杨氏模量,LGO-PU 比 PU 增大了约 80 倍,而对于 MGO-PU 和 SGO-PU,分别增大了 60 倍与 20 倍。对于屈服应力的改善也有类似规律[图 8-25(d)],在添加 LGO、MGO 和 SGO 后,屈服应力分别增大约 40 倍、25 倍和 5 倍。拉伸强度也由于氧化石墨烯的添加得到明显增强[图 8-25(e)],但是其变化对石墨烯片尺寸的依赖关系不强。断裂伸长率大致保持了原材料的数值[图 8-25(f)]。此复合纤维的韧性在石墨烯添加后也得到明显增强[图 8-25(g)],LGO 和 MGO 对纤维韧性增强效果明显优于 SGO。

8.6.3 石墨烯取向对纳米复合材料力学性质的影响

在高分子聚合物纤维中,成丝过程往往会伴有纤维内部分子沿着轴向的定向排列,可以获得纤维轴向的高拉伸强度。而作为增强基体材料的纤维填充物,其取向排列对基体材料的增强作用有很大影响。填充纤维在外载荷作用方向定向排列也有利于此方向复合材料力学性质的提高。石墨烯因其特有的二维几何结构,通过适当的分散手段,可以在基体材料中获得均匀的分散效果,从而在沿着其表面与垂直于表面方向都可表现出增强效果。而石墨烯在基体材料内的定向有序排列同样也会对复合材料整体力学性质产生影响。

石墨烯片与基体聚合物的界面相互作用和石墨烯片在基体聚合物内的取向排列分布被认为是材料力学性质得到改善的最主要原因。图 8-26(a)中模型为在石墨烯-聚酰亚胺(PI)纳米复合材料中,热压过程中石墨烯片在基体中发生的定向排列过程,所施加的均匀垂直应力使得基体中的石墨烯片沿着材料方向发生了定向排列。图 8-26(b)中模型揭示了取向分布的石墨烯片对基体的增强机理,石墨烯片边缘与基体聚合物分子链间的共价结合界面可以更加有效地传递应力,从而使得拉伸应力有效分布于石墨烯片上。

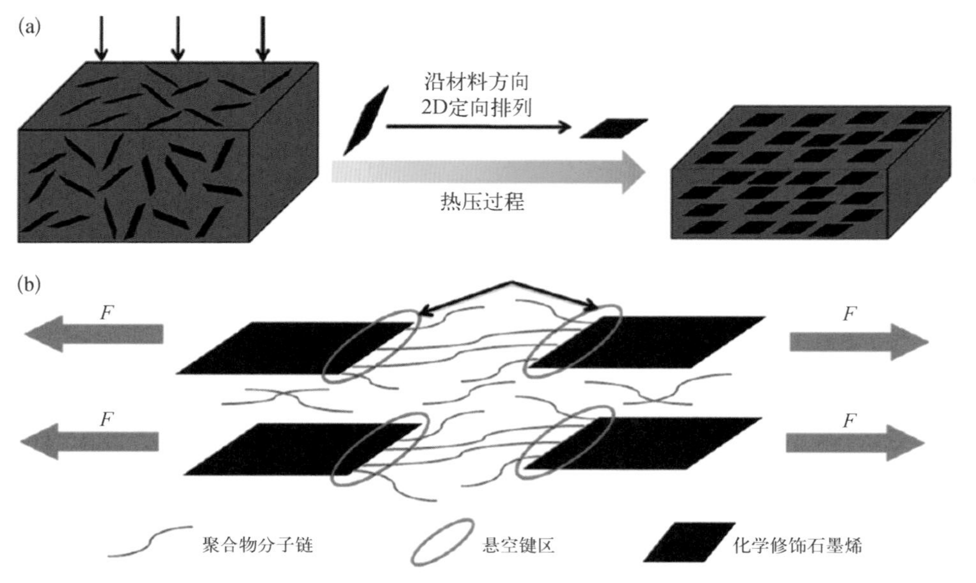

图 8-26 石墨烯-PI 纳米复合材料中的石墨烯片取向[24]

(a) 热压过程中石墨烯片在基体中定向排布示意图;(b) 拉伸过程中定向排布石墨烯片与基体间的结合力模型

图 8-27 显示了石墨烯-PI 纳米复合材料的弹性模量随石墨烯含量变化的理论预测与实验测定的结果。图中利用 Halpin-Tsai 模型得出两条理论预测曲线，一条曲线假设石墨烯片在基体中随机取向排列，而另一条曲线则假定石墨烯片按照二维取向排列。可见，后者与实验测定的数据更接近。

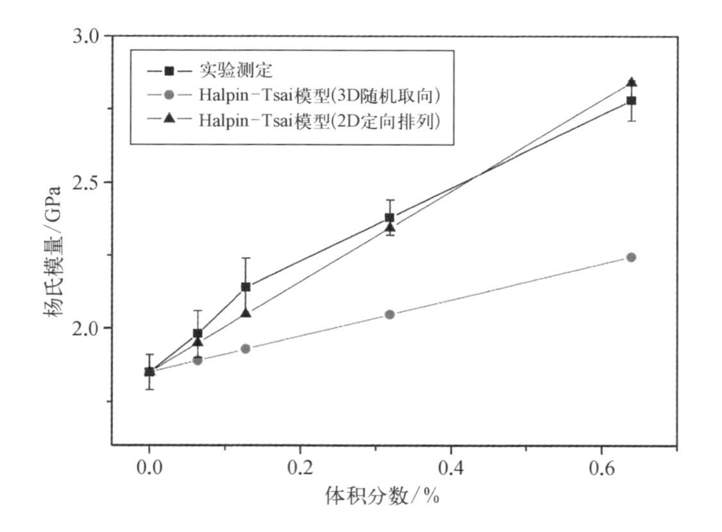

图 8-27 石墨烯-PI 纳米复合材料的杨氏模量随石墨烯含量变化的理论预测与实验测定的结果[24]

石墨烯具有优异的力学性质，在纳米增强复合材料领域有重要的应用前景。同时，石墨烯在柔性器件、储能电极等领域的应用也对石墨烯的机械性能提出要求。然而，由于制备工艺、石墨烯聚集形态的不同，实际获得的石墨烯力学性质与理论值仍有较大差距。因此，对石墨烯本征力学性质及其复合材料与相关器件力学性质的有效表征至关重要。

8.7 本章小结

本章以石墨烯力学性质的理论计算为切入点，采用第一性原理从头计算、分子动力学、分子结构力学等方法对石墨烯的相关力学参数进行模拟计算。随后主要介绍了石墨烯薄膜力学性质的实验测量方法，结合对石墨烯其他相关力学性质（如剪切性能、弯曲性能及摩擦性能等）的介绍，对石墨烯的力学性质及其表征方法进行了较为全面的梳理。通过介绍石墨烯中的缺陷类型及其对石墨烯力学性质的影响，有助于理解目前石墨烯在实际应用过程中存在的问题，以及通过缺陷工程改进石墨烯的力学性质。另外，本章还对三维石墨烯的超弹性、微观构型对力学性质的影响进行了介绍，以及通过模拟的方法改进了三维石墨烯的聚集方式，并通过调控微观构型得到了强度极高的三维石墨烯聚集体，为石墨烯在超轻超强领域的应用提供了理论依据。最后，本章对石墨烯基纳米复合材料力学性质的测量方法，以及石墨烯在基体中的尺寸与取向对复合材料整体力学性质的影响进行了介绍。

综上，石墨烯材料具有十分优异的本征力学性质，但如何实现其本征力学性质在宏观尺度的表达与传递仍然存在诸多的问题，无论是从本征结构入手进行微观缺陷调控或者改变石墨烯片层聚集方式，还是通过界面设计改善力学性质传递等途径，都应该结合已有的理论基础与实验进展，关注石墨烯材料微观与宏观力学性质的差异与相互影响，才能真正实现石墨烯材料在力学性质相关方面的关键应用。

参考文献

[1] ASTM E 132－04.

[2] Hurley D C, Tewary V K, Richards A J. Surface acoustic wave methods to determine the anisotropic elastic properties of thin films[J]. Measurement Science and Technology, 2001, 12(9): 1486 - 1494.
[3] Comte C, von Stebut J. Microprobe-type measurement of Young's modulus and Poisson coefficient by means of depth sensing indentation and acoustic microscopy [J]. Surface and Coatings Technology, 2002, 154(1): 42 - 48.
[4] van Lier G, van Alsenoy C, van Doren V, et al. Ab initio study of the elastic properties of single-walled carbon nanotubes and graphene[J]. Chemical Physics Letters, 2000, 326(1 - 2): 181 - 185.
[5] Kudin K N, Scuseria G E, Yakobson B I. C_2F, BN, and C nanoshell elasticity from ab initio computations[J]. Physical Review B, 2001, 64(23): 235406.
[6] Jiang J W, Wang J S, Li B W. Young's modulus of graphene: A molecular dynamics study[J]. Physical Review B, 2009, 80(11): 113405.
[7] Jiang J W, Park H S. Negative Poisson's ratio in single-layer graphene ribbons[J]. Nano Letters, 2016, 16(4): 2657 - 2662.
[8] 王少培.基于有限元的分子结构力学方法对石墨烯力学性质研究[D].天津：天津大学,2012.
[9] Lee C, Wei X D, Kysar J W, et al. Measurement of the elastic properties and intrinsic strength of monolayer graphene[J]. Science, 2008, 321(5887): 385 - 388.
[10] López-Polín G, Gómez - Navarro C, Parente V, et al. Increasing the elastic modulus of graphene by controlled defect creation[J]. Nature Physics, 2015, 11(1): 26 - 31.
[11] Lee J U, Yoon D, Cheong H. Estimation of Young's modulus of graphene by Raman spectroscopy[J]. Nano Letters, 2012, 12(9): 4444 - 4448.
[12] Zhang P, Ma L L, Fan F F, et al. Fracture toughness of graphene[J]. Nature Communications, 2014, 5: 3782.
[13] Su Y J, Qian C F, Zhao M H, et al. Microbridge testing of silicon oxide/silicon nitride bilayer films deposited on silicon wafers[J]. Acta Materialia, 2000, 48(20): 4901 - 4915.
[14] Espinosa H D, Prorok B C, Fischer M. A methodology for determining mechanical properties of freestanding thin films and MEMS materials[J]. Journal of the Mechanics and Physics of Solids, 2003, 51(1): 47 - 67.
[15] Herbert E G, Oliver W C, de Boer M P, et al. Measuring the elastic modulus and residual stress of freestanding thin films using nanoindentation techniques[J]. Journal of Materials Research, 2009, 24(9): 2974 - 2985.
[16] Wu Q, Dai Z H, Su Y J, et al. Cyclic microbridge testing of graphene oxide membrane[J]. Carbon, 2017, 116: 479 - 489.
[17] Wei Y J, Wang B L, Wu J T, et al. Bending rigidity and Gaussian bending stiffness of single-layered graphene[J]. Nano Letters, 2013, 13(1): 26 - 30.
[18] Zhang H W, Guo Z R, Gao H, et al. Stiffness-dependent interlayer friction of graphene[J]. Carbon, 2015, 94: 60 - 66.

[19] Hwangbo Y, Lee C K, Kim S M, et al. Fracture characteristics of monolayer CVD-graphene[J]. Scientific Reports, 2014, 4: 4439.
[20] Gao H L, Zhu Y B, Mao L B, et al. Super-elastic and fatigue resistant carbon material with lamellar multi-arch microstructure[J]. Nature Communications, 2016, 7: 12920.
[21] Zhao K, Zhang T F, Chang H C, et al. Super-elasticity of three-dimensionally cross-linked graphene materials all the way to deep cryogenic temperatures[J]. Science Advances, 2019, 5(4): eaav2589.
[22] Qin Z, Jung G S, Kang M J, et al. The mechanics and design of a lightweight three-dimensional graphene assembly[J]. Science Advances, 2017, 3(1): e1601536.
[23] Khan U, May P, O'Neill A, et al. Development of stiff, strong, yet tough composites by the addition of solvent exfoliated graphene to polyurethane[J]. Carbon, 2010, 48(14): 4035-4041.
[24] Huang T, Lu R G, Su C, et al. Chemically modified graphene/polyimide composite films based on utilization of covalent bonding and oriented distribution[J]. ACS Applied Materials & Interfaces, 2012, 4(5): 2699-2708.

第9章

粉体石墨烯的物理化学性能表征

粉体石墨烯是石墨烯产品形态的一种，由单层或少层石墨烯以无序方式相互堆积而成，宏观上表现为粉末状形态，其制备方法分为自上而下法和自下而上法。自上而下法主要有机械剥离法（如球磨法）、氧化还原法（如 Hummers 法）和液相剥离法（借助超声、剪切作用等），其中机械剥离法和液相剥离法被称为物理法，而氧化还原法则被称为化学法。自下而上法主要有化学气相沉积（CVD）法、电弧放电法、有机合成法，还包括一些诸如利用射频和微波等制备粉体石墨烯的方法[1]。粉体石墨烯的主要应用领域包括储能、热管理、节能环保、复合材料及生物医用等。

不同方法制备的石墨烯的结构与性能有较大差异。因此，对不同方法制备的粉体石墨烯，需要进行微观结构分析和基本物理化学性能的精确表征。本章将着重介绍用于粉体石墨烯的元素分析、层间距及晶体结构的表征、比表面积测定、热稳定性分析、在溶剂中的分散性能表征的方法。

9.1　元素分析

粉体石墨烯的主要化学成分是 C 元素，但在不同种类的石墨烯材料中，如氧化石墨烯、还原氧化石墨烯和 N 掺杂石墨烯等，C 含量具有明显差异。此外，在工业生产中，由于石墨原料的成分复杂，制备过程会引入其他杂质元素，使得石墨烯材料中通常还含有 O、S、N、Cl、Si 等非金属元素和 Na、Fe、Cu、Ti、Ba、Mg、Mo、Cr、Mn 等金属元素杂质，化学成分极其复杂。常用的元素分析方法主要有化学法、光谱法及能谱法等，这些都适用于粉体石墨烯的表征。在这一节中，将着重介绍基于气相色谱的元素分析法（element analysis，EA）、电感耦合等离子体-原子发射光谱法（inductively coupled plasma - atomic emission spectroscopy，ICP - AES）及 X 射线光电子能谱法（X - ray photoelectron spectroscopy，XPS）。

9.1.1 基于气相色谱的元素分析法

元素分析法(EA)应用色谱分离的原理,是一种物理化学分析方法。其主要原理是基于待测样品中的各组分在固定相和流动相中的分布系数的差异,当两相做相对移动时,各溶质在两相间进行多次平衡,从而达到各溶质相互分离的目的,并最终从色谱柱中流出进入检测器进行测定[2]。

典型的色谱图如图 9-1 所示,其中 t_0 表示死时间,即在色谱柱中无保留的溶质从进样器随流动相到达检测器所需要的时间;t_s表示溶质保留时间,是溶质与固定相作用在色谱柱中所停留的时间;t_R 表示保留时间,是前两者之和;w 表示色谱峰的峰宽。溶质从开始流出至完全流出所对应的峰形部分被称为色谱峰。色谱的定性分析主要是依据保留时间,而其定量分析则是根据检测响应信号强度,通常与色谱峰的峰高或峰面积成正比。

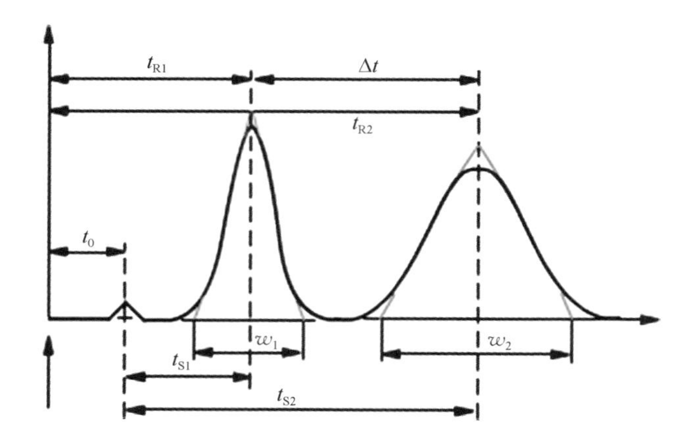

图 9-1 典型的色谱图

待测样品在高温条件下,经 O_2 与复合催化剂的共同作用,发生氧化与还原反应,被转化为 N_2、CO_2、H_2O 及 SO_2 等气态物质,并在载气推动下进入色谱柱。由于这些组分从色谱柱中流出的时间不同(即保留时间不同),因而混合组分会按照N、C、H、S 的顺序被分离为单组分气体。通过热导检测器分析测定,不同组分气体的热导率不同,转变为不同的电信号,从而得到对应的色谱峰信息。针对不同的目标元素,须分通道测定,C、H、N 为同一测定通道,S 和 O 为单独的测定通道。

粉体石墨烯的碳氧含量比(以下简称 C/O 比)能够有效地反映整体的化学性

质，进而指导氧化还原工艺。X射线光电子能谱法（详见后文9.1.3小节）虽然能够对粉体石墨烯表面的C、O元素进行定量分析，但要准确测定粉体石墨烯的整体C/O比还需要依赖于基于气相色谱的元素分析法。此外，插层剂 H_2SO_4 残留在石墨烯中的S在某些特殊应用领域具有副作用，因此高C/O比、低S含量是高品质粉体石墨烯重要的性能评价指标。

9.1.2 电感耦合等离子体-原子发射光谱法

电感耦合等离子体（inductively coupled plasma，ICP）应用于化学检测时根据检测器的不同分为电感耦合等离子体-原子发射光谱（ICP－AES）和电感耦合等离子体-质谱（inductively coupled plasma－mass spectroscopy，ICP－MS）等。无论是ICP－AES还是ICP－MS，它们的检测限都很低，ICP－AES的检测限为1～10 ppb① 量级且灵敏度高。ICP－AES由于具有精度高、线性范围宽、可检测多种原子和离子等优点，被应用于石墨烯微量元素分析，以检测石墨烯的制备、掺杂、修饰等过程中引入的杂质元素[3]。

ICP－AES可以看作一种以ICP为光源的原子发射光谱，因而其本质是原子的外层电子由高能级向低能级跃迁所产生的能量以电磁辐射形式进行发射。原子中某一外层电子由基态激发到高能级所需要的能量称为激发能，而由激发态向基态跃迁所发射的谱线称为共振线，其中由第一激发态向基态跃迁所发射的谱线称为第一共振线，其具有最小的激发能，因而最容易被激发，为该元素最强的谱线。

同一元素的原子具有类似的壳层结构，不同壳层上电子的每个运动状态都与一定的能量有联系。核外电子之间存在相互作用，其中包括电子轨道运动之间的相互作用、电子自旋运动之间的相互作用、电子轨道运动与自旋运动之间的相互作用等，因此，原子的核外电子排布并不能准确地表征原子的能量状态。原子的能量状态可以用以 n、L、S、J 等4个量子数为参数的光谱项来表征：

$$n^{2S+1}L_J \tag{9-1}$$

式中，n 为主量子数；L 为总角量子数；S 为总自旋量子数；J 为内量子数。在原子

① 1 ppb＝10^{-9}。

内部，由于电子轨道运动与自旋运动的相互作用，同一光谱项中各光谱支项的能级有所不同，每个光谱支项又包含 $2J+1$ 个可能的量子态。在没有外加磁场时，J 相同的各种量子态的能量是简并的。需要特别指出的是，并不是原子内所有能级之间的跃迁都是可以发生的，电子的跃迁需要遵守一定的“选择定则”，即 4 个量子数需要满足：① $\Delta n=0$ 或任意正整数；② $\Delta L=\pm 1$；③ $\Delta S=0$，即单重项只能跃迁到单重项，而三重项只能跃迁到三重项；④ $\Delta J=0$ 或 $\Delta J=\pm 1$。

综上所述，由于不同元素的原子能级不同，能级之间的跃迁所产生的谱线具有不同的特征。根据谱线的特征可以确定元素的种类，这是原子发射光谱定性分析的依据。因此，ICP－AES 分析的基本原理可以理解为：首先，利用 ICP 光源使待测样品蒸发气化，离解或分解为原子状态(原子可能进一步电离成离子状态)，被激发后发射谱线；然后，利用光谱仪将 ICP 光源发射的光分解为按波长排列的谱线；最后，利用光电器件检测谱线，按测定得到的谱线波长对待测样品进行定性分析，按发射光强度进行定量分析。

利用 ICP－AES 可对待测样品中 Ni、Fe、Cr、Cu、Na、Al、Mg、Zn、Mn、Ca 等 10 种微量元素进行检测分析(表 9－1)[4]。在粉体石墨烯的批量化制备工艺中，使用氧化剂 $KMnO_4$ 残留的 Mn，工业用水中引入的 Ca、Mg，以及输料管道中带入的 Fe、Ni、Cr 等杂质元素，通过 ICP－AES 对上述元素进行检测分析，能够优化制备时的洗涤工艺，得到较为纯净的粉体石墨烯产品。此外，当石墨烯用作锂离子电池导电添加剂时，需要对金属杂质有明确的含量限定，以确保导电添加剂在锂离子电池中的化学惰性。

表 9－1 各元素选用谱线对照表[4]

元素名称	谱线波长/nm	元素名称	谱线波长/nm
Ni	221.648	Al	309.271
Fe	239.563	Mg	279.553
Cr	267.716	Zn	202.548
Cu	324.754	Mn	257.610
Na	588.592	Ca	393.366

9.1.3 X 射线光电子能谱法

X 射线光电子能谱(XPS)也被称作化学分析电子能谱(electron spectroscopy

for chemical analysis，ESCA)，是表面元素定性、半定量分析及元素化学价态分析的重要手段。XPS 由瑞典科学家 Kai Siegbahn 教授在 20 世纪 60 年代发展起来，他也因此获得 1981 年诺贝尔物理学奖。

当光子与物质相互作用时，单个光子将它的能量转移至原子某壳层上一个受束缚的电子，一部分能量用于克服结合能，剩余的能量作为电子的动能使其脱离原子或分子而成为自由电子，而原子则成为激发态的离子，这种现象被称为光电离作用。在光电离过程中，出射光电子的动能与入射光子能量、特定原子轨道上的结合能之间的关系可以表示为

$$E_k = h\nu - E_b - \phi_s \tag{9-2}$$

式中，E_k 为出射的光电子的动能，eV；$h\nu$ 为入射光子能量，eV；E_b为特定原子轨道上的结合能，eV；ϕ_s为谱仪的功函数，eV。

对于固定的激发源能量，光电子的能量与元素的种类、激发的原子轨道有关。通过测定光电子的能量，可以得到电子的结合能，从而对物质的元素种类进行定性分析。当使用 X 射线进行激发时，由于激发源能量较高，价电子对 X 射线的吸收远小于内层电子，因而 XPS 主要研究原子的内层电子的结合能。且在分析过程中，其不参与化学反应，保留了被检测物原子轨道特征，因此具有元素的特征性。而光电子强度与元素的浓度呈线性关系，因此还可以进行元素的半定量分析。值得指出的是，XPS 是一种表面分析方法，所能研究的信息深度 d 取决于逸出电子的非弹性碰撞平均自由程 λ，其与动能大小及物质材料性质有关。通常，$d = 3\lambda$，采样深度一般在数十纳米以下。

在实际测定中，往往发现得到的结合能谱峰有一定的位移，这是因为原子的一个内壳层电子的结合能同时受到核内电荷与核外电荷分布的影响，当这些电荷分布发生变化时，就会引起结合能的变化。这种由于不同的化学环境引起内壳层电子结合能变化的现象被称为化学位移。原子与不同电负性元素的结合、原子价态的变化均能引起化学位移。原子氧化态越高，电子结合能越大；而结合元素的电负性越大，结合能也越大。因此，XPS 可以通过元素电负性分析元素或离子之间的结合状态，在一定程度上可以判断元素价态。

1. 粉体石墨烯中含氧官能团的表征及氧含量测定

氧化石墨烯(GO)是最为常见的石墨烯衍生物，通常由 Hummers 法制备。利

用强酸或强碱对天然石墨进行氧化，使其表面富含丰富的含氧官能团，从而可以剥离得到 GO。利用不同方法对 GO 进行还原，可以得到 rGO。rGO 的表面官能团数量会显著降低，C/O 比会提高。对 GO 及 rGO 中含氧官能团进行表征及氧含量进行测定，可以优化其还原条件。

如图 9-2(a)所示，GO 表面含有丰富的含氧官能团(C—OH、O═C—OH、C═O、C—O—C)，其中 C—O—C 和 C—OH 根据其在 GO 芳香区域的分布位置可分为面内(A、B)和边缘(A′、B′)两种类型[5]。Kim 等(2009)通过使用 DFT 计算得到 C—O—C 和 C—OH 与含有 32 个碳原子的石墨烯单元的结合能分别为 62 kcal/mol 和 15.4 kcal/mol，这表明 GO 中的 C—O—C 比 C—OH 更加稳定。Gao 等(2009)的计算结果表明，连接在面内的 C—OH 的结合能低，不稳定，在室温下易解离，而连接在边缘的 C—OH 在室温下稳定，位于 GO 内部的C—OH 有望解离或迁移至边缘位置。因此，在 GO 还原为 rGO 的过程中，含氧官能团的变化与还原条件密切相关，并对最终得到的 rGO 的化学性质具有决定性的作用。

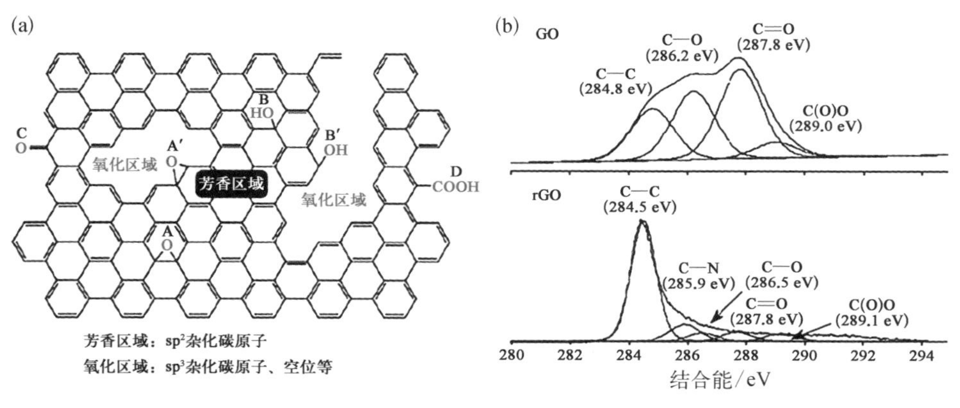

图 9-2 GO 中含氧官能团的分布示意图及其在还原过程中的变化[5]

图(a)中的含氧官能团	室温下水合肼还原	700～1200℃下热退火	水合肼还原及热退火
A	被移除	未被移除	被移除
A′	转化为肼基乙醇	未被移除	未被移除
B	被移除	被移除	被移除
B′	未被移除	被移除	被移除
C	未被移除	未被移除	未被移除
D	部分被移除	被移除	被移除

XPS 表征粉体石墨烯表面的元素及其价态，可以提供有关 GO 和 rGO 的化学结构信息。由于来自 sp^2 碳的 p 电子在很大程度上决定了碳基材料的光学和电学性质，sp^2 键合的比例可以提供其结构与性质的关系。如图 9－2(b)所示，在 GO 的 C1s XPS 图中，可以获得对应于不同化学结合态碳原子的特征峰，如碳骨架(C═C)位于 284.6 eV、C—O 位于 286.0 eV、羰基碳(C═O)位于 287.8 eV 和羧基碳(O—C═O)位于 289.0 eV。在 rGO 的 C1s XPS 图中，仍存在上述含氧官能团的特征峰，但其强度比在 GO 中大大减弱。上述结果表明，GO 中含氧官能团的类型不同，所需的还原条件不同，通过 XPS 能够有效地分析其表面化学结构变化，从而获得各类含氧官能团的脱除情况。

伴随含氧官能团的脱除，粉体石墨烯中的碳含量及氧含量随之发生改变。通过 XPS 图中 C1s 和 O1s 特征峰的面积之比可以定量测定待测样品中的 C/O 比。特别说明，XPS 是表面分析技术，因此，基于 XPS 图中 C1s 和 O1s 特征峰计算得到的 C/O 比与元素分析法得到的全原子 C/O 比略有区别，但仍然具有一致性，可通过 C/O 比间接反映待测样品的还原程度，以便于优化还原条件。

Bo 等[6]采用了一种绿色还原剂——咖啡酸(caffeic acid，CA)来还原 GO，利用 XPS 分析了 C/O 比与还原时间、CA 添加比例的关系。XPS 结果表明，随着还原时间的延长，C/O 比从 2.46(GO)逐步增加到 3.17(2 h)、5.23(12 h)、7.15(24 h)[图9－3(a)]。用 CA 还原 GO 24 h 得到的 C/O 比(7.15)接近水合肼还原 GO 得到的C/O 比(10.3)，还原程度远高于单宁酸(2.44)、茶溶液(3.10)、天然纤维素(5.47)，面包酵母(5.90)、*L*－抗坏血酸(5.70)和没食子酸(5.28)等其他绿色生物还原剂。进一步地，通过固定还原时间研究 CA 添加比例对还原程度的影响。XPS 结果表明，C/O 比随 CA 添加比例的增加而增大，在增加至 50∶1 后，C/O 比增大程度又开始下降[图 9－3(b)]。因此，确定 CA 还原 GO 的最佳还原条件为 CA 与 GO 质量比为 50∶1(pH = 4.7)，还原时间为 24 h(此时产物记为 CA－rGO－24 h)。在 GO 和 24 h－CA－rGO 的 C1s 特征峰的高斯拟合曲线中，均存在 4 个特征峰，分别位于 284.6 eV(C═C/C—C)、286.5 eV(C—OH)、287.6 eV(C═O)和 289.1 eV(O═C—OH)，对应于不同的含氧官能团[图 9－3(c)(d)]。还原后，C—OH、C═O 和O═C— H 特征峰的强度大大降低，同时 sp^2碳的特征峰增强，这表明大量的含氧官能团被去除。XPS 结果表明，GO 还原后氧含量的显著降低与该过程中含氧官能团减少的结果一致。

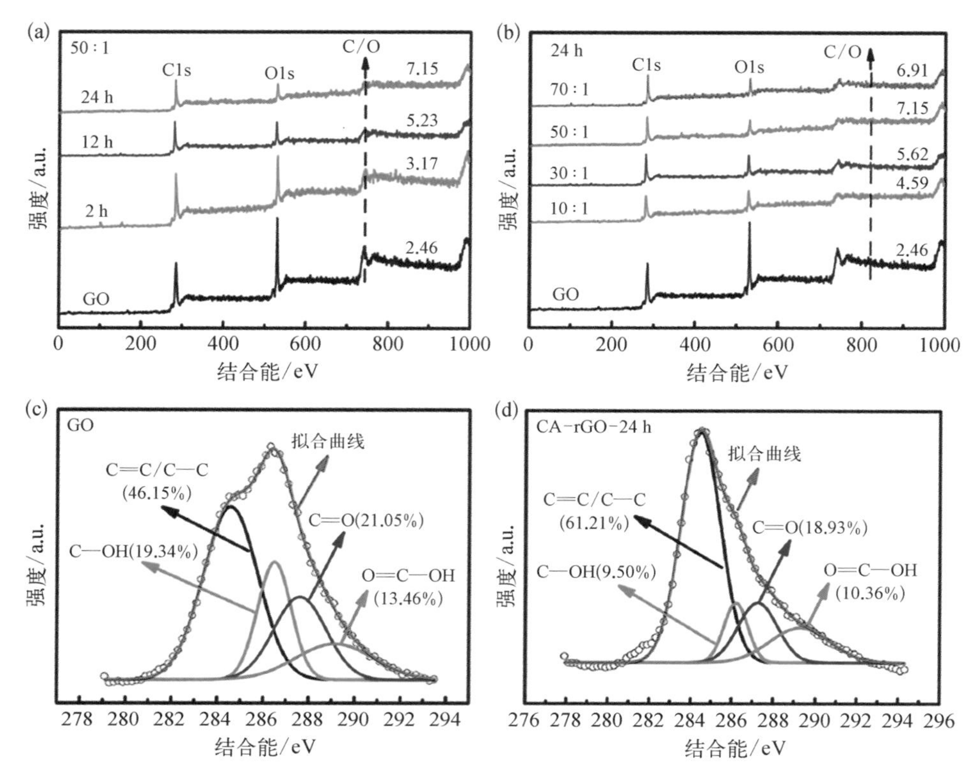

图 9-3 CA 还原 GO 的 XPS 图和 C1s 特征峰的高斯拟合曲线

2. 氮掺杂粉体石墨烯的氮掺杂程度和氮键构型表征

石墨烯具有优异的电学性质，在电子器件及生物传感领域有巨大的应用前景，而对其电子态的调控与电学性质的提升是这些领域中的重要课题。理论计算和实验研究均表明，引入杂原子进行化学掺杂是实现石墨烯电子态调控的有效方法。例如，将石墨烯骨架中的碳原子替换为氮原子可获得 n 型半导体，氮原子的孤电子对可以与 sp^2 杂化的碳骨架形成离域共轭体系，从而大大提高反应活性和石墨烯的电催化性能。研究表明，氮掺杂石墨烯（nitrogen-doped graphene，NG）对氧还原反应具有出色的电催化活性，因而具备替代价格昂贵的铂催化剂的潜能。氮含量和成键构型是影响氮掺杂粉体石墨烯性能的关键，采用 XPS 能够精确表征其氮掺杂程度和氮键构型。

Sheng 等[7]以三聚氰胺作为氮源，采用无催化剂、热退火的方法实现了石墨烯掺氮。这种方法可以完全避免过渡金属催化剂的污染，因此可以研究纯 NG 的固有催化性能。图 9-4(a)为典型还原氧化石墨烯的 C1s 特征峰，与 sp^2 碳原子相对应的 284.5 eV 处的尖峰表明，其大多数碳原子为共轭碳原子，而在 286.2 eV、287.8 eV 和 289.2 eV 处的峰则归因于还原后 GO 残留的含氧官能团。掺氮后，NG 的高分辨 C1s XPS 图在 284.4～284.8 eV 仍显示一个主峰，其归属为 sp^2 碳骨架。由于在石墨烯碳层原子中引入氮原子，增加了石墨烯碳层结构的无序性。此外，

图 9-4 NG 的 XPS 图

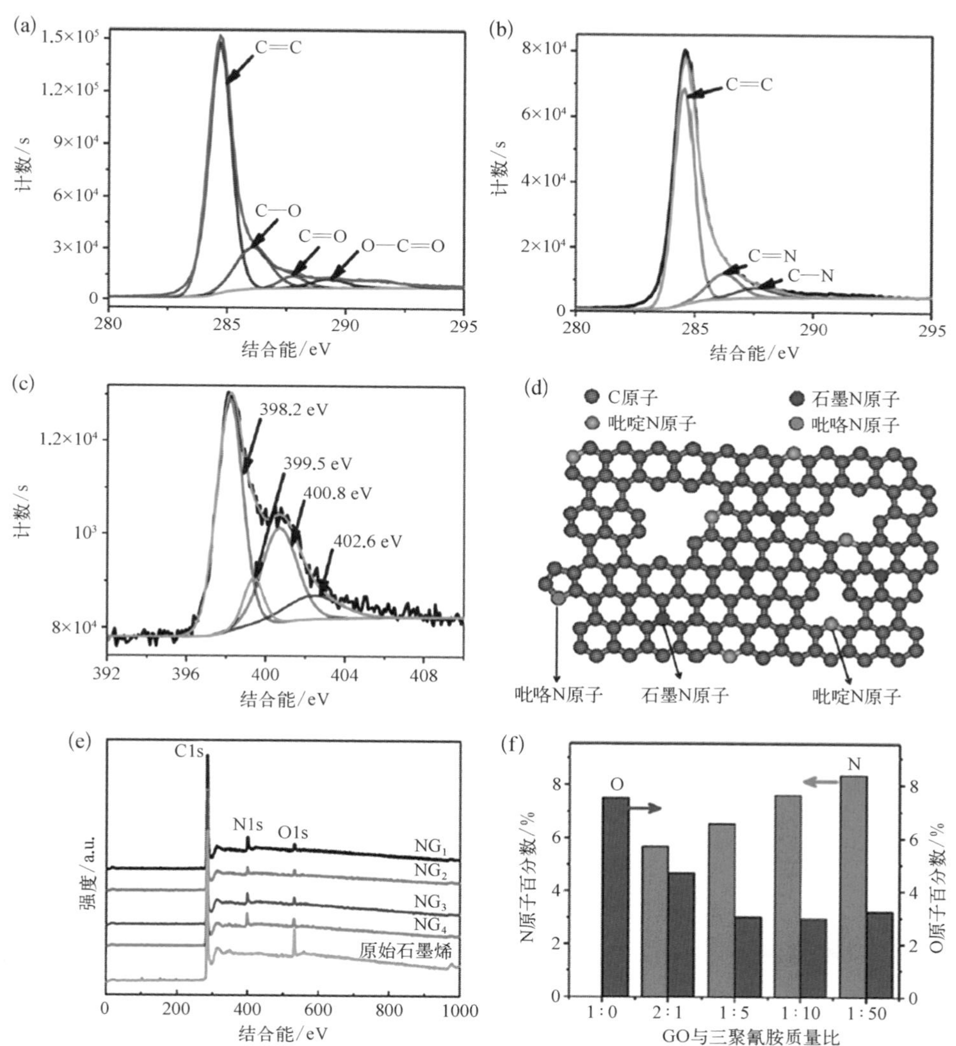

(a)(b) 掺氮前后的 C1s 特征峰；(c) 掺氮后的 N1s 特征峰；(d) NG 的结构模型；(e) 原始石墨烯，GO 与三聚氰胺质量比为 1:5 在 700℃(NG_1)和 800℃(NG_2)下退火，GO 与三聚氰胺质量比分别为 1:10(NG_3)、1:50(NG_4)在 800℃下退火制备的 NG 的 XPS 图；(f) 不同 GO 与三聚氰胺质量比在 800℃下退火制备的 NG 中氮(红色)和氧(蓝色)的原子百分数

C1s 主峰移至更高结合能(284.6～284.8 eV)处，这表明在掺氮过程中发生了石墨烯结构的部分重建。通过峰拟合，在 285.8 eV 和 287.5 eV 处新出现的小特征峰分别对应于氮原子与 sp^2 碳和 sp^3 碳键合形成的 C═N 和 C—N[图 9-4(b)]。NG 中氮键构型由高分辨 N1s XPS 表征[图 9-4(c)]，其在 398.2 eV、399.5 eV、400.8 eV 和 402.6 eV 处有 4 个特征峰，结合能较低的两个特征峰分别对应于吡啶氮和吡咯氮；当石墨烯碳层中的碳原子被氮原子取代形成 NG 时，高分辨 N1s XPS 图中的相应特征峰位于 400.8～401.3 eV；在 402.3～402.9 eV 处的高能量特征峰通常归因于氧化氮。此外，通过 XPS 探究氮源比例和退火温度对掺氮结果的影响[图 9-4(e)(f)]，发现吡啶氮是该方法制备的 NG 中的主要氮键构型，且退火温度是调控 NG 中氮化学状态的关键因素。

9.2 晶体结构及层间距的表征

9.2.1 X 射线衍射技术

1912 年，Laue 等根据理论预测，由不同原子散射的 X 射线相互干涉，在某些特殊方向上产生强 X 射线衍射(X-ray diffraction, XRD)，衍射线在空间分布的方位和强度与晶体结构密切相关。这构成了 X 射线衍射技术的基本原理。1913 年，Bragg 等在此基础上测定了 NaCl 的晶体结构，提出了著名的布拉格定律。随着时代发展，用电子计算机控制的全自动 X 射线衍射仪的出现，对提高 X 射线衍射技术的分析速度、精度，以及扩充其研究领域起了很大作用。XRD 技术是确定物质的晶体结构、物相的定性分析、精确测定点阵常数等最有效、最准确的方法。

当一束 X 射线照射到晶体上时，其会被电子所散射。在一个原子系统中，所有的电子散射波都可以近似地看作是由原子中心发出的。因此，可以把晶体中每个原子都看成是一个新的散射波源，它们各自向空间辐射与入射波相同频率的电磁波。由于这些散射波之间的干涉作用使得空间某些方向上的散射波始终保持互相叠加，在这个方向上可以观测到衍射线；另一些方向上的散射波则始终是互相抵消的，于是就没有衍射线产生。所以，X 射线在晶体中的衍射现象实质上是大量的原子散射波互相干涉的结果。

每种晶体所产生的衍射花样都反映出晶体内部的原子分布规律。概括地讲，一个衍射花样的特征可以认为由两方面组成，一方面是衍射线在空间的分布规律（称为衍射几何），另一方面是衍射线的强度。衍射线的分布规律是由晶胞的大小、形状和入射X射线的波长决定的，而衍射线的强度则取决于晶胞中原子的类型和位置。

布拉格定律是X射线衍射技术的基本公式，具体为

$$2d\sin\theta = n\lambda \tag{9-3}$$

式中，d 为晶面间距；θ 为入射角；n 为反射级数；λ 为波长。当通过布拉格定律描述X射线在晶体中的衍射时，把晶体看作由很多平行的原子面堆积而成，把衍射线看作原子面对入射线的反射（图9-5）。在这种情况下，衍射线应被看作是许多平行原子面的反射波振幅叠加的结果。当晶体中任意相邻两个原子面上的原子散射波在原子面反射方向的相位差为 2π 的整数倍或光程差等于波长的整数倍时，将出现干涉增强现象。值得注意的是，只有当入射角满足 $\sin\theta = n\lambda/2d$ 时，X射线才会从晶体反射，而在其他角度则仅发生非相干干涉。

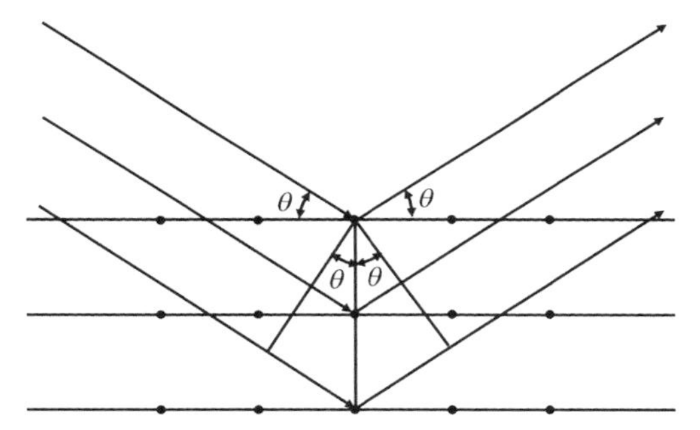

图9-5　X射线衍射原理

从布拉格定律中可以看出，在波长一定的情况下，衍射线的方向是晶面间距的函数。对于立方晶系，有

$$\sin^2\theta = \lambda^2(h^2 + k^2 + l^2)/(4a^2) \tag{9-4}$$

式中，h、k、l 分别为对应晶面的密勒指数；a 为晶胞参数。AB堆垛的石墨烯为典型的六方结构，结合其晶胞参数与布拉格定律，则有

$$\sin^2\theta = (\lambda^2/4)[4(h^2 + hk + k^2)/(3a^2) + l^2/c^2] \tag{9-5}$$

式中，c 为晶胞参数。

由此可见，布拉格定律可以反映出晶体结构中晶胞大小及形状的变化。然而布拉格定律并未反映出晶胞中原子的类型和位置，因此需要引入结构因子和衍射线强度的理论。

若一个晶胞中有 n 个原子,其散射波的振幅分别为 f_1、f_2、…、f_n,与原点的相位差分别为 α_1、α_2、…、α_n,n 个原子的散射波相互叠加,在衍射(hkl)方向形成合成波,其指数形式为

$$\boldsymbol{F}_{hkl} = \sum_{j=1}^{n} f_j \mathrm{e}^{\mathrm{i}\alpha_j} = \sum_{j=1}^{n} f_j \mathrm{e}^{2\mathrm{i}\pi(hx_j + ky_j + lz_i)} \tag{9-6}$$

式中,f_j 为原子散射因子,与原子的种类、散射波的方向及 X 射线的波长有关;α_j 为相位角,取决于原子在晶胞中的位置;$\boldsymbol{F}_{hkl}$ 为衍射(hkl)的结构因子。

$\boldsymbol{F}_{hkl}$ 为一个波矢量,因而可用复数形式表达。$\boldsymbol{F}_{hkl}$ 的模 $|\boldsymbol{F}_{hkl}|$ 则称为结构振幅,其物理意义可以表示为一个晶胞内所有原子散射的相干散射振幅与一个电子所散射的 X 射线的振幅之比。利用结构振幅,则可以得到 X 射线的衍射强度为

$$I_{hkl} = KPL\,|\boldsymbol{F}_{hkl}|^2 D\Delta Vj \tag{9-7}$$

式中,K 为比例因子,是一个常数;P 为偏振因子,与入射 X 射线的偏振状态有关;L 为洛伦兹因子,与晶体的转动有关;D 为温度因子(Debye 因子);ΔV 为待测样品中参与衍射的体积;j 为多重性因子。

通过结合布拉格定律和衍射线强度的理论,X 射线衍射技术成为一种十分有效的物相表征手段,可以对晶体的晶体结构进行解析。对于石墨晶体,其主要的 X 射线衍射峰如下:① $2\theta = 26.5°$ 的特征峰,对应于 AB 堆垛的石墨的(002)晶面间距,即石墨中石墨烯的层间距为 0.34 nm;② $2\theta = 42.3°$ 的特征峰,对应于(010)晶面间距;③ $2\theta = 44.5°$ 的特征峰,对应于(011)晶面间距[8]。当以石墨为原料剥离石墨烯时,利用 X 射线衍射技术,可以对石墨烯的晶体结构和层间距进行表征。

9.2.2 氧化还原对粉体石墨烯晶体结构的影响

石墨烯是组成石墨的基本结构单元,石墨具有良好的晶体结构,层间距为 0.34 nm。采用当使用自上而下法制备粉体石墨烯时,不同制备原理对石墨原料的晶体结构的破坏程度不同。如 Hummers 法先插层后氧化,使得面内部分 C—C 被打开接入含氧官能团,破坏了层间连续的 π 共轭作用,加上含氧官能团的位阻效应,使得石墨层间距增大,层间作用力减弱,从而达到剥离的目的。图 9-6 为一种商品化 GO(FL-GOc)、rGO(FL-rGOc)和石墨的 XRD 图[9]。从图中可以看出,

石墨具有明显的(002)和(004)晶面的特征峰;插层氧化后的 FL-GOc 在 $2\theta=9.98^\circ$ 和 FL-rGOc 在 $2\theta=23.76^\circ$ 表现出(002)晶面的特征峰,显示出石墨烯的层间距;而(100)晶面的特征峰则分别位于 42.26°(FL-GOc)和 42.74°(FL-rGOc)。通过布拉格定律可以计算石墨的层间距为 0.34 nm,FL-GOc 的层间距为 0.87 nm,而 FL-rGOc 的层间距为 0.36 nm。XRD 结果表明,插层氧化后含氧官能团的插入使得层间距明显增大,而还原过程能够去除大部分含氧官能团,恢复层间范德瓦耳斯力,使得层间距缩小,基本恢复到原始石墨的层间距,但碳缺陷无法修复。

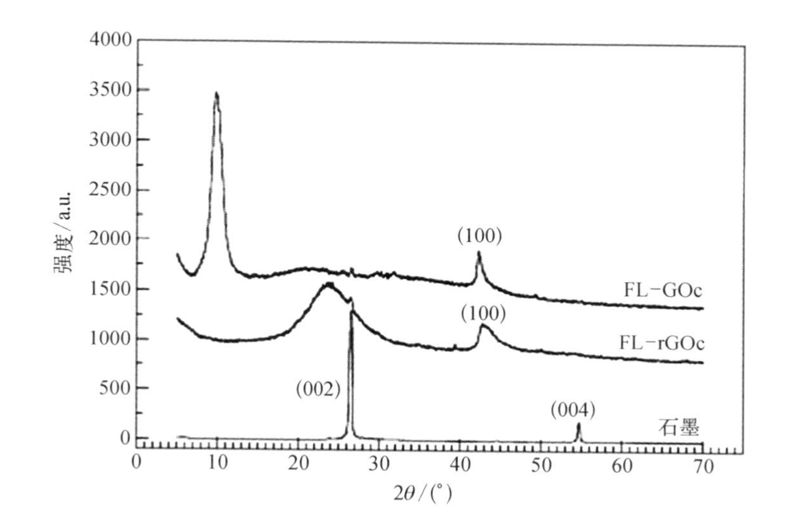

图 9-6 FL-GOc、FL-rGOc 和石墨的 XRD 图[9]

基于上述由石墨制备石墨烯过程中材料结构变化导致的晶体结构变化,通过 XRD 表征分析其层间距及晶体结构的变化有助于分析理解氧化还原过程,从而调控合成工艺,优化石墨烯材料的性能。将 GO 还原为 rGO 的方法有化学还原法和热还原法两种,其中化学还原法中不同还原剂的还原机理不同,得到的 rGO 的性质有所差异。图 9-7 为不同还原方法得到的 rGO 的 XRD 图[10]。以 $NaBH_4$ 为还原剂还原 GO,随着还原时间的延长,GO 的特征峰逐渐减弱,反应 3 h 后获得了层间距为 0.35 nm的无序碳层结构。而以对苯二酚为还原剂,能够将 GO 逐步还原成有序的碳层结构,层间距(0.339 nm)与石墨(0.34 nm)接近。类似地,在探究热还原法过程中,将 GO 置于 Ar 气氛围中加热至 500℃ 进行还原,得到的是无序碳层结构,而将还原后的 rGO 进行类似的处理,则无序结构转变为高度有序的石墨碳结构。由此可见,通过 XRD 表征能够有效分析粉体石墨烯制备过程中碳层结构的有序度、层间距等

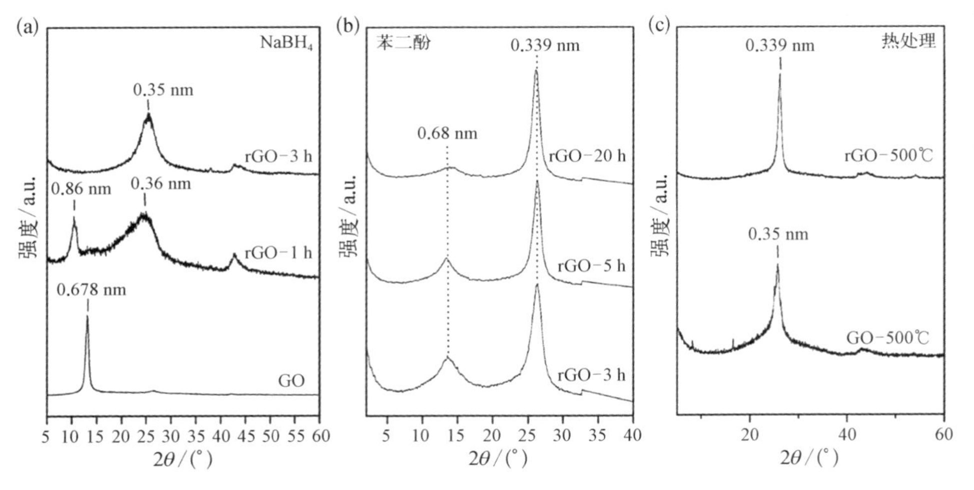

图 9-7　不同还原方法得到的 rGO 的 XRD 图[10]

晶体结构的变化。

9.2.3　石墨烯表面化学改性对层间距的影响

除制备过程中引入的含氧官能团使得粉体石墨烯层间距增大外，在后期应用中，各种表面化学改性方法对其层间距具有更大的调控作用。图 9-8 为具有不同长度的脂肪族碳链（n = 2,4,8,12）对 GO 表面进行氨基化改性的示意图和 XRD

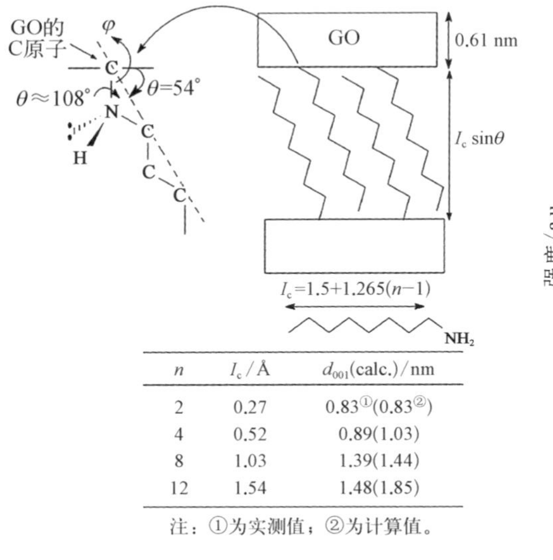

n	I_c/Å	d_{001}(calc.)/nm
2	0.27	0.83①(0.83②)
4	0.52	0.89(1.03)
8	1.03	1.39(1.44)
12	1.54	1.48(1.85)

注：①为实测值；②为计算值。

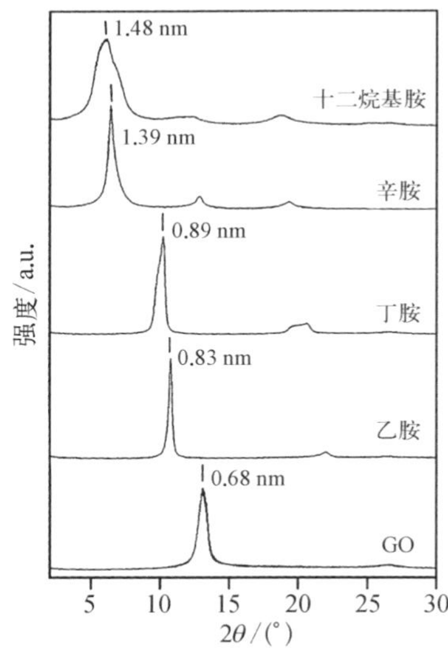

图 9-8　具有不同长度的脂肪族碳链（n = 2，4，8，12）对 GO 表面进行氨基化改性的示意图和 XRD 图[10]

图[10]。分子链末端的伯胺基团与 GO 面内的环氧基团通过亲核取代反应接枝到 GO 表面,使碳链插入层间,通过调整碳链的长度可以获得不同插层结构的氨基化改性 GO。基于亲核反应的键合模型,可以计算不同碳原子数的碳链插层后的层间距,计算值(括号内)与实测值具有良好的一致性。在十二烷基胺的改性中,计算值和实测值误差达到 20%,推测为由碳链增长后阻碍了 GO 亲核反应的动力学因素导致。

9.3 比表面积测定

9.3.1 BET 法简介

比表面积为单位质量固态物质的总表面积。理想的无孔物质只有外表面积,而粉末或多孔物质不仅具有不规则的外表面,还有复杂的内表面,因而比表面积较大,在生产应用中具有无孔物质无可比拟的优势。粉体石墨烯的大比表面积特性使其在水处理、催化、电池等领域的应用起到重要的作用,如何获得大比表面积的粉体石墨烯是实现其应用价值的重点之一,因而需要对粉体石墨烯的比表面积及多孔结构进行精确表征。

1938 年,Brunauer、Emmett 和 Teller 三人在 Langmuir 单分子层吸附理论的基础上提出了多分子层吸附理论,简称 BET 吸附理论[11]。BET 吸附理论成为颗粒表面吸附科学的理论基础,并被广泛应用于颗粒表面吸附性能与比表面积的测定中。

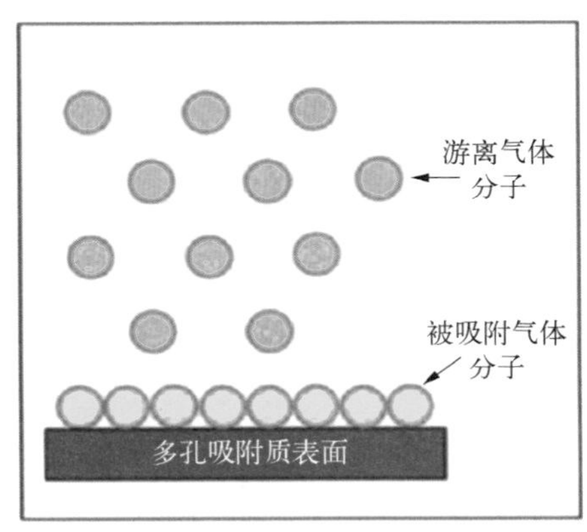

图 9-9　BET 吸附模型示意图

图 9-9 为 BET 吸附模型示意图。其建立在 Langmuir 单分子层吸附模型的基础上,同时认为由于范德瓦耳斯力的存在,物理吸附可以分多分子层进行,即形成多分子吸附,且在吸附过程中,无须表面第一层满吸附即可在第一层上吸附第二层,且各层均可以达到吸附平衡的状态。第一层为化学吸附,其吸附热较大,第二层以后的吸附热均相等且数值较小,

仅相当于气体的液化热。因而第二层以上的吸附、脱附性质和液态吸附质的凝聚、蒸发是相同的，所以 BET 吸附等温式为

$$\frac{p}{V(p_0 - p)} = \frac{1}{cV_m} + \frac{c-1}{cV_m} \times \frac{p}{p_0} \tag{9-8}$$

式中，p 为压力；p_0 为吸附温度下吸附质的饱和蒸气压；V 为压力 p 下的吸附量；V_m 为单分子层的饱和吸附量；c 为与吸附热有关的常数。

在 BET 法实验中，通常在等温条件下测定一系列不同压力下的气体吸附量，从而得到单分子层的饱和吸附量。若已知每个被吸附气体分子的截面积，可求出待测样品的比表面积，即

$$S_g = \frac{V_m N_A A_m}{2240\,W} \times 10^{-18} \tag{9-9}$$

式中，S_g 为待测样品的比表面积；N_A 为阿伏伽德罗常数；A_m 为被吸附气体分子的截面积；W 为待测样品的质量。BET 法实验中最常用的气体为 N_2（也可用其他气体代替，如 Ar、CO_2 等），分子截面积为 1.62 nm^2。

BET 法是测定固体比表面积的经典方法。许多研究结果表明，低压时实验吸附量较 BET 吸附等温式计算的理论吸附量偏高，而在高压时又出现偏低现象，BET 吸附等温式不能完全符合事实。这是由于 BET 吸附等温式没有考虑表面不均匀、同层分子间相互作用、毛细凝结现象等因素，造成理论和实验结果有所偏差，从某种角度来说，这是不可避免的。虽然 BET 吸附等温式在理论上还有争议之处，但可以描述多种类型的吸附等温线，至今仍是物理吸附研究最常用的等温式。

9.3.2 多孔石墨烯微观孔结构分析

石墨烯的理论比表面积高达 2630 m^2/g，然而现有的粉体石墨烯制备方法很难获得理想的单层石墨烯结构，得到的粉体石墨烯通常为 1～10 层，同时存在不同程度的结构缺陷，导致实际比表面积远低于理论比表面积。同时，不同制备方法获得的粉体石墨烯的比表面积存在较大差异，因此比表面积是粉体石墨烯制备一个非常重要的指标。

Zhu 等[12]利用化学两次活化氧化插层后的氧化石墨得到了比表面积高达

3100 m^2/g的多孔石墨烯。这种化学活化法已广泛应用于多孔活性炭。将活化剂KOH溶液与微波剥离氧化石墨烯(microwave exfoliated graphene oxide, MEGO)粉末混合,过滤干燥后在惰性气体Ar气保护下,800℃加热1 h得到活化微波剥离氧化石墨烯(a-MEGO),通过控制活化剂用量可调控其比表面积的大小。通过N_2(77.4 K)和Ar(87.3 K)的吸脱附等温线,并基于DFT对a-MEGO进行比表面积和孔径表征。如图9-10(a)所示,a-MEGO的吸附等温线与脱附等温线并不重合,出现了滞后现象,表明互连的孔隙系统表现出凝固收缩。图9-10(b)为非局域杂化DFT分别对CO_2和N_2吸附进行孔体积和孔径分析的结果。结果表明,该a-MEGO具有独特的孔径分布,存在明确定义的微孔(<2 nm)和中孔(2~50 nm)。对N_2吸附数据的分析表明,存在孔径约为1 nm的微孔及以孔径为4 nm的窄中孔。从CO_2吸附数据中可以看到超微孔的存在。由此可见,通过气体吸脱附等温线能够有效地反映多孔石墨烯的内部孔结构及分布情况。

图9-10 a-MEGO(比表面积约为3100 m^2/g)的气体吸脱附等温线

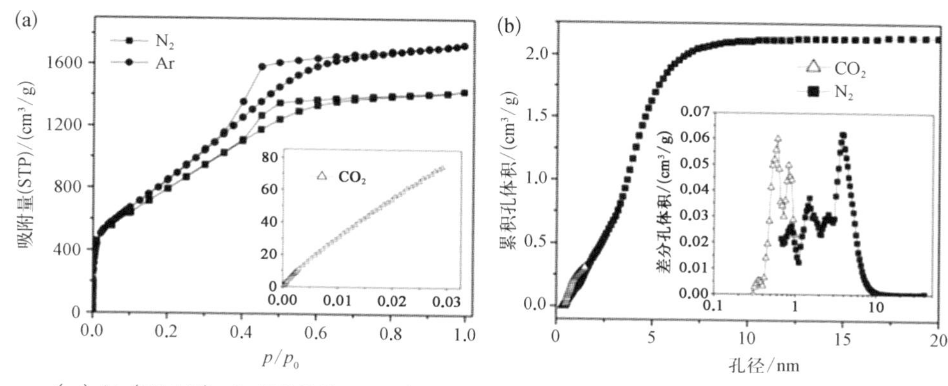

(a) N_2(77.4 K)、Ar(87.3 K)、CO_2(273.2 K)的吸脱附等温线;(b)非局域杂化DFT分别对CO_2和N_2吸附进行孔体积和孔径分析的结果[12]

除化学活化法外,近年来,液相控制组装法也是一种获得具有多孔结构的三维石墨烯材料的方法。Gao等(2013)通过GO的液相控制组装法获得了一种超轻的GO气凝胶,其具有丰富的内部孔道结构。图9-11(a)为三维石墨烯的N_2吸脱附等温线,曲线有明显滞后现象。这是由于毛细凝聚作用使N_2分子在低于常压下冷凝填充了介孔孔道,开始发生毛细凝聚现象时是在孔壁上的环状吸附膜液面上进行,而脱附是从孔口的球形弯月液面开始,从而吸脱附等温曲线不重合,往往形成一个滞后环。另一种解释是吸附时液N_2进入孔道与材料之间的接触角是前进角,脱附时是后退角，这两个角度不同导致使用 Kelvin 方程时出现差异。图 9－11(b)为三维石墨烯的孔径分布，可以看到三维石墨烯的孔径主要集中在 10 nm 左右。将以上的吸脱附等温线代入 Kelvin 方程可以得知三维石墨烯的比表面积大约为 1300 m^2/g。

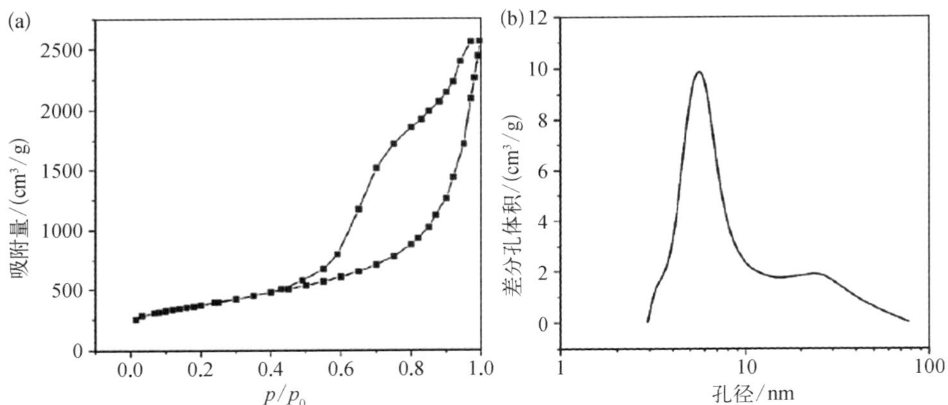

图 9－11 三维石墨烯的 N_2 吸脱附等温线（a）和孔径分布（b）[13]

9.4 热稳定性分析

9.4.1 热重分析法简介

热重分析法是指在程序控制温度下测定物质的质量变化与温度关系的一种方法，通常又称热重法，测得的记录曲线称为热重曲线(thermogravimetric curve, TG 曲线)，其纵坐标通常为待测样品的质量，横坐标为待测样品的温度或时间。通过 TG 曲线，可以知道待测样品及其可能的中间产物的组成、热稳定性、热分解情况，以及产物的质量等信息。热重法的主要特点是定量性强，能准确地测定物质的质量变化及变化的速率。因而，只要物质受热时发生质量变化，包括物理变化和化学变化，如热分解反应、氧化还原反应、蒸发、升华、脱水等，都可以用热重法来研究。

9.4.2 粉体石墨烯的热稳定性研究

升高温度能够促使 GO 中的含氧官能团发生热脱氧，且不同类型含氧官能团的热脱氧温度不同。Gao 等(2009)通过计算得出,位于 GO 边缘的羟基的临界解离温度为 650℃,只有在此温度以上才能完全除去羟基,而环氧基没有明确的临界解离温度。相比之下,羧基在 100～150℃时会被缓慢还原,而羰基则要稳定得多,只有温度达到 1730℃时才能被除去。Jeong 等[14]对 GO 的热稳定性研究结果表明,在低压 Ar 中,200℃退火可脱除大多数含氧官能团。退火 6 h 后,环氧基和羧基的特征峰明显减少,而羟基的特征峰则完全消失;退火 10 h 后,这种现象更为明显,C/O 比达到 10。根据这些模拟计算结果可以看出,即使在高于 1000℃的温度下进行热退火,仍然会有较多的含氧官能团残留。

实验发现,脱氧过程并不像理论预期的那样困难。导致理论和实验结果差异的主要原因是理论计算通常基于具有低官能团密度的石墨烯模型。Boukhvalov 等[15]计算了不同含氧官能团覆盖率的石墨烯上的氧原子(环氧基)和羟基的化学吸附能。研究结果表明,相邻含氧官能团间的相互排斥作用及由高覆盖率的含氧官能团接入石墨烯平面引起的晶格畸变,使得含氧官能团的去除更加容易。因此,在还原初期,将含氧官能团覆盖率从 75%降低到 6.25%相对容易,但是进一步降低则非常困难。Bagri 等[16]使用分子动力学方法研究了 GO 还原过程中原子结构变化。结果证实了羟基可以在低温下解离且不会改变石墨烯平面,环氧基则更为稳定,解离时会使石墨烯晶格显著变形。此外,当羟基和环氧基彼此非常靠近时,两者更容易从石墨烯中解离。在热退火过程中,相邻两个基团之间的反应路径导致热力学稳定的羰基和醚基的形成,从而阻碍了 GO 完全还原为 rGO。上述模拟计算结果可以解释 GO 热退火的实验现象,保持在 200℃以上长时间退火可以去除大量的含氧官能团,但是即使在高达 1200℃的高温下,仅通过热退火将 GO 完全脱氧也是相当困难的。

图 9-12 为通过 Hummers 法制备的 GO 和 rGO 的 TG 曲线。从图中可以看出,GO 在测定温度范围内出现了两次明显的和一次缓慢的质量损失。50～150℃内出现第一次明显的质量损失,其中 200℃左右的质量减小幅度非常大。这是因为当温度刚达到 200℃时,GO 表面的含氧官能团发生热分解,生成了含氧化合物和水,使质量大幅度减小;250℃时石墨烯片层间剩余的含氧官能团继续热分解,使质量再次减小。对 GO 进行还原制备成 rGO 后,150℃以下时只有轻微的质量损失,这是石墨烯所吸附残留的少量水分子的挥发造成的。150～800℃内 TG 曲线显示质量无断崖式减小,说明 GO 被脱氧还原成 rGO 后,其中大部分的含氧官能团已

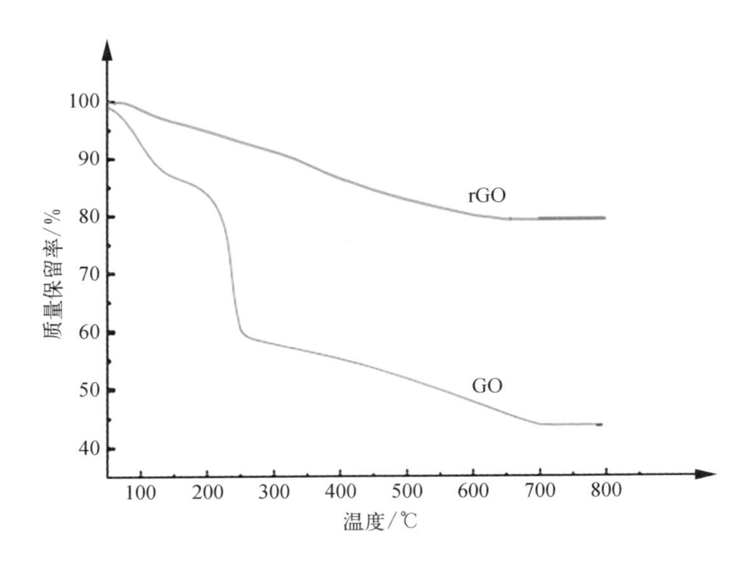

图 9－12 通过 Hummers 法制备的 GO 和 rGO 的 TG 曲线

被去除，表现出非常好的热稳定性。

9.4.3 聚合物表面接枝改性对粉体石墨烯热力学的影响

石墨烯具有优异的力学性质，在增强高分子聚合物方面具有广泛应用，然而由于石墨烯与聚合物表面物化性质的差异，两者复合时存在浸润性差、界面结合作用差等关键问题。因此，对石墨烯表面进行化学修饰改性是实现粉体石墨烯在高分子复合材料领域应用的主要研究方向。考虑到 GO 表面具有丰富的化学结构，目前的化学修饰手段主要基于共轭 C═C 和含氧官能团反应。例如，Ye 等(2009)将聚苯乙烯通过引发剂聚丙烯酰胺自由基偶联反应接枝到 GO 的乙烯基上，得到两亲性聚合物接枝的 GO。基于 GO 的表面官能团，通过 GO 的直接酯化反应及将羧基转化为酰氯的方法，将聚乙烯醇接枝到 GO 表面。利用两种物质的热分解特性差异，通过 TG 曲线可计算得到两者的复合比例。引入石墨烯后，复合材料表现出不同于与单独聚合物的热分解路径，这表明石墨烯接枝到聚合物分子链上而非物理吸附。在这种由聚合物分子链接入石墨烯片层形成的复合材料中，一方面聚合物的表面接枝改性改变了石墨烯的热稳定性，另一方面石墨烯的引入改变了聚合物基体的热力学行为，尤其是结晶型的聚合物基体。

Gao 等通过原位聚合法制备了石墨烯- PA6 复合材料(PNG)，改性石墨烯中

PA6 接枝量高达 78%(质量分数)。通过熔融纺丝制备石墨烯-PA6 复合纤维,石墨烯添加量仅为 0.1%(质量分数),复合纤维的拉伸强度和杨氏模量均显著提高。图 9-13 为 GO 和含有不同石墨烯添加量的 PNG 的 TG 曲线[17]。150℃以下的质量损失归因于 GO 中所含水分的挥发,220~250℃内约 35%的质量损失主要归因于 GO 中含氧官能团(环氧基和羟基)的分解。相比之下,PNG 起始分解温度高达 382℃,且在 250℃以下未有质量损失,这表明 GO 中未参与化学反应的不稳定含氧官能团在高温缩聚过程中已基本转化为共轭键或热分解,即在原位聚合法中接枝 PA6 的同时,GO 已被热还原为 rGO。因此,550℃下的热失重对应于接枝 PA6 的热分解,该温度区间的质量损失的差异表明石墨烯片层上 PA6 接枝量的差异。

图 9-13 GO 和含有不同石墨烯添加量的 PNG 的 TG 曲线[17]

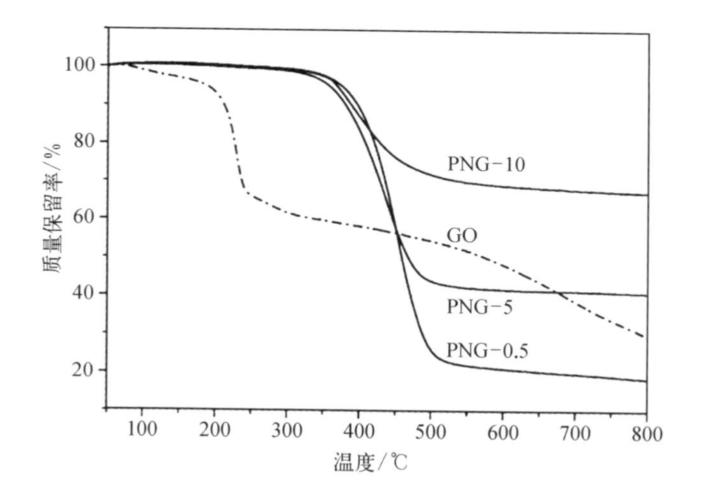

9.5 在溶剂中的分散性能表征

众所周知,在制备粉体石墨烯过程中,由于高的表面能和共轭作用,其较难维持稳定的二维片层结构,极易发生团聚现象。因此,在传感器等光电和光子设备、电化学电极、导电油墨、静电印刷、复合材料等众多潜在的应用领域中,必须将粉体石墨烯分散在溶剂中并进行溶液处理。因而,石墨烯与溶剂分子之间的相互作用、石墨烯在溶剂中的分散性能等研究对粉体石墨烯的应用极为重要。

9.5.1 Zeta 电位的表征方法

由于分散粒子表面带有电荷而吸引周围的反离子，这些反离子因在两相界面呈扩散状态分布而形成扩散双电层。根据 Stern 双电层理论可将扩散双电层分为两部分，即 Stern 层和扩散层。Stern 层定义为吸附在电极表面的一层离子的电荷中心组成的一个平面层，此平面层相对于远离界面流体中某点的电位称为 Stern 电位[18]。稳定层(包括 Stern 层和滑动面以内的部分扩散层)与扩散层内分散介质发生相对移动时的界面是滑动面，该处相对于远离界面流体中某点的电位称为 Zeta 电位或电动电位(ζ 电位)，即 Zeta 电位是连续相与附着在分散粒子上的流体稳定层之间的电势差，它可以通过电动现象直接测定。

当材料浸入溶剂中时，界面处会产生电荷，从而产生电位。分散在水中的石墨烯通常带负电荷，这可以被看作双电层，其存在三个不同的区域，分别为紧密结合并带相反电荷的离子层(Stern 层)、扩散层和本体溶剂(图 9-14)[19]。位于扩散层内的某个位置是滑动面，在该平面下，所有组件都作为单个动力学单元与分散粒子一起移动，该平面上的电势为 ζ 电位。这种电位通常与分散粒子的稳定性有关，也受温度、溶剂、离子强度和 pH 影响，而高 ζ 电位(|ζ|)由于分散粒子之间的静电排斥作用而更稳定。但是，一般情况下，|ζ| 在 0～10 mV 内时将不稳定，在 10～30 mV 内时稳定性会增强，在 30～60 mV 内时稳定性会继续增强，而在大于 60 mV 时，分散粒子具有最优异的稳定性。

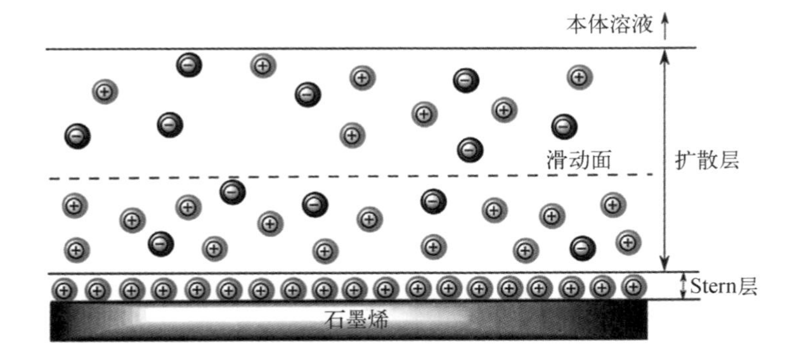

图 9-14 石墨烯表面双电层模型示意图[19]

众所周知，GO 可以形成分散性良好的水性胶体，对其表面电荷(ζ 电位)的研究表明，GO 分散于水中时具有很高的负电性[图 9-15(a)]，这是 GO 中羧基和羟基的离子化所致。因此，形成稳定的GO胶体可以归因于相互之间的静电排斥作用，并非仅仅是GO的亲水性。GO经水合肼还原后，XPS结果证明其中羧基很难被完全去除，羧基的保留使化学转化石墨烯（chemically converted graphene，CCG）表面仍呈现负电性。同样，使GO胶体稳定的静电排斥作用也可适用于分散性良好的石墨烯胶体的形成。因此，水合肼还原得到的CCG粒径不会增加[图9－15(b)]，即使以4000 r/min离心数个小时也未观察到沉淀物。AFM图显示，硅晶片上的CCG薄片平整，厚度约为1 nm[图9－15(c)]。以上结果表明，所制备的CCG在水中仍保持良好的分散性。

图9－15

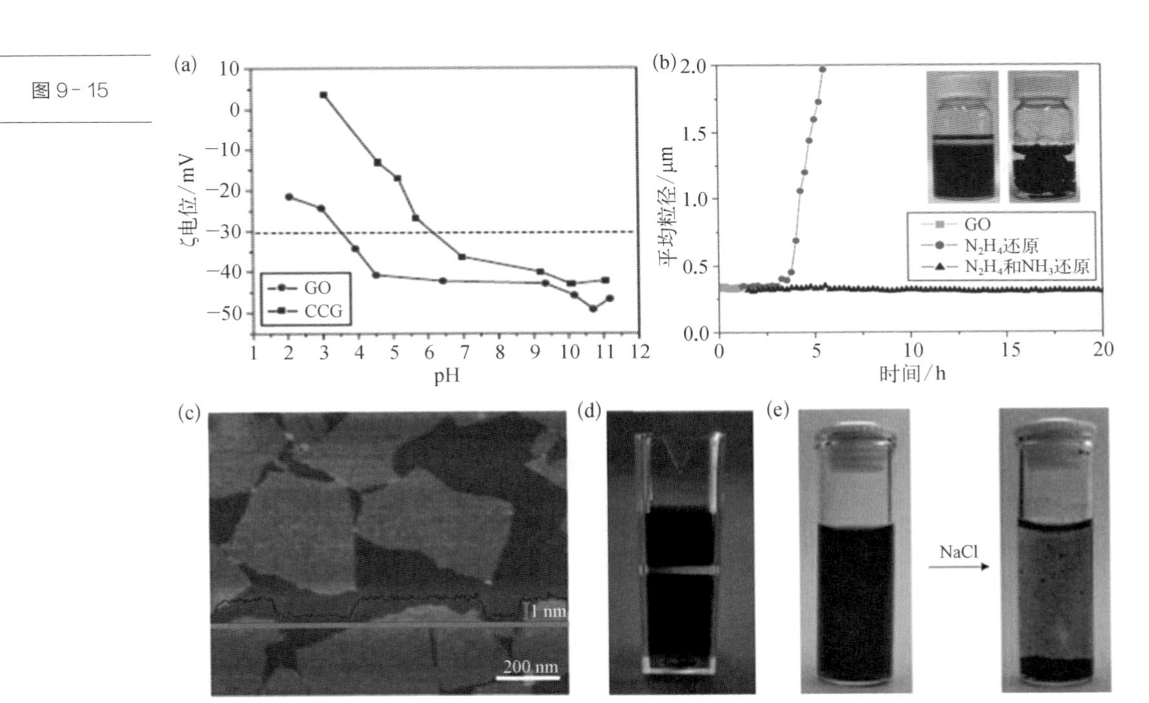

（a）GO和CCG分散液的ζ电位；（b）GO和不同还原条件下CCG的粒径分析；（c）CCG分散液的AFM图；（d）CCG分散液的丁达尔效应；（e）CCG分散液的盐效应[20]

CCG分散液的胶体性质可采用胶体学中常用的两个实验进一步验证：丁达尔效应实验和盐效应实验。稀释后的CCG分散液会引起丁达尔效应，激光束由于光散射具有可辨轨迹[图9－15(d)]。向CCG分散液中添加电解质(如NaCl)溶液导致即刻絮凝[图9－15(e)]。以上结果是通过静电排斥作用形成稳定胶体的典型特征，可以用经典的 Derjaguin - Landau - Verwey - Overbeek（DLVO）理论来解释。值得注意的是，NH_3 和 N_2H_4 在水中会电离生成可充当电解质的离子，具有类似于添加 NaCl 的作用，这两种化学药品在过量时会导致分散体系不稳定。因此，当肼过量时，会在一天内发生团聚。此外，胶体稳定性也取决于 CCG 的浓度，其浓度大于 0.5 mg/mL 时也会导致稳定性下降。

含氧官能团电离机制可用于解释 GO 或 rGO（含有部分基团）在水中的胶体性质。为更好地探究石墨烯表面在溶剂中的电荷作用，Liu 等[21]用液相剥离法制备的石墨烯作为分散溶质，研究了石墨烯在不同溶剂中的分散性。通过测定石墨烯分散液的 ζ 电位量化石墨烯在不同溶剂中的表面电荷，测定结果如图 9 - 16(a)所示。石墨烯表面在 8 种溶剂中带负电，但在 2 种溶剂中带正电。

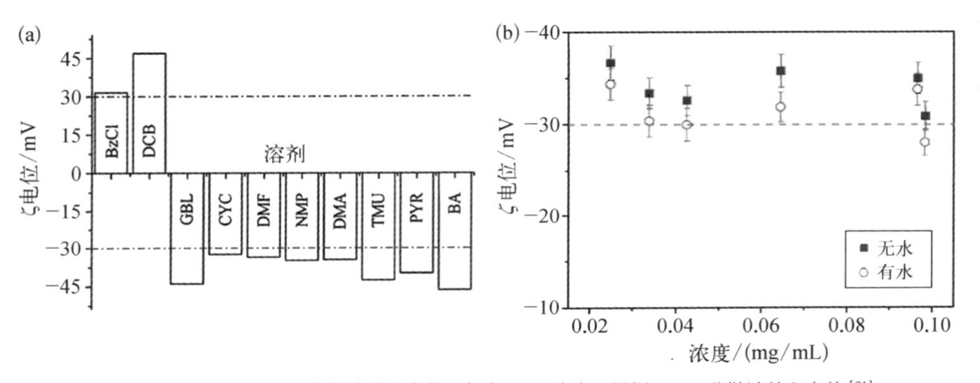

图 9 - 16

（a）石墨烯分散在不同溶剂中的 ζ 电位；（b）不同浓度石墨烯/NMP 分散液的 ζ 电位[21]

石墨烯非水胶体中的表面电荷可能源自分散体系中引入的水杂质所电离产生的质子和 OH^- 的吸附，可通过研究痕量水在石墨烯/NMP 分散液中的电荷作用来验证这种可能性[21]。若石墨烯的表面负电荷来自 OH^- 的吸附，则加入水后，ζ 电位应增大。然而，实验结果如图 9 - 16(b)所示，在每 10 mL 分散液中加入 1 mL 水后，ζ 电位略有下降，即使石墨烯的浓度变化了几倍，ζ 电位始终维持在 − 30～ − 40 mV。实验结果与理论推测不一致，这说明上述理论不适用于未官能化的石墨烯表面。进而提出未官能化石墨烯在有机溶剂中的表面电荷的形成源自石墨烯表面与溶剂分子之间的电子转移，在给电子体数高的溶剂中带负电，在电子给体数低的溶剂中带正电，带电石墨烯表面之间的静电排斥作用决定其分散稳定性。

9.5.2 表（界）面张力

表面张力是指液体与其蒸气或空气界面处的分子力，然而，更多情况下两相中并没有气相，如液/液、液/固和固/固，此时不再称为表面张力，而称为界面张力。因此，界面张力具有更广泛的含义，表面张力为界面张力的特殊情形。表面张力起源于分子间的相互作用力，因此与物质本身的性质有关[22]。石墨烯材料的界面性质与体相性质往往不同，了解和掌握其界面性质，对了解材料本身及研究石墨烯胶体分散体系具有重要意义。

商品化表面张力测定仪主要依据以下几种基本原理：力定测法（Wilhelmy 吊片法和 Du Noüy 环法）、体积测定法（滴体积法）和图像分析法（滴外形法和旋转液滴法）等。图 9-17(a)为法国 Vinci Technologies IFT 700 表面张力测定仪的模型示意图。该设备采用图像分析法测定原理，即将液滴从毛细管内挤出并悬挂于管口处，通过对液滴外形尺寸的测定推算出液体的表面张力，这种方法能够测定不同的温度和压力下的表面张力和接触角。Ilyas 等[23]将处于不同温度（25～65℃）下的石墨烯分散液（质量分数为 0%～0.25%）的液滴暴露于空气中，以测定其表面张

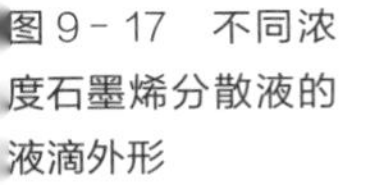
图 9-17 不同浓度石墨烯分散液的液滴外形

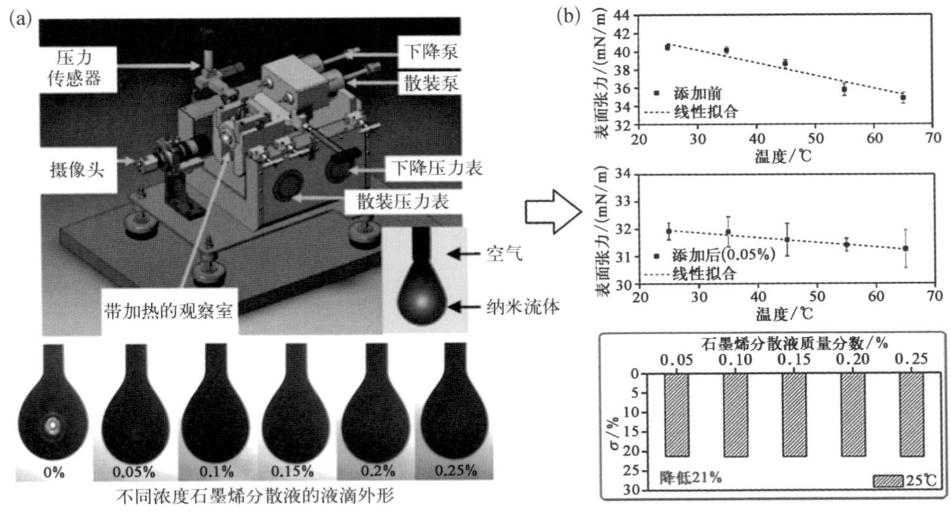

（a）法国 Vinci Technologies IFT 700 表面张力测定仪的模型示意图；（b）石墨烯/SDS 分散液的表面张力测定[23]

力。研究结果表明，添加石墨烯使原溶液的表面张力降低了约21%。此外，石墨烯质量分数从0.05%增至0.25%对表面张力并没有显著影响，同时添加前后溶液的表面张力均随温度升高而逐渐降低。

Konios等[24]研究了GO和rGO在18种极性和非极性溶剂中的分散性，通过超声分散形成均一的分散液，静置并观察不同分散液的稳定性。图9-18为36组分散液静置后的照片，以及对应的溶解度参数和表面张力数据[25]。通过Hildebrand溶解度参数和表面张力相似理论对GO和rGO在不同溶剂中的分散性质进行分析。

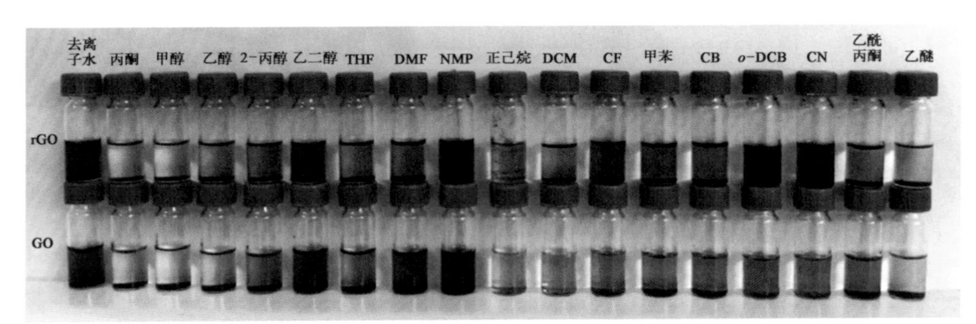

溶剂	偶极矩	表面张力(mN/m)	δ_T/ $MPa^{1/2}$	GO溶解度/(μg/mL)	rGO溶解度/(μg/mL)
去离子水	1.85	72.8	47.8	6.6	4.74
丙酮	2.88	25.2	19.9	0.8	0.9
甲醇	1.70	22.7	29.6	0.16	0.52
乙醇	1.69	22.1	26.5	0.25	0.91
2-丙醇	1.66	21.66	23.6	1.82	1.2
乙二醇	2.31	47.7	33	5.5	4.9
四氢呋喃(THF)	1.75	26.4	19.5	2.15	1.44
N,*N*-二甲基甲酰胺(DMF)	3.82	37.1	24.9	1.96	1.73
N-甲基吡咯烷酮(NMP)	3.75	40.1	23	8.7	9.4
正己烷	0.085	18.43	14.9	0.1	0.61
二氯甲烷(DCM)	1.60	26.5	20.2	0.21	1.16
三氯甲烷	1.02	27.5	18.9	1.3	4.6
甲苯	0.38	28.4	18.2	1.57	4.14
氯苯(CB)	1.72	33.6	19.6	1.62	3.4
邻二氯苯(*o*-DCB)	2.53	36.7	20.5	1.91	8.94
1-氯萘(CN)	1.55	41.8	20.6	1.8	8.1
乙酰丙酮	3.03	31.2	20.6	1.5	1.02
乙醚	1.15	17	15.6	0.72	0.4

图9-18 GO和rGO在不同溶剂中形成的分散液静置后的照片及对应的溶解度参数和表面张力数据[25]

对于溶质在溶剂中分散的理论研究，Ruoff 等提出了用 Hansen 溶解度参数研究 GO 和 rGO 的分散机理[25]。该理论基于分散内聚力参数 δ_D、极性内聚力参数 δ_P 和氢键内聚力参数 δ_H，给出 Hildebrand 溶解度参数 δ_T 为

$$\delta_T^2 = \delta_D^2 + \delta_P^2 + \delta_H^2 \tag{9-10}$$

Hansen 溶解度参数的估算公式如下：

$$\langle \delta_i \rangle = \frac{\sum_{sol} c\delta_{i,\,sol}}{\sum_{sol} c} \tag{9-11}$$

式中，i = D, P, H, T；c 为 GO 和 rGO 的溶解度；$\delta_{i,\,sol}$ 为在给定溶剂中的第 i 个 Hansen 溶解度参数。由于含氧官能团的存在，具有极性和氢键的 GO 的 Hildebrand 溶解度参数高于 rGO。相近的溶剂和溶质的 Hildebrand 溶解度参数是选择有效溶剂的重要标准。该理论解释了为何与 GO 相比，rGO 在氯化物溶剂（DCM、CB、氯仿、*o* - DCB、CN）中具有更高的溶解度。

此外，GO 在 NMP、DMF、乙二醇、THF 和水等具有明显极性的溶剂中显示出非常好的分散性，而具有相似偶极矩的 *o* - DCB 未能稳定地分散 GO。这表明溶剂极性不是获得良好分散性的唯一因素。表面张力也是选择石墨烯及其衍生物有效分散溶剂的重要因素。与 rGO 相比，GO 中含氧官能团的存在导致其表面能升高。通过接触角测量，测得 GO 和 rGO 的表面张力分别约为 62 mN/m 和 46 mN/m。表面张力与其相似的溶剂是分散 GO 和 rGO 的最有效溶剂，而 rGO 在 *o* - DCB、CN 和 CB 中的分散性优于 GO 证实了这一理论。

9.6 本章小结

本章基于不同制备方法制得的粉体石墨烯的性能差异，以及其在不同领域应用的需求，介绍了在研究粉体石墨烯基本物理化学性能时常用的表征手段。利用基于气相色谱的元素分析法、ICP - AES 及 XPS 可以对氧化石墨烯的元素组成进行分析，并能够精准界定其表面特征官能团，同时定量测定 C/O 比，是功能化改性、结构修复和原子掺杂研究中极为重要的表征手段。XRD 可用于表征粉体石墨烯晶体结构，通过布拉格定律计算得到层间距，进而可探究二维片层结构的微观堆

叠方法及插层作用。BET 比表面积测定可以得到比表面积和内部孔径的信息。热重分析法通过解析不同样品的热失重行为，可用于功能化及去表面官能团研究。对于粉体石墨烯在溶剂中的分散行为研究，重点介绍了 Zeta 电位和表面能的测定方法及相关理论，为粉体石墨烯的分散研究提供了测定手段。

粉体石墨烯种类繁多，和 CVD 法制备的石墨烯薄膜相比，具有更为丰富的表面化学性质。此外，粉体石墨烯的组分更为复杂，通常需要多种表征手段组合使用，以更深入全面地了解材料的本征性能。因此，系统的表征分析手段在粉体石墨烯的研究中至关重要。

参考文献

[1] Sun Y Y, Yang L W, Xia K L, et al. "Snowing" graphene using microwave ovens [J]. Advanced Materials, 2018, 30(40): 1803189.

[2] Pan X Q, Welti R, Wang X M. Quantitative analysis of major plant hormones in crude plant extracts by high-performance liquid chromatography-mass spectrometry [J]. Nature Protocols, 2010, 5(6): 986 - 992.

[3] 熊聪慧，王雪莲.电感耦合等离子体发射光谱法测定地质样品中 K、Ca 等常量元素的前处理方法对比[J].分析测试技术与仪器，2020，26(1)：30 - 36.

[4] 金玲，邓宏康，杨永强，等.ICP - OES 技术在石墨烯微量元素分析中的应用研究[J].精细与专用化学品，2015，23(1)：24 - 26.

[5] Pei S F, Cheng H M. The reduction of graphene oxide[J]. Carbon, 2012, 50(9): 3210 - 3228.

[6] Bo Z, Shuai X R, Mao S, et al. Green preparation of reduced graphene oxide for sensing and energy storage applications[J]. Scientific Reports, 2014, 4: 4684.

[7] Sheng Z H, Shao L, Chen J J, et al. Catalyst-free synthesis of nitrogen-doped graphene via thermal annealing graphite oxide with melamine and its excellent electrocatalysis[J]. ACS Nano, 2011, 5(6): 4350 - 4358.

[8] Moon I K, Lee J, Ruoff R S, et al. Reduced graphene oxide by chemical graphitization[J]. Nature Communications, 2010, 1: 73.

[9] Stobinski L, Lesiak B, Malolepszy A, et al. Graphene oxide and reduced graphene oxide studied by the XRD, TEM and electron spectroscopy methods[J]. Journal of Electron Spectroscopy and Related Phenomena, 2014, 195: 145 - 154.

[10] Bourlinos A B, Gournis D, Petridis D, et al. Graphite oxide: Chemical reduction to graphite and surface modification with primary aliphatic amines and amino acids[J]. Langmuir, 2003, 19(15): 6050 - 6055.

[11] Brunauer S, Emmett P H, Teller E. Adsorption of gases in multimolecular layers[J]. Journal of the American Chemical Society, 1938, 60(2): 309 - 319.
[12] Zhu Y W, Murali S, Stoller M D, et al. Carbon-based supercapacitors produced by activation of graphene[J]. Science, 2011, 332(6037): 1537 - 1541.
[13] Worsley M A, Kucheyev S O, Mason H E, et al. Mechanically robust 3D graphene macroassembly with high surface area[J]. Chemical Communications, 2012, 48(67): 8428 - 8430.
[14] Jeong H K, Lee Y P, Jin M H, et al. Thermal stability of graphite oxide[J]. Chemical Physics Letters, 2009, 470(4 - 6): 255 - 258.
[15] Boukhvalov D W, Katsnelson M I. Modeling of graphite oxide[J]. Journal of the American Chemical Society, 2008, 130(32): 10697 - 10701.
[16] Bagri A, Mattevi C, Acik M, et al. Structural evolution during the reduction of chemically derived graphene oxide[J]. Nature Chemistry, 2010, 2(7): 581 - 587.
[17] Xu Z, Gao C. In situ polymerization approach to graphene-reinforced nylon-6 composites[J]. Macromolecules, 2010, 43(16): 6716 - 6723.
[18] 沈钟,赵振国,康万利.胶体与表面化学[M].4 版.北京：化学工业出版社,2012.
[19] Johnson D W, Dobson B P, Coleman K S. A manufacturing perspective on graphene dispersions[J]. Current Opinion in Colloid & Interface Science, 2015, 20(5 - 6): 367 - 382.
[20] Li D, Müller M B, Gilje S, et al. Processable aqueous dispersions of graphene nanosheets[J]. Nature Nanotechnology, 2008, 3(2): 101 - 105.
[21] Liu W W, Wang J N, Wang X X. Charging of unfunctionalized graphene in organic solvents[J]. Nanoscale, 2012, 4(2): 425 - 428.
[22] 崔正刚.表面活性剂、胶体与界面化学基础[M].北京：化学工业出版社,2013.
[23] Ilyas S U, Ridha S, Kareem F A A. Dispersion stability and surface tension of SDS-Stabilized saline nanofluids with graphene nanoplatelets[J]. Colloids and Surfaces A: Physicochemical and Engineering Aspects, 2020, 592: 124584.
[24] Konios D, Stylianakis M M, Stratakis E, et al. Dispersion behaviour of graphene oxide and reduced graphene oxide[J]. Journal of Colloid and Interface Science, 2014, 430: 108 - 112.
[25] Park S, An J, Jung I, et al. Colloidal suspensions of highly reduced graphene oxide in a wide variety of organic solvents[J]. Nano Letters, 2009, 9(4): 1593 - 1597.

第 10 章

石墨烯其他物性的表征

石墨烯独特的结构决定了其在力、电、热、光等诸多方面的优异性质，前面已对其电学、热学、力学等常见的性质及相应表征方法进行了系统的探讨，也介绍了石墨烯的主要光学性质，如光学吸收/反射及其光谱学表征。石墨烯仍有部分重要的物理性质和化学性质未能纳入前面章节中，将在本章重点介绍，包括石墨烯的非线性光学性质、表面等离激元效应，以及石墨烯在磁学、电化学、渗透等方面的性质及表征方法。

10.1 石墨烯的非线性光学性质表征

由于石墨烯晶格具有空间反演对称性，其二阶非线性光学性质往往被禁阻或者十分微弱。然而，石墨烯的三阶非线性光学性质近年来得到了广泛的关注和研究。本节将首先介绍非线性光学的原理及表征方法，然后介绍石墨烯的可饱和吸收、非线性折射率等效应及其表征。

10.1.1 非线性光学性质及表征

非线性光学研究的是当强激光作用于介质时，介质表现出的不同于经典线性光学中的一些非线性现象。当激光与介质发生相互作用时，极化强度 P_n 与激光强度 E 是幂级数的关系：

$$P_n = \varepsilon_0 \chi^{(1)} E + \varepsilon_0 \chi^{(2)} E^2 + \varepsilon_0 \chi^{(3)} E^3 + \cdots + \varepsilon_0 \chi^{(n)} E^n \qquad (10-1)$$

式中，ε_0 为真空介电常数；$\chi^{(n)}$ 为 n 阶极化率。

当激光强度较低时，介质的折射率或极化率是与激光强度无关的常量，介质的极化强度正比于光波的 E，光波叠加时遵循线性叠加原理，这种情况被称为线性光学。而当激光强度很高时，激光与介质的相互作用将产生非线性效应，反映介质性质的物理量(如极化强度等)不仅与 E 有关,而且取决于 E 的更高幂次项,从而导致出现许多线性光学中观察不到的新现象,这就是非线性光学。研究与 E^n $(n>1)$ 相关的光学性质则称为 n 阶非线性光学。当前已有很多材料表现出了优异的二阶非线性光学性质,比如磷酸二氢钾(KDP)、磷酸二氢铵(ADP)等。此外,也陆续发现了一些具有三阶非线性光学性质的材料,比如石墨烯。本小节将主要以三阶非线性光学性质为例进行介绍。

以式(10-1)中的三阶项为例,其中 $\chi^{(3)}$ 为三阶极化率,它的复数形式为

$$\chi^{(3)} = \chi_1^{(3)} + i\chi_2^{(3)} \tag{10-2}$$

式中,$\chi_1^{(3)}$ 和 $\chi_2^{(3)}$ 分别为三阶极化率的实部和虚部,分别代表非线性折射和非线性吸收。因此,对于非线性光学性质的讨论主要从折射和吸收两个角度入手。其中,非线性折射率是指随着激光强度的变化,材料的折射率也发生变化,并将引起材料的自聚焦和自散焦现象等;非线性吸收是指随着激光强度的变化,材料的吸收系数发生变化,主要包括饱和吸收、反饱和吸收、双光子吸收等。

三阶非线性光学性质的主要表征方法有 Z-扫描技术、简并四波混频法、光场克尔效应(optical Kerr effect, OKE)法、非线性干扰法、椭圆偏振法等。其中,Z-扫描技术[1]是利用光束的横向分布特性来测量三阶非线性光学性质,不仅装置简单、灵敏度高,而且可直接从实验数据上得到非线性折射率的符号,可对非线性折射率及非线性吸收系数的大小进行估计,已经成为用于测量材料的三阶非线性光学性质的常用方法。对于 Z-扫描技术,开孔测量的结果表明材料的非线性吸收特性,闭孔测量的结果表明材料的非线性折射特性。Z-扫描技术的光路图如图10-1(a)所示,入射光场为基模高斯光束,经过探测器 D_1 测量得到入射光强度,然后经过聚焦透镜入射到待测样品上,探测器 D_2 测量通过小孔的光强度,通过在 z 方向上移动待测样品至聚焦透镜焦点前后的位置,得到相对透过光强度随位置变化的相对透过率的闭孔扫描曲线[图10-1(b)]。当光束强度很低时,其非线性折射率可以忽略不计,相对透过率保持相对恒定。随着待测样品向焦点方向移动,光束强度升高,光束在待测样品中发生自聚焦。过早的自聚焦使得焦点前移、光圈缩小,从而测得的相对透过率增加。当待测样品通过焦平面向 $+z$ 方向移动时,自散焦增加,使得光圈扩大、相对透过率减小。当待测样品远离焦点时,光束强度降低,相对透过率曲线呈线性,这样就完成了 Z-扫描。如果材料的闭孔 Z-扫描得到的

图 10-1

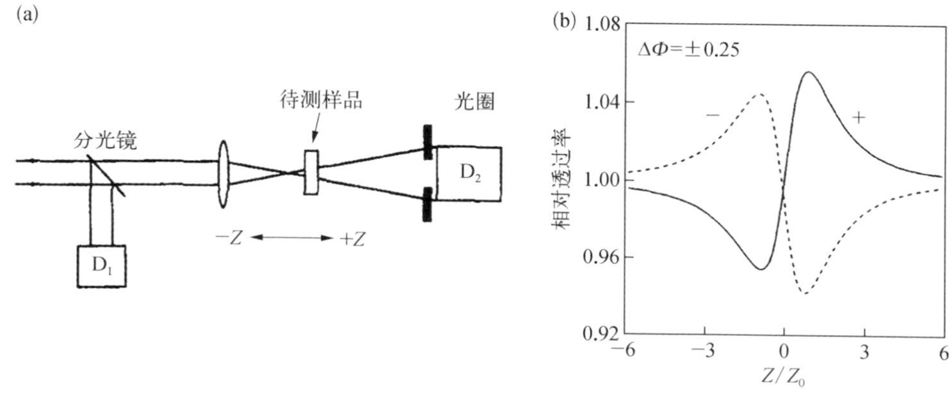

（a）Z-扫描技术的光路图；（b）闭孔 Z-扫描得到的相对透过率曲线[1]

相对透过率曲线先出现峰后出现谷，则材料的非线性折射率为负值；若闭孔 Z-扫描得到的相对透过率曲线先出现谷后出现峰，则材料的非线性折射率为正值。因此，通过数据曲线可直接得到非线性折射率的符号，并进一步可得到非线性折射率的大小。以上是对非线性折射率的测量过程，而对于非线性吸收系数的获取，是通过开孔扫描过程完成的，即通过移除小孔而消除非线性折射的影响。在这种情况下，开孔 Z-扫描得到的相对透过率曲线对非线性吸收敏感，表现为单个谷或单个峰（Zhu，2015）。

10.1.2 石墨烯的可饱和吸收及表征

电子在能级上服从费米-狄拉克分布。当受到波长为 λ 的光照射时，基态电子被激发到激发态上，两者能量差值为 hc/λ，其中 h 为普朗克常量，c 为光速。同时，处于激发态的电子也会弛豫返回至基态，并发射相对应的能量。因此在光照条件下，电子在基态和激发态之间发生跃迁和弛豫，并伴随着能量的吸收和发射，经过一段时间会达到相对稳定的分布状态，即处于激发态的电子数量增多，而基态的电子数量减少。此时继续增大光照强度，吸收光子能量的电子反而显著减少，表现为物质的吸收系数减小，最终达到饱和状态。这种物质的吸收系数随光照强度增大而减小的现象称为饱和吸收现象，物质的吸收系数从弱光吸收到饱和吸收的差值称为光调制深度。具有可饱和吸收特性的物质可用于实现激光器的调 Q 脉冲输出和脉冲宽度在纳秒量级以下的极窄短脉冲输出，峰值功率极高，这使其在医疗和科学研究领域有着重要的应用。

可饱和吸收体器件需要满足众多条件，如特定的波长工作范围、较大的光调制深度、较小的非饱和损耗、超短的电子弛豫时间、较高的热损伤阈值和合适的饱和光强度等。传统的可饱和吸收体主要是无机半导体材料，但无机半导体材料的吸收带宽受其能带宽度和布拉格反射镜基底所限，只有在近红外波段有较为成熟的产品，在中红外和红外波段的激光锁模效果并不理想。相比于市场上常用的具有较大光调制深度和较好可饱和吸收性能的半导体可饱和吸收镜，石墨烯作为新型碳材料具有其独特的优势。对于石墨烯，其电子弛豫时间极短，带内弛豫时间小于150 fs，带间弛豫时间小于1.5 ps。此外，石墨烯的导带和价带相交于一点，没有禁带，这使得其在从紫外到近红外波段对光都有吸收作用，因此具有较宽的吸收带宽。另外，石墨烯的热导率高达5000 W/(m·K)，远高于其他材料，因此具有比较高的热损伤阈值。最后，石墨烯还具有相对低廉的价格和较大的光调制深度等(Zhao, 2016)。上述这些优势使得石墨烯可应用于基于可饱和吸收体的脉冲激光器的极佳材料。

石墨烯的可饱和吸收原理示意图如图10-2(a)所示。当能量$E=\hbar\omega$(其中$\hbar$为约化普朗克常量，ω为光频率)的光子入射时，处在价带$-E/2$能级上的电子被泵浦到导带$E/2$能级上。受激载流子和空穴处于非热平衡状态，所以发生带内弛豫和带间弛豫。随着入射光强度增大，光致载流子浓度增加，导带被迅速填满，其速度远大于载流子弛豫过程。根据泡利不相容原理，一个电子只能占据一个能量状态，所以带间跃迁被阻断，从而使石墨烯的吸收达到饱和。其可饱和吸收系数可以使用二维量子阱的简单二能级可饱和吸收体模型来描述[2]：

$$\alpha^* = \frac{\alpha_S^*}{1+\dfrac{N}{N_S}} + \alpha_{NS}^* \tag{10-3}$$

式中，α^*为吸收系数；α_S^*为可饱和吸收系数；α_{NS}^*为非可饱和吸收系数；N为光生载流子密度；N_S为可饱和强度，即吸收降至初始值一半时N的大小。在强度为I的连续光或脉冲光激发下，光生载流子密度可由下式描述[2]：

$$N = \frac{\alpha^* I\tau}{\hbar\omega} \tag{10-4}$$

图 10-2

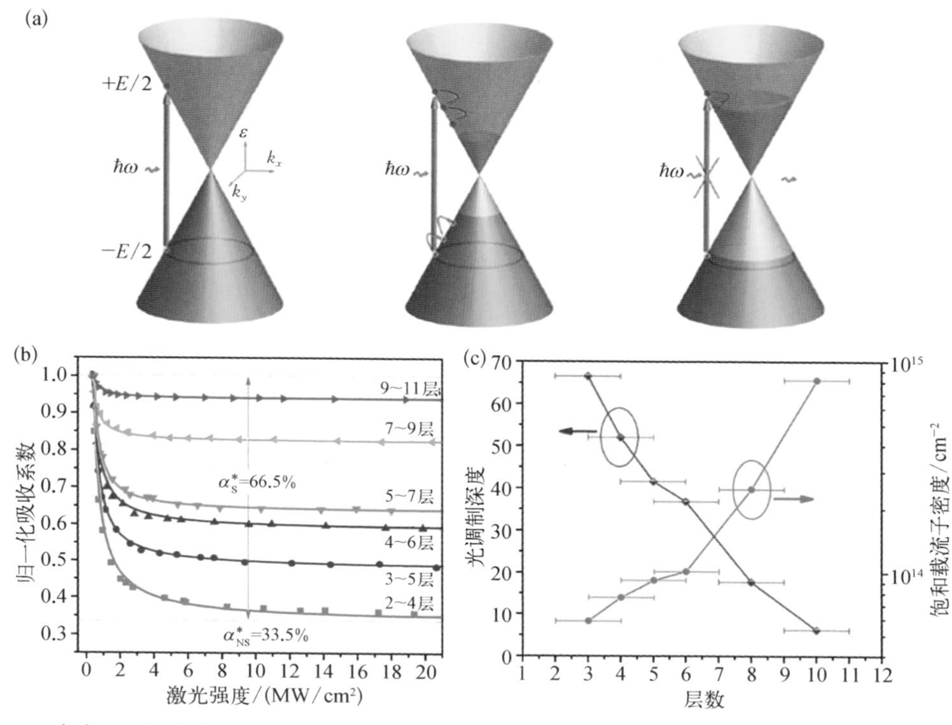

（a）石墨烯的可饱和吸收原理示意图；（b）不同层数的石墨烯的吸收系数随激光强度的变化；（c）不同层数的石墨烯的光调制深度及饱和载流子密度[2]

式中，τ 为载流子复合时间。由式(10-4)可以看出，当达到相同光生载流子密度时，载流子复合时间越长，则需要获得的连续光或脉冲光的强度越小。

实验上通过不断增大激光强度来探究不同层数石墨烯的可饱和吸收特性，如图 10-2(b)所示。对于不同层数的石墨烯，当激光强度达到阈值后，随着激光强度的不断增大，吸收系数逐渐下降，通过对变化曲线的拟合可得到石墨烯的可饱和强度为 0.61～0.71 MW/cm^2。同时，随着石墨烯层数的增加，散射所导致的不饱和损耗增加，光调制深度从 66.5%降低至 6.2%，如图 10-2(c)所示。与单壁碳纳米管相比，石墨烯的可饱和强度降低了 1 个数量级，而光调制深度提高了 23 倍。

石墨烯优异的可饱和吸收特性使其在不同脉冲激光锁模方面具有重要的应用价值。2009 年，第一个基于石墨烯可饱和吸收体的脉冲激光器问世[2]，吸引了众多科研工作者的关注。Liu 等[3]采用双包层掺铥光纤，在 2 μm 波段取得了 6.71 μJ 的单脉冲能量输出，峰值功率达到 302 mW，展示了石墨烯调 Q 光纤激光器的巨大潜力。根据双包层掺铥调 Q 光纤激光器谐振腔的结构示意图[图 10-3(a)],可以看到其传输路径。通过将氧化石墨烯作为可饱和吸收体整合至激光腔内,得到典型调 Q 脉冲输出表征[图 10-3(b)～(d)],脉冲中心波长为 2030 nm、半峰宽为 3.8 μs,激光器转换效率达到 21.8%,单个脉冲的最高输出能量为 6.71 μJ,对应输出功率为 302 mW。石墨烯在调 Q 光纤激光器中的优异性能充分体现了其在该领域的巨大优势。

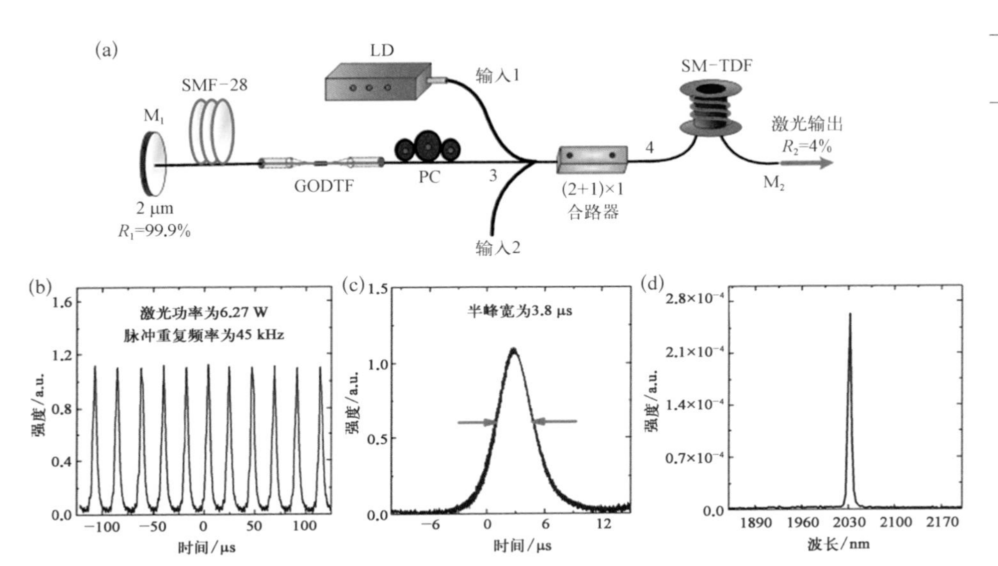

图 10-3 (a)双包层掺铥调 Q 光纤激光器谐振腔的结构示意图;(b)调 Q 脉冲序列;(c)单个调 Q 脉冲;(d)调 Q 输出光谱[3]

除了石墨烯外,GO、石墨烯复合物等材料也都展现出特殊的非线性光学性质。Liaros 等(2013)在 GO 非线性光学性质的研究中发现,GO 几乎没有出现非线性折射,但 GO 的非线性吸收显著,在可见光波段与 C_{60} 相当,而且在红外波段也表现出非线性吸收。GO 在激光功率较低时表现出饱和吸收,其开孔 Z-扫描曲线出现一个峰,而在激光功率较高时表现出反饱和吸收,相应的开孔 Z-扫描曲线出现一个谷。此外,GO 会随着氧化程度的不同而呈现出不同的非线性光学性质,氧化程度较高时表现为饱和吸收,而 rGO 则转变为反饱和吸收(Jiang, 2012)。另外,对于一些石墨烯复合材料,如石墨烯-金属/半导体纳米粒子复合材料、石墨烯-有机分子复合材料等,都可调节其非线性光学性质。

10.1.3 石墨烯的非线性折射率及表征

材料的非线性折射率会引起自聚焦或者自散焦现象,由非线性折射率的正负符号决定。当非线性折射率符号为正的材料受强激光照射时,其非线性折射率的变化与激光强度成正相关,并产生自聚焦现象,即当高斯分布的强激光照射到非线性光学材料上时,它会像凸透镜一样将光束会聚。与之相反,当材料的非线性折射率符号为负时,它会表现出类似于凹透镜的性质,使光束发散,这就是自散焦现象。非线性折射率产生的机制多样,比如电子云畸变、分子再取向、光效应和热效应等。其中,电子云畸变是指电子由于受到强激光作用而改变其极化方向,从而使非线性折射率发生变化。另外,当激光作用于各向异性分子组成的流体材料时,会出现分子再取向,即分子在不同方向上出现不同的分子极化率、高光场克尔效应等。此外,当光频电场作用于材料分子或原子时,可使其受到与入射光强度梯度成正比的应力而发生弹性运动,材料内部密度发生变化,致使材料的非线性折射率改变。而当激光照射材料时,材料吸收一部分激光能量,并通过非辐射跃迁的形式转化为热能,这部分热能的快速积累使得材料内局部温度升高,从而引起材料的非线性折射率改变(Zhu, 2015)。

除了可饱和吸收系数,石墨烯也具有明显的非线性折射率。Zhang 等[4]利用波长为 1550 nm 的光纤激光器并结合 Z-扫描技术对石墨烯进行了三阶非线性光学性质测量,通过开孔和闭孔扫描得到了相对透过率曲线,如图 10-4(a)(b)所示。其中,图 10-4(a)中的曲线代表可饱和吸收系数,图 10-4(b)中的曲线代表非线性折射率,且非线性折射率的影响与可饱和吸收的影响具有相同数量级。用图 10-4(b)中的曲线除以图 10-4(a)中的曲线,可以得到图 10-4(c)中的曲线,通过拟合得到非线性相位变化 $\Delta\phi$,进而按照式(10-5)计算非线性折射率 n。

$$n = \Delta\phi / k_0 LI \tag{10-5}$$

式中,k_0 为波数,$k_0 = 2\pi/\lambda$;L 为样品的厚度。计算得到入射光强度较低时石墨烯的非线性折射率达到 10^{-7} cm²/W,比普通块体电介质材料高出 9 个数量级。如图 10-4(d) 所示,随着入射光强度的增大,非线性折射率逐渐减小,非线性相位变化逐渐达到饱和,当入射光强度大于 0.6 GW/cm²时,非线性折射率降低至 6×10^{-8} cm²/W。

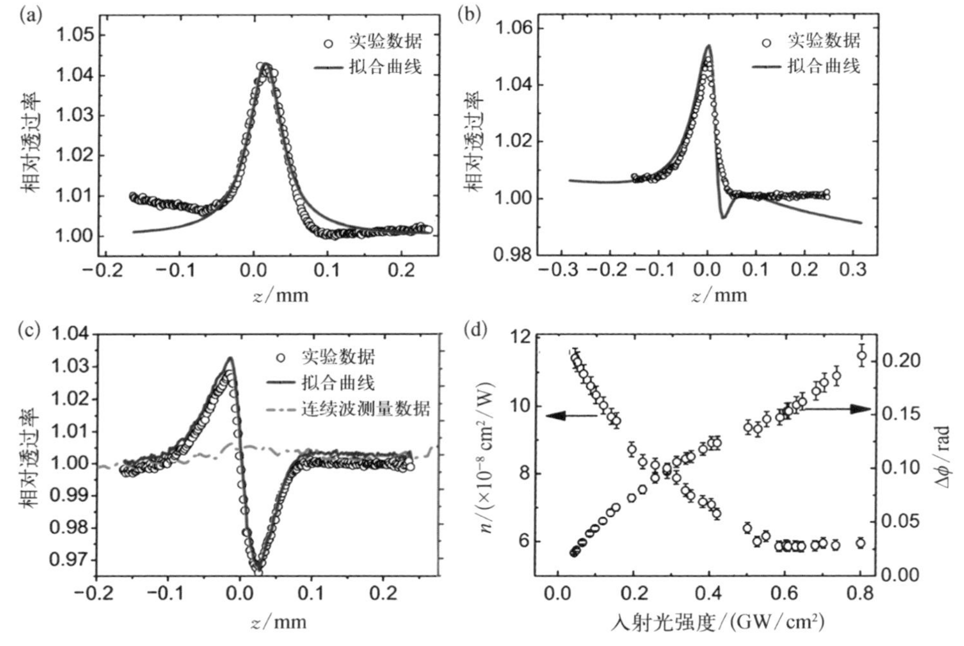

图 10-4

（a）开孔 Z-扫描得到的相对透过率曲线；（b）闭孔 Z-扫描得到的相对透过率曲线；（c）闭孔 Z-扫描曲线除以开孔 Z-扫描曲线所得到的曲线；（d）非线性折射率及非线性相位变化随入射光强度的变化[4]

10.2 石墨烯的表面等离激元效应及表征

10.2.1 石墨烯的表面等离激元效应

当入射光照射在平整的半无限金属表面时，金属自由电子的电荷密度波会与入射光的电磁波进行耦合，导致电子密度在空间上重新分布并振荡形成沿金属表面传播的纵波，称为表面等离极化激元(surface plasmon polariton, SPP)(表面等离激元分为局域型和传播型，这里特指传播型)。如图 10-5 所示，平行于界面的方向上存在电场分量，因此 SPP 是一种横磁波，并且电磁场强

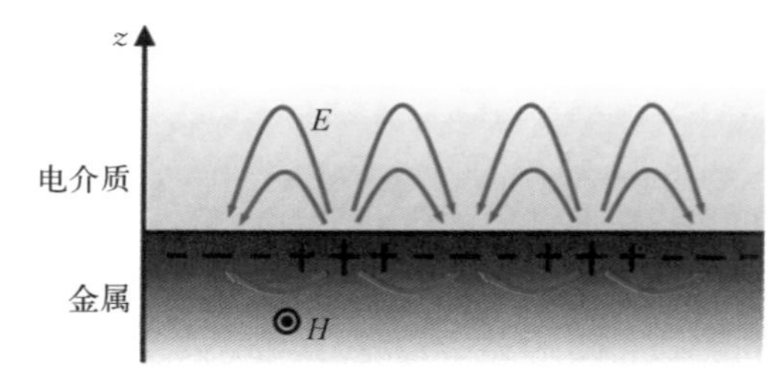

图 10-5 表面等离激元示意图[5]

度在界面处最强，远离界面时以指数式衰减[5]。这种表面等离激元效应可以将光控制在亚波长尺寸，并在材料表面传播，而亚波长能量的局域性还有利于提升光电器件和传感器件的性能，有望实现高速化、小型化、集成化的表面等离激元芯片。

描述表面等离激元特征的参数主要有品质因数 Q、传播长度 L、寿命 τ。品质因数的定义式为 $Q = q'/q''$，其中 q'和 q''分别为极化子复动量的实部和虚部。实部 q'与表面等离激元的波长 λ_p 有关，即 $q' = 2\pi/\lambda_p$，表示表面等离激元的传播性质，而虚部 q''则表示表面等离激元的衰减特性。传播长度的定义式为 $L = 1/2q''$，与表面等离激元的损耗成反比。寿命的定义式为 $\tau = 2Q/\omega$，其中 ω 为角频率。石墨烯与 Ag、n－InSb 及 n－CdO 的表面等离激元的参数对比[6]如表 10－1 所示，其中 λ_{IR}为用来激发产生表面等离激元的红外激光的波长，$\lambda_{IR} = 11.28\ \mu m$。相比于 Ag 表面等离激元，石墨烯表面等离激元具有更好的局域性和更长的寿命。传统的金属材料如金、银等由于欧姆损耗或热辐射而表现出严重的能量损失，限制了其进一步应用和发展，而石墨烯表面等离激元可以极大地增强局域电磁场，促进了光和材料的相互作用。

表 10－1　石墨烯与 Ag、n－InSb 及 n－CdO 的表面等离激元的参数对比[6]

	λ_{IR}/λ_p	Q	τ/fs
石墨烯(实验，$T = 60$ K)	66	130	1600
石墨烯(本征，$T = 60$ K)	66	970	12000
Ag ($T = 10$ K)	约 1	36	14
n－InSb、n－CdO($T = 300$ K)	＜10	37	270

石墨烯表面等离激元也是表面电子的集体振荡，通过与其他能量的耦合获得能量和动量，从而在材料表面进行传播。与金属表面等离激元不同的是，特殊的电子结构使石墨烯表面等离激元的共振频率可以实现从中红外到太赫兹波段的连续可调，而金属表面等离激元的共振频率则主要在可见光及近红外波段。此外，石墨烯表面等离激元还具备高度局域化的特点。通过调节栅压或化学掺杂的方法，可以对石墨烯的费米能级(E_F)进行调节，进而实现对石墨烯表面等离激元的调节。当入射光子能量低于 $2E_F$(对应太赫兹及中红外波段)时，根据泡利不相容原理，电子吸收光子后并不会发生带间跃迁，即带间跃迁被禁阻，吸收主要导致自由载流子发生带内跃迁。而当入射光能量高于 $2E_F$(对应近红外波段)时，电子吸收光子后可以发生带间跃迁，具有和本征石墨烯相同的吸光度。图 10－6(a)为有限浓度掺

杂下石墨烯的吸收光谱示意图。图 10-6(b)描述了石墨烯在不同能量的光照下所对应的电子跃迁过程。因此,可以通过栅压来调节石墨烯的费米能级,进而调节石墨烯表面等离激元的光学性质[7]。

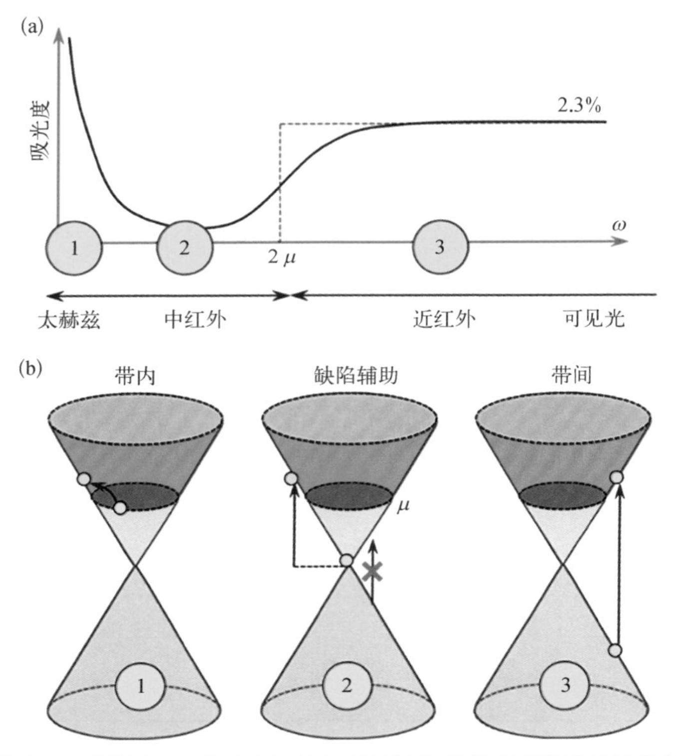

图 10-6 (a)有限浓度掺杂下石墨烯的吸收光谱示意图;(b)石墨烯在不同能量的光照下所对应的电子跃迁过程[7]

由于石墨烯表面等离激元表现出独特的宽波段激发、低本征损耗及高度光场局域等优异性能,其在有源光调制器、光谱学、红外/太赫兹探测及生物/化学传感器等领域具有重要应用价值。

10.2.2 石墨烯的表面等离激元表征

对石墨烯表面等离激元的特性进行表征,可以获得石墨烯表面等离激元的波长和传播长度,进而可以研究其能量耗散过程。Ni 等[6]利用扫描近场光学显微镜使石墨烯表面等离激元可视化,从而探究其波长和传播长度。他们首先在SiO_2/Si

基底上构筑 Au/h－BN/石墨烯/h－BN 微器件，其中 h－BN 充当介电层，Au 微结构用于表面等离激元的发射，其结构示意图和光学图像如图 10－7(a)(b)所示。然后在低温下以红外光入射到针尖上，通过针尖耦合激发石墨烯表面等离激元，再通过针尖将信号发射至远场。如图 10－7(c)所示，可以观察到明显的干涉条纹，这些干涉条纹展示了近场针尖发射的表面等离激元、石墨烯边缘反射的表面等离激元及 Au 微结构发射的表面等离激元三者的干涉结果。研究发现，石墨烯表面等离激元的传播主要受包覆层的介电损耗、电子和声子相互作用等的影响。在液氮气氛中，石墨烯表面等离激元的传播长度可达到 10 μm，寿命维持 1.6 ps(理论寿命为 12 ps)，而品质因数高达 130。如果石墨烯表面存在褶皱，表面等离激元在传播过

图 10－7

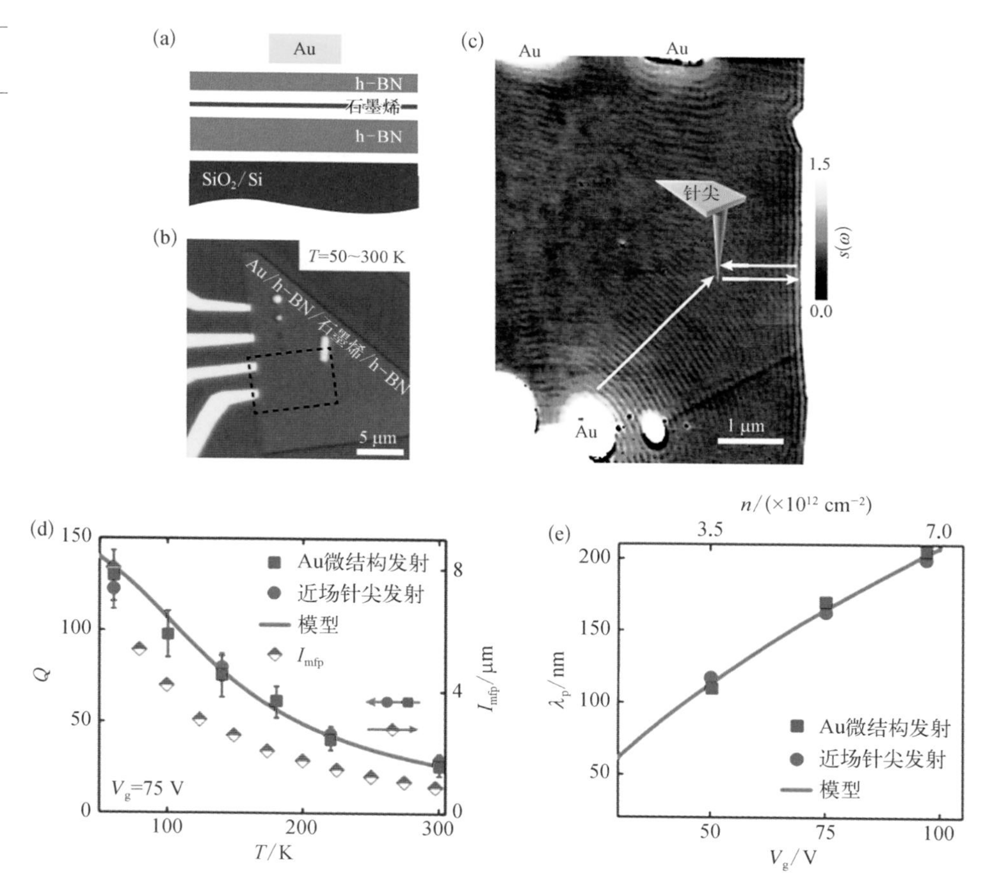

(a)(b) Au/h－BN/石墨烯/h－BN 微器件的结构示意图和光学图像；(c) 利用扫描近场光学显微镜得到的石墨烯表面等离激元的干涉条纹；(d) 不同温度下石墨烯表面等离激元的品质因数；(e) 不同栅压和载流子浓度下石墨烯表面等离激元的波长 [6]

程中也会被褶皱反射而进一步发生干涉，这一现象也可通过扫描近场光学显微镜进行观测(Chen，2019)。

除了对石墨烯表面等离激元的基本特性的表征，对石墨烯表面等离激元的调控及相应的器件性能的表征也非常重要。石墨烯表面等离激元的共振频率可以实现从中红外到太赫兹波段的连续可调，因此，可以通过器件的设计和栅压的调控来实现对光吸收率、振幅等性质的调节。Ju 等[8]首先报道了利用微米级的石墨烯条带阵列来实现石墨烯表面等离激元的调控。图 10－8(a)为石墨烯微米条带阵列的示意图。图 10－8(b)和图 10－8(c)分别为石墨烯微米条带阵列器件的截面图和条带宽度为 4 μm 的石墨烯微米条带阵列的 AFM 图。通过调控栅压，可以实现石墨烯表面等离激元的太赫兹共振[图 10－8(d)]，随着载流子浓度的增加，等离子体共振转移到更高的能量位置。石墨烯微米条带的宽度 W 决定了局域等离激元的波矢 $\boldsymbol{q}$ ($|\boldsymbol{q}| = \pi/W$)，因此，可以通过改变石墨烯微米条带的宽度来调节其表面等离激元的共振频率[图 10－8(e)]。石墨烯微米条带的宽度由几十纳米变化到几微米，相对

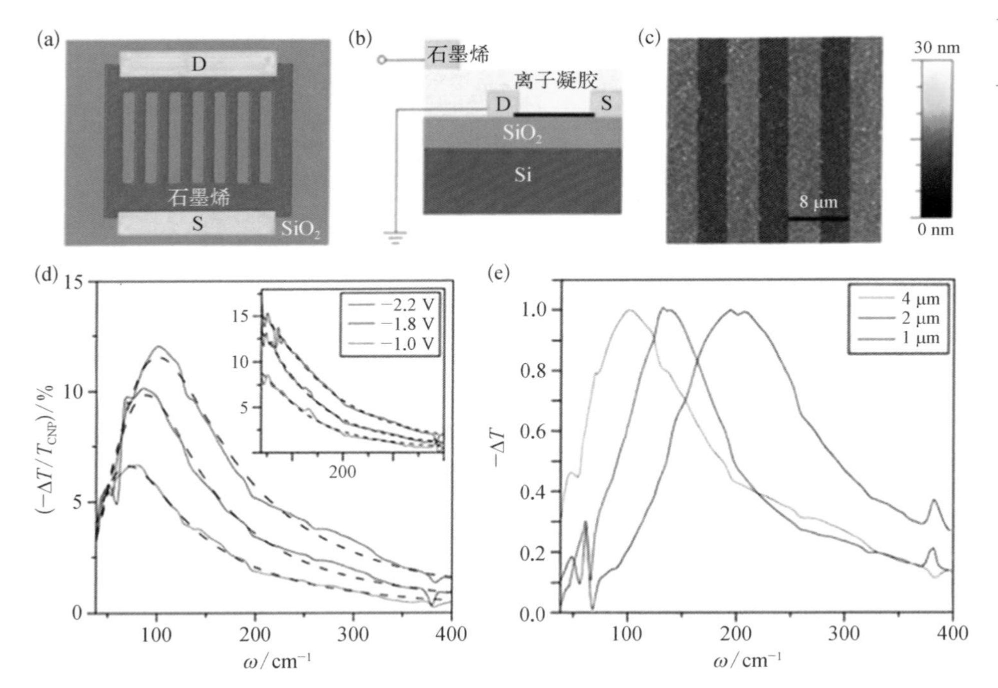

图 10－8

(a) 石墨烯微米条带阵列的示意图；(b) 石墨烯微米条带阵列器件的截面图；(c) 宽度为 4 μm的石墨烯微米条带阵列的 AFM 图；(d) 石墨烯表面等离激元共振吸收峰随栅压变化而变化；(e) 石墨烯表面等离激元共振吸收峰随微米条带宽度变化而变化[8]

应的石墨烯表面等离激元的共振频率从中红外变化到太赫兹波段。

10.3 石墨烯的磁学性质表征

石墨烯通过 sp^2 共价键结合，没有局域自旋净磁矩，本身不具有磁性。但若在石墨烯中引入杂质或缺陷，使得外层具有未配对的电子，则将使石墨烯产生磁性。除了掺杂的手段，通过构筑石墨烯与磁性材料的异质结，也能调制石墨烯的磁性。此外，扭转双层石墨烯也被证明具有轨道磁性。本节将依次介绍在石墨烯中引入磁性的几种方式及对石墨烯磁性的表征。

10.3.1 掺杂及含缺陷石墨烯的磁性及表征

在石墨烯晶格中引入缺陷可以产生局域磁矩，比如空位、杂质原子、混合 sp^2 - sp^3 杂化、锯齿型边缘等。早期，已有一些理论工作研究了掺杂及缺陷对石墨烯磁性的影响。例如，石墨烯表面吸附的氢原子或存在的碳空位缺陷都能导致局域磁矩和长程磁序的形成。氢原子的吸附使得碳原子所在子晶格的相反子晶格上形成不配对电子，在该子晶格的费米能级附近产生自旋极化的杂质能级，进而形成磁矩。一个氢原子的吸附可以产生 1 μ_B（μ_B为玻尔磁子）的磁矩，而一个碳空位缺陷产生的磁矩（1.12～1.53 μ_B）与缺陷浓度有关。磁矩间耦合形成的铁磁性或者反铁磁性与缺陷处在石墨烯相同或者不同的子晶格有关（Yazyev，2007）。对于氢原子吸附的石墨烯，“半氢化”将破坏石墨烯的离域化 π 键网络，导致每个未氢化的碳原子产生一个未配对的 2p 电子，它们之间长程交换耦合，可形成稳定的铁磁性，其居里温度为 278～417 K（Sun，2009）。对于不同类型的共价官能团，它们吸附在石墨烯平面上，则会将石墨烯中碳原子的 sp^2 共价键变成 sp^3 型，破坏 π 键的对称性，引入局域磁矩。sp^3 型缺陷引入磁矩的机理与氢原子吸附的类似，即占据碳原子的一个 p_z 轨道。类似地，磁矩之间的耦合依赖于吸附的共价官能团所处在石墨烯中的晶格位置，当共价官能团吸附在相同的子晶格时，则为铁磁耦合，而当共价官能团吸附在不同的子晶格时，则没有磁性（Santos，2012）。

在实验上，已有许多工作先后证实了具有空位缺陷或是由某些元素掺杂的石墨烯的磁性，比如氢化石墨烯、氟化石墨烯、氮掺杂石墨烯等。实验方式一般如下。首先对石墨烯进行掺杂或引入缺陷，然后测定其磁化曲线（$M-H$ 曲线），得到磁化强度 M 与磁场强度 H 的关系，根据饱和磁化强度可计算掺杂原子或缺陷位点产生的磁矩大小。通过测定磁化强度随温度的变化趋势（$M-T$ 曲线），得到居里温度（铁磁性向顺磁性转变的临界温度）或奈耳温度（反铁磁性向顺磁性转变的临界温度）的数值。此外，在表征单个掺杂原子吸附位点或单个缺陷位点处的磁性时，还可借助扫描隧道显微镜（STM）。González - Herrero 等[9]将单个氢原子沉积在石墨烯表面，直接探测到相反子晶格上的自旋极化态。利用 STM，既可对单个氢原子进行成像和定位[图 10 - 9(a)]，又可测量该氢原子吸附位点处的自旋极化态变化。氢原子的吸附通过产生自旋极化态进而引入磁性，这种自旋分裂体现在 STM 扫描得到的态密度曲线（$dI/dV-V$ 谱）上为两个峰[图 10 - 9(b)]。此外，STM 测量也揭示了局域磁性的巡游特征，吸附氢原子的碳原子处的自旋极化态扩散了几纳米[图 10 - 9(c)]，这意味着长距离的局域磁矩之间可以通过直接交换作用耦合。

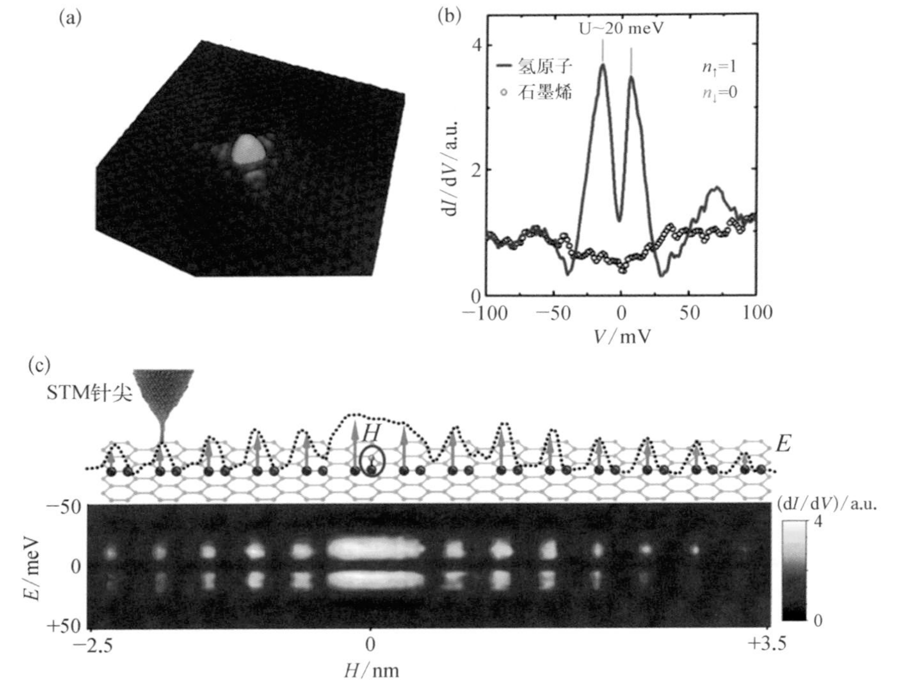

图 10 - 9

（a）单个氢原子吸附在石墨烯表面的 STM 扫描像；（b）氢原子吸附位点处及无氢原子吸附的石墨烯的 dI/dV - V 谱；（c）石墨烯吸附单个氢原子后在不同位置处的自旋极化态分布[9]

除了掺杂及引入空位等缺陷会使石墨烯产生磁性，石墨烯的边缘也可能出现磁性。石墨烯锯齿型边缘拥有孤对电子，从而使得石墨烯具有铁磁性及磁开关等潜在的磁性能。通过调整石墨烯的边缘来获得特定的晶体取向，可以提高磁序。比如，窄锯齿型边缘的石墨烯纳米带（5 nm）是反铁磁性半导体，而宽锯齿型边缘的石墨烯纳米带（>8 nm）是铁磁性半金属。此外，通过调整石墨烯的边缘也可对磁性进行调制。例如，单氢化及双氢化锯齿型边缘的石墨烯具有铁磁性；使用纳米金刚石转化法得到的石墨烯的泡利顺磁磁化率或 π 电子所具有的自旋顺磁磁化率比石墨高出 1 或 2 个数量级；由 3 层和 4 层石墨烯片无定形微区排列所构成的三维纳米活性碳纤维在不同热处理温度下显示出 Cuire - Weiss 行为，这表明石墨烯的边缘具有局部磁矩。

10.3.2 石墨烯基异质结的磁性及表征

虽然掺杂可以使石墨烯产生磁性，但是掺杂也可能破坏石墨烯原有的优异电子特性。因此，研究人员致力于寻找使石墨烯磁化的同时又能维持其电子迁移率的方法。此前，已有理论研究了石墨烯与磁性材料界面处的磁性变化，发现石墨烯可在氧化物基底上引起磁性软化，将其内部自旋取向从反铁磁性转变为铁磁性（Zanolli, 2018）。同样地，磁性材料也可对石墨烯的磁性产生影响。将石墨烯与磁性材料结合，通过石墨烯与其他材料在界面处的电子耦合，可改变石墨烯中电子的自旋极化，进而引入磁性。

Shi 等（2015）将石墨烯紧贴在一块磁性绝缘体（钇铁石榴石，YIG）上，这一方法可使石墨烯成为铁磁体，同时保持了它原有的高电子迁移率。为了探测石墨烯的磁性状态，他们进行了霍尔效应测量。实验中，在外加磁场的条件下，令电流通过“石墨烯- YIG”组合，测量表面上感应的横向电压。他们发现，“石墨烯- YIG”组合具有反常霍尔效应，这正是铁磁体霍尔效应的特征。石墨烯中感应的铁磁性来源于其中的电子自旋极化，而自旋极化是“石墨烯- YIG”组合中不同状态电子耦合的结果，该耦合增强了石墨烯中原本较弱的自旋-轨道耦合。此外，研究人员合成了一种由严密有序的石墨烯、超薄金原子层、钴磁性基底组成的三层结构。当三者发生相互作用时，石墨烯不仅保留了自身独特的性质，而且部分获得了两种金属的性质，即磁性和自旋-轨道耦合。石墨烯自身的自旋-轨道耦合很弱，而金的自旋-

轨道耦合非常强，因此金和石墨烯的相互作用使石墨烯的自旋-轨道耦合增强。钴对石墨烯的磁化作用也是如此。

Tang 等[10]通过非局域测量来探测塞曼自旋霍尔效应，研究了二维石墨烯/$CrBr_3$ 范德瓦耳斯异质结中的磁邻近效应。磁邻近效应是指基于磁交换耦合的短距离性质而在磁性绝缘体和石墨烯的界面处产生的邻近效应。他们制备了具有霍尔棒结构的石墨烯/$CrBr_3$ 范德瓦耳斯异质结以用于电学输运测试。利用塞曼效应，石墨烯中狄拉克锥的塞曼分裂会在狄拉克点附近产生具有相反自旋的电子和空穴载流子[图 10－10(a)]，这种特性可以诱发塞曼自旋霍尔效应。石墨烯中的塞曼自旋霍尔效应能够产生非局域电压，可用于探测该异质结中的磁邻近效应。该过程的原理如下：在存在外部垂直磁场的情况下施加源-漏电流，电子和空穴所受到的洛伦兹力方向相反，故净电荷电流为零，然而净自旋电流不为零，因此可以产生非局域电压[图 10－10(b)]。当增大磁场时，狄拉克点处的非局域电阻迅速增大

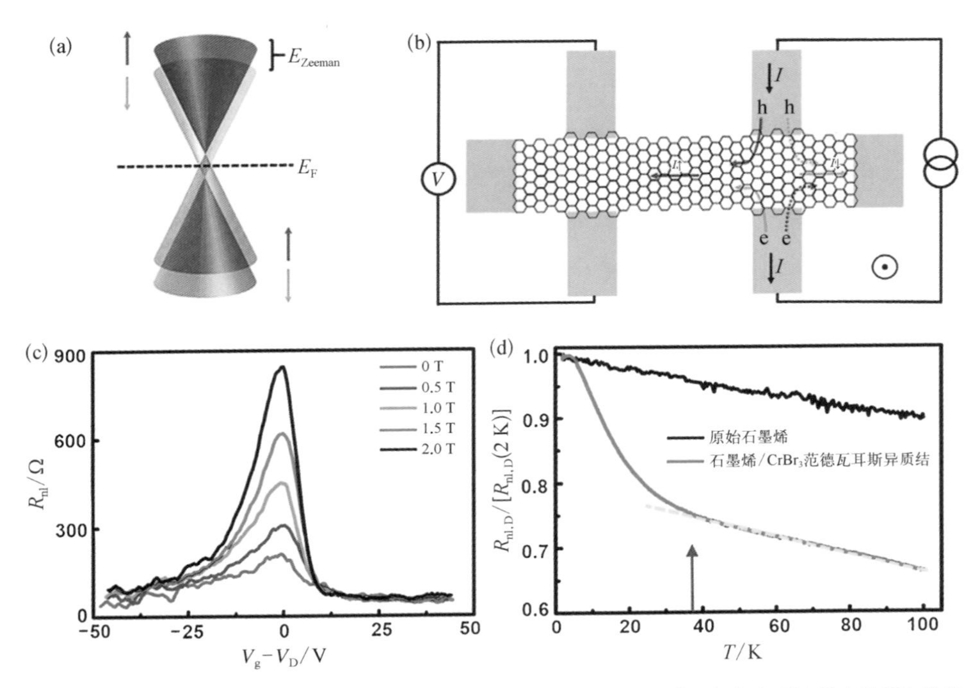

图 10－10

（a）石墨烯中狄拉克锥塞曼分裂的示意图（箭头表示载流子自旋方向）；（b）探测塞曼自旋霍尔效应的非局域测量原理；（c）石墨烯/$CrBr_3$ 范德瓦耳斯异质结在不同的磁场下获得的非局域电阻 R_{nl} 与背栅 V_g 的关系；（d）原始石墨烯与石墨烯/$CrBr_3$ 范德瓦耳斯异质结在狄拉克点处的非局域电阻随温度的变化对比[10]

[图 10－10(c)]，说明由磁邻近效应产生的塞曼分裂能增大。$CrBr_3$ 在零磁场下的剩磁非零，因此，0 T 时的有限非局域电阻可以归因于 0 T 交换场导致的自旋极化所引起的自旋霍尔效应。进一步地，通过测量狄拉克点处非局域电阻的温度依赖性，可探究磁邻近效应引起这种塞曼分裂能增大的起源。实验发现，对于石墨烯/$CrBr_3$ 范德瓦耳斯异质结而言，当温度超过 $CrBr_3$ 的居里温度 T_C 时，狄拉克点处的非局域电阻急剧减小。相比之下，原始石墨烯在狄拉克点处非局域电阻的温度依赖性非常弱[图 10－10(d)]。据此推断，当温度低于 $CrBr_3$ 的 T_C 时，磁邻近效应是诱导石墨烯/$CrBr_3$ 范德瓦耳斯异质结中产生非局域电阻的主要原因。该研究不仅揭示了二维范德瓦耳斯异质结界面处磁交换场的起源，而且指出了通过产生和调控局部自旋来设计二维自旋逻辑器件的可能性。

10.3.3 扭转双层石墨烯的磁性及表征

近年来，对扭转双层石墨烯性质的研究逐渐深入，其随扭转角度可调的能带结构可适应多种功能器件的需求。扭转双层石墨烯的平带处存在非常强的电子间相互作用，因此可产生许多新奇的物性，比如在一个特定的扭转角度下发现了绝缘相和超导态(Cao, 2018)。此外，Sharpe 等[11]在扭转双层石墨烯中发现了铁磁性，这种铁磁性的转变发生在平带被填充至四分之三时，并伴随着明显的反常霍尔效应。在实验上，他们首先构筑了由氮化硼封装的扭转角度为 1.17°的扭转双层石墨烯，然后制成了霍尔棒器件以用于电学输运测量，随后获得了载流子浓度 n 变化时的电阻值变化。从几个电阻的峰值位置可看出，该扭转双层石墨烯的几个相关状态分别出现在四分之一、二分之一、四分之三填充时[图 10－11(a)]。在施加平面外部磁场后，他们发现反常霍尔效应中电阻大幅增大。在四分之三填充处，反常霍尔电阻随磁场的变化出现迟滞现象，即使在磁场被关闭时也保持极大的信号[图 10－11(b)]。此外，通过测量零磁场下反常霍尔电阻和普通霍尔斜率随 n/n_s(n_s为扭转双层石墨烯超晶格布里渊区在满填充时的电荷浓度)的变化，他们发现反常霍尔电阻的峰值明显，最大值出现在 $n/n_s = 0.758$ 左右[图 10－11(c)]。更重要的是，较小的电流即可驱动体系磁性的转变[图 10－11(d)]。

霍尔电压通常只出现在外部磁场存在的情况下，然而在没有施加外部磁场的情况下仍然检测到霍尔电压，这说明扭转双层石墨烯自身产生了内部磁场。这种

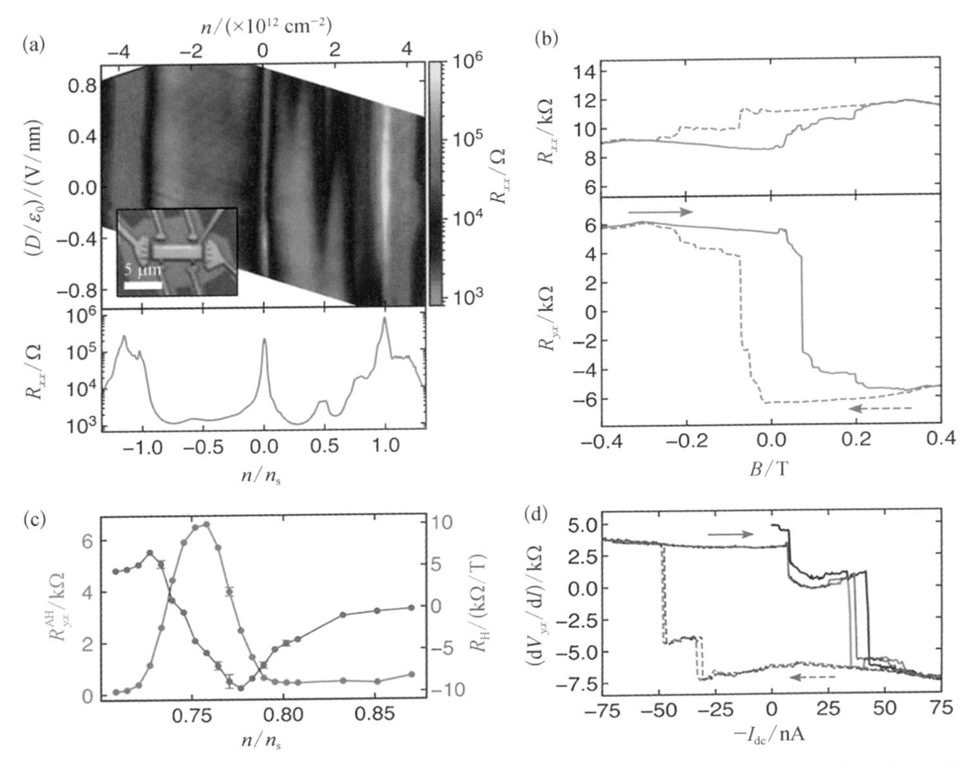

图 10-11

（a）扭转双层石墨烯的霍尔棒器件及纵向电阻随电荷浓度的变化；（b）纵向电阻（上部）和霍尔电阻（下部）的磁场依赖性；（c）零磁场下反常霍尔电阻和普通霍尔斜率随电荷浓度的变化；（d）电流驱动的磁性转变[11]

磁场不可能是电子的自旋向上或向下排列对齐的结果，研究人员推断这种磁性是由轨道运动协调产生的，即轨道磁化。所谓轨道磁化是指带电粒子（通常是电子）轨道运动引起的磁化，这种磁化与电子的自旋对总磁化强度的贡献有所区别。He 等（2020）对扭转双层石墨烯存在磁性的机制及弱电流驱动的磁性转变机制进行了深入的探究。他们发现，扭转角度和基底所引入的对称性破缺使得扭转双层石墨烯在电流驱动下产生面外轨道磁性，而平带上较大的贝里曲率使得布洛赫电子具有较大的轨道磁矩，因此较小的电流就能驱动产生较大的轨道磁性。

扭转双层石墨烯表面附近的磁场极弱，这种弱磁场在某些应用中具有优势，比如作为量子计算机的内存。扭转双层石墨烯可以用非常低的功率开启，并且可以非常容易地通过电子方式读取，因此有望实现低能量耗散的磁性存储器。当前，对扭转双层石墨烯轨道磁性的研究处于起步阶段，具体的实验和应用探究仍有待深化。

10.4 石墨烯的电化学表征

碳材料具有结构丰富、价格低廉、化学稳定性高、电化学电位窗口宽等特性，因而可以广泛应用于分析电化学和工业电化学领域，并表现出许多优于传统贵金属材料的特性。类型多样的碳纳米材料，如碳纳米管、碳纳米纤维、富勒烯、石墨烯等在电化学应用领域大放异彩，其中石墨烯由于具有超高的比表面积和电导率等特点尤其具有独特的优势。电极材料的比表面积对于评价电极材料在储能、生物传感等方面的性能十分重要，而石墨烯的理论比表面积高达 2630 m^2/g，远超过块体石墨材料（约 10 m^2/g），是碳纳米管（1315 m^2/g）的两倍（McCreery, 2008）。同时，理论计算的石墨烯的电导率约为 64 mS/cm，比单壁碳纳米管高出 60 倍以上（Wang, 2008）。此外，石墨烯的电导率能够在较宽的温度范围内保持稳定，在液氮中仍能保持高电导率，这对于石墨烯在复杂条件下的应用十分有利。因而，理论上石墨烯是一种理想的电极材料，在电化学领域有着巨大的应用空间。

10.4.1 石墨烯电极构筑

石墨烯的电化学性质与其制备方法、表面官能团或杂质、层数、组装形式等均相关。针对不同石墨烯的电化学性质的研究需求，构筑相应的石墨烯电极。以下介绍多类型石墨烯电极的构筑方式，包括单层石墨烯电极、单层石墨烯-双面电极、单层石墨烯-基面电极与单层石墨烯-边缘电极、石墨烯组装体电极。其中，有关单层石墨烯电极的构筑主要针对单层石墨烯晶体的本征电化学性质研究，石墨烯组装体电极的构筑主要针对石墨烯组装体材料在电化学储能或能量转化应用等领域的电化学性质研究。

1. 单层石墨烯电极

为研究单层石墨烯晶体的电化学性质，Li 等[12]设计了单层石墨烯电极的制备流程，如图 10-12 所示。样品为机械剥离法制备的单层石墨烯及 CVD 法获得的单层石墨烯。首先，将单层石墨烯沉积在带有 SiO_2 表面涂层的硅基底上，通过光刻

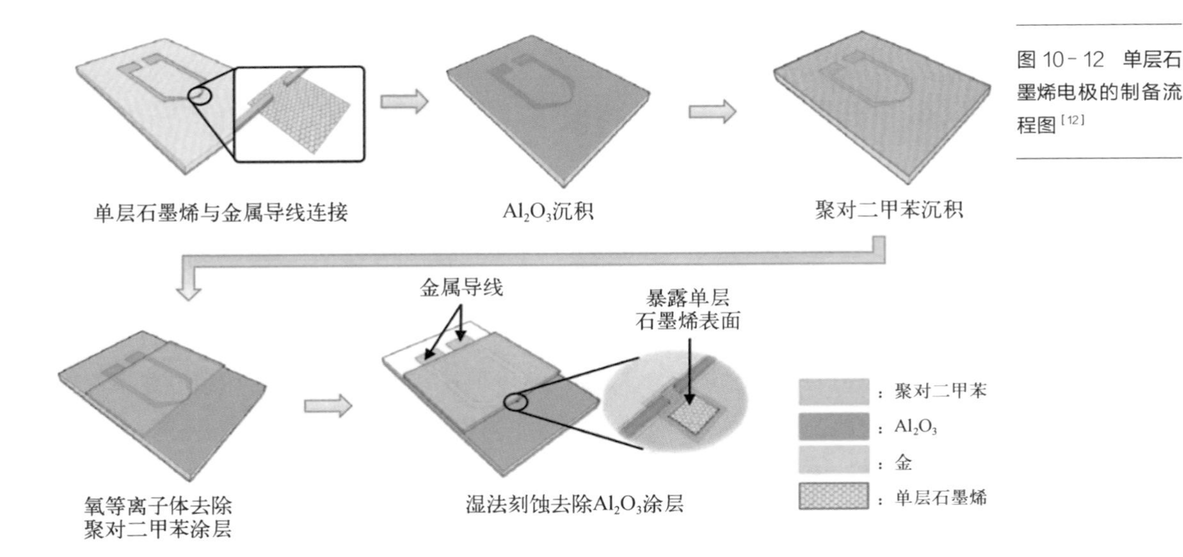

图 10－12　单层石墨烯电极的制备流程图[12]

技术将单层石墨烯与至少两根金属导线相接，通常两根金属导线之间的电阻约为 1 kΩ，这表明单层石墨烯与金属导线之间接触良好。随后，在其表面沉积厚度为 100 nm 的 Al_2O_3 及厚度为 600 nm 的聚对二甲苯，确保在电化学测试过程中金属导线不与电解质接触；在保持金属导线被涂层保护的情况下，采用氧等离子体去除单层石墨烯上方的聚对二甲苯涂层。最终，通过湿法刻蚀去除 Al_2O_3 涂层以暴露一定面积的单层石墨烯表面，再进行 350℃ 真空退火以去除单层石墨烯表面存在的有机物。这种单层石墨烯电极的构筑方法确保了电化学测试过程中只有单层石墨烯的电化学活性面与电解质接触，同时可保证单层石墨烯表面的高清洁程度。

2. 单层石墨烯-双面电极

上述构筑的单层石墨烯电极在电解质中只暴露一侧，即为单面电极，为对比研究石墨烯单面电极和双面电极的电化学性质差异，Stoller 等[13]构筑了单层石墨烯-双面电极，该电极上单层石墨烯的双侧与电解质接触，如图 10－13 所示。将 CVD 法生长单层石墨烯的铜箔沿着其边缘用胶带粘贴到平面硅基底上，铜箔和硅基底之间放置铝箔垫片以使得单层石墨烯/铜箔的表面高于胶带边缘。表面用六甲基二硅胺处理后旋涂一层光刻胶，在光刻胶上构筑方形窗口阵列图案，光刻后暴露方形阵列图案的单层石墨烯一侧表面。图案化之后，将单层石墨烯/铜箔从硅基底上移除，边缘部分用 PMMA 包覆后将铜箔部分刻蚀暴露单层石墨烯的另一侧表面，

图 10-13 单层石墨烯-双面电极的制备流程图[13]

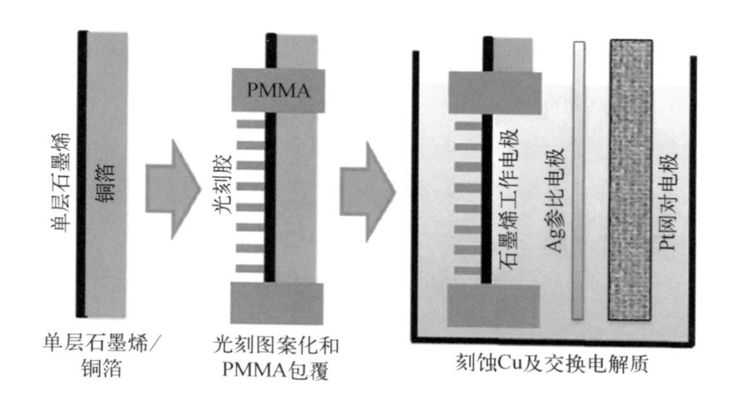

最终获得单层石墨烯-双面电极。

3. 单层石墨烯-基面电极与单层石墨烯-边缘电极

石墨烯基面与边缘处的电化学活性不同，为研究单层石墨烯基面与边缘的电化学性质的差异，Yuan 等[14]构筑了基于单层石墨烯基面的电极与基于单层石墨烯边缘的电极，如图 10-14 所示。样品为 CVD 法在铜基底上生长的单层石墨烯，首先在样品表面旋涂一层 PMMA，随后选择性涂覆环氧树脂层。一方面，在涂覆绝缘树脂层的过程中预留方形窗口，刻蚀窗口下方的铜基底从而暴露石墨烯基面，

图 10-14 单层石墨烯-边缘电极与单层石墨烯-基面电极的制备流程图[14]

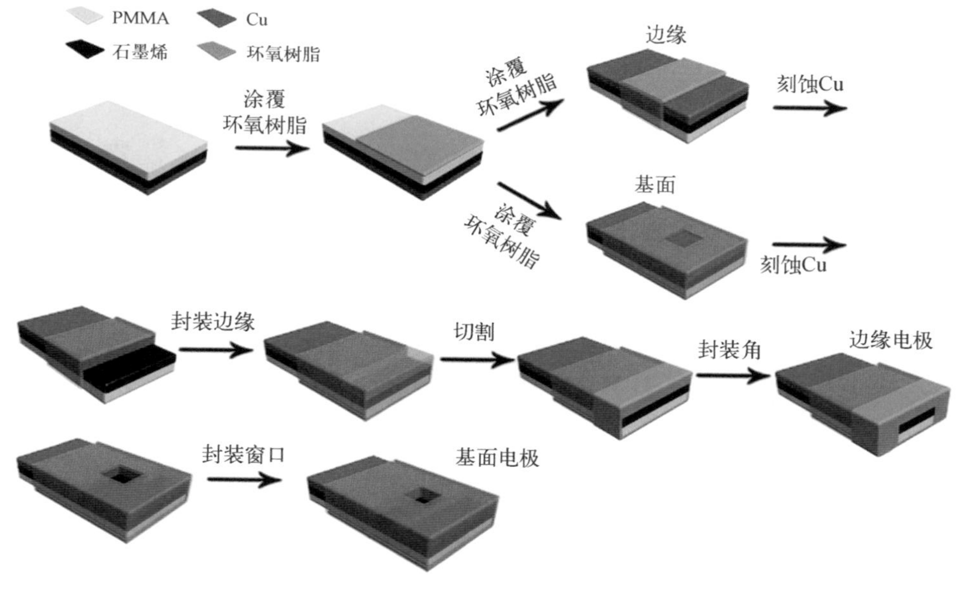

最后封装获得单层石墨烯-基面电极。另一方面,选择性涂覆绝缘树脂层后刻蚀部分铜基底,再涂覆环氧树脂将石墨烯表面完全覆盖,并沿横截面切割只暴露单层石墨烯的一侧边缘,最后封装得到单层石墨烯-边缘电极。

4. 石墨烯组装体电极

为研究不同层数石墨烯电极的电化学性能,Ji 等(2014)构筑了多层石墨烯电极,样品为 CVD 法生长于铜箔的单层石墨烯。首先在铜箔上生长有单层石墨烯的表面旋涂一层 PMMA,并在 PMMA 表面覆盖一层 Scotch 胶带等塑料基底,随后将铜箔的另一裸露表面部分浸入刻蚀液中,经过部分刻蚀铜箔从而暴露单层石墨烯表面,即可获得接有铜电极的单层石墨烯电极。此外,经过反复多次转移 PMMA 旋涂的石墨烯膜堆叠在基底上,再部分刻蚀铜箔,即可获得不同层数的石墨烯电极。

此外,通过物理或化学的方式可以获得多种类型的石墨烯组装体电极材料,例如石墨烯粉体、石墨烯气凝胶、石墨烯薄膜等。基于石墨烯组装体材料的电极可通过真空抽滤成膜构筑石墨烯膜电极[15],如图 10 - 15 所示。还可利用黏结剂涂覆于导电基底(例如泡沫镍),经过热压后,构筑基于石墨烯粉体的工作电极,或在特定电极上沉积获得石墨烯修饰的电极。不同于研究单层石墨烯本征电化学性质的微

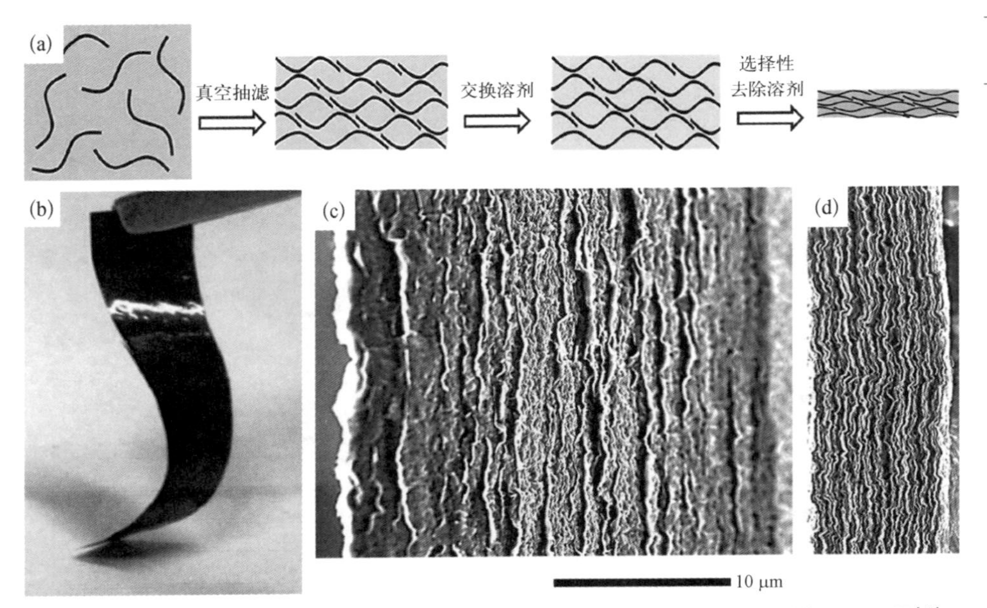

图 10 - 15

(a) 抽滤法制备石墨烯膜电极;(b) 柔性石墨烯膜电极照片;(c)(d) 石墨烯膜的横截面 SEM 图[15]

电极，石墨烯组装体电极为宏观体电极，表现出的电化学性质综合了组装体中石墨烯组分的基面、边缘、缺陷、杂质、堆垛结构等多种因素的影响。

10.4.2 电化学测试体系

电极过程通常十分复杂，往往由大量串联或并联的电极基本过程（或称单元步骤）组成。最简单的电极过程通常包括以下四个基本过程：电荷传递过程、扩散传质过程、电极界面双电层的充电过程及电荷的电迁移过程。另外，还可能存在电极表面的吸脱附过程、电结晶过程、伴随电化学反应的均相化学反应过程等。测量某一个电极基本过程的参量，须控制其他实验条件参量，使该过程在电极总过程中占据主导地位，降低或消除其他基本过程的影响，这也是电化学测量的基本原则。

图 10－16(a)(b)为典型三电极体系装置和电路示意图[16]。其中，WE 为工作电极，即为研究电极；RE 为参比电极，通常选用饱和甘汞电极、Ag/AgCl 电极、Hg/HgO 电极等；CE 为对电极，也可称为辅助电极，应选用大表面积的惰性电极，例如铂电极、石墨电极等。三电极电化学测试通常在电化学工作站上进行，WE、CE、工作站构成极化回路，极化回路中有极化电流流过，可对极化电流进行测量和控制；WE、RE、工作站构成控制回路，对研究电极的电势或电流进行测量和控制，控制回路中无极化电流通过，只有极小的测量电流，因而不会影响研究电极的极化状态或

图 10－16

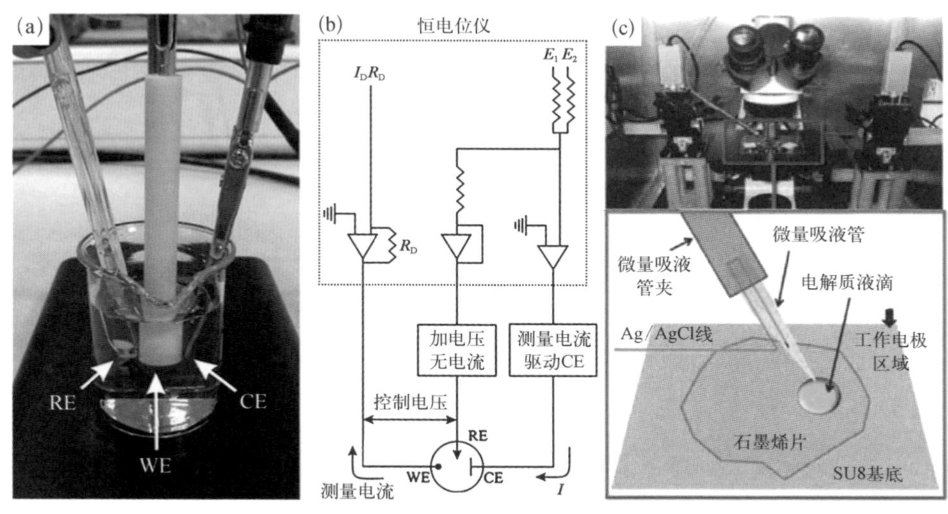

(a)(b) 典型三电极电化学测试体系装置和电路示意图[16]；(c) 石墨烯微电极的表面原位电化学表征[17]

参比电极的稳定性。三电极体系对于单层石墨烯电极或类型丰富的石墨烯组装体电极均可适用。

考虑到石墨烯电极构筑时复杂的沉积或转移过程对材料本征性质可能带来的影响，Dryfe 等设计了一种用于研究高质量石墨烯片电化学的微型装置。如图 10－16(c)所示，采用微注射-微操作的两电极体系，将电解质直接滴在机械剥离的石墨烯片层上选定的微尺度区域进行原位电化学测试[17]。这种方法可以通过移动电解质微滴进行石墨烯基面、边缘或台阶不同位置电化学活性的表征。

10.4.3 石墨烯的双电层电容及表征

在电极浸入电解质后，电极和电解质界面带有相反符号的电荷，电极/电解质界面上的荷电物质部分地定向排列在界面两侧构成双电层，如图 10－17(a)所

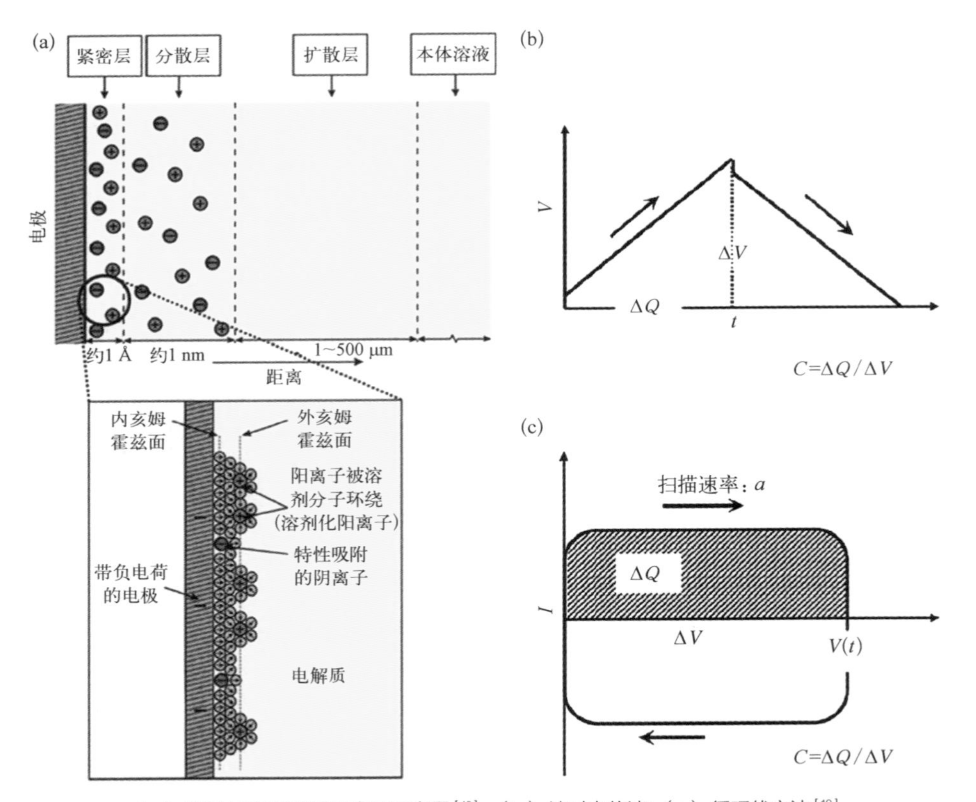

图 10－17

（a）电极/电解质界面双电层示意图[16]；（b）计时电位法；（c）循环伏安法[18]

示。石墨烯的双电层电容(也可称为界面电容)对于其在能量存储或能量转化领域的应用十分重要,例如燃料电池、电池、超级电容器等。石墨烯的双电层电容源自施加某一电位时石墨烯电极与电解质界面处的电荷积累,双电层电容的表征只能在电解质(如水系盐溶液)中进行,且电极和电解质界面无电荷转移过程。图 10-17 (b)(c) 列举了两种常见的定量表征双电层电容的测试方法,分别为计时电位法和循环伏安法。除此之外,还可利用电化学阻抗谱进行电容表征。

1. 计时电位法

计时电位法,即恒电流充放电法,是通过输入恒定的电流值,记录不同时间的电位信号,主要研究电位-时间或电位-电流的关系。绘制电压-时间的关系曲线即为恒流充放电曲线,对于理想的双电层超级电容器电极材料,恒流充放电时,相同的充放电电流下进行一次充放电后的曲线近似于标准的等腰三角形,表明电压随时间线性变化。实际情况中,由于电解液、材料、集流体和接触位都有一定的阻抗,使其充放电曲线偏离等腰三角形形状。通过分析曲线,就可以得到比电容值、充放电效率及电容器的能量密度、功率密度、循环稳定性等信息(Bard, 1980),可以用于研究石墨烯电极或石墨烯超级电容器中的电化学性能。

根据恒流充放电曲线,在三电极体系中,电容 C 可依据式(10-6)计算得出。

$$C = I\Delta t / \Delta U \tag{10-6}$$

式中,I 为放电电流;Δt 为放电时间;ΔU 为电压窗口。质量比电容可通过电容 C 与活性物质质量 m 的比值计算获得。

相应的能量密度 E_d 和功率密度 P_d 为

$$E_d = C\Delta U^2 / 2m \tag{10-7}$$

$$P_d = E_d / \Delta t \tag{10-8}$$

2. 循环伏安法

循环伏安法(cyclic voltammetry, CV)又称线性电势扫描伏安法,是一种常用的电化学分析方法,通常使用三电极体系进行测试。在测试过程中,电势随时间线性变化,以恒定扫描速率对样品进行循环电势扫描,当线性扫描达到一定的时间时

（或当电极电势达到转换电势时）进行反向扫描，这样的扫描电势称为三角波，得到电流随电压变化的曲线叫作循环伏安曲线。电流信号则包含一个正电流信号和一个负电流信号，分别把材料作为阴极和阳极进行扫描，同时检测相应的电流变化信号。

在一般情况下，线形扫描过程中的响应电流为电化学反应电流 I_f 和双电层充电电流 I_c之和，即

$$I = I_c + I_f \tag{10-9}$$

双电层充电电流 I_c为

$$I_c = \frac{\mathrm{d}q}{\mathrm{d}t} = \frac{\mathrm{d}[-C_\mathrm{d}(E - E_Z)]}{\mathrm{d}t} = -C_\mathrm{d}\frac{\mathrm{d}E}{\mathrm{d}t} + (E_Z - E)\frac{\mathrm{d}C_\mathrm{d}}{\mathrm{d}t} \tag{10-10}$$

式中，C_d为双电层的微分电容；E 为电极电势；E_Z 为零电荷电势。

根据循环伏安曲线，可通过式（10－11）计算得到双电层质量比电容。

$$C = \frac{Q}{m\left(\dfrac{\Delta V}{2}\right)} = \frac{2\int I\mathrm{d}t}{m\Delta V} = \frac{S/a}{m\Delta V} = \frac{S}{am\Delta V} \tag{10-11}$$

式中，Q 为扫描过程中电极表面的电量；m 为电极活性物质质量；ΔV 为扫描选取的电压范围；I 为扫描过程中的电流大小；a 为扫描速率；S 为整个 CV 曲线的积分面积。

非法拉第过程的双电层电容电极材料在电化学测试中表现出纯双电层电容行为，改变扫描电压方向的瞬间电流即能随之改变方向达到平台，因而理想状态下双电层电容电极的循环伏安曲线接近于矩形，电容性质不随扫描速率变化。然而，实际情况下由于石墨烯具有一定的内阻，当电压信号改变方向时电流并不会立刻变为恒定电流，而是会经过一定弛豫时间在循环伏安曲线上表现为出现一段具有弧度的曲线。当内阻越大时，电流变为恒定值的时间越长，曲线偏离矩形就越大。如图 10－18 所示，石墨烯组装体薄膜电极在 50 mV/s 扫速速率下的循环伏安曲线基本呈现近似矩形的形状；当扫速速率增大至 500 mV/s 时，其中一些石墨烯薄膜电极的循环伏安曲线已偏离矩形形状，这说明在高扫描速率下石墨烯由于存在内阻而出现 CV 曲线的弛豫[18]。

图 10-18 在 0.1 mol/L H_2SO_4 电解质中，不同石墨烯组装体薄膜电极循环伏安曲线[18]

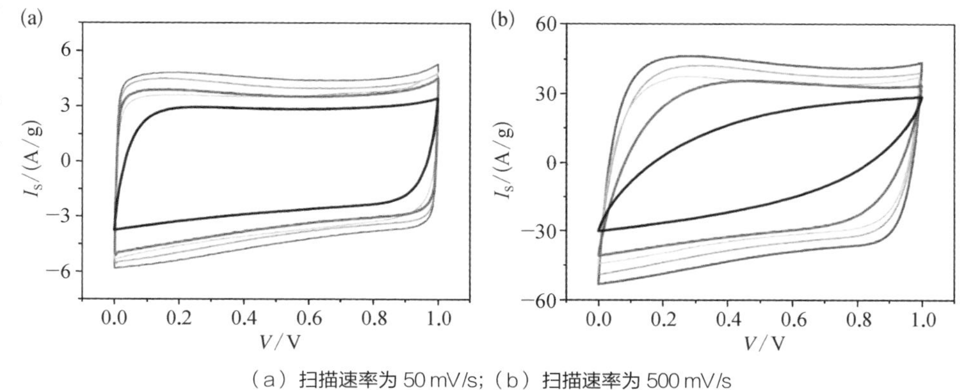

（a）扫描速率为 50 mV/s；（b）扫描速率为 500 mV/s

3. 交流阻抗法

电化学阻抗谱(electrochemical impedance spectroscopy，EIS)的应用非常广泛，是研究电化学测量技术中的重要的方法。通过对电极体系施加微小幅度的信号扰动，改变电流或电压的频率，获得材料阻抗的数据，以不同频率下交流阻抗实数部分为横坐标、虚数部分为纵坐标作图，得到 Nyquist 曲线图。其中实部电阻对应等效欧姆电阻，而虚部对应非电阻元素的存在，阻抗谱图分为高频区、中频区和低频区。高频区为半圆弧型，其与实轴交点表示电解质溶液电阻，半圆弧直径反映电荷在材料内及材料/电解质界面的转移电阻。

EIS 可以用于初步判断电极材料的内部电阻和比表面积利用效率等，还可以用于计算电极材料的电容量。图 10-19 中线 1 与高频区半圆弧的直径大于线 2 高频区半圆弧的直径，说明线 2 材料的电荷转移内阻更小。中频区为一趋于 45°的斜线，被称为 Warburg 阻抗，由电解液离子扩散/流动过程而产生，表示电解液中离子的扩散电阻，能够反映材料表面对电解液离子扩散程度的影响，进而反映其形貌结构。低频区为接近垂直于实轴的直线，此直线越垂直于实轴，越接近于双电层电容。它可用于初步比较石墨烯材料的比表面利用率和双电层电容性能，线 1 低频区斜率更大，说明线 1 材料的双电层性能更高，比表面积利用率更高。

通过交流阻抗谱图中获得的参数，可以计算得到石墨烯材料的阻抗值，即

$$C = -1/(2\pi f Z'') \tag{10-12}$$

式中，Z''为阻抗虚部；f 为频率。

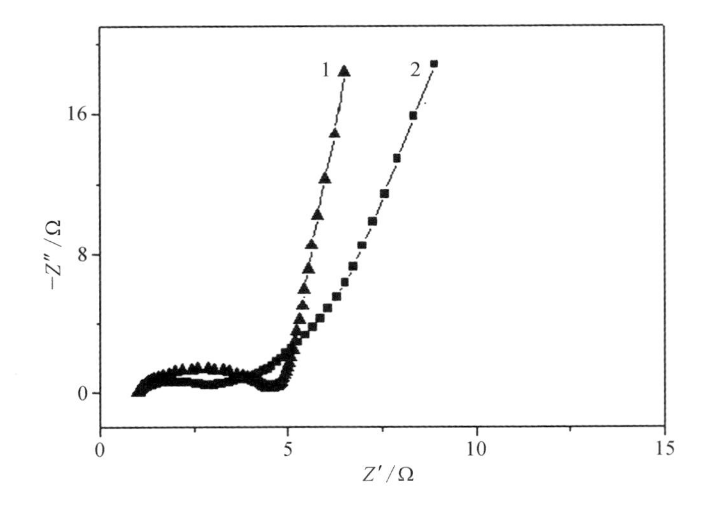

图 10-19 交流阻抗谱图

10.4.4 石墨烯的电荷转移性质及表征

当电极表面发生氧化或还原反应时，电解质中的反应物经过电极表面的电荷转移过程得电子或失电子转化为产物。石墨烯作为电极材料具有巨大的潜力，非均相电荷转移是电化学反应的基本过程之一，研究石墨烯材料电荷转移动力学过程对于石墨烯材料在电化学性能调控及储能、催化等应用十分重要，通过循环伏安法可定量计算电极电荷转移速率常数，利用交流阻抗法也可定性比较材料的电化学动力学过程。

1. 循环伏安法

循环伏安法可用于研究电极上发生的氧化/还原反应，石墨烯电极在含有氧化还原物质的电解质中进行循环伏安测试时，假定石墨烯电极反应为氧化反应，首先将电极控制在较负电位，此时氧化反应无法发生；将电极由较负电位朝着正向扫描，电极电位逐渐升高，开始时依然没有反应发生，电流-电位曲线表现为一根较平的线；当电势逐渐增大到反应临界点时，开始发生反应，电流值逐渐增高，曲线开始上升，随着电势继续升高，反应越发剧烈，曲线出现峰值。然后随着反应物质的减少，反应接近尾声，曲线又慢慢回落，由此形成了一个峰；回落后又是一条平滑的曲线，继续正向扫描，寻找下一个可能发生的氧化反应，一个氧化峰就此形成，峰的电位位置就是这个氧化反应发生的大概电位位置，进而初步推断出石墨烯中含有的官能团。反之，从高电位向负方向扫描就能看到所能发生的还原反应及反应发生的大体电位位置，由于和氧化反应电流相反，出现的是波谷，由此一个完整循环完成。由于循环伏安电位是动态的，峰的位置和高度都会随着扫描速率的变化而改变，扫描速率越快，氧化峰越朝正电位偏移，还原峰越朝负电位偏移，同时峰的高度会降低。

电流峰对应的电势范围可以用于帮助判定石墨烯上氧化还原物质对应发生的电化学反应，该反应的平衡电势之间的差值表明了难易程度。一对可逆反应对应的阴阳极电流峰的峰值电势差值表明了该反应的可逆程度。因此，循环伏安法往往是定量或半定量地研究电极体系可能发生的反应及其进行速率的首选方法。根据 Nicholson 法（Nicholson，1965），利用可逆反应循环伏安曲线中的氧化还原峰电位差 ΔE_p 可查表获得对应的无量纲的动力学常数 ψ，ψ 与电荷转移速率常数 k^0 关系式如下：

$$\psi = k^0 \sqrt{RT/(\pi nFD)}\, v^{-1/2} \tag{10-13}$$

式中，n 为转移电子数；F 为法拉第常数；D 为扩散常数；v 为扫描速率。由式（10－13）可知，k^0 与 $v^{1/2}$ 成正比，电化学测试中表征不同扫速下的循环伏安曲线进而描绘 $\psi - v^{-1/2}$ 曲线，根据曲线斜率即可计算 k^0。

如图 10－20 所示，Li 等[12] 首次研究了单层石墨烯电极的电化学性质，利用循环伏安法研究了氧化还原分子 FcMeOH 在机械剥离法和 CVD 法制备的单层石墨烯电极上的电化学电荷转移动力学。FcMeOH 在机械剥离法和 CVD 法制备的单

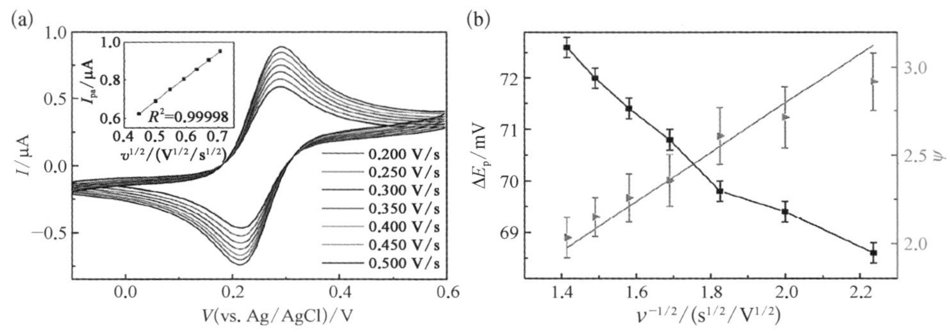

图 10－20 CVD 法制备的单层石墨烯电极的电化学性质[12]

（a）石墨烯电极在含 1 mmol/L FcMeOH 的 H_2O/0.1 mol/L KCl 电解质中不同扫速下的循环伏安曲线；（b）氧化还原峰电位差 ΔE_p 及 Nicholson 动力学常数 ψ 与扫描速率平方根倒数 $v^{-1/2}$ 关系图

层石墨烯电极上的电子转移速率常数分别为 0.5 cm/s 和 0.042 cm/s,高于石墨基面 1 或 2 个数量级,表明单层石墨烯电极上具有更快的电荷转移速度。研究认为,石墨烯更高的电化学活性与石墨烯表面的褶皱有关,这可能是因为石墨烯表面上存在的褶皱产生了原子尺寸的曲率、应力及局部空穴。另外,可能由于 CVD 法制备的单层石墨烯的电子迁移率小,机械剥离法制备的单层石墨烯的电荷转移速率常数更大。

2. 交流阻抗法

通过比较电荷转移电阻能够定性地判断电极上的电荷转移动力学过程。如图 10-21 所示,Ambrosi 等[19]利用交流阻抗谱研究发现开放石墨烯边缘的电荷转移电阻低于折叠石墨烯边缘,开放石墨烯边缘即为石墨烯的边缘缺陷,折叠石墨烯边缘则为褶皱结构,铁氰化钾中开放石墨烯边缘的电子转移速率高于折叠的石墨烯边缘。

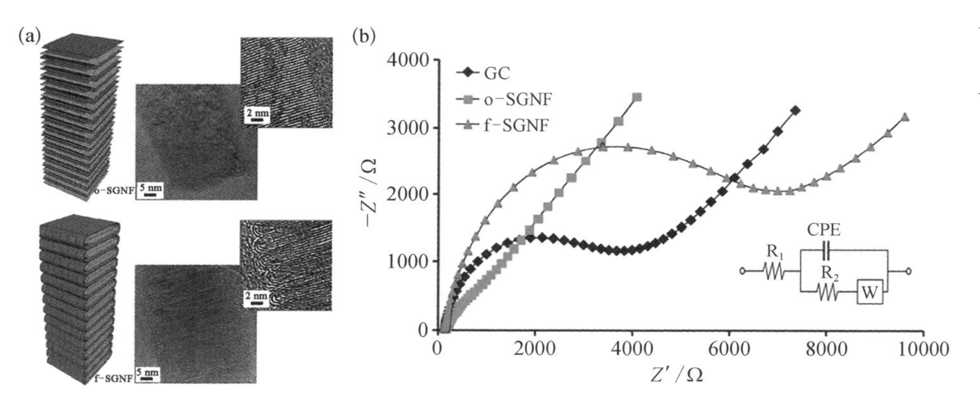

图 10-21

(a)开放石墨烯边缘(缺陷边缘)与折叠石墨烯边缘(褶皱边缘)的 HRTEM 图;(b)玻碳电极 GC、开放石墨烯边缘 o-SGNF、折叠石墨烯边缘 f-SGNF 的 EIS 测试 Nyquist 曲线[19]

10.5 石墨烯的渗透性表征

石墨烯及其衍生物由于独特的结构、组成及离子分子筛分特性在分离膜方面具有重要的应用价值。渗透性是分离膜重要的特性之一,高渗透性的分离膜能用小面积的膜在较低的压差和较短的时间内实现高效分离。完美单层石墨烯晶格的密集电子云中间存在亚原子尺寸孔洞，仅可传输质子，而对于任何原子及分子均不渗透，是迄今为止最薄的隔膜材料[20]。同时，石墨烯已被证实对于质子及其同位素具有不同的渗透性，因而完美的石墨烯单层膜具有亚原子选择精度，可用于氢提纯及氢同位素分离领域（Hu，2014；Lozada－Hidalgo，2016）。此外，若对石墨烯进行打孔或者表面功能化，并控制孔洞大小及表面官能团的种类，则可改变其渗透性，由此类石墨烯衍生物组装而成的宏观层状薄膜则能够在分离与过滤等领域发挥作用。因此，对本征的石墨烯薄膜及石墨烯衍生物的渗透性的表征对于其后续应用具有重要的意义。本节将依次介绍本征石墨烯、多孔石墨烯及氧化石墨烯的渗透性及测试方法。

10.5.1　本征石墨烯的渗透性表征

单层石墨烯仅有一个原子层厚度，然而除质子外，它对其他任何原子和分子都具有抗透性，这一特性使得石墨烯有望用作分离膜材料。表征石墨烯对气体的渗透性所常用的方法是压差法，即在真空或一定的气体压强环境中构筑石墨烯膜与基底表面之间的真空腔或气体微腔［图 10－22(a)］，然后将其放置在空气或其他气体氛围中，使得石墨烯膜内外形成压强差使气体扩散，进而对石墨烯膜的挠度进行表征，最终利用压强差的变化衡量石墨烯的透气率［图 10－22(b)］。透气率的测试装置根据石墨烯膜内外气体压强的差别（$\Delta p = p_{\text{int}} - p_{\text{ext}}$）可分为 $\Delta p > 0$ 和 $\Delta p < 0$ 两种情况[21]，如图 10－22(c)(d)所示。若首先在高于大气压的气氛中构筑石墨烯微腔，然后将其置于空气中，则形成的内外压差 $\Delta p > 0$；若在真空环境中构筑石墨烯微腔，然后将其置于空气中，则形成的内外压差 $\Delta p < 0$。不同的内外压差将导致石墨烯膜变形类型不同，即向外弯曲（$\Delta p > 0$）或向内弯曲（$\Delta p < 0$），这两种情况下石墨烯膜的弯曲程度可通过原子力显微镜进行表征，如图 10－22(e)(f)所示。进一步地，根据理想气体状态方程，可将压强变化与气体渗透速率进行换算[20]，即

$$\frac{\mathrm{d}N}{\mathrm{d}t} = \frac{V}{k_{\mathrm{B}} T} \times \frac{\mathrm{d}p_{\text{int}}}{\mathrm{d}t} \tag{10-14}$$

式中，N 为腔内原子或分子的数量；t 为时间；V 为腔内气体的体积；k_{B} 为玻耳曼兹

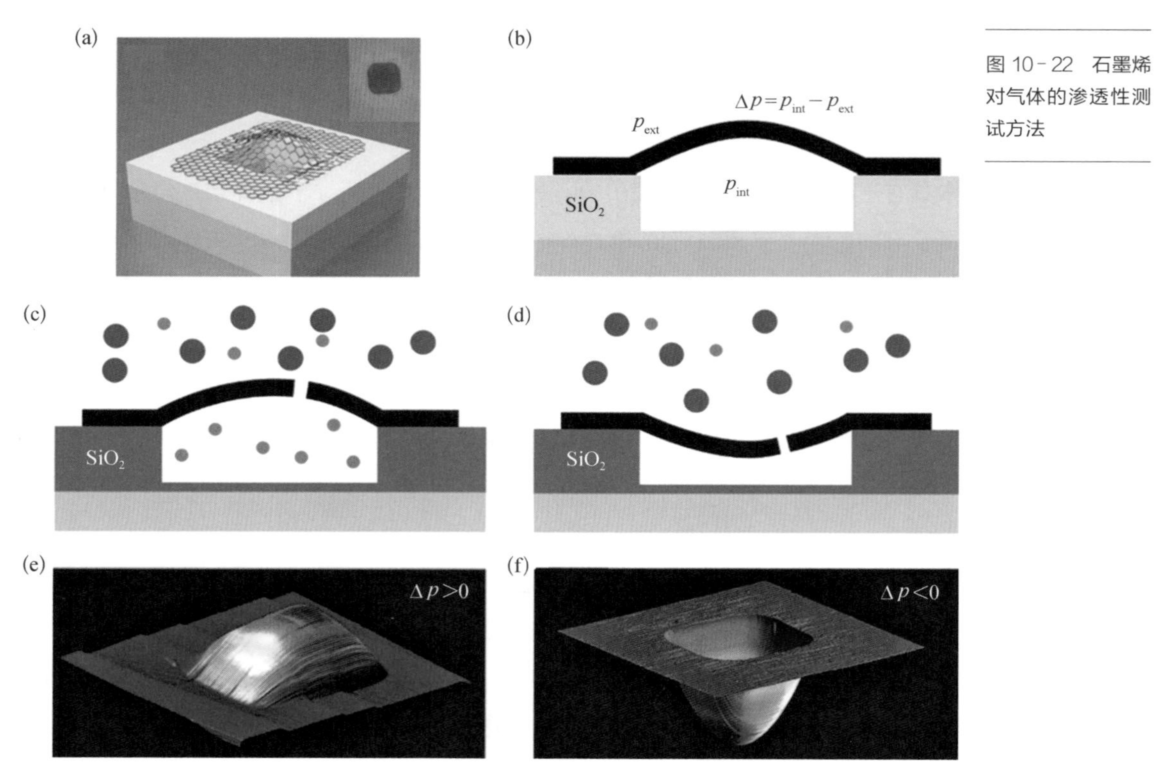

图 10-22 石墨烯对气体的渗透性测试方法

（a）石墨烯膜与基底表面之间的气体微腔示意图；（b）石墨烯膜内外形成的压强差；（c）（d）石墨烯膜内外压强差 $\Delta p>0$ 及 $\Delta p<0$ 的装置示意图[21]；（e）（f）压强差 $\Delta p>0$ 及 $\Delta p<0$ 两种情况下石墨烯膜的原子力显微镜表征结果[20]

常数；T 为温度；p_{int} 为腔内气体的压强。

根据以上分析，采取压差法测试石墨烯膜渗透性的关键是使石墨烯与基底的孔洞之间形成气密性良好的微腔，即微腔内外的原子或分子仅能通过石墨烯膜进行传输，而不会通过其他途径出现泄漏。Sun 等[22]采用了一种高敏感度的方法测试石墨烯的渗透率。他们首先在微米级的石墨或氮化硼单晶中用电子束刻蚀的方法制备约 50 nm 深的孔洞，然后用石墨烯膜覆盖，如图 10-23(a)所示。石墨烯膜平整且具有柔性，因此可以将孔洞密封，进而保证原子或分子进入容器的唯一途径是透过膜。随后将密封腔置于氦气中，氦原子透过膜的进出由密封腔内压力的减少或增加来表征，同时利用原子力显微镜监测这些变化[图 10-23(b)]。通过测量挠度的变化[图 10-23(c)]，能够计算石墨烯膜的渗透速率[图 10-23(d)]。实验发现，每小时只有几个氦原子进出容器，该实验结果给出了石墨烯的渗透率极限，

图 10-23

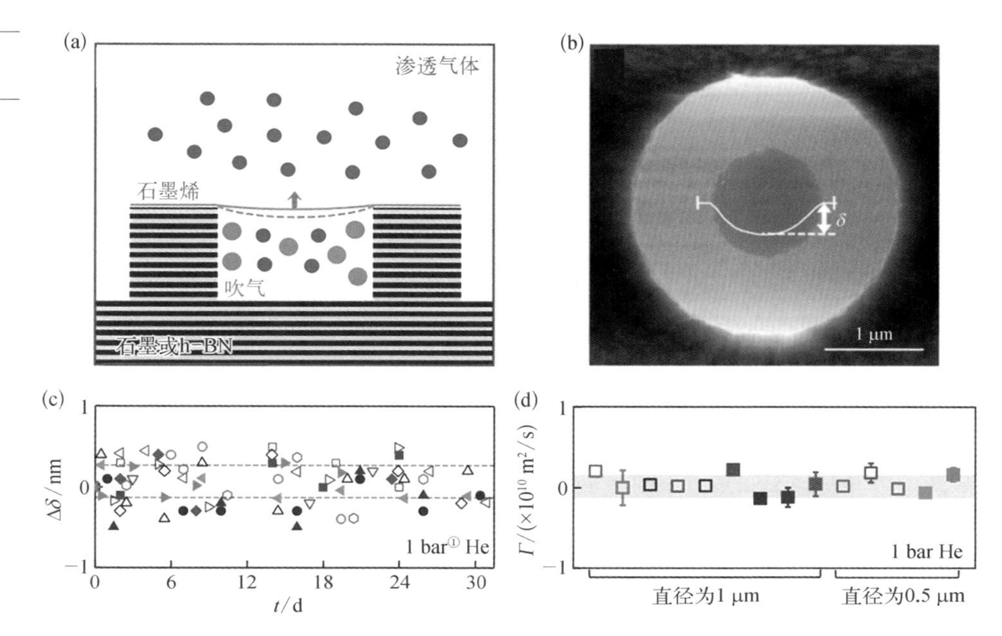

（a）石墨烯膜与石墨或氮化硼单晶形成的微腔示意图；（b）变形的石墨烯膜的原子力显微镜表征结果；（c）不同的石墨烯膜在 30 天中的挠度变化图，图中虚线为其中一个石墨烯膜的挠度变化范围；（d）不同石墨烯膜的渗透速率[22]

这表明原子层石墨烯比 1000 m 厚的玻璃壁对气体的渗透性还低。该测试方法的敏感度比之前的石墨烯抗渗性实验高出 8 或 9 个数量级，而石墨烯的抗渗性本身比现代氦气泄漏检测器的检测极限高出几个数量级，表明了石墨烯在分离膜等领域的应用价值，同时为其他二维材料的渗透性研究提供了参考。

10.5.2　多孔石墨烯的渗透性表征

除了利用完美的石墨烯薄膜用作隔膜材料，多孔石墨烯也在选择性跨膜传质方面展现出其应用价值。多孔石墨烯是指在二维基面上具有纳米级孔隙的碳材料，相比于惰性的石墨烯表面，孔的存在提高了物质运输效率，特别是原子级别的孔可以起到筛分不同尺寸的离子/分子的作用。研究指出，多孔石墨烯气体分离膜的渗透率要比传统的气体分离膜的渗透率高几个数量级。利用高能粒子辐射或者

① 1 bar $=10^5$ Pa。

化学处理在石墨烯晶格表面引入纳米孔，通过控制纳米孔的尺寸、形状及其边缘镶嵌的官能团种类，可实现选择传质特性的精确调控，进而应用于气体分离、水脱盐、生物传感等领域。

多孔石墨烯的制备方法通常有光刻法和化学刻蚀法。光刻法是利用高能电子束、离子束或者光子束等对石墨烯进行刻蚀，诱发表面碳原子的移除、氧化或者降解。化学刻蚀法种类多样，包括催化刻蚀法、碳热还原法、溶剂热法、自由基攻击法等。上述方法的主要目的是在完整的石墨烯晶格表面引入尺寸、形状、边缘类型多样的纳米孔结构，从而实现对不同类型原子或分子的筛分过滤。

在对多孔石墨烯渗透性的理论研究上，分子动力学模拟表明，纳米孔越大，分子的渗透通量越大。而对不同类型的分子而言，渗透率与分子的大小及质量均有关，也与分子在石墨烯表面的吸附有关，分子吸附越强，渗透率越大(Sun，2014)。在实验上，多孔石墨烯对气体的渗透表征与前述方法类似，即采用压差法。Koenig等利用多孔石墨烯薄膜内外两侧的压强变化引起膜的弯曲，然后利用原子力显微镜测试膜的挠度 δ，将挠度变化与渗透过程中的分子通量按式(10－15)进行换算[21]。

$$\frac{\mathrm{d}n}{\mathrm{d}t}=\frac{3Ew\delta^2K(v)V(\delta)/a^4+P[C(v)\pi a^2]}{RT}\times\frac{\mathrm{d}\delta}{\mathrm{d}t} \tag{10-15}$$

式中，E 为杨氏模量；w 为渗透膜的厚度；a 为渗透膜的半径；$V(\delta)$为渗透膜突起时腔内的总体积；$K(v)$与 $C(v)$均为泊松比 v 相关的几何系数；R 为摩尔气体常数。

完整的石墨烯膜与多孔石墨烯膜的渗透率对比结果如图 10－24(a，b)所示。具有亚纳米尺寸孔的石墨烯膜对 H_2 和 CO_2 气体的渗透率均高于完整的石墨烯，而对 Ar 和 CH_4 的渗透率几乎无差别。

多孔石墨烯膜也有望应用于海水淡化领域，这不仅要求多孔石墨烯具有合适的孔径及较高的对水的渗透率，还要求过滤膜具有较好的力学性质以保证其稳定性。Yang 等[23]报道了一种大面积石墨烯-纳米网/单壁碳纳米管(GNM/SWNT)杂化膜，如图 10－24(c)所示。这种膜在具有原子级厚度的同时，还具备优异的机械强度。其中，单层的 GNM 具有高密度的亚纳米孔，这一杂化膜对水具有较高的渗透性，对盐离子或者有机分子可进行选择性分离。在对从水溶液中分离盐离子的性能表征

图 10-24

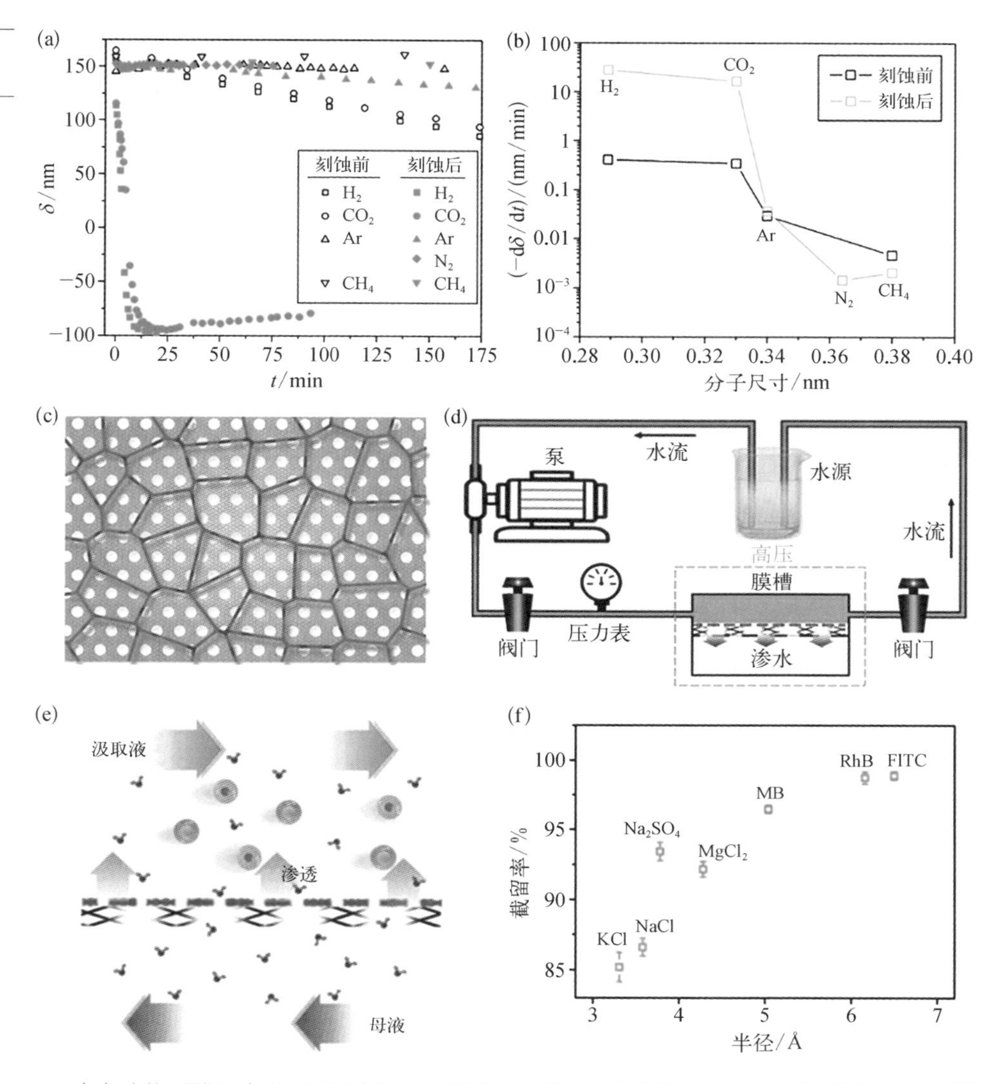

（a）完整石墨烯及多孔石墨烯膜在对几种气体的渗透过程中的挠度变化率；（b）完整石墨烯及多孔石墨烯膜对几种气体的渗透通量[21]；（c）石墨烯-纳米网/单壁碳纳米管（GNM/SWNT）杂化膜示意图；（d）反渗透横流过滤装置示意图；（e）过滤过程示意图；（f）GNM/SWNT过滤膜对几种盐溶液的脱盐效果[23]

上，采用反渗透横流过滤装置，如图 10-24(d)所示。这种装置是为了避免微孔膜堵塞和极化，使流体在膜表面上流动时有较大的流速，即形成紊流，使得截留在膜上的分子被不断地从膜上过滤下去，在过滤过程中流体总是连续流过膜，直至流体中的溶解物浓度增加到预定的限度(Hu, 1983)，如图 10-24(e)所示。该过滤膜可以从盐水中剔除 85%～97%的盐，如图 10-24(f)所示。

10.5.3 氧化石墨烯的渗透性表征

与石墨烯对绝大多数原子和分子的抗渗性不同，氧化石墨烯对水分子具有渗透性。氧化石墨烯(GO)是由极性含氧官能团氧化的 sp^3 区域和原始石墨 sp^2 区域构成的二维网络。GO能够渗透水分子是由于在GO膜中，氧化区域可提供相对大的层间距离容纳水分子通过，而原始石墨区通过几乎无摩擦的流动促进水的快速渗透。同时，相邻GO纳米片间可调的传质通道可以作为分子筛，阻隔所有水合半径大于通道尺寸的溶质分子通过。GO纳米片结构如图10-25(a)所示，通常GO纳米片的尺寸 L 为几个微米，纳米片间距 d 约为10 Å[24]。GO膜已经被证明具有作为纳滤膜的巨大潜力以用于水净化、脱盐和分子分离等领域。

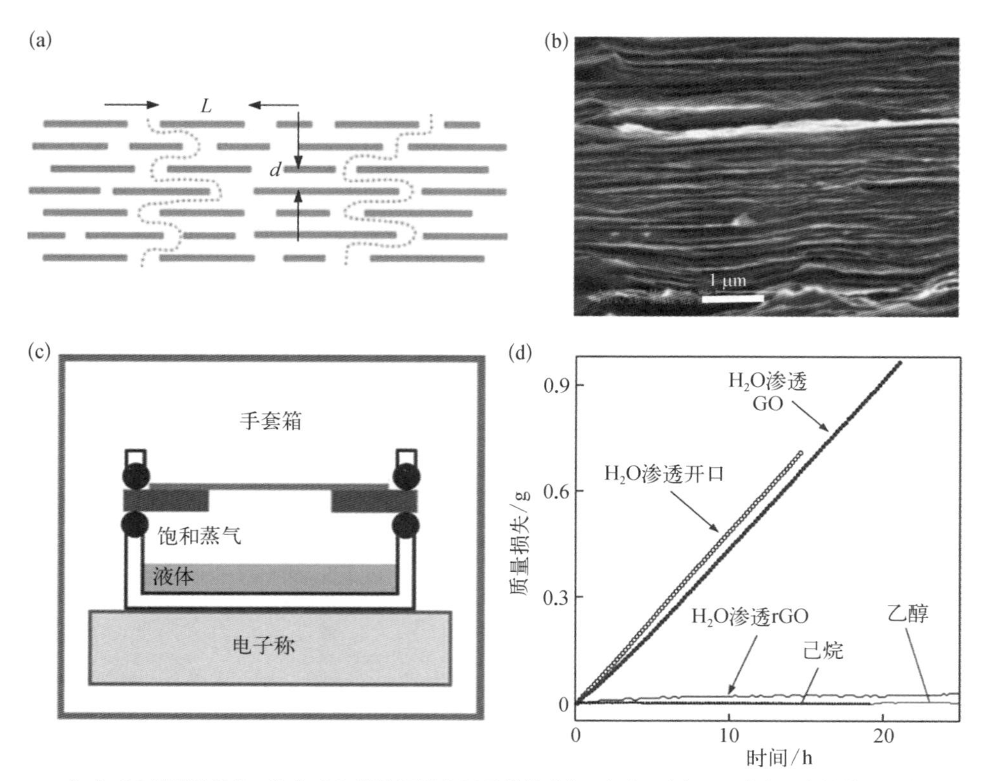

图10-25

(a) GO纳米片结构；(b) GO膜的扫描电子显微镜成像；(c) 测试GO膜渗透率的装置示意图；(d) GO膜对水、乙醇、己烷等几种液体的渗透性的测试结果[24]

与透气率的表征类似，对GO渗水性的表征通常采用重量损失法[24]。首先需要制备GO膜，实验上通常利用Hummers法制备GO悬浮液，然后利用喷涂法或旋涂法制备多层GO膜，如图10－25(b)所示。随后将GO薄涂覆在铜箔上，并将铜箔刻蚀出多孔结构，使GO膜悬浮。最后将铜箔覆盖在装有待测溶剂的金属容器上，如图10－25(c)所示。溶剂将逐渐挥发并通过GO膜渗透，这个过程中的质量损失即为渗透到膜外的溶剂质量。溶剂的质量损失与渗透率的换算关系如式(10－16)所示[25]。

$$J = \frac{\Delta m}{A \Delta t p} \tag{10-16}$$

式中，J 为渗透率；Δm 为渗透过膜的溶剂质量；A 为膜的有效渗透面积；Δt 为渗透时间；p 为压强差。GO膜对水、乙醇、己烷等几种液体的渗透性的测试结果如图10－25(d)所示，GO膜对水具有较强的渗透性，且渗水性远优于rGO膜，而GO膜对乙醇和己烷的渗透性较差。此外，通过调控GO纳米片的堆叠结构、外加电流等方式均可对其渗透性进行调控，实现薄膜材料的可控水传输。

除了基础的渗透性研究，GO实际的过滤与分离性能同样备受关注。实验上通过测试透过GO膜前后溶液的浓度差对其过滤与分离性能进行表征，计算方法如式(10－17)所示[25]。

$$R = 1 - \frac{c_p}{c_f} \times 100\% \tag{10-17}$$

式中，c_f 和 c_p 分别为渗透溶液和原始溶液的浓度。目前，由于GO膜在水溶液中很容易脱层进而导致分离效率降低，如何在不牺牲分离效率的前提下进一步提高水的渗透性是一个极具挑战性的课题。因此，需进一步深入研究GO薄膜在水脱盐过程中离子－水－GO之间的三元相互作用并兼顾考虑外加驱动力的作用与影响，深入揭示GO膜选择性传质的深层次机制，为进一步优化GO膜并实现海水淡化应用奠定基础。

10.6 本章小结

本章介绍了石墨烯的非线性光学效应及等离激元效应及其表征、石墨烯体系引入磁性的方式及其表征方法、石墨烯的电化学特性和石墨烯及其衍生物的渗透性等。石墨烯已被证实拥有优异的电学、力学、热学和光学性质，相应的研究不仅包括对本征石墨烯性质的探究，还包括对石墨烯衍生物及石墨烯复合材料的性能表征。此外，对石墨烯某些物性的研究还处于发展阶段，比如石墨烯磁性的引入及表征、对扭转双层或多层石墨烯中多种新兴物性的深入探索等。伴随着对石墨烯体系中更多物性的挖掘，相应的表征方法也将逐渐发展优化。

参考文献

[1] Sheik - Bahae M, Said A A, Wei T H, et al. Sensitive measurement of optical nonlinearities using a single beam[J]. IEEE Journal of Quantum Electronics, 1990, 26(4): 760 - 769.

[2] Bao Q L, Zhang H, Wang Y, et al. Atomic-layer graphene as a saturable absorber for ultrafast pulsed lasers[J]. Advanced Functional Materials, 2009, 19(19): 3077 - 3083.

[3] Liu C, Ye C C, Luo Z Q, et al. High-energy passively Q-switched 2 μm Tm(3+)-doped double-clad fiber laser using graphene-oxide-deposited fiber taper[J]. Optics Express, 2013, 21(1): 204 - 209.

[4] Zhang H, Virally S, Bao Q L, et al. Z - scan measurement of the nonlinear refractive index of graphene[J]. Optics Letters, 2012, 37(11): 1856 - 1858.

[5] Zia R, Schuller J A, Chandran A, et al. Plasmonics: The next chip-scale technology [J]. Materials Today, 2006, 9(7 - 8): 20 - 27.

[6] Ni G X, McLeod A S, Sun Z, et al. Fundamental limits to graphene plasmonics[J]. Nature, 2018, 557(7706): 530 - 533.

[7] Low T, Avouris P. Graphene plasmonics for terahertz to mid-infrared applications [J]. ACS Nano, 2014, 8(2): 1086 - 1101.

[8] Ju L, Geng B S, Horng J, et al. Graphene plasmonics for tunable terahertz metamaterials[J]. Nature Nanotechnology, 2011, 6(10): 630 - 634.

[9] González - Herrero H, Gómez - Rodríguez J M, Mallet P, et al. Atomic-scale control of graphene magnetism by using hydrogen atoms[J]. Science, 2016, 352 (6284): 437 - 441.

[10] Tang C L, Zhang Z W, Lai S, et al. Magnetic proximity effect in graphene/$CrBr_3$ van der Waals heterostructures[J]. Advanced Materials, 2020, 32(16): 1908498.

[11] Sharpe A L, Fox E J, Barnard A W, et al. Emergent ferromagnetism near three-quarters filling in twisted bilayer graphene[J]. Science, 2019, 365(6453): 605 - 608.

[12] Li W, Tan C, Lowe M A, et al. Electrochemistry of individual monolayer graphene sheets[J]. ACS Nano, 2011, 5(3): 2264-2270.
[13] Stoller M D, Magnuson C W, Zhu Y, et al. Interfacial capacitance of single layer graphene[J]. Energy & Environmental Science, 2011, 4(11): 4685-4689.
[14] Yuan W J, Zhou Y, Li Y R, et al. The edge- and basal-plane-specific electrochemistry of a single-layer graphene sheet[J]. Scientific Reports, 2013, 3: 2248.
[15] Yang X W, Cheng C, Wang Y F, et al. Liquid-mediated dense integration of graphene materials for compact capacitive energy storage[J]. Science, 2013, 341(6145): 534-537.
[16] Brownson D A C, Banks C E. The handbook of graphene electrochemistry[M]. London: Springer London, 2014.
[17] Toth P S, Valota A T, Velicky M, et al. Electrochemistry in a drop: A study of the electrochemical behaviour of mechanically exfoliated graphene on photoresist coated silicon substrate[J]. Chemical Science, 2014, 5(2): 582-589.
[18] Shiraishi S. Chapter 10: Electrochemical performance[M]// Inagaki M, Kang F Y. Materials science and engineering of carbon: Characterizaiton. Oxford: Butterworth-Heinemann, 2016: 205-226.
[19] Ambrosi A, Bonanni A, Pumera M. Electrochemistry of folded graphene edges[J]. Nanoscale, 2011, 3(5): 2256-2260.
[20] Bunch J S, Verbridge S S, Alden J S, et al. Impermeable atomic membranes from graphene sheets[J]. Nano Letters, 2008, 8(8): 2458-2462.
[21] Koenig S P, Wang L D, Pellegrino J, et al. Selective molecular sieving through porous graphene[J]. Nature Nanotechnology, 2012, 7(11): 728-732.
[22] Sun P Z, Yang Q, Kuang W J, et al. Limits on gas impermeability of graphene[J]. Nature, 2020, 579(7798): 229-232.
[23] Yang Y B, Yang X D, Liang L, et al. Large-area graphene-nanomesh/carbon-nanotube hybrid membranes for ionic and molecular nanofiltration[J]. Science, 2019, 364(6445): 1057-1062.
[24] Nair R R, Wu H A, Jayaram P N, et al. Unimpeded permeation of water through helium-leak-tight graphene-based membranes[J]. Science, 2012, 335(6067): 442-444.
[25] Thebo K H, Qian X T, Zhang Q, et al. Highly stable graphene-oxide-based membranes with superior permeability[J]. Nature Communications, 2018, 9: 1486.

第 11 章

总结与展望

在目前发现的所有碳材料中，碳原子的 sp^2 杂化形式赋予了碳材料最为丰富的结构和性质，其六边形的基本结构单元、强的碳碳共价键和大的电子共轭体系使得碳材料具备优异的物理化学性质。不同于笼状结构的零维富勒烯和管状结构的一维碳纳米管，石墨烯是一种平面结构的单原子层二维晶体，曾被预言因热力学不稳定而在室温下不能稳定存在。2004 年，A. K. Geim 和 K. S. Novoselov 利用机械剥离法首次得到了单层石墨烯。此后，石墨烯掀起了二维材料研究的热潮，并推动了物理、化学、电子等学科的发展，同时逐步走向了能源、增强材料等领域的产业应用。

石墨烯的基础研究已经开展十余年，但基于石墨烯的新奇效应仍然层出不穷。石墨烯的应用也早已提上日程，但成熟的产业市场仍待推广，“杀手锏”的应用领域仍待发掘。可见，无论是石墨烯的制备、表征，还是量产、应用等诸多环节，仍任重道远。毋庸置疑，对石墨烯结构和性质的准确、快速、可靠表征是所有环节的核心。本书正是在此背景之下应运而生。本书以石墨烯结构和物性的表征技术为主线，详细地介绍了石墨烯的晶体结构、能带结构，以及优异的电学、力学、热学、光学等基本物性，并进一步针对多种形态的石墨烯材料，详尽地介绍了相应的晶体结构及常见的物理、化学性质的一系列表征方法和技术。

作为一种理想的二维原子晶体，石墨烯有着独特的电子结构及物理化学性质。石墨烯倒易空间中的 K 点和 K' 点具有高度对称性，通常被称为狄拉克点，石墨烯的导带和价带相交于此，因而石墨烯是一种零带隙的半金属材料。这一能带结构特点使得石墨烯的电学及光学性质极为突出。在狄拉克点附近，石墨烯自由电子的有效质量为零，费米速度可达 10^6 m/s；石墨烯场效应晶体管表现出明显的双极输运特性，可实现电子（空穴）导电；在理想的石墨烯中，载流子可以以恒定的速度进行传输，悬空石墨烯器件的载流子迁移率可达 200000 cm^2/(V·s)；同时石墨烯也是目前唯一可以在室温条件下观察到量子霍尔效应的材料。石墨烯具有宽光谱吸收的特性，在可见光区的吸收率仅与其精细常数有关，为 2.3%，因而具有高透过率；在太赫兹波段，石墨烯的光学吸收则取决于其带间跃迁，其光电导性质符合经典的 Drude 模型，光吸收率与入射光频率相关。由于石墨烯中碳原子之间强共价键的存在，石墨烯中的导热载体主要是声子，在单层石墨烯中，声子仅仅在面内传播，悬空石墨烯的面内热导率可以达到 4000～5000 W/(m·K)。由于强共价键的存在，石墨烯同样具有优异的机械强度，杨氏模量大约为 1 TPa。石墨烯这些优秀的物理性质使其在微纳电子器件、光电检测、柔性可穿戴器件及热管理领域等有着广阔的应用前景。随着石墨烯材料的发展，其诸多衍生物也同样受到了广泛的关注，包括石墨烯量子点、石墨烯纳米带、杂原子掺杂的石墨烯、氧化石墨烯及还原氧化石墨烯等，由于具有丰富多彩的化学性质，其在催化、能源、吸附等领域也同样蕴含着极大的应用价值。

石墨烯的结构表征无疑是其性质和应用研究的基础。自石墨烯被发现以来，人们发展了一系列制备高质量的石墨烯的方法，包括机械剥离法、液相剥离法、氧化还原法、化学气相沉积法、碳化硅表面外延生长法及有机合成法等。不同方法获得的石墨烯结构不尽相同，其结构的表征是评价石墨烯质量的重要标准。石墨烯的结构特征主要包含层数、表面起伏、层间堆垛、缺陷、掺杂与边界。在本书中，对于石墨烯结构的表征按最常用的两种方法进行介绍，即显微学技术和光谱学技术。对石墨烯结构的显微成像包括光学显微成像、电子显微成像及扫描探针显微成像，可以最为直观地表征石墨烯的结构特征；对石墨烯结构的光谱学表征主要包括拉曼光谱表征和吸收光谱表征。以上两类技术分别在第 2 章及第 3 章中进行了详细介绍。粉体石墨烯具有元素组成及结构的多样性，对其组分、表面基团、晶格间距、比表面积等结构特征的表征方法在第 9 章中进行了简要介绍。在石墨烯结构的表征过程中，往往需要不同表征方法之间的对比和互补，从而获得石墨烯结构特征的全貌。

石墨烯的结构决定了性质，而性质决定了应用。石墨烯结构与性质之间的“构效关系”是应用的基础。石墨烯的本征性质无疑与其电子结构密切相关，而电子结构可以通过电子能量损失谱、扫描隧道谱、角分辨光电子能谱等表征技术测量。例如，角分辨光电子能谱通过在一定角度内收集出射光电子并测量其动量和能量的关系，可以直接测量得到石墨烯的电子结构。这些表征技术可以对不同掺杂方式及不同堆垛方式的石墨烯超晶格的能带结构改变进行表征，加深了人们对于石墨烯能带结构的理解。第 5 章重点介绍了低能透射电子显微镜、扫描隧道谱及角分辨光电子能谱的原理及一些具体实例，对石墨烯的电子能带、声子色散及带间跃迁等性质进行了介绍。

石墨烯电学性质的主要参数包括电阻率、电导率、方阻、场效应迁移率及霍尔迁移率等，其表征方法主要在第6章中进行了介绍。其中石墨烯电阻率、电导率和方阻等参数主要利用四探针法测得，该法较为简便且能够反映石墨烯的导电性能，而场效应迁移率和霍尔迁移率的表征则需要建立在对于石墨烯能带结构及输运性质的理解上，通过构筑石墨烯基场效应晶体管或者霍尔器件来实现。石墨烯的微纳电子器件是石墨烯应用发展的主要方向之一，其电学性质的表征对指导石墨烯基微纳电子器件的构筑与性能优化都具有重要意义。

石墨烯光学性质的内容十分广泛，本书在不同的章节对石墨烯光学性质进行了介绍。第2章及第3章对石墨烯的线性光学特性进行了介绍，包括其在不同波段的吸收光谱、光致发光光谱及光散射等；而其非线性光学特性，包括石墨烯的可饱和吸收、非线性折射率及表面等离激元特征，如宽波段激发、低本征损耗及高度光场局域等特点，主要在第10章中提及。石墨烯的增强拉曼散射特征是其在光谱领域的重要应用之一，第4章围绕石墨烯增强拉曼散射的机理及石墨烯基拉曼增强基底的应用展开，对石墨烯增强拉曼散射的实现及应用进行了概述，并对其在二维材料体系中的拓展进行了简要介绍。

石墨烯中碳原子强共价键的存在使得石墨烯中的导热依赖于声子。石墨烯中碳碳共价键的键能较高，且碳原子质量较小，因而声子具有较高的声速，这使得石墨烯的热导率较高。第7章详细介绍了石墨烯声子导热机制的理论模拟及热学参数的实验测试。热膨胀系数、接触热阻及热导率等为石墨烯重要的热学参数。石墨烯的热膨胀系数为负值，即随着温度的升高，石墨烯会产生热收缩，因而其测试方法较为困难，通常需要在实验室中自行搭建测试装置，如利用扫描电子显微镜观测其降温中的形态变化，或利用变温拉曼光谱、机电振荡器等；石墨烯接触热阻的测试则是利用稳态测量法或瞬态测量法测量热传导过程中的温度信息来实现的；石墨烯热导率的测试方法主要包括3ω法、拉曼法、激光闪点法、飞秒激光泵浦探测热反射法等。对石墨烯一系列热学参数的表征为其在热管理领域的应用提供了最为基础的数据。

石墨烯具有非常强的抗压和抗拉能力，其本征强度为125 GPa，是钢的100多倍。第8章介绍了石墨烯力学参数的表征方法。由于石墨烯特殊的二维结构，利用传统宏观材料的表征手段通常很难获得其力学参数，往往需要利用特殊的方法对石墨烯施加应力。较为常见的方法如利用探针施加微观载荷，并利用原子力显微镜或光学干涉显微镜对其形变进行表征；或利用内外压差使石墨烯发生形变，继而利用拉曼光谱法对其力学参数进行表征。石墨烯样品中的缺陷及边界等结构会显著降低其机械强度，因而如何建立其宏观机械强度与微观结构之间的联系，这是石墨烯力学性质表征研究中的重点之一。

石墨烯的可控制备和应用研究的迅速发展对相应的表征技术提出了更高的要求，因此需要在现有表征技术和仪器的基础上进行改进，甚至发展新型的表征技术。可以预见，石墨烯表征技术的发展将重点体现在以下几个方向。

(1) 石墨烯亚纳米尺度结构的表征。石墨烯样品中的杂原子掺杂及亚纳米尺度的缺陷等特征对其宏观性质影响显著，而受限于分辨率，能够与这些结构特征相匹配的表征技术极少。目前，球差矫正透射电子显微镜、扫描隧道显微镜及近场光学显微镜等表征技术能够实现较高的分辨率，但是对于石墨烯样品及其制备方法的要求较高，难以作为一种普适表征技术对石墨烯的亚纳米尺度结构进行表征。因此，发展与石墨烯亚纳米尺度结构相匹配的表征技术是目前急需解决的问题。

(2) 石墨烯原位及复杂体系中的表征。监测石墨烯在其生长、功能化及反应过程中的连续变化对研究其生长及反应机理有着重要的作用，同时有利于优化石墨烯及其应用中的各个参数。目前在石墨烯的生长及反应过程中，通过引入光源或者电极等，可以对其变化过程进行监测，而在光学显微表征、扫描及透射电子显微表征中，引入加热/制冷及反应气体等也同样能够对石墨烯的生长机理进行研究。然而，目前对于复杂体系中石墨烯的结构变化，依然缺乏有力的表征手段。发展石墨烯原位及复杂体系中的表征技术对石墨烯的制备及应用有着重要的意义。

(3) 构建石墨烯微观结构与宏观性质之间的联系。石墨烯的微观结构对其宏观性质有着显著的影响，然而由于两者的尺度差异，在实际体系中，其微观结构通常是复杂多样的，而无法与其宏观性质一一对应，这使得两者之间的关系与作用机制并不明确。实现多仪器之间的联用技术是解决这一问题的有效途径。通过对石墨烯的微观结构与宏观性质进行同步表征，实现两者无缝衔接，这是目前石墨烯表征技术发展的一个重要方向。

在过去的十几年中，人们对石墨烯的制备及表征倾注了大量的心血，制备了不同的石墨烯材料，归根结底主要分为以下几种：一种是薄膜石墨烯，主要是研究其在基底上的生长机理及方法，以期得到高质量、大畴区、生长速率较快的石墨烯生长方法;二是粉体石墨烯,这类石墨烯主要面向工业应用,追求石墨烯的宏观制备及结构设计;三是石墨烯的衍生物,包括石墨烯量子点、石墨烯纳米带及杂原子掺杂石墨烯,这类石墨烯的研究以性质优化为主,力图拓展在不同领域的应用价值。如何实现不同形态高质量石墨烯的可控批量制备,如何规范相应的石墨烯产品及其性能指标,仍然是现阶段石墨烯领域的研究重点,而石墨烯结构和性质的表征在其中起着不可或缺的作用。

石墨烯具有巨大的应用价值,但离市场化仍然有很长的路要走,石墨烯的制备、表征、量产、应用等环节也依然存在诸多科学和技术问题等待人们的探索。随着相应方法、技术、装备的进一步发展,人们对于石墨烯的结构和性质的认识也必将更为深入,终将实现不同形态石墨烯材料在诸多领域的广泛应用,使其在人类生活中发挥重要的作用。

索 引

A

B

C

D

F

G

H

J

K

L

M

N

Q

R

S

T

Z